优化阵列信号处理（上册）：波束优化理论与方法

Optimal Array Signal Processing: Beamformer Design Theory and Methods

鄢社锋　著

科学出版社
北　京

内 容 简 介

本书系统地介绍传感器阵列优化信号处理理论、方法及其应用。全书共 14 章，分为上、下两册，上册主要讨论波束设计的问题，介绍阵列信号处理基本概念与模型、窄带阵列信号处理，以及宽带阵列信号处理的理论与方法；下册主要讨论模态阵列处理与方位估计的问题，介绍声学阵列模态处理理论与方法，以及目标方位谱估计理论与方法。书中融入了作者近二十年来从事阵列信号处理方面科研工作的实际经验，纳入了作者在国内外重要刊物发表的数十篇论文，同时采纳了少量散见于各种文献中的部分相关内容。

本书可作为声呐、雷达、麦克风阵列、无线通信等阵列信号处理相关专业的本科生、研究生和教师的参考书，也可供相关专业科学研究与工程技术人员参考。

图书在版编目（CIP）数据

优化阵列信号处理. 上册，波束优化理论与方法 / 鄢社锋著. — 北京：科学出版社，2018.3

ISBN 978-7-03-043964-2

Ⅰ. ①优… Ⅱ. ①鄢… Ⅲ. ①信号处理 Ⅳ. ①TN911.7

中国版本图书馆 CIP 数据核字(2018)第 034897 号

责任编辑：赵艳春 / 责任校对：郭瑞芝
责任印制：吴兆东 / 封面设计：迷底书装

科 学 出 版 社 出版
北京东黄城根北街 16 号
邮政编码：100717
http://www.sciencep.com
北京建宏印刷有限公司印刷
科学出版社发行　各地新华书店经销
*

2018 年 3 月第　一　版　开本：720×1 000　1/16
2024 年 6 月第五次印刷　印张：20 3/4
字数：403 000

定价：128.00 元

（如有印装质量问题，我社负责调换）

前 言

本书是一部阐述传感器阵列优化处理的专著。阵列信号处理在声呐、雷达、无线通信、医学成像、地质勘探、射电天文学等多个领域具有广泛的应用，几十年以来一直是一个活跃的研究方向，阵列优化处理是其中一个十分重要的问题。作者于2008 年与博士指导教师马远良院士合作出版了一部专门介绍阵列信号处理中的波束优化问题的专著《传感器阵列波束优化设计及应用》，将作者攻读博士学位与两站博士后工作期间取得的研究成果呈现在了读者面前。

受导师马远良院士的抬爱，他在为那本专著撰写的序言中写道："鄢社锋的主要创造性贡献是，他将二阶锥规划技术引入传感器阵列的波束优化设计中，从而开启了多约束波束优化之门，形成了波束优化设计的较完备的理论框架。在此基础上，提供了对各种波束质量指标，包括主瓣宽度、旁瓣级、主瓣响应逼近误差、波束形成器的稳健性、宽带波束的频域与空域特性等进行全面折中处理的方法。"

作者 2008 年以来担任中国科学院声学研究所研究员，现同时是中国科学院大学教授，近四年在中国科学院大学为研究生讲授"阵列信号处理"与"声呐原理及信号处理"两门专业核心课，将《传感器阵列波束优化设计及应用》用作课程教材，受到了学生的欢迎。遗憾的是，学生反映早已无法从市场上购买到此书，而只好使用影印本，期望能再版。2009 年以来，作者将在阵元域优化处理的研究成果推广到了模态域处理，在声学阵列的模态处理方面又取得了新的研究成果，这些研究成果进一步补充完善了优化阵列处理理论与方法。基于这两点原因，作者决定在上一部专著的基础上，补充撰写新近研究成果，使得内容更为系统完整，这便是撰写本书的初衷。

本书是作者基于近二十年来从事阵列信号处理相关科研工作的研究成果撰写而成的，融入了作者在西北工业大学、中国科学院声学研究所、挪威科技大学学习与工作期间的部分研究成果，纳入了作者在国内外重要刊物发表的数十篇学术论文，同时采纳了少量散见于各种文献中的部分相关内容。

全书共 14 章，分为上、下两册。

上册为《优化阵列信号处理：波束优化理论与方法》，主要讨论波束设计问题。

第 1 章是绪论，介绍阵列波束优化设计的历史与技术现状，以及本书的主要研究内容。第 2 章介绍阵列信号处理与波束形成的基本知识与数学模型，指出评价波束形成器性能的参数指标。第 3 章介绍具有规则几何形状基阵的波束形成方法与性能。

第 4～7 章介绍窄带波束形成器优化设计问题，这 4 章分别针对波束形成器的几种重要性能评价指标进行优化折中求解，获得满足设计要求的最优综合性能，其中第 4 章分析影响波束形成器稳健性的因素与影响机理，第 5 章介绍提高波束形成器稳健性的方法，第 6 章介绍波束旁瓣设计问题，第 7 章介绍波束主瓣设计的问题，并归纳出窄带波束优化设计的统一框架，前述稳健类、旁瓣设计类以及主瓣设计类波束优化方法均可视作其特例。于是基于这一统一框架可以考察各特例方法的优缺点。

第 8 章与第 9 章介绍宽带波束形成问题，其中第 8 章介绍宽带波束形成器的实现问题，包括基于离散傅里叶变换的频域实现方法与基于有限冲激响应滤波器的时域实现方法，第 9 章介绍基于有限冲激响应滤波器的时域宽带波束形成器优化设计问题，并将窄带波束优化设计统一框架推广到时域宽带波束优化设计。

下册为《优化阵列信号处理：模态处理与方位估计》，主要讨论声学阵列模态处理与目标方位估计问题。

第 10 章介绍圆环阵波束形成问题，分析圆环阵波束形成器的特性，引出圆环相位模式处理理论。

第 11 章与第 12 章介绍模态波束形成问题，其中，第 11 章介绍用于圆环阵的圆谐波波束形成器设计与实现方法，第 12 章介绍用于球面阵的球谐波波束形成器设计与实现方法，并将前述窄带与时域宽带波束优化设计统一框架进一步推广到模态域处理。基于该统一框架，发现圆环阵相位模式阵列处理等效于平面均匀噪声场情况下圆环谐波域最小方差无失真响应波束形成器，而球面阵相位模式阵列处理等效于空间均匀噪声场情况下球谐波域最小方差无失真响应波束形成器。这一发现使得相位模式阵列处理方法稳健性差的原因得到解释，并提出通过谐波域白噪声增益约束可使其稳健性提高。

第 13 章与第 14 章介绍目标方位估计方法，前面几章介绍的波束优化设计与波束形成方法在这两章得到具体应用。其中，第 13 章介绍基于波束扫描的方位谱估计方法，包括阵元域与模态域方法。第 14 章介绍信号子空间高分辨方位估计方法，包括阵元域、模态域与波束域的窄带与宽带方位谱估计方法等。

本书为了验证书中介绍的各种方法的性能，以及便于对不同方法进行比较，做了大量的设计计算，为读者提供了大量的设计范例。而且为了便于读者掌握本书介绍的各种方法，并能重现本书中的各个算例，本书所有算例均采用计算机仿真，并给出了详细仿真步骤。读者如果需要考察各方法在实际环境中的使用效果，可以参阅作者发表的相关论文。

本书涉及的相关研究工作得到了作者的博士指导教师马远良院士和博士后合作导师侯朝焕院士的指导。他们对本书的撰写给予了支持与鼓励，并提出了部分修改意见，在此对两位恩师表示感谢。同时感谢国家自然科学基金(No. 61725106，No. 61431020)的资助。

限于作者的水平与经验，书中难免存在一些疏漏，恳请读者批评指正。

作　者

2017 年 9 月

目　　录

第 1 章　绪　　论

1.1　阵列信号处理应用范围

阵列信号处理在雷达、声呐、无线通信、医学成像、地质勘探、射电天文学等多个领域具有广泛的应用。

雷达是阵列处理最早的应用领域。雷达在军用与民用方面都具有较多应用，大多数雷达是主动系统，天线阵既用于发射信号也用于接收信号。相控阵天线的概念早在第一次世界大战期间就已经形成[1]，在第二次世界大战中得到了实际应用，如美国海军的火控雷达系统[2]与高分辨导航雷达[3]。Skolnik[4]对雷达相控阵的应用有详细的描述，文献[5]和文献[6]对雷达系统不同方面应用进行了论述。Gini 等列出了截至 2000 年关于雷达信号处理方面的近 700 篇文献[7]。

声呐系统也广泛应用阵列处理。Baggeroer 等[8]、Knight 等[9]与 Owsley[10]都对声呐系统中的阵列处理有详细的论述。主动声呐在水中发射声波并接收处理回波，其原理与雷达有很多相似之处。不同的是，声波在水中的传播比电磁波在大气中的传播更复杂，传播特性对声呐系统设计有较大的影响。Urick 的著作[11]是讨论关于水下声波传播的重要文献。被动声呐系统主要是被动接收声波信号，然后估计声场的时空特性。被动声呐的一个重要的应用是对潜艇进行检测与跟踪。有关声呐系统与声呐信号处理方面的描述可以参阅文献[12]～文献[14]。

天线阵列也被用于无线通信系统[15]。最早在 20 世纪 30 年代就被用于横跨大西洋进行短波通信[16]。现在，天线阵列还用于卫星通信及无线手机通信[17-21]。例如，“智能天线”就是指无线系统中使用的自适应阵。

阵列处理还被用于医学成像[22-24]、地质勘探[25-27]、射电天文学[28-33]、麦克风阵列处理[34-37]等多个领域。

自 20 世纪 60 年代以来，阵列信号处理领域已经在 IEEE 系列期刊出版了数次专辑(如 *IEEE Trans. Antennas Propagat.*[38-40]、*IEEE J. Oceanic Eng.*[41]与 *Proc. IEEE*[42])与综述[43-49]。大量的关于阵列信号处理的研究论文除了发表在前面提到的几种期刊之外，比较多的还发表在 *IEEE Trans. Signal Processing*、*IEEE-ACM Trans. Audio Speech Lang. Process.*、*IEEE Trans. Aerosp. Electron. Syst.*、*J. Acoust. Soc. Am.* 等期刊上。到目前为止，国外已经出版了阵列信号处理方面的重要专著[50-63]，国内也有部分相关著作[64-68]出版。

1.2　研究历史与现状

波束形成(beamforming)是阵列信号处理的一个非常重要的任务，它采用空间分布的传感器阵列采集包含期望信号与噪声[69,70]的物理场(声场、电磁场等)数据，然后对所采集的阵列数据进行线性加权组合处理得到一个标量波束输出，该处理器称为波束形成器。

波束形成的主要功能包括：形成基阵接收系统的方向性；进行空域滤波，抑制空间干扰与环境噪声，提高信噪比；估计信号到达方向，进行多目标分辨；为信号源定位创造条件；为目标识别提供信息等。通过波束形成处理，实现对目标的检测与定位。

根据所处理的数据的频带宽度进行划分，波束形成器可分为窄带波束形成器与宽带波束形成器。在窄带波束形成器中，各阵元数据进行加权求和得到输出。通过设计合适的加权值，可以有选择性地增强来自某一指定方向的信号，抑制其他方向到达的信号(称为干扰与噪声)，提高输出信噪比。这与时域处理中通过设计有限冲激响应(finite impulse response，FIR)滤波器系数，有选择性地使某些频率成分通过，抑制其他频率成分的处理过程非常相似。因此，波束形成器也被称作空域滤波器[45]。宽带波束形成器以窄带波束形成器为基础，窄带波束形成器可以看作宽带波束形成器的特例。鄢社锋等对宽带波束形成器的设计与实现进行了综述[71]。

传感器阵列的空域滤波性能由其结构形状、阵元数目及处理算法等因素决定。阵列的结构形状往往受其安装的空间环境所限制，阵元数目受信号场空间相关半径与设备成本的限制，因此提高阵列性能的一种较好的途径是改进阵列处理算法，即根据不同的需求与应用背景设计高性能的波束形成器。

加权值决定了波束形成器的空间滤波特性，波束形成器根据其加权值的选择可以分为数据独立波束形成器与统计最优的波束形成器两种。数据独立波束形成器的加权值是固定的，不随接收数据的变化而变化，对接收数据提供固定的响应，包括常规(时延求和)波束形成器与部分旁瓣控制波束形成器(如 Chebyshev 波束形成器[72]等)。统计最优波束形成器基于接收数据的统计特性对加权值进行优化。例如，多旁瓣抵消器(multiple sidelobe canceller，MSC)[73]、最大信噪比法波束形成器[74]、线性约束最小方差(linearly constrained minimum variance，LCMV)波束形成器[75]等都属于统计最优波束形成器。阵列数据的统计性有时是未知的，甚至可能随时间发生变化，这就需要采用自适应算法获得统计优化波束形成器的加权向量。Marr 列出了 1986 年以前关于自适应天线阵列的部分文献[44]。当阵元数目很大时，为了减小计算量，就会采用部分自适应算法，而其代价是损失一部分最优性能。在实际应用中，由于各种失配误差的影响，波束形成器的实际性能相比于理想情况有所下降[76]，有些波束形成器比较稳健，而有些对误差敏感。

波束形成器性能的优劣，一般可以从以下几个重要性能指标来考察：主瓣宽度、旁瓣级、阵增益、稳健性、主瓣响应、频率响应等。低旁瓣可以有效抑制来自旁瓣区域的干扰，降低目标检测的虚警概率；窄的主瓣宽度可以提高目标方位分辨能力；高的阵增益可以提高系统对弱目标的检测能力；高稳健性使波束形成的性能受各种失配的影响减小。波束优化设计的目的就是使波束形成器的这些性能最优。

波束形成器的这几个性能之间不是独立的，而是相互关联的，波束优化设计就是在这些互相冲突的性能之间寻找最佳的折中，设计出满足需要的、综合性能最优的波束形成器[77]。文献中的波束优化设计方法就是对这几个性能指标中的一个或多个指标进行优化或折中。例如，Dolph 于 1946 年提出了在波束主瓣宽度与旁瓣级之间寻优的 Dolph-Chebyshev 波束设计方法[72]。Capon 于 1969 年提出了使理想阵增益最高的最小方差无失真响应(minimum variance distortionless response，MVDR)波束形成器[78]，后人也称为 Capon 波束形成器。Cox 等于 1987 年提出稳健自适应波束处理方法[79]，提高基阵波束形成器对基阵误差的稳健性。这些是波束形成器优化设计方面的几个具有里程碑意义的重要文献，其他的文献大多以它们作为研究基础，对它们的性能进行改进。

下面分别从几个方面回顾波束形成器优化设计的历史与现状。

1.2.1 阵增益与稳健性

常规波束形成器对各通道数据通过简单的延迟求和达到空间滤波的效果，它具有最好的稳健性。但由于它受到基阵孔径大小的限制，空间处理增益有限，空间分辨率较低。Capon 波束形成器在保证对感兴趣方位的信号无失真输出的条件下，使基阵输出功率最小，最大限度地提高输出信噪比，或者说最大限度地提高阵增益，具有很好的干扰抑制能力。Capon 波束形成器也可以解释为协方差矩阵拟合问题[80]，具有很好的方位分辨能力。空间均匀噪声场中的端射阵使用 Capon 波束形成器可以获得远高于常规处理的“超增益”[81]。

但是 Capon 波束形成方法是建立在阵列对期望信号的响应精确已知的假想基础上的，它对基阵的误差比较敏感。要获得较高的性能，需要精确知道期望信号响应向量(称为导向向量)与噪声(包括干扰)协方差矩阵。

在实际场景中，波束加权向量存在误差[82]。对于 Capon 波束形成器，加权向量同导向向量与噪声协方差矩阵有关，而导向向量与噪声协方差矩阵都存在误差，造成 Capon 波束形成器的性能下降严重。

首先，阵列对期望信号的假想响应与真实响应失配。造成这种失配的原因有：观察方向误差[83-86]，阵形标定误差[87,88]，未知波前扭曲与信号衰减[89-92]，近场模型失配[93]，局部散射[94-97]，环境非平稳造成信号和噪声幅度与相位起伏[98]等。传统的自适应阵算法对这些类型的轻微失配会特别敏感，因为在这些情况下，所施加的无失真约束条件并不是恰好针对实际期望信号，自适应波束形成器会把实际期望信号误作为干扰而形成零陷[99]，导致信号自消现象。Capon 波束形成器相比于标准波束形成器性能就会下降[100,101]。

其次，噪声协方差矩阵一般是未知的，往往采用自适应方法估计的数据协方差矩阵[102]来代替。一方面，采用有限样本估计的数据协方差矩阵与真实数据协方差矩阵间存在误差，训练样本越少，误差越大；另一方面，传统的自适应波束形成方法假设在训练数据中不包括期望信号成分[74,103]。虽然在某些情况下(如雷达与主动声呐应用中)这种假设是可能的，但是在更多情况下，观察数据中一般含有期望信号成分，如被动声呐、无线通信、麦克风阵列与天文学等应用。

使用样本数据协方差矩阵代替噪声协方差矩阵对自适应波束形成造成的影响是旁瓣升高[104]与阵增益减小。在训练数据中不包括期望信号成分时，自适应波束形成算法对导向向量误差与较少训练样本还具有一定的稳健性[105,106]。但是当训练数据中包含期望信号时，传统的自适应波束形成方法就会产生信号“自消”现象[107]，此时波束性能与收敛速率就会严重下降[108]。即使是导向向量精确已知但训练样本有限时亦是如此。有趣的是，由于训练样本较少产生的协方差矩阵误差对 Capon 波束形成器性能的影响可以看作好像是由于导向向量误差引起的[99]。输入信噪比越高，性能下降程度越剧烈。在高信噪比的情况下，即使很小的随机误差都会使基阵增益严重下降，甚至下降到比常规波束形成器还差，高增益与稳健性是一对矛盾。

为了减小 Capon 波束形成器对各种误差失配引起的性能下降，近 40 年来已经出现了大量的方法来提高自适应波束形成器的稳健性。例如，线性约束最小方差波束形成，包括点约束[75,105]与微分约束[109-111]等。它对信号到达方向的不确定性具有较好的稳健性[109]，但是这种技术只适用于观察方向失配情况，对其他类型导向向量失配，如阵形扰动、阵列流形模型误差、波前扭曲、源局部散射等产生的失配并不能提供足够的稳健性。而且它会减小波束形成器的自由度，降低其干扰抑制能力。

在能够部分解决任意导向向量失配问题的其他几种方法中，最常用的是二次约束波束形成方法[79,112,113]与基于特征空间的波束形成方法[99,114-117]。二次约束方法对权向量的 Euclidean 范数施加一个二次约束。早期由于加权向量范数约束方法难以直接实现，所以一般采用样本协方差矩阵对角加载波束形成方法[50,79,118-121]来实现。这些对角加载方法及其改进方法能够提供信号导向向量失配与样本协方差矩阵存在误差情况下的稳健波束形成，是一种比较简便易行的方法，得到了广泛的应用。不过，这种对角加载方法的主要缺点是无法根据失配的程度获得优化的对角加载量。基于子空间的方法要求知道噪声协方差矩阵的信息，不仅对导向向量误差敏感，而且对噪声协方差矩阵的不精确性也非常敏感，即使能提高对导向向量的稳健性，仍不能解决其对噪声协方差矩阵的敏感问题，而且在低信噪比的情况或当信号加干扰子空间维数较高时失效，往往需要精确知道信号加噪声子空间的维数。这导致该类方法难以应用于无线通信领域，因为在无线通信中由于信号局部散射的影响导致信号加干扰子空间维数不确定，且相对较高[94-97]。

2003 年后，Gershman 等[122,123]、Li 等[124-126]、Boyd 等[127]分别提出了能够根据导向向量不确定范围来选取参数的稳健波束形成方法，具有更清晰的理论背景。有趣的是，这几种方法也属于对角加载类算法，与普通的对角加载算法不同的是，它们明确利用了导向向量误差信息，能够根据导向向量误差椭圆不确定集来精确计算对角加载量。其中三种方法[122,125,127]本质上是相同的，但求解方法各不相同，它们能够统一起来。Kim 等将这一类方法进一步发展[128]，能处理更灵活的导向向量与协方差矩阵模型不确定性问题。

本书第 4 章对波束形成器的稳健性进行分析，第 5 章具体阐述稳健波束形成器的设计问题。

1.2.2 波束图优化设计

在 1.2.1 节中介绍的优化波束形成方法仅仅是对波束形成器的阵增益与稳健性这两个性能指标进行优化，并没有考虑波束图形状。波束图优化设计包括两方面的研究内容，一个是控制波束旁瓣，另一个是设计波束主瓣响应。近年来这两方面的设计问题逐渐受到人们的关注，文献中将这两方面波束图设计问题称作波束图综合(array pattern synthesis)问题。本书将旁瓣控制问题与期望响应波束设计问题分开讨论，书中所说的“波束图综合”主要指期望响应波束设计问题。

首先考虑旁瓣控制波束设计问题。对于固定阵形与噪声场，常规波束形成器的旁瓣都是固定的。当它运用于某些形状的基阵时，旁瓣可能会比较高。对于实际基阵系统，单个传感器可能不是各向同性的，各传感器的灵敏度也不太相同。当换能器安装到基阵架上后，结构遮挡与散射、阵元互耦、预处理通道的不一致性等因素造成各阵元的不一致性更加严重，这些都会使旁瓣进一步升高。另外，在统计最优波束形成器中，为了追求高增益而造成波束旁瓣升高，有时会达到难以忍受的程度。由于过高的旁瓣使得系统虚警概率增高，所以旁瓣控制问题成为波束优化的一个重要研究问题。

到目前为止，已经出现了大量的旁瓣控制优化波束形成方法。早期的方法只针对规则形状阵列。最经典的是 Dolph[72]于 1946 年提出的 Dolph-Chebyshev 方法，该方法能产生恒定旁瓣级，可以根据给定的旁瓣级或主瓣宽度计算出权向量[129]。对于半波长间隔均匀线列阵，Dolph-Chebyshev 方法在给定主瓣宽度的条件下能获得最低的旁瓣级，或者在给定旁瓣级的条件下能够得到最小的主瓣宽度。Riblet 将 Dolph 的方法进一步推广，称为 Riblet-Chebyshev 方法[129]。对于半波长间隔均匀线列阵，两种方法相同；但当阵元间隔小于半波长且阵元数为不小于 7 的奇数时，Riblet-Chebyshev 法能获得更窄的主瓣。不幸的是，这两种 Chebyshev 方法只适用于由各向同性阵元组成的均匀线列阵，对其他阵形或阵元非各向同性时无能为力。Taylor 提出了适用于连续线阵[130]和圆面阵[131]的旁瓣约束方法，该方法约束最大旁瓣高度，并获得远离主瓣方向逐渐下降的旁瓣。Elliott 对 Taylor 的方法进行了改进[132]，使旁瓣高度能个别指定。Villeneuve 将 Taylor 的方法运用于离散线列阵[133]。Hansen[134]对这一类旁瓣控制波束图设计方法进行了总结。但是，所有这些方法都只适用于特定形状的基阵，且要求各阵元是各向同性的。对于其他的任意几何形状阵形、阵元本身具有指向性，或组成基阵的各阵元灵敏度存在差异时，就不能够获得理想的期望旁瓣。

基于自适应阵原理的旁瓣控制方法适用于任意结构的基阵。在存在干扰的情况下，自适应波束形成器能够在干扰方向自动形成一个“凹槽”。基于该原理，马远良于 1984 年提出了适用于任意结构形状传感器阵方向图的最佳化方法——“凹槽噪声场法”[135]。他通过在旁瓣区域人为放置若干虚拟干扰源，获得了主瓣宽度约束下最低旁瓣级加权向量的数值解。基于同样的原理，Olen 等于 1990 年提出了静态波束图的数字综合方法[136]，该方法对旁瓣区域内噪声源的自适应调整做了进一步的讨论。基于 Olen 方法，通过反复迭代过程，可以获得给定主瓣宽度条件下的最低均匀旁瓣级[137]，相当于将 Chebyshev 方法推广到任意形状阵列。吴仁彪等通过引入实测阵列流形，提出了阵列流形严重畸变情况下的波束旁瓣控制方法[138,139]。该方法能够使设计波束受到的基阵结构散射、遮挡、阵元互耦、通道不一致性等不良影响得到最大限度的消除。该方法已经成功地应用于体积阵优化设计。不过，这一类方法的主要缺点是，由于它们是采用自适应或迭代方法实现的，并不能保证完全收敛，不能保证旁瓣得到严格控制，误差比较大。而且 Olen 方法在迭代过程中对主瓣宽度没有约束，容易造成主瓣较快增宽。换言之，在给定旁瓣级的条件下并不能保证获得最窄的主瓣。

在给定波束主瓣宽度的情况下，波束能获得的最低旁瓣是有限的。当干扰功率太大时，即使从波束旁瓣方位入射，仍旧会对主瓣入射的期望信号产生较大的干扰，此时我们需要在干扰方向形成凹槽或零点来对干扰进行抑制。虽然自适应方法可以在干扰方向形成零点，但当目标运动时，自适应方法产生的零点可能难以跟踪目标的运动[140]，这时需要采用零点展宽技术[141-149]，使得波束旁瓣区域形成一个较宽的凹槽，保证干扰方向始终位于凹槽内。

除了波束旁瓣控制之外，期望响应设计是波束图设计问题的另一个研究方向。二次规划方法[150-156]是适用于任意结构基阵的期望响应波束设计方法，其原理就是使设计的波束与期望波束的均方误差(或 ℓ_2 范数)最小。如果通过选择一定的期望波束(例如，让波束观察方向期望响应为 1，旁瓣期望响应为 0)，该方法也可以达到控制旁瓣的目的。朱维杰等利用时空域处理类比关系，将 Widrow 和 Stearns 提出的期望响应 FIR 滤波器最小均方准则(least mean square，LMS)自适应设计法[52]运用于波束形成器设计，使设计波束响应按最小均方准则逼近于期望波束响应[157]，它也可视作一种二次规划法。但是由于自适应算法中迭代步长难以选择，并不能保证完全收敛，导致设计结果存在一定的误差。事实上，期望响应波束最小均方逼近问题具有最小二乘解析解，二次规划方法的设计精度至多逼近于该解析解。二次规划方法的一个主要缺点是，它只使用了误差的 ℓ_2 范数逼近准则，相当于使设计波束在全方位(包括主瓣区域与旁瓣区域)同时逼近于期望波束，而我们真正感兴趣的只是波束主瓣区域，这些方法相当于在旁瓣区域增加了多余的等式约束，必然造成设计波束与参考波束主瓣区域拟合误差增大。Er 提出的方法[158,159]在设计期望响应主瓣的同时，控制波束均方旁瓣级。事实上，对于旁瓣区域，我们往往更希望控制最高旁瓣峰，即控制旁瓣与零电平之间的最大误差(ℓ_∞ 范数)，这是二次规划方法无法实现的。因此，很有必要研究混合范数逼近优化波束设计方法，例如，在主瓣区域采用最小均方逼近准则，在旁瓣区域采用 ℓ_∞ 范数准则。

在以上提到的所有波束图优化设计(包括旁瓣控制与期望响应波束设计)方法中，都仅仅是对波束主瓣或旁瓣进行优化，既没有考虑波束形成器的稳健性，也没有考虑由于旁瓣控制而对阵增益产生的副作用，这使得这些方法在使用时存在很多缺陷。因为波束的这几个指标之间是相互关联的，单纯地优化其中一两个指标时，其他性能往往会变差。因此，非常有必要同时考虑波束形成方法对旁瓣级、稳健性与阵增益等多方面的影响，能在它们之间进行合理综合折中。

自从 Boyd 等[160]引入凸优化(convex optimization[161])算法之后，出现了一类灵活的波束图设计方法。鄢社锋等借鉴凸优化算法的强大功能，运用新近发展起来的一类凸优化方法——二阶锥规划[162](second-order cone programming，SOCP)方法进行优化波束设计，提出了一整套兼顾多个性能指标的波束形成器优化设计方法，包括稳健低旁瓣高增益波束设计[163,164]与稳健低旁瓣期望主瓣响应波束设计[165,166]等。对于前者，采用 Minimax 准则(亦称 Chebyshev 准则)控制波束旁瓣，其实是将前面提到的 Chebyshev 波束设计方法[72,129]推广到任意阵形，且能考虑阵元方向性，更重要的是该方法能够通过对加权向量范数施加约束来提高波束形成器的稳健性。对于后者，采用混合范数准则，让主瓣响应与旁瓣按不同的准则逼近期望值(让误差 ℓ_2 或 ℓ_∞ 范数最小)，能满足多样化的设计需求，且能提高波束稳健性。

在某些应用中，如发射波束设计问题中，只需考虑波束幅度响应，对波束相位响应并不作要求，这种问题称为期望幅度响应波束设计问题。对于该设计问题，期望响应(包括幅度响应与相位响应)波束只是它的一个次优解。如果不考虑相位响应，期望幅度响应波束形成器应该能获得更高的主瓣幅度逼近精度。Wang 等[167]与 Shi 等[168]分别采用半定规划[169](semidefinite programming)迭代的方法与最小均方迭代方法来设计期望幅度响应波束。后者方法由于在每次迭代中采用最小均方准则，同样存在前面所述的旁瓣冗余等式约束问题；前者的方法通过适当改进，仅对主瓣进行幅度逼近，对旁瓣进行单独控制，可以使主瓣幅度逼近精度更高[170]。

以上这些波束图优化设计方法中，都是假设基阵阵列流形是已知的。在实际中，我们一般无法知道精确的阵列流形向量，只能知道它大概处于某个范围内。当阵列流形向量存在误差时，采用理想方法设计的波束图就会出现畸变，一般会使波束旁瓣升高。对加权向量范数进行约束可以提高波束形成器的稳健性，但其主要缺点是无法根据阵列流形的不确定范围来计算最优的加权向量范数约束值。鄢社锋等提出了抗阵列流形误差的旁瓣控制波束设计方法[171]。

本书第 6 章具体阐述波束形成器的旁瓣设计问题，主瓣设计问题在第 7 章中阐述。

1.2.3　恒定主瓣响应波束设计

前面介绍了窄带波束优化设计的问题。在很多情况下，宽带波束形成器在频域实现，通过傅里叶(Fourier)变换将数据从时域转换到频域的多个子带，每个子带满足窄带条件，于是前面提到的窄带波束设计方法可以直接使用。

在子带波束设计问题中，恒定主瓣响应波束形成器是研究得比较多的一种波束设计问题。这种波束形成器的一个重要特性是保证从主瓣区域入射信号的波束输出频谱不发生畸变。

对于常规波束形成器，其波束主瓣宽度随频率降低而增宽。此时只有当信号源从波束所指方向(主轴)入射时，才能保证信号通过波束形成器后，输出频谱保持不变；否则，若信号从主瓣非主轴方向入射，信号频谱就会发生畸变，好像进行了低通滤波一样。而如果使用主瓣响应不随频率发生变化的波束形成器，即恒定主瓣响应波束形成器，只要信号从主瓣扇面区域入射，就能保证工作频带内的频谱不发生畸变。

这种波束形成器早期的设计采用组合阵法[172]，在一个倍频程工作频带的低频与高频分别设计一个子阵列，低频子阵尺寸是高频尺寸的两倍，即它们的相对孔径相同，从而两个子阵在各自的频率点具有相同的波束图。频带内其他频率点的波束采用两个子阵线性组合得到，使该工作频带内波束宽度近似恒定。Wang 等的方法[173]中使用的平面阵也采用了这种扩张式的多子阵结构。这种方法明显的缺点是要求阵形严格满足扩展结构，基阵尺寸较大，需要的阵元数目多。同样根据波束响应、频率与孔径的关系，Ward 等推导了连续阵在实现波束响应恒定时的加权值同其位置与频率的关系，并用离散阵列近似该连续阵[174]，离散阵列具有在频带内近似不变的波束响应。但该方法对阵元位置有一定的要求，难以适用于任意形状的基阵。为解决组合阵方法需要设计不同子阵的问题，智婉君和李志舜提出了采用空间重采样的方法构建空间虚拟子阵的设计方法[175]，减少了实际需要的阵元数目，但该方法只适用于均匀线列阵。基于类似的思想，朱维杰和孙进才提出了直接对阵列接收数据进行重采样，构造空间虚拟阵数据的设计方法[176]。杨益新和孙超提出了一种适用于任意几何形状阵列的恒定响应波束加权向量设计方法[177]，并运用测试数据进行了检验[178]。其原理是将基阵的响应向量采用 Bessel 级数近似表示，建立基阵在各子带频率与参考频率处的响应向量之间的近似解析关系，进而根据参考频率加权向量计算设计频率的加权向量，使该频率设计的波束图逼近于参考波束。该方法的主要缺点是采用 Bessel 级数近似需要较高的阶次，导致要求阵元数目较多。Parra 提出的基于球谐波的方法[179]对阵元位置没有要求，对阵元数目也没有限制。但是，以上这些方法[172-179]对基阵的一个共同假设就是所有阵元没有方向性，各阵元灵敏度完全相同。这一理想假设导致这些方法在实际应用中误差增大，性能下降。

为了使恒定响应波束形成器适用于任意几何形状阵列且能够考虑阵元方向性，可以采用一些数值方法。这些方法的设计步骤一般是，首先选择一个期望响应波束，然后采用前面提到的期望响应波束设计方法来设计其他子带的波束，使各子带波束响应逼近于期望波束。

值得说明的是，有些文献[166,172,173,175,177,178]将具有频率不变响应的波束形成器称为恒定束宽波束形成器。“恒定束宽”，顾名思义，就是波束的主瓣宽度不随频率发生变化。由于波束主瓣响应包括幅度响应与相位响应，仅用波束宽度并不能完全表述波束主瓣特性，容易造成误解。为了与幅度响应(不考虑相位)波束设计问题[167,168]区分，本书中将这一类波束形成器称为恒定主瓣响应波束形成器。

恒定主瓣响应波束形成器设计问题将在第 7 章进行阐述。

1.2.4　波束形成器的实现

波束形成器的实现包括频域实现与时域实现两种方式。

对于窄带波束形成器，频域实现就是直接将窄带阵列快拍数据进行复数加权求和得到波束输出，但要求阵列快拍数据也是复数形式。如果阵列数据为实数模型，则需要将数据在基带进行正交解调，然后对两个正交分量分别与加权向量的实部与虚部进行加权求和。时域实现就是直接对各阵元数据进行时延加权求和。由于窄带数据时延等效为相移，所以也可以采用相移加权求和来实现。张燕武和马远良提出了一种采用 FIR 滤波器实现的实数阵列数据相移波束形成方法[180]。马远良等接着又提出用 FIR 滤波器实现高精度数字时延的方法[181]，与前者相结合说明 FIR 滤波器完全具备实现窄带和宽带波束形成器所需的相位、幅度加权和时延调节功能。

由于宽带信号可以获得远比窄带信号丰富的目标信息，有利于目标检测，所以很多阵列信号处理系统都采用宽带处理[182]。对于宽带波束形成，频域处理方法为：首先采用离散傅里叶变换(discrete Fourier transform，DFT)或快速傅里叶变换(fast Fourier transform，FFT)将阵列数据分解为若干子带，每个子带满足窄带条件，然后针对每个子带进行窄带波束形成，最后对各子带输出进行傅里叶逆变换得到宽带波束输出时间序列。这种频域处理器称为 DFT 波束形成器。时域处理方法为：首先将每个阵元数据进行适当的延时，然后分别通过一个对应的 FIR 滤波器，再将每个滤波器输出相加，即得到宽带波束输出序列。这种时域处理器称为 FIR 波束形成器。这些 FIR 滤波器的系数决定了波束形成器的空、频响应特性。DFT 波束形成是分块处理，FIR 波束形成是实时处理。

频域实现方法比较直观，但是由于是分块处理，不具有实时性。而且 DFT 处理相当于在频域进行了加窗处理，使得变换到时域时数据块前后部分存在误差。将各块波束输出时域数据组合成连续信号后出现块间“缝合”不流畅，相当于引入了周期性干扰。如果对数据采用重叠分段处理，这种误差可以减小。时域波束形成是实时连续处理，它可以解决波束输出不连贯的问题。

时域 FIR 宽带波束形成器设计就是设计对应于各阵元的 FIR 滤波器。Frost 于 1972 年提出的线性约束自适应波束形成方法是早期的比较著名的 FIR 波束形成法[75]，他采用约束最小均方方法使 FIR 波束形成器对已知方向的期望信号产生响应，最大限度地抑制噪声，该方法相当于将 Capon 波束形成器向宽带扩展。但该方法要求期望信号到达各 FIR 滤波器第 1 节拍时是同相位的，例如，让线阵舷侧方向刚好对准期望信号方向。如果相位不相同，则各通道需要先进行预延迟实现同相。由于该延迟往往不是采样周期的整数倍，不能采用整数节拍延迟，一般采用复杂的机械或电子预扫描来实现。Griffiths 和 Jim 将 Widrow 等提出的自适应噪声对消方法[183]应用于线性约束自适应波束形成，提出了广义旁瓣对消波束形成结构[105]。该方法同样假设期望信号到达各 FIR 滤波器第 1 节拍是同相位的，并指出当预延迟存在误差时造成波束形成器性能下降，高信噪比时尤其严重。这类似于 Capon 波束形成器在存在导向向量误差时性能下降。

Compton 研究了自适应阵中 FIR 处理器与 DFT 处理器之间的关系[184]，他指出当FIR处理器中的节拍数与DFT处理器中样本长度相等时它们能获得相同的输出信噪比。Godara 推导了 FIR 处理器中各阵元对应的滤波器系数与 DFT 处理器中该阵元各子带加权值之间的关系[185,186]，他指出若 FIR 处理器中的节拍数与 DFT 处理器中样本长度相等，两个处理器输入数据段相同，如果要求两个处理器输出最新时刻数据点相等，则 DFT 处理器中某阵元在各子带的加权值与 FIR 处理器中该阵元对应的 FIR 滤波器系数存在傅里叶变换对关系。于是可以先在频域计算加权向量，然后通过傅里叶变换对关系，由频域加权向量计算 FIR 滤波器的系数，降低计算量。

事实上，在 FIR 波束形成器中，某阵元在某频率的等效加权值为该阵元对应滤波器在该频率的响应。因此，FIR 波束形成器设计问题相当于设计一组频率响应逼近于对应子带波束加权值的 FIR 滤波器。从这种意义上来说，Godara 的方法[185]采用傅里叶逆变换方法来设计 FIR 滤波器，其设计性能较差。

张保嵩和马远良提出了将 FIR 波束形成器分解为子带波束设计与 FIR 滤波器设

计两部分来实现[187]，本书中将这种分解为两步设计的方法称为“分步设计法”。其设计步骤为：首先设计频域子带波束加权向量，然后设计对应于各阵元的 FIR 滤波器，使滤波器在这些子带中心频率的响应逼近于频域子带复数加权值。该分步设计法相当于将窄带相移波束形成方法[180]推广到宽带处理。文献[187]中的 FIR 滤波器采用的是 Widrow 和 Stearns 提出的期望响应 FIR 滤波器 LMS 模型参考自适应设计法[52]。基于同样的原理，杨益新等将 LMS 自适应设计法中迭代步长的选取进行了适当优化[188]，并用改进的 FIR 滤波器设计法与旁瓣控制波束设计法[136]相结合，设计出时域宽带低旁瓣波束形成器[189,190]。郭祺丽等只设计较稀疏子带的加权向量，然后采用内插技术拟合出较密的子带加权向量，再采用同样的方法设计 FIR 滤波器[191]，以降低设计精度为代价缩短了计算时间。但是，由于该期望响应 FIR 滤波器设计采用自适应或迭代方法实现，并不能保证完全收敛，造成误差较大。

事实上，期望响应 FIR 滤波器设计与期望响应波束设计问题比较相似，可以通过构造不同的设计准则与选择合适的求解计算技术来实现。目前已经有很多 FIR 滤波器优化设计方法，包括单一范数逼近法，如最小均方逼近[192]准则与 Chebyshev 逼近[193,194]准则，以及混合范数逼近法，如峰值约束最小均方准则[195]；等起伏通带与峰值约束最小均方阻带准则[196]；通带 Chebyshev、阻带最小均方准则[197]；通带(或阻带)均方误差约束的阻带(或通带)最小均方准则[198]等。鄢社锋和马远良提出了一种通用的 FIR 滤波器优化设计方法[199]，将以上提到的各种优化准则设计方法全部纳入一个通用框架体系，采用二阶锥规划方法求解，设计精度高。并将该 FIR 滤波器设计与波束优化设计相结合，提高了 FIR 波束形成器“分步设计法”的精度[165,166]。

分步设计法设计简便，计算量小，虽然采用二阶锥规划法在两个步骤都能获得单独设计问题的最优解，但不能保证最终综合的结果是全局最优的。例如，FIR 滤波器阻带衰减量难以确定；在阻带与过渡带的波束旁瓣难以控制；FIR 滤波器不可避免的设计误差(虽然该误差可能很小)导致 FIR 波束形成器的旁瓣升高，自适应方法中干扰方向的凹槽深度变浅等。鉴于此，鄢社锋等提出了一种恒定主瓣响应 FIR 波束形成器，其设计思想是：将 FIR 波束形成器的宽带波束响应表达成滤波器系数的函数，构造优化问题，直接针对优化问题求解对应于所有通道的滤波器系数，可以获得满足约束条件的全局最优解。该方法能够严格控制 FIR 波束形成器的旁瓣，还能够控制过渡带与阻带区域的波束响应幅度(可以称为频域旁瓣)。相对于分步设计法而言，该全局优化法设计精度更高，但计算量也更大[200]。此外，通过增加滤波器系数范数约束，可以提高 FIR 波束形成器的稳健性。同样的设计理念还被用于设计旁瓣控制 FIR 自适应波束形成器[201]。

该恒定主瓣响应波束形成器与前面提到的所有恒定主瓣响应波束设计问题有一个共同点，都是首先选择一个期望波束响应，然后使各子带波束响应逼近于该期望响应，从而使宽带波束具有近似恒定的主瓣响应。但如何选择一个最优的期望响应能使获得的宽带波束具有最高的主瓣逼近精度，是这些方法的一个共同缺点。鄢社锋等提出了基于最小主瓣差异的波束设计方法[202]，该方法不需要预先选择参考波束，仅仅让各频率波束主瓣响应间的误差最小化。该方法的设计准则更合理，精度也更高。

本书第 8 章具体阐述宽带波束形成器的频域与时域实现方法，第 9 章对宽带波束形成器优化设计问题进行了深入研究。

1.2.5 模态阵列信号处理

前面介绍的波束形成方法都是直接对各阵元接收数据进行波束形成，称为阵元域波束形成。模态阵列信号处理方法[203,204]是近年来出现的一类新方法，它基于傅里叶声学原理[205]，将球面阵、圆环阵等阵列接收的声场分解成若干阶正交的模态，于是可提取各阶模态进行声场重构。这类方法将声场传播、散射规律与信号处理紧密结合。

在 2002 年 6 月美国匹兹堡召开的美国声学会议上[206]，Meyer 和 Elko 展示了一个半径为 3.75cm 的刚性球面麦克风阵，球面上近似均匀分布 24 个麦克风，采用高达 3 阶球谐波模态波束形成技术，在较宽的频带获得了恒定的 12dB 阵增益，在此次声学会议上引起了一定的轰动。不过他们也指出，由于在低频时麦克风平均间距超过半波长，必须留意噪声与空间混叠。他们提出了一种球面阵模态波束形成结构[207]，其基本原理是，首先应用球谐波变换(一种空间傅里叶变换)从球面阵接收的声场提取(分解)出若干阶相互正交的球谐波模态，然后对各阶球谐波进行模态处理重建出声场。该方法获得的波束响应沿波束观察方向轴旋转对称，且观察方向可在球面三维空间扫描而不改变波束形状。同一年 Abhayapala 和 Ward 也提出了类似的利用球面麦克风阵提取高阶声场的方法[208]，用于进行三维声场重建。这类方法称为球面阵相位模式处理[209]。

Rafaely 等随后对球面阵模态波束形成进行了深入的研究[61,210-215]。他们利用球傅里叶变换与球卷积给出了在球面产生声压的平面波分解理论分析[210]，他们指出球面阵入射平面波幅度可以通过将球面上声压与另一个与频率和球半径相关的函数求球卷积获得。他们还将该方法运用于声场分析[211]，并对球面阵相位模式处理的性能受误差[212]与空间混叠影响进行了分析[214]，将球面阵相位模式处理与常规时延求和波束形成器的性能进行了比较[213]，将均匀线列阵的 Dolph-Chebyshev 波束图设计方法推广到球谐波阵[215]，进行波束旁瓣控制。

以上球谐波波束形成方法都是先从声场提取球谐波，再直接对球谐波进行加权求和，而为了提取到球谐波，一般要求阵元均匀或近似均匀地分布在球面，且需要用球模态幅度响应对球谐波域数据进行均衡(归一化)处理。而由于在低频时高阶球谐波数据分量非常小，容易受各种误差与噪声的影响，而对应的均衡系数很大，使得提取到的高阶球谐波误差非常大，在进行球谐波加权时由于引入了较大误差，导致波束性能下降。换言之，以上球谐波波束形成方法在频率较低且使用的球谐波阶数较高时稳健性很差。降低使用的球谐波阶数可以提高其稳健性，但这将降低波束形成器的指向性指数。

Li 和 Duraiswami[216]采用优化方法求解球谐波，可适用于阵元非均匀分布的球面阵。而且提取球谐波时对归一化因子进行了约束，减小了对低频高阶球谐波混入的噪声与误差的放大，可以提高球谐波处理的稳健性。不过该方法在提高波束稳健性的同时，球谐波处理的阵增益与波束响应会受到何种影响，不得而知。而且，该方法与以上提及的所有球谐波波束形成方法获得的波束响应都是固定不变的，难以根据用户需求灵活设计波束响应，在存在干扰的情况下，也不能在干扰方向自动形成凹槽来抑制干扰。

鄢社锋等提出了球谐波域优化波束形成方法[217-219]，他们首先采用球谐波变换将阵元域数据变换到球谐波域，然后在球谐波域进行波束形成。他们推导出了球谐波域与阵元域波束形成输出的等效性关系。利用该等效性可以推导出波束形成器的各性能参数(包括波束响应、阵增益、白噪声增益等)在球谐波域的表述，于是可以将阵元域波束优化设计方法推广应用到球谐波域，获得可以兼顾多种性能的球谐波域优化波束形成器。该球谐波域波束形成表述可以将前面介绍的各种球谐波处理方法[61,203,206-216]纳入统一的框架下，成为本框架下的一个特例，于是可以很方便地考察各特例方法的优缺点。基于此框架，他们还发现了球面阵相位模式阵列处理等效于空间均匀噪声场情况下的球谐波域 MVDR 波束形成器。这一发现说明球面阵相位模式处理其实就是球谐波域最高指向性指数波束形成，同时使得该方法稳健性差的原因得到了解释，于是可通过谐波域白噪声增益约束提高其稳健性。他们还进一步将 FIR 时域波束形成方法[202]应用于球谐波域，给出了基于 FIR 滤波器的时域球谐波波束形成结构，通过推导波束形成器各性能参数相对于 FIR 滤波器系数的函数关系，构造出多约束优化问题求解 FIR 滤波器系数，实现了时域球谐波域宽带波束形成[220]。

球面阵由于其三维对称特性，适用于分析三维声场。圆环阵由于其平面对称特性，适宜分析平面二维声场。与球面阵类似，圆环阵也可以采用模态处理方法，即将圆环阵接收声场分解成若干阶圆谐波，然后进行圆谐波域处理[221-227]。

Mathews 和 Zoltowski[221]利用均匀圆环阵进行相位模式波束形成估计目标方位。Teutsch 和 Kellermann 采用圆柱障板圆环阵声场圆谐波分解与重构方法[222]，对多个宽带声源进行检测与定位。Chan 和 Chen 采用共心多圆环阵，设计出具有频率不变的波束响应[223]。Tiana-Roig 等将圆环阵相位模式波束形成与常规时延求和波束形成进行了比较，相位模式波束形成器能获得较好的方位分辨与较低的波束旁瓣[224]。这些方法都属于圆环阵相位模式处理。

与球面阵类似，由于圆谐波提取过程中需要运用圆环模态幅度响应进行均衡处理，高阶圆谐波在低频段会引入很大的均衡系数而使噪声放大，进而使得其性能受到失配误差与噪声的影响严重。换言之，高阶圆谐波相位模式处理在低频时稳健性较差，降低使用的圆谐波阶数可以提高稳健性，但这将降低其阵增益。Parthy 等[225]运用 Tikhonov 正则化滤波方法，可以对加权系数进行约束，提高白噪声增益，提高圆谐波处理的稳健性。然而圆谐波处理的阵增益、稳健性、球谐波阶数等之间的关系并未完全弄清。

马远良等[228]从均匀圆环阵在空间均匀各向同性噪声场中的阵元域最佳波束形成器出发，利用噪声协方差矩阵的循环特性，通过对噪声协方差矩阵特征分解，推导出均匀圆环阵最高指向性指数波束形成可以表示成若干阶特征波束求和的形式。

鄢社锋提出了圆谐波域优化波束形成方法[227]。与球谐波域优化波束形成类似，他采用圆谐波变换将圆环阵阵元域数据变换到圆谐波域，然后在圆谐波域进行波束形成。他利用圆谐波域与阵元域波束形成的等效性关系，推导了波束形成器的各性能参数在圆谐波域的表述，将阵元域波束优化设计方法推广应用到圆谐波域。同样，该圆谐波域波束形成表述可以将前面介绍的圆环阵处理方法[221-226,228]纳入统一的框架下。基于该框架发现：圆环阵阵相位模式阵列处理等效于平面各向同性噪声场中的圆谐波域 MVDR 波束形成器，文献[228]中的方法等效于圆谐波域最大指向性波束形成器，时延求和波束形成器等效于圆谐波域最大白噪声增益波束形成器。

同样，参考时域球谐波域宽带波束形成方法[220]，将 FIR 时域波束形成方法[202]应用于圆谐波域，可以得到基于 FIR 滤波器的时域圆谐波波束形成结构，并可通过构造出多约束优化问题求解该波束形成结构中波束合成 FIR 滤波器系数。

本书第 11 章具体阐述圆环阵圆谐波波束形成问题，第 12 章具体阐述球面阵球谐波波束形成问题。

模态域与阵元域多性能参数联合优化设计方法[71,202,217,220,227]解决了传感器阵列实际应用中多个(3 个及以上)性能难以兼顾的难题。这些方法构建出窄带与宽带阵列在频域、时域、空域、模态域的统一优化模型，是一个准普适方法，它将文献已有绝大部分波束设计方法纳入形式简洁的统一框架体系，使它们成为该框架下的一个特例，并揭示出多个域处理的等效性规律，形成了波束优化设计的较为完备的理论。

基于该统一理论框架，可以彻底搞清波束形成器的波束响应(主瓣宽度、旁瓣级、工作频带主瓣响应一致性)、阵增益(指向性指数)、稳健性(灵敏度、加权向量范数、白噪声增益)等多种性能评价指标之间的关系，可为读者提供考察波束形成器性能的更高视角，很方便考察该框架下各特例方法的优缺点，纠正以前由于理解不全面造成的错误认识。

1.2.6 目标方位估计

目标方位估计是阵列信号处理的另一个重要研究方向。基于常规波束扫描的测向方法具有固有的局限性，它无法分辨两个在方位上靠得较近的目标，更无法估计它们的方位。对于位于基阵远场的两个点源，仅当它们的夹角大于基阵孔径倒数的时候，它们才能被分辨，这就是瑞利准则。30多年来涌现出的各种高分辨方位估计方法，如MUSIC(multiple signal classification)算法[229]、ESPRIT算法[230,231]与加权子空间拟合算法[232,233]等，它们从理论上克服了方位分辨的瑞利准则，获得了超过常规方法的方位分辨能力。但是高分辨方法应用到实际系统中存在一定的困难，主要表现为运算量大、对阵列误差非常敏感[234-236]、分辨信噪比门限较高等。利用预成多波束输出进行方位估计的波束域高分辨方位估计算法可以在一定程度上弥补阵元域高分辨算法在上述几个方面的不足，近30年来受到研究人员的广泛关注[237-242]。

波束域方位估计方法以波束形成器作为预处理器。与之不同的是，矩阵空域滤波器也可以作为方位估计的预处理器。由于矩阵空域滤波器输出具有阵元域数据的性质，比波束形成器更适合作为预处理器。Vaccaro等[243]提出了矩阵滤波方法，用于进行短数据滤波。他们先将通带与阻带离散化，再采用凸优化方法求解优化设计问题，设计出矩阵滤波器。Zhu等[244]将矩阵滤波器优化设计问题转化为半无限优化(semi-infinite optimization)[245]模型求解，并将矩阵滤波器作为空域预处理器用于目标方位估计。该求解方法不需要将通带与阻带离散化，能更好地满足约束要求。不幸的是，该半无限优化方法只能用于均匀线列阵。MacInnes采用最小均方准则设计出矩阵空域滤波器[246]，该方法计算量较小，但是它无法严格控制阻带衰减量，而且无法约束矩阵滤波器的范数，可能会导致滤波器稳健性较差，影响滤波效果。Pesavento等采用二阶锥规划方法进行阵列数据虚拟内插[247]。鄢社锋等采用二阶锥规划方法进行矩阵空域滤波器优化设计[248,249]，并用于匹配场空间干扰抑制[250,251]。该方法求解过程规范，适用于任意形状基阵，并且能够约束矩阵空域滤波器的范数，避免滤波后的噪声功率大量增加。将该矩阵滤波器用作预处理器，提高了通带内方位估计性能[252,253]。

早期的信号子空间处理方法是为窄带信号模型提出的。对于宽带数据，先将其分解为多个窄带分量，再针对各窄带数据进行子空间方位估计，最后对各窄带估计结果进行简单组合得到宽带方位估计，这便是非相干信号子空间(incoherent signal subspace，ISS)方位估计方法[254,255]。但是，ISS方法不能够处理相干信号源问题。Wang和Kaveh[256]提出了相干信号子空间(coherent signal subspace，CSS)处理方法来处理相干源问题。该方法先将信号宽带数据分解为多个窄带分量，通过寻找聚焦矩阵，将各频率分量聚焦到参考频率，从而可以采用窄带子空间处理方法进行方位估计。CSS方法相对于ISS方法具有较低的检测与分辨信噪比门限和较小的方位估计均方根误差。但是，CSS方法设计聚焦矩阵需要在真实目标附近预先估计目标方位，预估计方位偏差影响 CSS 方法的方位估计性能。

Lee 提出了波束域相干信号子空间方法[257]，采用频率不变波束形成技术将阵元域处理转换到波束域处理。他采用最小均方拟合准则构造各窄带波束形成加权矩阵来对宽带数据进行聚焦，而且不需要预先知道宽带信号源的空间分布，不进行预处理就能获得较好的方位估计性能。Ward 等将该方法进一步发展到时域处理[258]，通过设计一组 FIR 滤波器来实现时域频率不变波束形成[259]。该方法对宽带数据不需要进行窄带分解。但是这两个波束域方法中由于恒定响应波束形成器设计误差较大，目标方位分辨性能还有待改善。杨益新和孙超对波束域高分辨技术进行了系统的研究，将阵元域的加权子空间拟合法推广到波束域，改善了分辨性能[260,261]。鄢社锋等将设计出的高精度频域与时域恒定主瓣响应宽带波束形成器作为预处理器，研究了宽带波束域相干信号子空间方位估计的频域处理[262]与时域处理方法[263]，提高了方位分辨与估计性能。他们还将高分辨方法推广到球谐波域，并与阵元域进行了比较[264]。

本书第 13 章与第 14 章对目标方位估计方法进行具体阐述，其中第 13 章介绍波束扫描方位谱估计方法，第 14 章介绍高分辨方位谱估计方法。

1.2.7　二阶锥规划求解方法

本书部分优化问题被构造成二阶锥规划问题，然后求解。

二阶锥规划问题可以采用内点方法求解[265]，较好的二阶锥规划问题求解工具箱有 SeDuMi[266]与 SDPT3[267]，这两个求解工具箱是免费发布的。SeDuMi 是 Sturm 开发的用于处理对称锥优化问题的 MATLAB 工具箱，能求解线性规划、二阶锥规划与半定规划问题，使用十分方便，其 1.0.2 版本[266]只适用于实数情况，后来的 1.0.5 及以上版本能够处理复数变量。在本书中，我们采用 SeDuMi 1.0.5 求解二阶锥规划问题。

1.3　本书的结构

本书围绕阵列信号处理中波束优化设计与应用问题进行深入的论述，第 2 章介绍阵列信号处理的基本数学模型。第 3～12 章具体阐述波束形成器优化设计方法，其中第 3～7 章探讨窄带波束形成问题，第 8～9 章探讨宽带波束形成问题，第 10 章探讨圆环阵波束设计问题，第 11～12 章分别探讨圆环阵与球面阵模态波束形成问题。第 13～14 章介绍目标方位谱估计方法，前面几章介绍的波束形成方法在这两章得到具体应用。各章具体安排如下。

第 2 章介绍阵列信号处理的基本数学模型与波束形成的基本知识，介绍评判波束形成器性能的参数指标，并具体介绍两类常见的波束形成器——常规波束形成器与最佳波束形成器。

第 3 章介绍具有规则几何形状基阵的波束形成器设计方法，包括线阵、矩形阵等，推导连续线阵波束响应解析表达式，介绍均匀线列阵窗函数波束设计法、波束图乘积定理等。

第 4 章介绍最佳波束形成器的性能情况，同时介绍影响最佳波束形成器及其实现方法稳健性的因素，分析导向向量误差与协方差矩阵估计误差对最佳波束形成器性能的影响机理。

第 5 章主要介绍稳健自适应波束形成方法，具体介绍 5 种稳健自适应波束形成方法，包括对角加载法、加权向量范数约束法、最差性能最佳化法、协方差矩阵拟合法、双约束法等，并对各方法的性能进行分析与比较。

第 6 章介绍几种波束形成器旁瓣设计方法，包括凹槽噪声法、多约束优化法、抗阵列流形误差的低旁瓣波束设计法等。还对有关波束零点、凹槽等特殊的旁瓣设计方法进行介绍。

第 7 章介绍几种波束形成器主瓣设计方法，包括全方位最小误差准则逼近法、期望主瓣响应波束设计法。归纳出窄带波束优化设计统一模型，前述稳健类、旁瓣设计类以及主瓣设计类波束优化方法均可视作其特例。

第 8 章介绍宽带波束形成器的实现方法，包括频域实现法与时域实现法。具体介绍频域 DFT 波束形成器与时域 FIR 波束形成器，并详细阐述 FIR 波束形成器“分步设计法”。

第 9 章介绍几种时域宽带波束形成器优化设计方法。提出三种 FIR 波束形成器优化设计方法：恒定主瓣响应 FIR 波束形成器全局优化法、旁瓣控制 FIR 自适应波束形成法及最小差异恒定主瓣响应 FIR 波束形成器优化设计法等。

第 10 章介绍圆环阵波束形成问题。推导连续与均匀圆环阵波束响应解析表达式，分析圆环阵波束响应特性，推导圆环阵相位模式激励级数表述，引出模态阵列处理方法。

第 11 章介绍圆环阵圆谐波波束形成方法。介绍圆谐波域波束形成表述，推导圆谐波域表述的波束性能参数，以及圆谐波域波束优化设计方法，并给出圆谐波波束形成器的频域与时域实现结构。

第 12 章介绍球面阵球谐波波束形成方法。介绍球谐波域波束形成表述，推导球谐波域表述的波束性能参数，以及球谐波域波束优化设计方法，并给出球谐波波束形成器的频域与时域实现结构。

第 13 章介绍基于波束扫描的目标方位谱估计方法，包括窄带方法与宽带方法，既可以采用阵元域波束形成，又可以采用模态域波束形成。针对圆环阵与球面阵，通过具体仿真实例分析比较各种方位谱估计方法的性能。

第 14 章介绍几种高分辨方位谱估计方法，包括窄带方法与宽带方法。窄带方法有：阵元域 MUSIC 方法、模态域 MUSIC 方法、矩阵预滤波法、窄带波束域方法。宽带方法有：非相干估计方法、相干信号子空间方法及宽带波束域方位估计方法等。

全书共分两册，第 1～9 章为上册(《优化阵列信号处理：波束优化理论与方法》)，第 10～14 章为下册(《优化阵列信号处理：模态处理与方位估计》)。

第 2 章　阵列信号处理数学模型

2.1　引　　言

阵列信号处理在声呐、雷达、无线通信、医学成像、地质勘探、麦克风阵列等多个领域具有广泛的应用。图 2.1 描述了一般的阵列信号处理问题：将若干传感器布置在空间不同位置组成传感器阵列采集空间场数据，然后采用阵列信号处理算法对接收的阵列数据进行处理，获得有用信息。阵列信号处理的任务包括从噪声与干扰中检测有用信号，估计信号波形，对接收的信号与噪声场进行时空谱估计，估计信号到达方向，对信号源定位等。

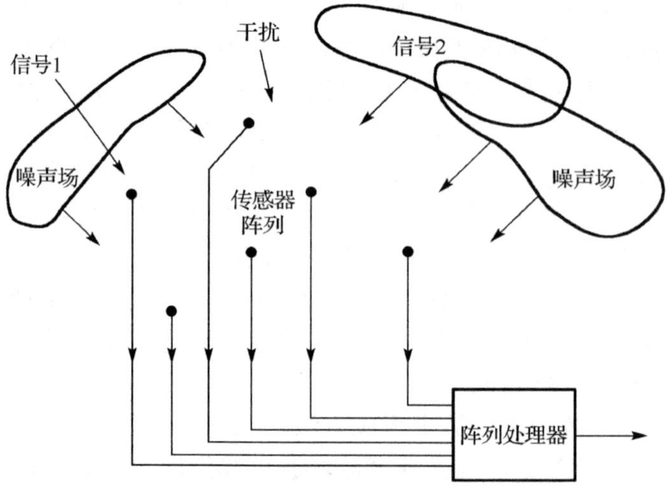

图 2.1　阵列信号处理问题描述

波束形成是阵列信号处理的一个非常重要的任务，其主要功能包括：形成基阵接收系统的方向性；进行空域滤波，抑制空间干扰与环境噪声，提高信噪比；估计信号到达方向，进行多目标分辨；为信号源定位创造条件；为目标识别提供信息等。通过波束形成处理，可实现对目标的检测、测向、定位与成像。

下面介绍阵列信号处理中的数学模型与波束形成的基础知识。本章的主要内容与组织结构如下：2.2 节介绍传感器阵列及接收数据的数学模型；2.3 节介绍波束形成的基本知识；2.4 节介绍几种常见的波束形成方法及其特性；2.5 节是本章小结。

2.2　数 学 模 型

2.2.1　基阵

基阵的组成结构影响基阵的空间特性，基阵的组成结构包括两部分：阵元排列几何形状与各阵元的方向性。

基阵依据阵元排列的几何形状可以分为三类：线阵、平面阵与体积阵。线阵与平面阵可以认为是体积阵的特例。图 2.2 显示了一个由 M 个阵元组成的体积阵。

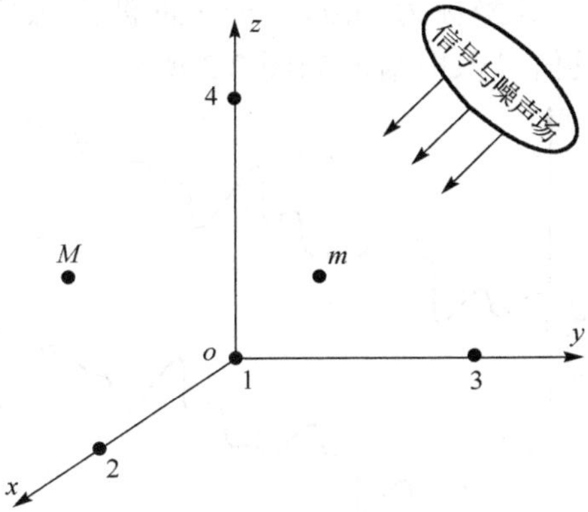

图 2.2　M 元阵列

选择某一个空间参考点，以该空间参考点作为坐标原点，第 m 号阵元的位置可以用三维坐标表示

$$\boldsymbol{p}_m = [p_{xm}, p_{ym}, p_{zm}]^{\mathrm{T}}, \quad m = 1, \cdots, M \tag{2.1}$$

式中，$(\cdot)^{\mathrm{T}}$ 表示转置；p_{xm}、p_{ym}、p_{zm} 分别为第 m 个阵元的 x、y 与 z 坐标。

于是可构造基阵全部阵元位置矩阵为

$$\boldsymbol{\mathcal{P}} = \left[\boldsymbol{p}_1, \cdots, \boldsymbol{p}_m, \cdots, \boldsymbol{p}_M\right] \tag{2.2}$$

值得指出的是，基阵的空间参考点(或坐标原点)可以任意指定，坐标的选取不影响基阵的任何特性。因此，对于不同形状的基阵，可以通过选择合适的坐标系统使计算方便。不失一般性，常选取基阵的中心点为参考点，即

$$\sum_{m=1}^{M} \boldsymbol{p}_m = \mathbf{0} \tag{2.3}$$

在理想情况下，一般假设组成基阵的各阵元是各向同性的，且具有相同的接收灵敏度，并认为宽带阵列各阵元在工作频带内接收响应平坦。在实际中，由于生产

工艺的限制，每个阵元并不能保证各向同性，各个阵元的接收灵敏度往往存在差异，各阵元接收灵敏度频率响应也并不完全平坦。尤其是当阵元安装在基阵架后，由于基阵架结构遮挡与散射的影响，造成各阵元的灵敏度不一致性更加明显。换言之，实际阵列各阵元灵敏度是方位与频率的函数，这将在后面详细介绍。

2.2.2　信号模型

入射到基阵的信号分为远场平面波点源信号与空间分散源信号。简便起见，本书假设信号为平面波点源信号。

首先考虑简单的 xoy 二维平面情况。假设有两个阵元，一个位于坐标原点(参考点)，另一个位于 y 轴上，其坐标为 $(0,d)$。一平面波点源信号从角度 θ 方向入射到基阵，该平面坐标系统及信号入射情况如图 2.3 所示。

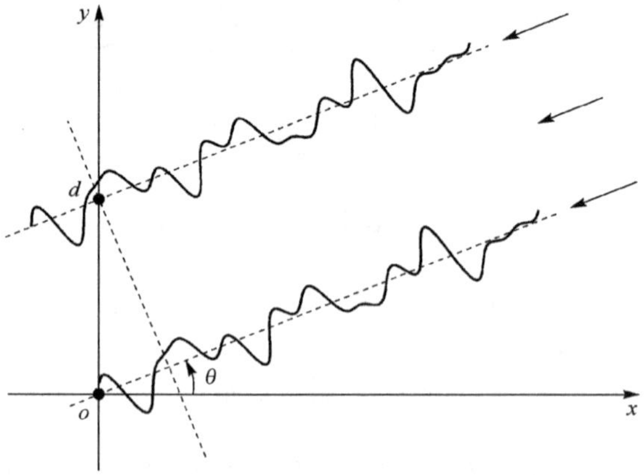

图 2.3　平面坐标系统信号入射情况

在平面波假设情况下，各阵元接收信号都是入射信号的延迟信号。某阵元接收信号相对于参考点信号的延迟时间取决于该阵元与参考点距离在信号入射方向上的投影(径向距离)和信号传播速度。假设信号传播速度为 c，可以计算出位于 $(0,d)$ 的阵元接收到的信号相比于参考点信号的时间延迟为

$$\tau(\theta) = -d\sin\theta / c \tag{2.4}$$

当 τ 为负数时，表示阵元接收信号相比于参考点信号提前到达。

在阵列信号处理中，各阵元同步采集接收数据，即各阵元具有共同的时间参考点。图 2.3 所示情况下两阵元接收的信号波形的时延关系如图 2.4 所示，其中图 2.4(b)为参考点接收信号波形，图 2.4(a)为 $(0,d)$ 点接收信号波形。如果假设在参考点接收到的信号波形为 $s(t)$，则在 $(0,d)$ 位置接收的信号波形为 $s[t-\tau(\theta)]$。在图 2.3 中，时间延迟 τ 为负数，表示 $(0,d)$ 点接收到的信号较参考点信号提前到达，这从图 2.4 所示两点接收信号时间关系可以看出来。

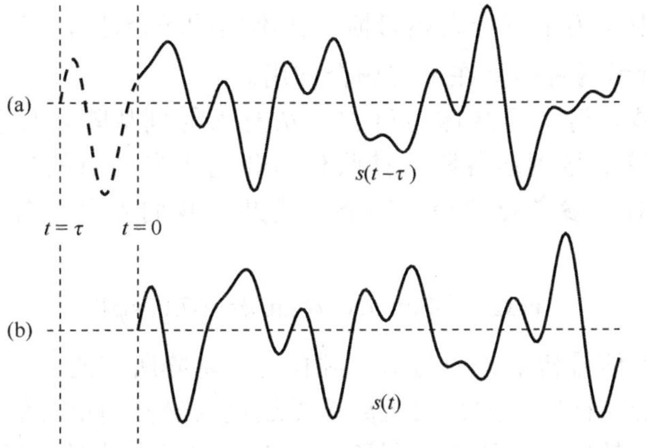

图 2.4　阵元接收信号时延关系。(a)、(b) 分别显示 $(0,d)$ 点与参考点接收信号波形

为了更具一般性，下面将二维平面情况推广到三维空间情况，定义三维坐标系统如图 2.5 所示。

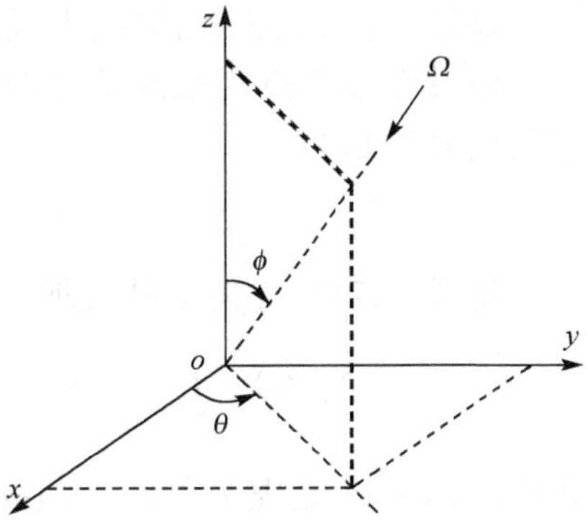

图 2.5　三维坐标系统

在该三维坐标系统中，定义空间球面角为 $\Omega=(\theta,\phi)$，其中 θ 与 ϕ 分别是 Ω 的水平方位角与垂直俯仰角。值得说明的是，如未特殊说明，本书中使用的直角坐标系统都采用此处定义的坐标系统。

从某视角去观察该三维坐标系统，看到的是一个平面，观察的视角不同，看到平面的方向有所区别。以 xoy 平面为例，图 2.3 所示的平面坐标系统是图 2.5 所示三维坐标系统从 z 轴正方向向下俯视看到的结果，现将该坐标方向与方位角度关系重画于图 2.6(a) 中。如果从三维坐标系统的 z 轴负方向向上仰视，可以看到图 2.6(b) 所示的平面坐标方向与方

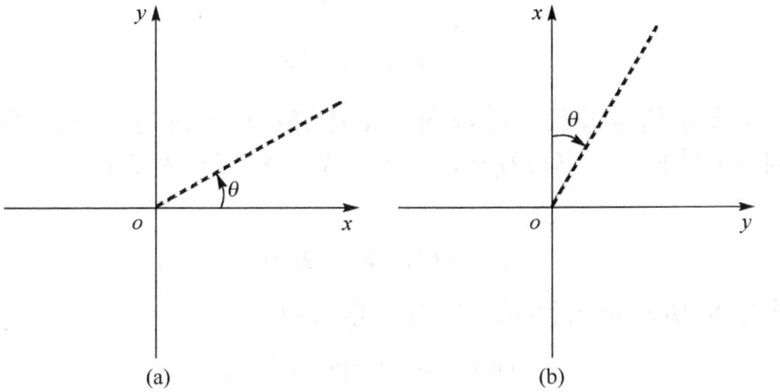

图 2.6　平面坐标系统。(a)、(b) 是从 z 轴正方向俯视和负方向仰视的 xoy 平面

位角度。在本书中，为了符合表述习惯，在不同的场合选择不同视角来观察 xoy 平面，即图 2.6 中所示两种坐标在不同场合使用。

假设一平面波点源信号从球面角 $\Omega=(\theta,\phi)$ 入射到基阵。对于图 2.2 所示 M 元体积阵，为了计算信号到达各阵元接收信号相对于参考点的传播时间延迟，需要先计算各阵元相对于参考点的径向距离。为此，我们先定义信号传播方向的单位向量为

$$\boldsymbol{v}(\Omega)=-[\sin\phi\cos\theta,\sin\phi\sin\theta,\cos\phi]^{\mathrm{T}} \tag{2.5}$$

式中，负号是由于信号传播方向与信号源相对于基阵所在的方向相反造成的。

某阵元相对于坐标原点的径向距离可以通过其坐标向量与信号方向单位向量的内积计算得到，于是信号到达第 m 号阵元相对于参考点的时间延迟可以表示为

$$\tau_m(\Omega)=\boldsymbol{v}^{\mathrm{T}}(\Omega)\,\boldsymbol{p}_m/c\,,\qquad m=1,\cdots,M \tag{2.6}$$

显然，在二维平面情况下式(2.6)简化为式(2.4)。

假设在参考点观察的信号波形为 $s(t)$，则经过传播延迟，在第 m 号阵元位置观察的信号波形为

$$s_m(t)=s\left[t-\tau_m(\Omega)\right],\qquad m=1,\cdots,M \tag{2.7}$$

将式(2.7)进行傅里叶变换，有

$$S_m(\omega)=\int_{-\infty}^{\infty}s_m(t)\mathrm{e}^{-\mathrm{i}\omega t}\mathrm{d}t=\int_{-\infty}^{\infty}s[t-\tau_m(\Omega)]\mathrm{e}^{-\mathrm{i}\omega t}\mathrm{d}t=S(\omega)\mathrm{e}^{-\mathrm{i}\omega\tau_m(\Omega)} \tag{2.8}$$

式中，$\mathrm{i}=\sqrt{-1}$ 是虚数单位；$S(\omega)=\int_{-\infty}^{\infty}s(t)\mathrm{e}^{-\mathrm{i}\omega t}\mathrm{d}t$ 表示信号 $s(t)$ 的频谱，$\omega=2\pi f$ 表示角频率，f 表示频率。

定义波数(wavenumber)向量 $\boldsymbol{k}$ 为

$$\boldsymbol{k}(\Omega)\triangleq(\omega/c)\boldsymbol{v}(\Omega)=k\boldsymbol{v}(\Omega) \tag{2.9}$$

式中

$$k=\omega/c=2\pi/\lambda \tag{2.10}$$

表示波数值，λ 表示信号波长。波数向量 $\boldsymbol{k}$ 是信号频率 ω 与方向 Ω 的函数，其方向与信号方向向量 $\boldsymbol{v}$ 同向，且 $|\boldsymbol{k}(\Omega)|=k$，这里 $|\boldsymbol{k}|$ 表示向量 $\boldsymbol{k}$ 的长度。

可得

$$\omega\tau_m(\Omega)=\boldsymbol{k}^{\mathrm{T}}(\Omega)\,\boldsymbol{p}_m \tag{2.11}$$

于是，式(2.8)所示 m 号阵元位置观察信号频谱为

$$S_m(\omega)=S(\omega)\exp(-\mathrm{i}\boldsymbol{k}^{\mathrm{T}}\boldsymbol{p}_m) \tag{2.12}$$

式中，$\exp(\cdot)=\mathrm{e}^{(\cdot)}$ 表示指数函数。这里为表述方便，我们省略了 $\boldsymbol{k}$ 的方向宗量 Ω。

值得说明的是，在本书中，如果一个函数计算出的因变量相对于其宗量的依赖关系可以通过上下文明显看出，为表述方便，我们经常省略其宗量。

将基阵各阵元接收信号写成一个 $M\times 1$ 列向量的形式为

$$\boldsymbol{x}_{\mathrm{s}}(t)=[s_1(t),\cdots,s_m(t),\cdots,s_M(t)]^{\mathrm{T}} \tag{2.13}$$

由式(2.12)和式(2.13)可知基阵接收信号向量 $\boldsymbol{x}_{\mathrm{s}}(t)$ 的频谱可以表示为一个 $M\times 1$ 的列向量

$$\boldsymbol{X}_{\mathrm{s}}(\omega)=\begin{bmatrix} S_1(\omega)\\ \vdots \\ S_m(\omega)\\ \vdots \\ S_M(\omega)\end{bmatrix}=\begin{bmatrix}\exp(-\mathrm{i}\boldsymbol{k}^{\mathrm{T}}\boldsymbol{\wp}_1)\\ \vdots \\ \exp(-\mathrm{i}\boldsymbol{k}^{\mathrm{T}}\boldsymbol{\wp}_m)\\ \vdots \\ \exp(-\mathrm{i}\boldsymbol{k}^{\mathrm{T}}\boldsymbol{\wp}_M)\end{bmatrix}S(\omega) \tag{2.14}$$

我们可以将

$$\begin{aligned}\boldsymbol{p}(\boldsymbol{k},\boldsymbol{\mathcal{P}})&\triangleq[p_1(\boldsymbol{k},\boldsymbol{\wp}_1),\cdots,p_m(\boldsymbol{k},\boldsymbol{\wp}_m),\cdots,p_M(\boldsymbol{k},\boldsymbol{\wp}_M)]^{\mathrm{T}}\\ &\triangleq[\exp(-\mathrm{i}\boldsymbol{k}^{\mathrm{T}}\boldsymbol{\wp}_1),\cdots,\exp(-\mathrm{i}\boldsymbol{k}^{\mathrm{T}}\boldsymbol{\wp}_m),\ldots,\exp(-\mathrm{i}\boldsymbol{k}^{\mathrm{T}}\boldsymbol{\wp}_M)]^{\mathrm{T}}\end{aligned} \tag{2.15}$$

定义为基阵响应向量(array response vector)，其中 $p_m(\boldsymbol{k},\boldsymbol{\wp}_m)\triangleq\exp(-\mathrm{i}\boldsymbol{k}^{\mathrm{T}}\boldsymbol{\wp}_m)$ 是基阵响应向量的第 m 个元素。注意基阵响应向量元素 $p_m(\cdot)$ 与阵元位置向量 $\boldsymbol{\wp}_m$ 两者表达式的区别。

由于基阵响应向量是方向的函数，很多场合也称为方向响应向量。基阵各方位的方向响应向量的集合称作阵列流形向量(array manifold vector)。

从式(2.15)可以看出，方向响应向量是频率、方向及阵元位置三者的函数。对于给定的基阵，可以省略阵元位置坐标宗量；对于给定的工作频率，可以省略频率宗量。为了表述方便，本书在不同的场合都使用 $\boldsymbol{p}$ 表示方向响应向量或阵列流形向量，而其宗量可以根据需要选择使用，如 $\boldsymbol{p}(\boldsymbol{k})$、$\boldsymbol{p}(kd,\Omega)$、$\boldsymbol{p}(\omega,\Omega)$、$\boldsymbol{p}(f,\Omega)$、$\boldsymbol{p}(\Omega)$、$\boldsymbol{p}(\theta)$ 等。

显然基阵的方向响应向量满足

$$\|\boldsymbol{p}(\boldsymbol{k})\|^2=\boldsymbol{p}^{\mathrm{H}}(\boldsymbol{k})\boldsymbol{p}(\boldsymbol{k})=M \tag{2.16}$$

式中，$\|\bullet\|$表示 Euclidean 范数；$(\cdot)^{\mathrm{H}}$ 表示复共轭转置。

将式(2.15)代入式(2.14)可得基阵接收信号向量频谱表示为

$$\boldsymbol{X}_{\mathrm{s}}(\omega)=\boldsymbol{p}(\boldsymbol{k})S(\omega) \tag{2.17}$$

$\boldsymbol{X}_{\mathrm{s}}(\omega)$ 的互谱矩阵是一个 $M\times M$ 矩阵，表示为

$$\boldsymbol{S}_{\mathrm{xs}}(\omega)=E\left[\boldsymbol{X}_{\mathrm{s}}(\omega)\boldsymbol{X}_{\mathrm{s}}^{\mathrm{H}}(\omega)\right]=\boldsymbol{p}(\boldsymbol{k})E\left[\left|S(\omega)\right|^2\right]\boldsymbol{p}^{\mathrm{H}}(\boldsymbol{k}) \tag{2.18}$$

式中，$E[\cdot]$表示求期望。

假设信号功率谱 $S_{\text{s}}(\omega)$ 表示为

$$S_{\text{s}}(\omega)=E[|S(\omega)|^2] \tag{2.19}$$

则信号互谱矩阵式(2.18)成为

$$\boldsymbol{S}_{\text{xs}}(\omega)=\boldsymbol{p}(\boldsymbol{k})S_{\text{s}}(\omega)\boldsymbol{p}^{\text{H}}(\boldsymbol{k}) \tag{2.20}$$

2.2.3 噪声场模型

存在于基阵接收端的、对基阵阵元接收信号产生“污染”的有害激励称为噪声。它本身可能是有一定波形的信号(通常称为干扰)，也可能是无规律的随机噪声。狭义的噪声指随机噪声，而广义的噪声除了随机噪声，还包括干扰。噪声模型通常有空间白噪声(热噪声)、空间相关噪声(如各向同性均匀噪声、海面噪声[70])与平面波干扰噪声等。

我们可以将基阵各阵元接收的噪声写成一个 $M\times 1$ 的噪声向量 $\boldsymbol{n}(t)$，即

$$\boldsymbol{n}(t)=[n_1(t),\cdots,n_m(t),\cdots,n_M(t)]^{\text{T}} \tag{2.21}$$

式中，$n_m(t)$ 是第 m 号阵元接收的噪声。

若 $\boldsymbol{n}(t)$ 的频谱用 $\boldsymbol{N}(\omega)$ 表示，则基阵接收噪声的 $M\times M$ 的互谱矩阵为

$$\boldsymbol{S}_{\text{n}}(\omega)=E\left[\boldsymbol{N}(\omega)\boldsymbol{N}^{\text{H}}(\omega)\right] \tag{2.22}$$

最常见的假设是把噪声看作一个随机过程，因此噪声模型都是统计意义上的概念。对于平稳随机噪声，对其求统计平均二阶矩，就可描述该噪声场。

定义归一化噪声互谱矩阵为 $\boldsymbol{\rho}_{\text{n}}(\omega)$，假设噪声功率谱为 $S_{\text{n}}(\omega)$，则噪声互谱矩阵可写成

$$\boldsymbol{S}_{\text{n}}(\omega)=S_{\text{n}}(\omega)\boldsymbol{\rho}_{\text{n}}(\omega) \tag{2.23}$$

空间高斯白噪声是我们经常假设的一种特殊噪声，在该噪声场中，空间各点接收的噪声互不相关，即噪声的归一化互谱矩阵为单位矩阵

$$\boldsymbol{\rho}_{\text{nw}}(\omega)=\boldsymbol{I} \tag{2.24}$$

式中，下标“nw”表示白噪声。

我们接下来考虑另一种特殊的噪声场——空间均匀各向同性噪声场。

均匀各向同性噪声场可以认为基阵各阵元接收到的噪声是由空间各方向到达的大量平面波叠加造成的，这些噪声不仅是均匀分布的，而且是非相关的。由于噪声具有各向同性，即与方向无关，我们可以通过计算出空间均匀噪声场中任意两点间的噪声相关性与两点间距离的关系来描述该噪声场。

首先考虑只有单个平面波到达基阵的情况。

假设空间任意两点坐标分别为 $\boldsymbol{p}_m$ 与 $\boldsymbol{p}_{\tilde{m}}$，坐标原点接收平面波的频谱为 $S(\omega)$，

由式(2.12)可得，p_m 与 $p_{\tilde{m}}$ 接收到该平面波的频谱分别为 $S_m(\omega)=S(\omega)\exp(-\mathrm{i}\boldsymbol{k}^{\mathrm{T}}p_m)$ 与 $S_{\tilde{m}}(\omega)=S(\omega)\exp(-\mathrm{i}\boldsymbol{k}^{\mathrm{T}}p_{\tilde{m}})$。于是可得两点间平面波的互相关为

$$E[S_m(\omega)S_{\tilde{m}}^*(\omega)]=E[|S(\omega)|^2]\exp[-\mathrm{i}\boldsymbol{k}^{\mathrm{T}}(p_m-p_{\tilde{m}})] \tag{2.25}$$

由于空间均匀各向同性噪声场是由远场均匀分布的大量非相关平面波从空间各方向入射叠加产生的，于是可将式(2.25)在球面上求积分来计算从空间各方向到达两阵元的平面波叠加噪声的互相关，于是两阵元接收噪声的相关性 ϱ 可以表示为

$$\varrho=\int_0^{\pi}\int_0^{2\pi}E[|S(\omega)|^2]\exp[-\mathrm{i}\boldsymbol{k}^{\mathrm{T}}(p_m-p_{\tilde{m}})]\mathrm{d}\theta\sin\phi\mathrm{d}\phi \tag{2.26}$$

显然，由于对称性，空间均匀各向同性噪声场中任意两点接收噪声的相关性只与两点间距离有关，而与两点间的方位关系及坐标系统都无关。也就是说，我们只要保持两阵元的间距不变，通过重新选择坐标原点和旋转坐标方向，计算得到的两点间噪声相关性就不会发生改变。于是，不妨将原 p_m 点设置为坐标原点，而原 $p_{\tilde{m}}$ 点位于 z 轴上，其坐标为 $[0,0,d]^{\mathrm{T}}$，这里 d 为两阵元的间距，取 $d=|p_m-p_{\tilde{m}}|$。

于是，式(2.25)与式(2.26)分别成为

$$E[S_m(\omega)S_{\tilde{m}}^*(\omega)]=E[|S(\omega)|^2]\exp(-\mathrm{i}kd\cos\phi) \tag{2.27}$$

$$\begin{aligned}\varrho&=\int_0^{\pi}\int_0^{2\pi}E[|S(\omega)|^2]\exp(-\mathrm{i}kd\cos\phi)\mathrm{d}\theta\sin\phi\mathrm{d}\phi\\&=2\pi E[|S(\omega)|^2]\int_0^{\pi}\exp(-\mathrm{i}kd\cos\phi)\sin\phi\mathrm{d}\phi\end{aligned} \tag{2.28}$$

令 $\alpha=\cos\phi$，式(2.28)中积分部分可以表示成

$$\begin{aligned}\int_0^{\pi}\mathrm{e}^{-\mathrm{i}kd\cos\phi}\sin\phi\mathrm{d}\phi&=-\int_{-1}^{1}\mathrm{e}^{-\mathrm{i}kd\alpha}\mathrm{d}\alpha\\&=\frac{2\sin(kd)}{kd}\\&=2\operatorname{sinc}(kd)\end{aligned} \tag{2.29}$$

式中，$\operatorname{sinc}(\cdot)=\sin(\cdot)/(\cdot)$。

将式(2.29)代入式(2.28)得到

$$\varrho=4\pi E[|S(\omega)|^2]\operatorname{sinc}(kd) \tag{2.30}$$

易知入射到基阵的大量非相关平面波噪声的功率为

$$S_{\mathrm{n}}(\omega)=4\pi E[|S(\omega)|^2] \tag{2.31}$$

将式(2.31)代入式(2.30)可得

$$\varrho=S_{\mathrm{n}}(\omega)\operatorname{sinc}(kd) \tag{2.32}$$

于是可得空间均匀各向同性噪声场中任意间距为 d 的两点间的噪声相关系数为

$$\rho(\omega,d)=\mathrm{sinc}(kd)=\mathrm{sinc}(2\pi d/\lambda) \tag{2.33}$$

于是可以构造空间均匀各向同性噪声场归一化互谱矩阵 $\boldsymbol{\rho}_{\mathrm{niso}}(\omega)$，其第 $(m,\breve{m})$ 项可以表示为

$$[\boldsymbol{\rho}_{\mathrm{niso}}(\omega)]_{m,\breve{m}}=\rho(\omega,d_{m,\breve{m}})=\mathrm{sinc}(kd_{m,\breve{m}}) \tag{2.34}$$

式中，下标“ niso ”表示各向同性噪声；$d_{m,\breve{m}}$ 表示第 m 个与第 $\breve{m}$ 个阵元之间的距离。

为了直观观察各向同性噪声场中两点间噪声相关性与距离的关系，图 2.7 显示了 $\mathrm{sinc}(t)$ 随宗量 t 的函数值，可见 $\mathrm{sinc}(t)$ 在宗量 t 为 π 的非零整数倍时值为 0。由式(2.33)可知，当 d/λ 为1/2 的非零整数倍时，$\rho=0$。故阵元的间距为半波长的整数倍时，可以认为各阵元接收的空间均匀噪声是不相关的。

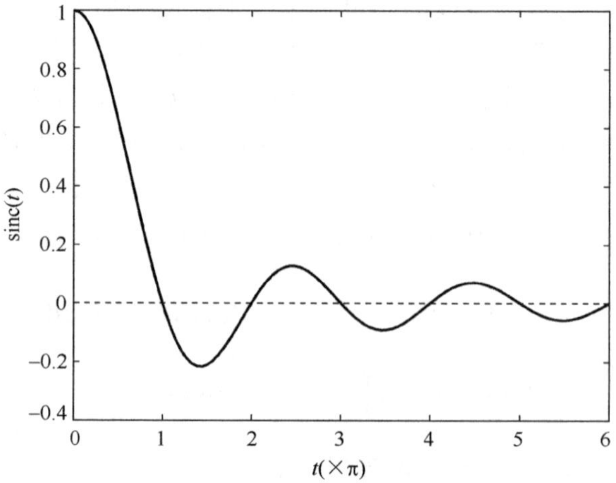

图 2.7　sinc 函数

Cron 等[69]描述了几种空间相关噪声场模型，并给出了这几种噪声场的空间相关函数。

噪声可以分解为白噪声成分与非白噪声成分，于是噪声互谱矩阵可以分解为

$$\boldsymbol{S}_{\mathrm{n}}(\omega)=\boldsymbol{S}_{\mathrm{w}}(\omega)+\boldsymbol{S}_{\mathrm{c}}(\omega) \tag{2.35}$$

式中，$\boldsymbol{S}_{\mathrm{w}}(\omega)$ 与 $\boldsymbol{S}_{\mathrm{c}}(\omega)$ 分别是白噪声与非白噪声互谱矩阵。对应的噪声功率可以表示为

$$S_{\mathrm{n}}(\omega)=S_{\mathrm{w}}(\omega)+\mathrm{tr}[\boldsymbol{S}_{\mathrm{c}}(\omega)]/M \tag{2.36}$$

式中，$\mathrm{tr}(\cdot)$ 表示求矩阵的迹，即矩阵对角元素之和。

2.2.4　基阵接收数据模型

基阵接收的数据包括期望信号、干扰与噪声三部分。本书中考虑的干扰为平面

波干扰，其数学模型与前面介绍的平面波信号模型相似。在处理信号时，为了表达方便，有时将干扰与期望信号一起归为多个信号源，而有时又将干扰归为噪声一类。

假设期望信号到达方向为 Ω_0，D 个干扰到达方向为 $\Omega_1,\cdots,\Omega_d,\cdots,\Omega_D$。令 Θ_{D} 是信号与干扰到达方位集，有

$$\Omega_d \in \Theta_{\mathrm{D}}, \quad d=0,1,\cdots,D \tag{2.37}$$

于是，第 m 号阵元接收数据可以写成

$$x_m(t)=\beta s_0[t-\tau_m(\Omega_0)]+\sum_{d=1}^{D} s_d[t-\tau_m(\Omega_d)]+n_m(t), \quad m=1,\cdots,M \tag{2.38}$$

式中，$s_d(t)$（$d=0,1,\cdots,D$）为在空间参考点测量的 $D+1$ 个信号波形，其中 $d=0$ 对应于期望信号，$d=1,\cdots,D$ 对应于 D 个干扰；$\beta=0$ 或 1，用于表示期望信号是否包含在接收数据中。

通过傅里叶变换，式(2.38)可以写成频域模型

$$X_m(\omega)=\beta S_0(\omega)\mathrm{e}^{-\mathrm{i}\omega\tau_m(\Omega_0)}+\sum_{d=1}^{D} S_d(\omega)\mathrm{e}^{-\mathrm{i}\omega\tau_m(\Omega_d)}+N_m(\omega), \quad m=1,\cdots,M \tag{2.39}$$

式中，$X_m(\omega)$、$S_d(\omega)$（$d=0,1,\cdots,D$）与 $N_m(\omega)$ 分别为 $x_m(t)$、$s_d(t)$（$d=0,1,\cdots,D$）与 $n_m(t)$ 对应的频谱。

将阵列数据表示成 $M\times 1$ 维向量的形式为

$$\boldsymbol{x}(t)=\beta \boldsymbol{x}_{\mathrm{s}}(t)+\boldsymbol{x}_{\mathrm{i}}(t)+\boldsymbol{n}(t) \tag{2.40}$$

式中，$\boldsymbol{x}_{\mathrm{s}}(t)$、$\boldsymbol{x}_{\mathrm{i}}(t)$ 和 $\boldsymbol{n}(t)$ 分别表示统计独立的期望信号、干扰与噪声向量；$\boldsymbol{x}(t)=[x_1(t),\cdots,x_m(t),\cdots,x_M(t)]^{\mathrm{T}}$。

同样，将式(2.39)所示频域数据写成向量的形式可得式(2.40)对应的频域阵列数据为

$$\boldsymbol{X}(\omega)=\beta \boldsymbol{p}(\boldsymbol{k}_0)S_0(\omega)+\sum_{d=1}^{D}\boldsymbol{p}(\boldsymbol{k}_d)S_d(\omega)+\boldsymbol{N}(\omega) \tag{2.41}$$

式中，$\boldsymbol{X}(\omega)=\left[X_1(\omega),\cdots,X_m(\omega),\cdots,X_M(\omega)\right]^{\mathrm{T}}$；$\boldsymbol{p}(\boldsymbol{k}_d)$（$d=0,1,\cdots,D$）表示期望信号与干扰对应的方向响应向量；$\boldsymbol{N}(\omega)=\left[N_1(\omega),\cdots,N_m(\omega),\cdots,N_M(\omega)\right]^{\mathrm{T}}$。

于是，基阵接收数据的 $M\times M$ 互谱矩阵可以表示为

$$\boldsymbol{S}_{\mathrm{x}}(\omega)=E[\boldsymbol{X}(\omega)\boldsymbol{X}^{\mathrm{H}}(\omega)] \tag{2.42}$$

当信号、干扰与噪声互不相关时(本书后文中，如无特别说明，一般假设信号、干扰与噪声互不相关)，接收数据互谱矩阵可以表示为信号、干扰与噪声的互谱矩阵之和，即

$$\begin{aligned}\boldsymbol{S}_{\mathrm{x}}(\omega) &= \beta \boldsymbol{S}_{\mathrm{xs}}(\omega) + \boldsymbol{S}_{\mathrm{xi}}(\omega) + \boldsymbol{S}_{\mathrm{n}}(\omega) \\ &= \beta \boldsymbol{p}(\boldsymbol{k}_0) S_{\mathrm{s}0}(\omega) \boldsymbol{p}^{\mathrm{H}}(\boldsymbol{k}_0) + \sum_{d=1}^{D} \boldsymbol{p}(\boldsymbol{k}_d) S_{\mathrm{s}d}(\omega) \boldsymbol{p}^{\mathrm{H}}(\boldsymbol{k}_d) + S_{\mathrm{n}}(\omega) \boldsymbol{\rho}_{\mathrm{n}}(\omega)\end{aligned} \tag{2.43}$$

式中，$S_{\mathrm{s}d}(\omega)$（$d=0,1,\cdots,D$）为期望信号与干扰的功率谱。

2.2.5 快拍数据模型

1．频域快拍模型

很多情况下，宽带波束形成在频域实现，其处理流程为：首先将传感器阵列输出向量通过傅里叶变换从时域转换到频域，然后对频域向量进行窄带波束形成得到标量频域函数，最后对标量频域函数进行傅里叶逆变换获得标量时域波形。在第一步中产生的一组复向量称为频域快拍。本节对快拍数据模型进行简要介绍，频域波束形成的具体实现方法将在后面阐述。

为了产生上述频域向量，首先将阵列数据 $\boldsymbol{x}(t)$ 的全部观察时间 T 分成彼此互相连接的 N 个时间段，每段时间长度为 ΔT。将各段编号为 $n=1,\cdots,N$，第 n 段的持续时间为 $(n-1)\Delta T \leqslant t \leqslant n\Delta T$。

假设阵列数据是带通信号，中心频率为 f_{c}，对应角频率 $\omega_{\mathrm{c}}=2\pi f_{\mathrm{c}}$。假设信号具有有限频带，即信号频率 f 满足

$$|f-f_{\mathrm{c}}| \leqslant B_{\mathrm{s}}/2 \tag{2.44}$$

式中，B_{s} 表示信号带宽。

下面首先对时间长度 ΔT 的选择要求进行简要介绍。

考察信号通过基阵的时间。定义 $\Delta T_{m\breve{m}}(\Omega)$ 为信号从方向 Ω 入射到基阵时到达第 m 号与第 $\breve{m}$ 号阵元的相对传播时间延迟，则从任何方向到达的信号通过该基阵任意两阵元的最大传播时间定义为

$$\Delta T_{\max} \triangleq \max_{m,\breve{m}=1,\cdots,M;\Omega}\left\{\Delta T_{m\breve{m}}(\Omega)\right\} \tag{2.45}$$

式中，$\max\{\cdot\}$ 表示取最大值。

于是，对于任意阵元与任意信号到达方向，传播时延 $\tau_m(\Omega)$ 满足

$$|\tau_m(\Omega)| \leqslant \Delta T_{\max} \tag{2.46}$$

为了保证该段信号能传播通过每个阵元，且各阵元能同步采集到空间信号场，每段数据的时间长度 ΔT 首先需要满足

$$\Delta T \gg \Delta T_{\max} \tag{2.47}$$

其次，时间长度 ΔT 需要由输入信号带宽与其频谱决定。

我们考虑时间段 $(0,\Delta T)$ 内的 $M\times 1$ 输入数据向量，将其进行傅里叶变换为

$$\boldsymbol{X}_{\Delta T}(\omega_k)=\frac{1}{\sqrt{\Delta T}}\int_0^{\Delta T}\boldsymbol{x}(t)\exp[-\mathrm{i}(\omega_{\mathrm{c}}+k\omega_{\Delta})t]\mathrm{d}t\ ,\quad k=0,1,2,\cdots,K \tag{2.48}$$

式中，第 k 个傅里叶级数对应的频率为 $\omega_k=\omega_{\mathrm{c}}+k\omega_{\Delta}$，其中 $\omega_{\Delta}=2\pi/\Delta T$ 。

在实际中，式(2.48)所示傅里叶变换用离散傅里叶变换代替。

若将第 n 段数据按式(2.48)进行傅里叶变换得到的数据记作 $\boldsymbol{X}(\omega_k,n)$，则可以将阵列数据向量写成类似于式(2.41)的形式

$$\boldsymbol{X}(\omega_k,n)=\beta\boldsymbol{p}(\boldsymbol{k}_0)S_0(\omega_k,n)+\sum_{d=1}^{D}\boldsymbol{p}(\boldsymbol{k}_d)S_d(\omega_k,n)+\boldsymbol{N}(\omega_k,n) \tag{2.49}$$

式中，$S_0(\omega_k,n)$、$S_d(\omega_k,n)$ $(d=1,\cdots,D)$ 与 $\boldsymbol{N}(\omega_k,n)$ 是对应的期望信号、干扰与噪声分量。这便是频域快拍数据模型。

式(2.48)所示 $\boldsymbol{X}_{\Delta T}(\omega_k)$ 的协方差矩阵定义为

$$\boldsymbol{S}_{\mathrm{x}\Delta T}(\omega_k)\triangleq\boldsymbol{E}[\boldsymbol{X}_{\Delta T}(\omega_k)\boldsymbol{X}_{\Delta T}^{\mathrm{H}}(\omega_k)] \tag{2.50}$$

在极限情况下，若 $\Delta T\to\infty$，则有

$$\lim_{\Delta T\to\infty}\{\boldsymbol{S}_{\mathrm{x}\Delta T}(\omega_k)\}=\boldsymbol{S}_{\mathrm{x}}(\omega_k) \tag{2.51}$$

式中，$\boldsymbol{S}_{\mathrm{x}}(\cdot)$ 的定义见式(2.43)。

当 ΔT 为有限值时，$\boldsymbol{S}_{\mathrm{x}\Delta T}(\omega_k)$ 可以用于近似互谱矩阵 $\boldsymbol{S}_{\mathrm{x}}(\omega_k)$。一般来说，若信号带宽时间积满足 $B_{\mathrm{s}}\cdot\Delta T\geqslant 16$，且信号频谱在频率 ω_k 上下 $2\omega_{\Delta}\sim 3\omega_{\Delta}$ 范围近似为恒值，$\boldsymbol{S}_{\mathrm{x}\Delta T}(\omega_k)$ 与 $\boldsymbol{S}_{\mathrm{x}}(\omega_k)$ 的近似程度较高。关于它们之间近似程度的分析可以参阅文献[102]。

2. 窄带时域快拍模型

如果信号带宽 B_{s} 与通过基阵的最大传播时间 $\Delta T_{\max}$ 满足

$$B_{\mathrm{s}}\cdot\Delta T_{\max}\ll 1 \tag{2.52}$$

则对应的信号是窄带信号。

当信号不满足式(2.52)所示窄带条件时，必须使用频域快拍模型；而当信号为窄带信号时，除了可以使用频域快拍模型之外，它更适合于使用下面将要介绍的窄带时域快拍模型。

首先考虑单平面波输入情况。对于带通窄带信号，在参考点接收的信号波形为

$$s(t)=\sqrt{2}\mathrm{Re}\{\tilde{s}(t)\exp(\mathrm{i}\omega_{\mathrm{c}}t)\} \tag{2.53}$$

式中，$\tilde{s}(t)$ 表示信号复包络，它是一个零均值复高斯随机过程标量；ω_{c} 表示载波角频率；$\mathrm{Re}(\cdot)$ 表示取实部。

对应地，第 m 号阵元接收信号波形可以表示为

$$s_m(t)=\sqrt{2}\mathrm{Re}\left\{\tilde{s}_m(t)\exp\left(\mathrm{i}\omega_{\mathrm{c}}t\right)\right\} \tag{2.54}$$

第 m 号阵元接收信号 $s_m(t)$ 是参考点信号 $s(t)$ 经过时间 τ_m 延迟得到的，因此

$$s_m(t)=s(t-\tau_m)=\sqrt{2}\mathrm{Re}\{\tilde{s}(t-\tau_m)\exp[\mathrm{i}\omega_{\mathrm{c}}(t-\tau_m)]\} \tag{2.55}$$

在窄带假设条件下，复包络在短时间内近似不变，于是有

$$\tilde{s}(t-\tau_m)\approx\tilde{s}(t) \tag{2.56}$$

将式(2.56)代入式(2.55)得到

$$\begin{aligned}s_m(t)&\approx\sqrt{2}\mathrm{Re}\{\tilde{s}(t)\exp[\mathrm{i}\omega_{\mathrm{c}}(t-\tau_m)]\}\\&=\sqrt{2}\mathrm{Re}\{\tilde{s}(t)\exp(-\mathrm{i}\omega_{\mathrm{c}}\tau_m)\exp(\mathrm{i}\omega_{\mathrm{c}}t)\}\end{aligned} \tag{2.57}$$

对比式(2.54)与式(2.57)可知

$$\tilde{s}_m(t)=\tilde{s}(t)\exp(-\mathrm{i}\omega_{\mathrm{c}}\tau_m) \tag{2.58}$$

由于上式中指数项正好是方向响应向量 $\boldsymbol{p}(\boldsymbol{k})$ 的第 m 个元素，所以我们可以得到如下向量形式

$$\tilde{\boldsymbol{x}}_{\mathrm{s}}(t)=\boldsymbol{p}(\boldsymbol{k})\tilde{s}(t) \tag{2.59}$$

式中，$\tilde{\boldsymbol{x}}_{\mathrm{s}}(t)=\left[\tilde{s}_1(t),\cdots,\tilde{s}_m(t),\cdots,\tilde{s}_M(t)\right]$。

于是，$\tilde{\boldsymbol{x}}_{\mathrm{s}}(t)$ 在时刻 t 的协方差矩阵为

$$\boldsymbol{R}_{\tilde{\mathrm{x}}\mathrm{s}}=E[\tilde{\boldsymbol{x}}_{\mathrm{s}}(t)\tilde{\boldsymbol{x}}_{\mathrm{s}}^{\mathrm{H}}(t)]=\boldsymbol{p}(\boldsymbol{k})E[\tilde{s}(t)\tilde{s}^*(t)]\boldsymbol{p}^{\mathrm{H}}(\boldsymbol{k})=\sigma_{\mathrm{s}}^2\boldsymbol{p}(\boldsymbol{k})\boldsymbol{p}^{\mathrm{H}}(\boldsymbol{k}) \tag{2.60}$$

式中，$\sigma_{\mathrm{s}}^2=E[\tilde{s}(t)\tilde{s}^*(t)]$ 是信号功率；$(\cdot)^*$ 表示复共轭。

将式(2.59)推广到存在信号、干扰与噪声的情况，有

$$\tilde{\boldsymbol{x}}(t)=\beta\boldsymbol{p}(\boldsymbol{k}_0)\tilde{s}_0(t)+\sum_{d=1}^{D}\boldsymbol{p}(\boldsymbol{k}_d)\tilde{s}_d(t)+\tilde{\boldsymbol{n}}(t) \tag{2.61}$$

对应地，假设信号、干扰与噪声互不相关，协方差矩阵为

$$\boldsymbol{R}_{\tilde{\mathrm{x}}}=\beta\sigma_0^2\boldsymbol{p}(\boldsymbol{k}_0)\boldsymbol{p}^{\mathrm{H}}(\boldsymbol{k}_0)+\sum_{d=1}^{D}\sigma_d^2\boldsymbol{p}(\boldsymbol{k}_d)\boldsymbol{p}^{\mathrm{H}}(\boldsymbol{k}_d)+\sigma_{\mathrm{n}}^2\boldsymbol{\rho}_{\tilde{\mathrm{n}}} \tag{2.62}$$

式中，σ_0^2、$\sigma_d^2\ (d=1,\cdots,D)$、$\sigma_{\mathrm{n}}^2$ 分别为期望信号、干扰与噪声的功率；$\boldsymbol{\rho}_{\tilde{\mathrm{n}}}$ 是归一化的噪声协方差矩阵。

对于式(2.62)所示模型，可知信号功率为 $\sigma_{\mathrm{s}}^2=\sigma_0^2$，干扰功率为

$$\sigma_{\mathrm{i}}^2=\sum_{d=1}^{D}\sigma_d^2 \tag{2.63}$$

如果我们假设 $\tilde{s}(t)$ 的频带限制为 $-B_{\mathrm{s}}/2\leqslant f\leqslant B_{\mathrm{s}}/2$，则对阵列数据进行每 $1/B_{\mathrm{s}}$ 秒采样可以获得时域快拍模型。这些快拍的复包络记作

$$\tilde{\boldsymbol{x}}(n)=\tilde{\boldsymbol{x}}(t)\big|_{t=n\cdot(1/B_{\mathrm{s}})},\quad n=1,\cdots,N \tag{2.64}$$

于是，式(2.61)可以写成

$$\tilde{\boldsymbol{x}}(n)=\beta\boldsymbol{p}(\boldsymbol{k}_0)\tilde{s}_0(n)+\sum_{d=1}^{D}\boldsymbol{p}(\boldsymbol{k}_d)\tilde{s}_d(n)+\tilde{\boldsymbol{n}}(n) \tag{2.65}$$

其协方差矩阵为

$$\boldsymbol{R}_{\tilde{\mathrm{x}}}(n)=E\{\tilde{\boldsymbol{x}}(n)\tilde{\boldsymbol{x}}^{\mathrm{H}}(n)\} \tag{2.66}$$

比较式(2.66)与式(2.50)，有

$$\boldsymbol{R}_{\tilde{\mathrm{x}}}(n)=\boldsymbol{S}_{\mathrm{x}\Delta T}(\omega_{\mathrm{c}})\cdot B_{\mathrm{s}} \tag{2.67}$$

从式(2.67)可以看出，时域与频域协方差矩阵二者只差一个常数量。可见，对于窄带数据，其频域快拍模型与时域快拍模型是等效的。

为表述方便，我们去掉字母上的波浪号，直接将式(2.65)写成如下快拍模型

$$\boldsymbol{x}(n)=\beta\boldsymbol{p}(\boldsymbol{k}_0)s_0(n)+\sum_{d=1}^{D}\boldsymbol{p}(\boldsymbol{k}_d)s_d(n)+\boldsymbol{n}(n) \tag{2.68}$$

对应的数据协方差矩阵写成

$$\begin{aligned}\boldsymbol{R}_{\mathrm{x}}(n)&=E\{\boldsymbol{x}(n)\boldsymbol{x}^{\mathrm{H}}(n)\}\\&=\beta\sigma_0^2\boldsymbol{p}(\boldsymbol{k}_0)\boldsymbol{p}^{\mathrm{H}}(\boldsymbol{k}_0)+\sum_{d=1}^{D}\sigma_d^2\boldsymbol{p}(\boldsymbol{k}_d)\boldsymbol{p}^{\mathrm{H}}(\boldsymbol{k}_d)+\sigma_{\mathrm{n}}^2\boldsymbol{\rho}_{\mathrm{n}}\\&=\beta\boldsymbol{R}_{\mathrm{s}}+\boldsymbol{R}_{\mathrm{i}}+\boldsymbol{R}_{\mathrm{n}}\end{aligned} \tag{2.69}$$

式中，$\boldsymbol{R}_{\mathrm{s}}$、$\boldsymbol{R}_{\mathrm{i}}$ 与 $\boldsymbol{R}_{\mathrm{n}}$ 分别是阵列信号、干扰与噪声协方差矩阵。

假设 $\boldsymbol{x}$ 是各态历经的，协方差矩阵可以采用一段快拍样本估计，即样本协方差矩阵为

$$\hat{\boldsymbol{R}}_{\mathrm{x}}=\frac{1}{N}\sum_{n=1}^{N}[\boldsymbol{x}(n)\boldsymbol{x}^{\mathrm{H}}(n)] \tag{2.70}$$

式中，N 是使用的快拍数。随着快拍数的增加，估计的协方差矩阵与真实协方差矩阵之间的误差逐渐减小。当 $N\to\infty$ 时，估计值趋近于理想的数据协方差矩阵。

式(2.68)所示的多个平面波信号(干扰)阵列数据模型可以写成矩阵的形式。不妨假设 $\beta=1$（$\beta=0$ 情况与此类似)，于是有

$$\begin{aligned}\boldsymbol{x}(n)&=[\boldsymbol{p}(\boldsymbol{k}_0),\boldsymbol{p}(\boldsymbol{k}_1),\cdots,\boldsymbol{p}(\boldsymbol{k}_D)]\begin{bmatrix}s_0(n)\\s_1(n)\\\vdots\\s_D(n)\end{bmatrix}+\boldsymbol{n}(n)\\&=\boldsymbol{P}(\boldsymbol{K})\boldsymbol{s}(n)+\boldsymbol{n}(n)\end{aligned} \tag{2.71}$$

式中，$\boldsymbol{P}(\boldsymbol{K})=[\boldsymbol{p}(\boldsymbol{k}_0),\boldsymbol{p}(\boldsymbol{k}_1),\cdots,\boldsymbol{p}(\boldsymbol{k}_D)]$ 是阵列流形矩阵；$\boldsymbol{s}(n)=[s_0(n),s_1(n),\cdots,s_D(n)]^{\mathrm{T}}$ 是信号源向量。

2.3 波 束 形 成

2.3.1 波束形成表达形式

由前面介绍的数据模型可知，到达基阵各阵元的期望信号是源信号经过不同传播时延的样本。如果对各阵元接收的期望信号经过相反的时延补偿，然后相加。这种处理可以使各阵元接收的期望信号同相叠加，而噪声(包括干扰)非同相叠加，从而提高了输出信噪比。这就是最简单的波束形成——时延求和(delay-and-sum，DAS)波束形成，也称为常规波束形成。

常规波束形成的框图如图 2.8 所示，图中 $n_{\mathrm{B}}(t)$ 表示波束输出噪声。

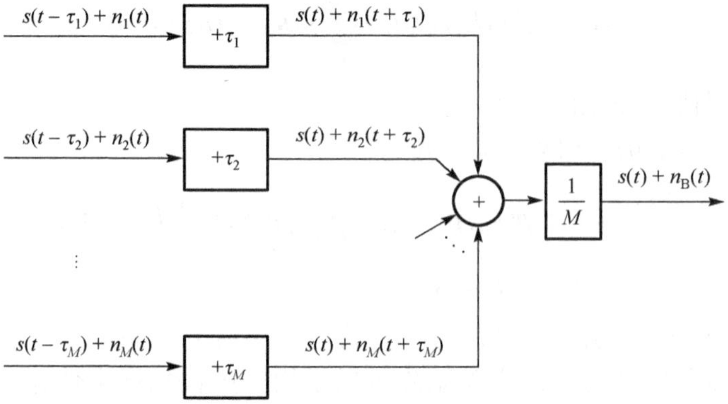

图 2.8 时延求和波束形成器

常规波束形成器不足以满足应用的需要，波束形成的更一般的定义是，对基阵各阵元采集数据进行线性时不变滤波再求和，得到波束输出。波束形成处理流程如图 2.9 所示，图中各通道滤波用传输函数表示。

假设第 m 通道的传输函数为 $H_m(\omega)$，则在频域表述的各通道数据经过滤波后求和的波束输出为

$$Y(\omega)=\sum_{m=1}^{M}H_m(\omega)X_m(\omega)=\boldsymbol{H}^{\mathrm{T}}(\omega)\boldsymbol{X}(\omega) \tag{2.72}$$

式中，$\boldsymbol{H}(\omega)=[H_1(\omega),\cdots,H_m(\omega),\cdots,H_M(\omega)]^{\mathrm{T}}$。

对于图 2.8 所示的常规波束形成器，若将其表述成图 2.9 所示的形式，对应的传输函数为

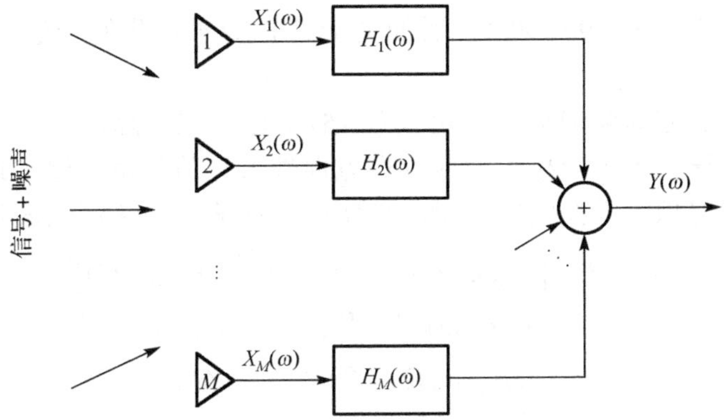

图 2.9　波束形成器原理框图

$$H_{cm}(\omega) = e^{i\omega\tau_m(\Omega_0)} / M = p_m^*(\boldsymbol{k}) / M, \quad m = 1,\cdots,M \tag{2.73}$$

式中，下标“c”表示常规波束形成器；Ω_0 是信号方向。写成向量的形式为

$$\boldsymbol{H}_c(\omega) = \boldsymbol{p}^*(\boldsymbol{k}) / M \tag{2.74}$$

假设阵列接收数据为一个从 Ω_0 方向入射的具有单位功率的单频(角频率为 ω_0)平面波信号，即 $s(t) = e^{i\omega_0 t}$ 或 $S(\omega_0) = 1$。由式(2.41)得此时 $\boldsymbol{X}(\omega_0) = \boldsymbol{p}(\boldsymbol{k}_0)$。代入式(2.72)可计算波束输出

$$Y(\omega_0, \boldsymbol{k}_0) = \boldsymbol{H}^{\mathrm{T}}(\omega_0)\boldsymbol{p}(\boldsymbol{k}_0) \tag{2.75}$$

于是可以定义基阵的频率-波数响应函数(frequency-wavenumber response function)，它是信号角频率 ω 与波数 $\boldsymbol{k}$ 的函数

$$Y(\omega, \boldsymbol{k}) = \boldsymbol{H}^{\mathrm{T}}(\omega)\boldsymbol{p}(\boldsymbol{k}) \tag{2.76}$$

频率-波数响应函数是波束形成器对单位功率平面波信号的响应，它可用于考察波束形成器的空间响应特性，用于表示基阵对频率为 ω、波数为 $\boldsymbol{k}$ 的输入信号的复增益。

基阵的频率-波数响应函数随方位的变化称为波束响应(beam response，beam pattern，或 array pattern)，即

$$B(\omega, \Omega) \triangleq Y(\omega, \boldsymbol{k})\big|_{\boldsymbol{k}=(\omega/c)\boldsymbol{v}(\Omega)} = \boldsymbol{H}^{\mathrm{T}}(\omega)\boldsymbol{p}(\omega, \Omega) \tag{2.77}$$

式中，$\boldsymbol{p}(\omega, \Omega)$ 是以频率与方位作为宗量的阵列流形向量，即

$$\boldsymbol{p}(\omega, \Omega) = \boldsymbol{p}(\boldsymbol{k})\big|_{\boldsymbol{k}=(\omega/c)\boldsymbol{v}(\Omega)}, \quad \Omega \in \Theta \tag{2.78}$$

式中，Θ 表示所有可能的信号到达方位集合，或称为观察视区(field of view，FOV)。对于三维观察空间，Θ 是所有空间角；对于平面观察问题，不妨设为 xoy 平面，此时垂直角为 $\phi = 90°$，空间角位于为水平面 360° 范围，即 $\Theta = [-180°, 180°]$；对于线阵，

由于对称性，可取 $\Theta=[-90°,90°]$。后面如无特别要求，我们一般假设观察视区为平面。

理想情况下的方向响应向量已由式(2.15)给出。在实际情况下，由于组成基阵的阵元间存在差异，各阵元接收响应存在方向性，且随频率变化，致使基阵真实方向响应向量偏离理想的方向响应向量。真实的方向响应向量可以表示成

$$\begin{aligned}\boldsymbol{p}(\omega,\Omega)&=\left[p_1(\omega,\Omega),\cdots,p_m(\omega,\Omega),\cdots,p_M(\omega,\Omega)\right]^{\mathrm{T}}\\&=[\breve{p}_1(\omega,\Omega)\mathrm{e}^{-\mathrm{i}\omega\tau_1(\Omega)},\cdots,\breve{p}_m(\omega,\Omega)\mathrm{e}^{-\mathrm{i}\omega\tau_m(\Omega)},\\&\quad\cdots,\breve{p}_M(\omega,\Omega)\mathrm{e}^{-\mathrm{i}\omega\tau_M(\Omega)}]^{\mathrm{T}},\quad\Omega\in\Theta\end{aligned}\tag{2.79}$$

式中，$\breve{p}_m(\omega,\Omega)$ 表示 m 号阵元对 Ω 方向角频率为 ω 的信号的接收响应，它一般是复数，表示阵元对信号具有增益与相位响应，预处理通道幅相响应也可纳入其中。在理想假设情况下，$\breve{p}_m(\omega,\Omega)\equiv 1$。

值得指出的是，在实际中，基阵真实的方向响应向量是未知的。虽然我们可以通过理论建模或测量的方法来估计基阵方向响应向量，但估计值与真实值之间总存在误差。本书中，一般情况下方向响应向量用 $\boldsymbol{p}(\cdot)$ 表示，在需要强调真实与假想的方向响应向量时，分别用 $\tilde{\boldsymbol{p}}(\cdot)$ 与 $\bar{\boldsymbol{p}}(\cdot)$ 表示。

2.3.2　窄带波束形成

在 2.2.5 节介绍的快拍数据模型中，我们已经知道宽带数据可以通过傅里叶变换得到频域窄带数据，然后进行窄带波束形成。于是，在考虑波束形成问题时，我们一般可以假设数据为窄带。由于窄带数据的频域快拍模型与时域快拍模型是相同的，为方便起见，我们一般采用窄带时域快拍模型。

假设窄带数据中心频率为 f_{c}，对应的角频率为 $\omega_{\mathrm{c}}=2\pi f_{\mathrm{c}}$。

由于窄带信号的时延可以近似为相移，于是，在窄带情况下，图 2.8 所示的时延求和波束形成可以用相移求和来实现，如图 2.10 所示。

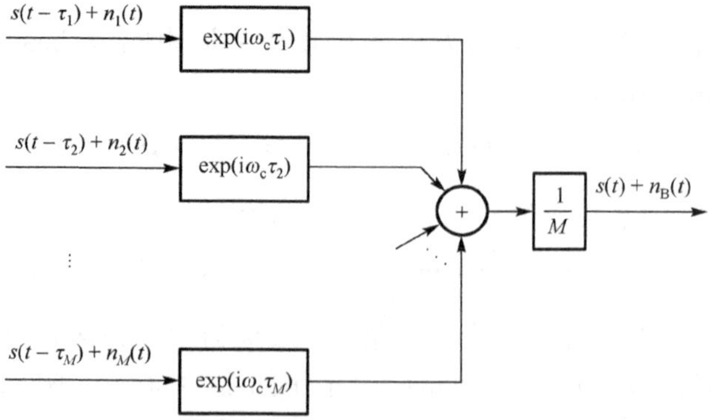

图 2.10　相移窄带波束形成器

更一般的情况下，需要对各阵元数据同时进行幅度加权与相移。于是，在窄带情况下，可以采用一个复数加权代替图 2.9 中的线性时不变滤波。在窄带时域快拍模型下，对应的窄带波束形成器如图 2.11 所示。

将窄带波束形成器的加权值写成向量的形式

$$\boldsymbol{w}^{\mathrm{H}}=[w_1^*,w_2^*,\cdots,w_M^*] \tag{2.80}$$

式中，将权向量写成共轭的形式是为了表述方便，我们将 $\boldsymbol{w}$ 称为加权向量。

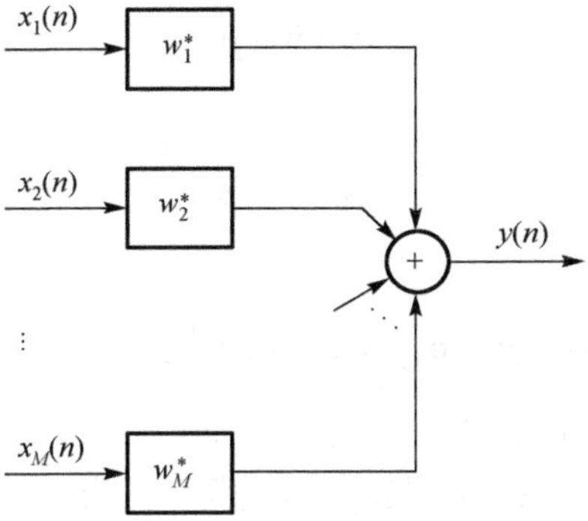

图 2.11　一般的窄带波束形成器

对窄带快拍数据进行加权求和，得到波束形成器的输出快拍为

$$y(n)=\boldsymbol{w}^{\mathrm{H}}\boldsymbol{x}(n) \tag{2.81}$$

窄带波束形成器的设计问题其实就是设计加权向量 $\boldsymbol{w}$ 。对应于式(2.74)，窄带常规波束形成器的加权向量为

$$\boldsymbol{w}_{\mathrm{c}}=\boldsymbol{p}(\Omega_0)/M \tag{2.82}$$

2.3.3　窄带波束形成器的性能参数

波束形成器主要有如下几个性能参数：波束响应(包括主瓣响应、主瓣宽度、旁瓣级等)、阵增益与稳健性。下面对这几个参数进行具体阐述。

1. 波束响应

波束响应是指波束形成器对某方向单位功率平面波信号的响应，它可用于考察波束形成器的空间响应特性，表示基阵对不同方位到达信号的复增益。

窄带情况下，我们可以省略频率宗量 ω_{c}，用 $\boldsymbol{p}(\Omega)$ 表示阵列流形向量。式(2.77)所示波束响应可以写成

$$B(\Omega)=\boldsymbol{w}^{\mathrm{H}}\boldsymbol{p}(\Omega),\quad \Omega\in\Theta \tag{2.83}$$

值得指出的是，从式(2.83)可以看出，波束响应只与加权向量和方向响应向量有关，而与该方向是否存在信号无关。

由于真实方向响应向量 $\tilde{\boldsymbol{p}}$ 往往是未知的，实际的波束响应往往是观察不到的(仿真中除外)。因此，经常用假想的方向响应向量 $\overline{\boldsymbol{p}}$ 来代替 $\tilde{\boldsymbol{p}}$，省略宗量 Ω，式(2.83)成为

$$\overline{B} = \boldsymbol{w}^{\mathrm{H}}\overline{\boldsymbol{p}} \tag{2.84}$$

式中，$\overline{B}$ 称作假想波束响应，或称名义上的波束响应。

假设真实的基阵方向响应向量 $\tilde{\boldsymbol{p}}$ 与假想的方向响应向量 $\overline{\boldsymbol{p}}$ 之间的误差为 $\boldsymbol{p}_{\Delta}$，即

$$\tilde{\boldsymbol{p}} = \overline{\boldsymbol{p}} + \boldsymbol{p}_{\Delta} \tag{2.85}$$

则真实波束响应为

$$\tilde{B} = \boldsymbol{w}^{\mathrm{H}}\tilde{\boldsymbol{p}} \tag{2.86}$$

于是

$$\tilde{B} = \boldsymbol{w}^{\mathrm{H}}(\overline{\boldsymbol{p}} + \boldsymbol{p}_{\Delta}) = \boldsymbol{w}^{\mathrm{H}}\overline{\boldsymbol{p}} + \boldsymbol{w}^{\mathrm{H}}\boldsymbol{p}_{\Delta} = \overline{B} + \boldsymbol{w}^{\mathrm{H}}\boldsymbol{p}_{\Delta} \tag{2.87}$$

式中，$\boldsymbol{w}^{\mathrm{H}}\boldsymbol{p}_{\Delta}$ 是波束响应估计误差。

很多情况下，我们将波束响应取对数，其单位为分贝(dB)，即

$$B_{\mathrm{dB}}(\Omega) = 20\lg|B(\Omega)|, \quad \Omega \in \Theta \tag{2.88}$$

式中，$\lg(\cdot) = \log_{10}(\cdot)$。

对于确定的波束形成加权向量 $\boldsymbol{w}$，根据式(2.83)画出波束响应能量相对于方位的函数图，便得到波束形成器的方向性图，也称波束图。波束图显示的是基阵对不同方位到达信号响应情况，它可用于评估其他方向干扰与噪声对感兴趣方向信号产生的影响大小。

例 2.1　波束图、旁瓣级、主瓣宽度

考虑一个由 $M=10$ 个相同的各向同性阵元组成的均匀线列阵，阵元间隔为半波长。后面我们将半波长间隔的理想均匀线列阵称为标准线列阵。假设我们考察波束图时的观察视区 Θ 位于同一平面，不妨假设为 xoy 平面，此时俯仰角 $\phi = 90°$。采用图 2.6(b)所示的平面坐标，并将线阵放在 y 轴上，线阵舷侧方向水平角为 0°。取观察视区 $\Theta = [-90°, 90°]$。

值得说明的是，本书后面各章节中，对于均匀线列阵，如无特殊说明，一般采用本例中使用的坐标系统与阵列布置。

假设期望方向为 $\theta_0 = 0°$，按式(2.82)计算波束形成加权向量为 $\boldsymbol{w}_{\mathrm{c}} = \boldsymbol{p}(\theta_0)/M$，该波束形成器让从 θ_0 方向入射的信号同相叠加。

固定加权值 $\boldsymbol{w}_{\mathrm{c}}$，计算出观察视区 Θ 内的阵列流形向量 $\boldsymbol{p}(\theta)$，$\theta \in \Theta$，采用式(2.83)计算出基阵在各方向的波束响应 $B(\theta)$。对其取对数 $20\lg|B(\theta)|$，得到的波束图如图 2.12 所示。

图 2.12(b)是图 2.12(a)中波束主瓣附近局部放大图。

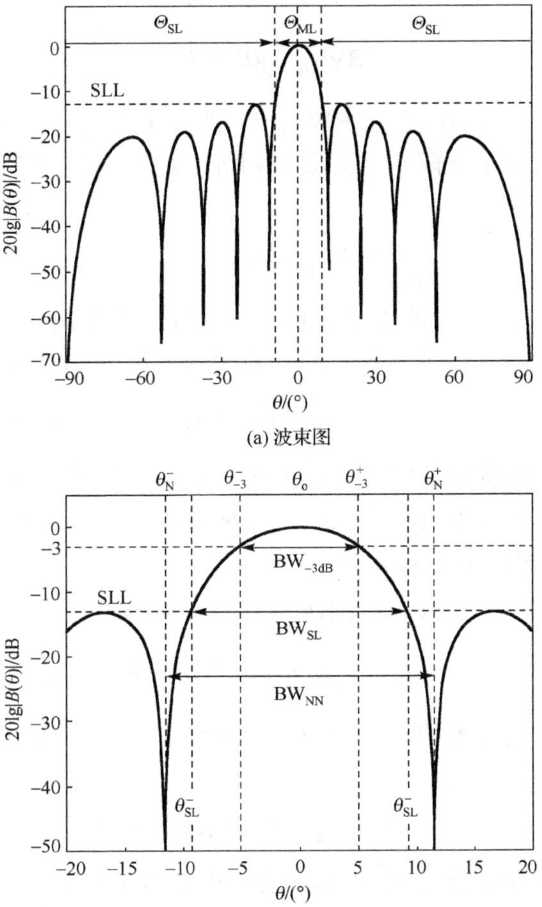

(b) 波束主瓣局部放大图

图 2.12　10 元标准线列阵波束图

由图可见，波束图主峰值出现在期望方向，即波束形成器对该方向信号响应最大。主峰值方向称为波束主轴方向(main response axis，MRA，或 observe direction)，用

$$\Omega_o = (\theta_o, \phi_o) \tag{2.89}$$

表示。波束观察方向 Ω_o 一般选取为期望信号方向。在本例二维平面情况下波束观察方向用水平方位角 θ_o 表示即可。

在本例平面情况下，波束图上在主轴左右两边、与主轴最近的两个零点(对数情况下是谷值)对应的方位分别用 θ_N^- 与 θ_N^+ 表示。θ_N^- 与 θ_N^+ 所夹部分称为波束主瓣(mainlobe)。非主瓣所在的波束部分称为波束旁瓣(sidelobe)。一般来说，基阵的孔径(基阵尺寸与波长之比)越大，常规波束图的主瓣宽度越小。

波束两个零点间束宽($\mathrm{BW_{NN}}$)，即波束主瓣峰值左右第一次出现零点的两方向间夹角，即

$$\mathrm{BW_{NN}} = \left|\theta_{\mathrm{N}}^{+} - \theta_{\mathrm{N}}^{-}\right| \tag{2.90}$$

半功率束宽也称为−3dB 束宽($\mathrm{BW_{-3dB}}$)，即波束主瓣功率下降到−3dB 时的两方向间夹角。假设主瓣功率下降到与旁瓣级相等时的左右两边方位分别用 θ_{-3}^{-} 与 θ_{-3}^{+} 表示，则

$$\mathrm{BW_{-3dB}} = \left|\theta_{-3}^{+} - \theta_{-3}^{-}\right| \tag{2.91}$$

旁瓣级束宽($\mathrm{BW_{SL}}$)，即波束主瓣功率下降到与旁瓣级相等时的两方向间夹角。假设主瓣功率下降到与旁瓣级相等时的左右两边方位分别用 θ_{SL}^{-} 与 θ_{SL}^{+} 表示，则

$$\mathrm{BW_{SL}} = \left|\theta_{\mathrm{SL}}^{+} - \theta_{\mathrm{SL}}^{-}\right| \tag{2.92}$$

以上三种波束主瓣宽度的定义中，前两种是很多参考文献中的定义，第三种定义是本书中为了后续表述方便而定义的。对应地，本书中为计算方便，将波束主瓣区域 Θ_{ML} 与旁瓣区域 Θ_{SL} 分别定义为

$$\Theta_{\mathrm{ML}} \triangleq \left\{\theta \mid \theta_{\mathrm{SL}}^{-} < \theta < \theta_{\mathrm{SL}}^{+}, \theta \in \Theta\right\} \tag{2.93}$$

$$\Theta_{\mathrm{SL}} \triangleq \left\{\theta \mid \theta \notin \Theta_{\mathrm{ML}}, \theta \in \Theta\right\} \tag{2.94}$$

用对数表示的最高旁瓣值与期望方向主瓣值之差称为旁瓣级(sidelobe level)，用 SLL 表示，即

$$\mathrm{SLL} = B_{\mathrm{dB}}(\theta_{\mathrm{SL}}^{+}) - B_{\mathrm{dB}}(\theta_{\mathrm{o}})\ (\mathrm{dB}) \tag{2.95}$$

旁瓣级 SLL 为负值，图 2.12 所示常规波束旁瓣级 $\mathrm{SLL} \approx -13\mathrm{dB}$。

2. 阵增益

考虑存在期望信号、干扰与噪声的情况，假设期望信号方向用 $\varOmega_{\mathrm{s}}$ 表示，对于式(2.68)所示阵列数据模型，有

$$\varOmega_{\mathrm{s}} = \varOmega_{0} \tag{2.96}$$

期望信号对应的方向响应向量为

$$\boldsymbol{p}_{\mathrm{s}} = \boldsymbol{p}(\varOmega_{\mathrm{s}}) \tag{2.97}$$

类似地，干扰方向为 $\varOmega_d$，$d = 1, \cdots, D$，对应的方向响应向量可记作 $\boldsymbol{p}_d = \boldsymbol{p}(\varOmega_d)$，由式(2.68)可知，快拍数据模型为

$$\boldsymbol{x} = \boldsymbol{p}_{\mathrm{s}} s + \sum_{d=1}^{D} \boldsymbol{p}_d s_d + \boldsymbol{n} \tag{2.98}$$

假设信号、干扰与噪声互不相关，数据协方差矩阵为

$$\begin{aligned}\boldsymbol{R}_{\mathrm{x}} &= E\{\boldsymbol{x}\boldsymbol{x}^{\mathrm{H}}\}\\ &= \sigma_{\mathrm{s}}^2 \boldsymbol{p}_{\mathrm{s}}\boldsymbol{p}_{\mathrm{s}}^{\mathrm{H}} + \sum_{d=1}^{D}\sigma_d^2 \boldsymbol{p}_d \boldsymbol{p}_d^{\mathrm{H}} + \sigma_{\mathrm{n}}^2 \boldsymbol{\rho}_{\mathrm{n}}\\ &= \boldsymbol{R}_{\mathrm{s}} + \boldsymbol{R}_{\mathrm{i}} + \boldsymbol{R}_{\mathrm{n}}\end{aligned} \tag{2.99}$$

式中，σ_{s}^2 与 σ_{n}^2 分别是信号与噪声功率；$\boldsymbol{R}_{\mathrm{s}} = \sigma_{\mathrm{s}}^2 \boldsymbol{p}_{\mathrm{s}}\boldsymbol{p}_{\mathrm{s}}^{\mathrm{H}}$，$\boldsymbol{R}_{\mathrm{i}} = \sum_{d=1}^{D}\sigma_d^2 \boldsymbol{p}_d \boldsymbol{p}_d^{\mathrm{H}}$ 与 $\boldsymbol{R}_{\mathrm{n}} = \sigma_{\mathrm{n}}^2 \boldsymbol{\rho}_{\mathrm{n}}$ 分别为信号、干扰与噪声协方差矩阵；$\boldsymbol{\rho}_{\mathrm{n}}$ 为归一化噪声协方差矩阵。由于干扰互不相关，干扰功率可计算为

$$\sigma_{\mathrm{i}}^2 = \sum_{d=1}^{D}\sigma_d^2 \tag{2.100}$$

信噪比(signal-to-noise ratio，SNR)定义为信号与噪声功率之比

$$\mathrm{SNR} = \sigma_{\mathrm{s}}^2 / \sigma_{\mathrm{n}}^2 \tag{2.101}$$

阵元接收数据是波束输入数据，因此波束输入信噪比也就是阵元接收数据信噪比

$$\mathrm{SNR}_{\mathrm{in}} = \sigma_{\mathrm{s}}^2 / \sigma_{\mathrm{n}}^2 \tag{2.102}$$

干扰与噪声功率比称为干噪比(interference-to-noise ratio，INR)

$$\mathrm{INR} = \sigma_{\mathrm{i}}^2 / \sigma_{\mathrm{n}}^2 \tag{2.103}$$

阵元接收数据信干噪比也就是波束输入信干噪比(signal-to-interference-plus-noise ratio，SINR)，定义为

$$\mathrm{SINR}_{\mathrm{in}} = \sigma_{\mathrm{s}}^2 / (\sigma_{\mathrm{i}}^2 + \sigma_{\mathrm{n}}^2) = \sigma_{\mathrm{s}}^2 / \sigma_{\mathrm{i+n}}^2 \tag{2.104}$$

式中，$\sigma_{\mathrm{i+n}}^2 = \sigma_{\mathrm{i}}^2 + \sigma_{\mathrm{n}}^2$ 表示干扰加噪声功率。

广义的噪声包括干扰与随机噪声，因此很多时候将式(2.104)所示信干噪比直接称为信噪比。

将式(2.98)代入式(2.81)可得波束输出快拍为

$$y = \boldsymbol{w}^{\mathrm{H}}\boldsymbol{x} = \boldsymbol{w}^{\mathrm{H}}\boldsymbol{p}_{\mathrm{s}}s + \sum_{d=1}^{D}\boldsymbol{w}^{\mathrm{H}}\boldsymbol{p}_d s_d + \boldsymbol{w}^{\mathrm{H}}\boldsymbol{n} \tag{2.105}$$

于是，波束输出功率为

$$\begin{aligned}\sigma_{\mathrm{y}}^2 &= E\{yy^*\} = \boldsymbol{w}^{\mathrm{H}}\boldsymbol{R}_{\mathrm{x}}\boldsymbol{w}\\ &= \boldsymbol{w}^{\mathrm{H}}\boldsymbol{R}_{\mathrm{s}}\boldsymbol{w} + \boldsymbol{w}^{\mathrm{H}}\boldsymbol{R}_{\mathrm{i}}\boldsymbol{w} + \boldsymbol{w}^{\mathrm{H}}\boldsymbol{R}_{\mathrm{n}}\boldsymbol{w}\\ &= \sigma_{\mathrm{s}}^2\boldsymbol{w}^{\mathrm{H}}\boldsymbol{p}_{\mathrm{s}}\boldsymbol{p}_{\mathrm{s}}^{\mathrm{H}}\boldsymbol{w} + \sum_{d=1}^{D}\sigma_d^2\boldsymbol{w}^{\mathrm{H}}\boldsymbol{p}_d\boldsymbol{p}_d^{\mathrm{H}}\boldsymbol{w} + \sigma_{\mathrm{n}}^2\boldsymbol{w}^{\mathrm{H}}\boldsymbol{\rho}_{\mathrm{n}}\boldsymbol{w}\\ &= \sigma_{\mathrm{ys}}^2 + \sigma_{\mathrm{yi}}^2 + \sigma_{\mathrm{yn}}^2\end{aligned} \tag{2.106}$$

式中，σ_{ys}^2、σ_{yi}^2与σ_{yn}^2分别是波束输出信号、干扰与噪声功率。

波束形成器的输出信干噪比定义为

$$\text{SINR}_{\text{out}}=\frac{\sigma_{ys}^2}{\sigma_{yi}^2+\sigma_{yn}^2}=\frac{\boldsymbol{w}^{\text{H}}\boldsymbol{R}_{\text{s}}\boldsymbol{w}}{\boldsymbol{w}^{\text{H}}\boldsymbol{R}_{\text{i}}\boldsymbol{w}+\boldsymbol{w}^{\text{H}}\boldsymbol{R}_{\text{n}}\boldsymbol{w}}=\frac{\sigma_{\text{s}}^2\boldsymbol{w}^{\text{H}}\boldsymbol{p}_{\text{s}}\boldsymbol{p}_{\text{s}}^{\text{H}}\boldsymbol{w}}{\sigma_{\text{i+n}}^2\boldsymbol{w}^{\text{H}}\boldsymbol{\rho}_{\text{i+n}}\boldsymbol{w}} \tag{2.107}$$

式中，$\boldsymbol{\rho}_{\text{i+n}}$是归一化干扰加噪声协方差矩阵。

当不存在干扰时，输出信干噪比简化为输出信噪比

$$\text{SNR}_{\text{out}}=\frac{\sigma_{ys}^2}{\sigma_{yn}^2}=\frac{\boldsymbol{w}^{\text{H}}\boldsymbol{R}_{\text{s}}\boldsymbol{w}}{\boldsymbol{w}^{\text{H}}\boldsymbol{R}_{\text{n}}\boldsymbol{w}}=\frac{\sigma_{\text{s}}^2\boldsymbol{w}^{\text{H}}\boldsymbol{p}_{\text{s}}\boldsymbol{p}_{\text{s}}^{\text{H}}\boldsymbol{w}}{\sigma_{\text{n}}^2\boldsymbol{w}^{\text{H}}\boldsymbol{\rho}_{\text{n}}\boldsymbol{w}}=\frac{\sigma_{\text{s}}^2\left|\boldsymbol{w}^{\text{H}}\boldsymbol{p}_{\text{s}}\right|^2}{\sigma_{\text{n}}^2\boldsymbol{w}^{\text{H}}\boldsymbol{\rho}_{\text{n}}\boldsymbol{w}} \tag{2.108}$$

阵增益定义为波束输出信干噪比SINR_{out}与输入信干噪比SINR_{in}之比，即

$$G=\frac{\text{SINR}_{\text{out}}}{\text{SINR}_{\text{in}}}=\frac{\left|\boldsymbol{w}^{\text{H}}\boldsymbol{p}_{\text{s}}\right|^2}{\boldsymbol{w}^{\text{H}}\boldsymbol{\rho}_{\text{i+n}}\boldsymbol{w}} \tag{2.109}$$

由于广义的噪声包括干扰与噪声，式(2.109)中$\boldsymbol{\rho}_{\text{i+n}}$有时直接写成$\boldsymbol{\rho}_{\text{n}}$，此时$\boldsymbol{\rho}_{\text{n}}$中包含了干扰成分。

输入、输出信噪比及阵增益都一般取对数表示，其单位为 dB，即

$$G_{\text{dB}}=10\lg G\ (\text{dB}) \tag{2.110}$$

从式(2.109)可以看出，如果波束形成器加权向量$\boldsymbol{w}$乘以一个标量，阵增益仍保持不变。因此，在波束设计过程中，一般对加权向量进行归一化，让波束输出信号功率谱与输入信号功率谱保持不变，即让

$$\sigma_{ys}^2=\sigma_{\text{s}}^2 \tag{2.111}$$

即

$$\sigma_{\text{s}}^2\boldsymbol{w}^{\text{H}}\boldsymbol{p}_{\text{s}}\boldsymbol{p}_{\text{s}}^{\text{H}}\boldsymbol{w}=\sigma_{\text{s}}^2 \tag{2.112}$$

因此需要

$$\left|\boldsymbol{w}^{\text{H}}\boldsymbol{p}_{\text{s}}\right|=1 \tag{2.113}$$

注意到当$\boldsymbol{w}$旋转任意角度时，波束输出功率$\boldsymbol{w}^{\text{H}}\boldsymbol{R}_{\text{x}}\boldsymbol{w}$保持不变。因此，可以通过旋转$\boldsymbol{w}$使$\boldsymbol{w}^{\text{H}}\boldsymbol{p}_{\text{s}}$是正实数，且波束输出功率保持不变。基于此原因，我们可以取

$$\boldsymbol{w}^{\text{H}}\boldsymbol{p}_{\text{s}}=1 \tag{2.114}$$

该约束称为无失真(distortionless response)约束，该约束使波束图主轴响应为1(即 0dB)。由于这里的基阵方向响应向量$\boldsymbol{p}_{\text{s}}$决定了波束指向方位，它又被称为导向向量(steering vector)。

由式(2.113)得下面的不等式

$$1=\left|\boldsymbol{w}^{\mathrm{H}}\boldsymbol{p}_{\mathrm{s}}\right|^{2}\leqslant\|\boldsymbol{w}\|^{2}\|\boldsymbol{p}_{\mathrm{s}}\|^{2}=M\|\boldsymbol{w}\|^{2} \tag{2.115}$$

式中用到了$\|\boldsymbol{p}_{\mathrm{s}}\|^{2}=M$。于是可得

$$\|\boldsymbol{w}\|^{2}\geqslant 1/M \tag{2.116}$$

式中，向量 $\boldsymbol{w}$ 与 $\boldsymbol{p}_{\mathrm{s}}$ 同向时取等号。

若噪声为空间白噪声，且不存在干扰，即 $\boldsymbol{\rho}_{\mathrm{n}}=\boldsymbol{I}$，代入式(2.109)得到基阵的阵增益为

$$G_{\mathrm{w}}=\frac{\left|\boldsymbol{w}^{\mathrm{H}}\boldsymbol{p}_{\mathrm{s}}\right|^{2}}{\boldsymbol{w}^{\mathrm{H}}\boldsymbol{I}\boldsymbol{w}}=\|\boldsymbol{w}\|^{-2} \tag{2.117}$$

这就是白噪声阵增益(white noise array gain，WNG)，有时直接说成白噪声增益。

由式(2.116)知

$$G_{\mathrm{w}}\leqslant M \tag{2.118}$$

也就是说白噪声增益最大值等于阵元个数，且加权向量 $\boldsymbol{w}$ 与导向向量 $\boldsymbol{p}_{\mathrm{s}}$ 同向时取等号。

若噪声为空间均匀各向同性噪声，即 $\boldsymbol{\rho}_{\mathrm{n}}=\boldsymbol{\rho}_{\mathrm{niso}}$，代入式(2.109)得到基阵的阵增益(用 G_{D} 表示)为

$$G_{\mathrm{D}}=\frac{\left|\boldsymbol{w}^{\mathrm{H}}\boldsymbol{p}_{\mathrm{s}}\right|^{2}}{\boldsymbol{w}^{\mathrm{H}}\boldsymbol{\rho}_{\mathrm{niso}}\boldsymbol{w}} \tag{2.119}$$

值得指出的是，由于期望信号方向响应向量 $\boldsymbol{p}_{\mathrm{s}}$ 的真实值 $\tilde{\boldsymbol{p}}_{\mathrm{s}}$ 一般是未知的，所以用期望信号方向响应向量的假想值 $\bar{\boldsymbol{p}}_{\mathrm{s}}$ 来代替，这里

$$\tilde{\boldsymbol{p}}_{\mathrm{s}}=\tilde{\boldsymbol{p}}(\Omega_{\mathrm{s}}) \tag{2.120}$$

$$\bar{\boldsymbol{p}}_{\mathrm{s}}=\bar{\boldsymbol{p}}(\Omega_{\mathrm{s}}) \tag{2.121}$$

于是，式(2.114)所示无失真响应约束成为

$$\boldsymbol{w}^{\mathrm{H}}\bar{\boldsymbol{p}}_{\mathrm{s}}=1 \tag{2.122}$$

在实际情况下，我们并不知道期望信号方向，因此经常选用期望波束观察方向对应的方向响应向量作为假想方向响应向量，即

$$\bar{\boldsymbol{p}}_{\mathrm{s}}=\bar{\boldsymbol{p}}(\Omega_{\mathrm{o}}) \tag{2.123}$$

3. 指向性指数

波束形成器的另一个重要的性能参数是指向性(directivity)。波束指向性定义波

束对其观察方向信号功率增益与对全方位均匀到达信号功率增益之比，即

$$D = \frac{\left|B(\theta_{\mathrm{o}},\phi_{\mathrm{o}})\right|^2}{\dfrac{1}{4\pi}\displaystyle\int_0^{\pi}\int_0^{2\pi}\left|B(\theta,\phi)\right|^2 \mathrm{d}\theta\sin\phi\mathrm{d}\phi} \tag{2.124}$$

式(2.124)中分子为

$$D_{\mathrm{NUM}} = \left|B(\theta_{\mathrm{o}},\phi_{\mathrm{o}})\right|^2 = \left|\boldsymbol{w}^{\mathrm{H}}\boldsymbol{p}(\theta_{\mathrm{o}},\phi_{\mathrm{o}})\right|^2 \tag{2.125}$$

由式(2.83)，式(2.124)中分母表示为

$$\begin{aligned} D_{\mathrm{DEN}} &= \frac{1}{4\pi}\int_0^{\pi}\int_0^{2\pi}\left|B(\theta,\phi)\right|^2 \mathrm{d}\theta\sin\phi\mathrm{d}\phi \\ &= \boldsymbol{w}^{\mathrm{H}}\frac{1}{4\pi}\int_0^{\pi}\int_0^{2\pi}\boldsymbol{p}(\theta,\phi)\boldsymbol{p}^{\mathrm{H}}(\theta,\phi)\mathrm{d}\theta\sin\phi\mathrm{d}\phi\boldsymbol{w} \\ &= \boldsymbol{w}^{\mathrm{H}}\boldsymbol{R}_{\mathrm{iso}}\boldsymbol{w} \end{aligned} \tag{2.126}$$

式中

$$\begin{aligned} \boldsymbol{R}_{\mathrm{iso}} &= \frac{1}{4\pi}\int_0^{\pi}\int_0^{2\pi}\boldsymbol{p}(\theta,\phi)\boldsymbol{p}^{\mathrm{H}}(\theta,\phi)\mathrm{d}\theta\sin\phi\mathrm{d}\phi \\ &= \frac{1}{4\pi}\int_0^{\pi}\int_0^{2\pi}\boldsymbol{R}_{\mathrm{a}}(\theta,\phi)\,\mathrm{d}\theta\sin\phi\mathrm{d}\phi \end{aligned} \tag{2.127}$$

$$\boldsymbol{R}_{\mathrm{a}}(\theta,\phi) = \boldsymbol{p}(\theta,\phi)\boldsymbol{p}^{\mathrm{H}}(\theta,\phi) \tag{2.128}$$

是一个 $M \times M$ 矩阵。由式(2.15)可知，式(2.128)中 $\boldsymbol{R}_{\mathrm{a}}(\theta,\phi)$ 的第 $(m,\breve{m})$ 项可以表示为

$$[\boldsymbol{R}_{\mathrm{a}}(\theta,\phi)]_{m,\breve{m}} = \mathrm{e}^{-\mathrm{i}\boldsymbol{k}^{\mathrm{T}}\mathcal{p}_m}\mathrm{e}^{\mathrm{i}\boldsymbol{k}^{\mathrm{T}}\mathcal{p}_{\breve{m}}} = \mathrm{e}^{-\mathrm{i}\boldsymbol{k}^{\mathrm{T}}(\mathcal{p}_m-\mathcal{p}_{\breve{m}})} \tag{2.129}$$

参考式(2.26)与式(2.30)可知

$$\int_0^{\pi}\int_0^{2\pi}\exp(-\mathrm{i}\boldsymbol{k}^{\mathrm{T}}(\mathcal{p}_m-\mathcal{p}_{\breve{m}}))\mathrm{d}\theta\sin\phi\mathrm{d}\phi = 4\pi\cdot\mathrm{sinc}(kd_{m,\breve{m}}) \tag{2.130}$$

式中，$d_{m,\breve{m}}$ 表示第 m 个与第 $\breve{m}$ 个阵元之间的距离。

因此，式(2.127)中 $\boldsymbol{R}_{\mathrm{iso}}$ 的第 $(m,\breve{m})$ 项可以表示成

$$[\boldsymbol{R}_{\mathrm{iso}}]_{m,\breve{m}} = \mathrm{sinc}(kd_{m,\breve{m}}) \tag{2.131}$$

由式(2.34)可知，$\boldsymbol{R}_{\mathrm{iso}}$ 正是空间均匀各向同性噪声场归一化互谱矩阵，即

$$\boldsymbol{R}_{\mathrm{iso}} = \boldsymbol{\rho}_{\mathrm{niso}}(\omega) \tag{2.132}$$

由式(2.125)、式(2.126)与式(2.132)，式(2.124)可以表示成

$$D = \frac{\left|\boldsymbol{w}^{\mathrm{H}}\boldsymbol{p}(\theta_{\mathrm{o}},\phi_{\mathrm{o}})\right|^2}{\boldsymbol{w}^{\mathrm{H}}\boldsymbol{\rho}_{\mathrm{niso}}(\omega)\boldsymbol{w}} \tag{2.133}$$

对比式(2.133)与式(2.119)可以看出

$$D = G_{\mathrm{D}} \tag{2.134}$$

这说明波束形成器的指向性可以解释为基阵在空间均匀各向同性噪声场中的阵增益。

我们通常对指向性取对数，获得用 dB 表示的指向性指数(directivity index，DI)，于是

$$\mathrm{DI} = 10\lg G_{\mathrm{D}} \tag{2.135}$$

4. 波束形成器的稳健性

基阵校准误差(阵元位置标定误差和通道幅相误差)造成波束图发生畸变，进而造成波束形成器空域滤波性能下降。下面分析这两方面误差对波束形成器的影响。

假设模型标定的第 m 号阵元的位置为 $\boldsymbol{p}_m^{\mathrm{n}}$，这里上标“n”表示基准，即理想情况下的值。阵元的真实位置可以表示为

$$\boldsymbol{p}_m = \boldsymbol{p}_m^{\mathrm{n}} + \Delta \boldsymbol{p}_m \tag{2.136}$$

阵元位置的三个坐标分量分别为

$$p_{\mathrm{x}m} = p_{\mathrm{x}m}^{\mathrm{n}} + \Delta p_{\mathrm{x}m} \tag{2.137}$$

$$p_{\mathrm{y}m} = p_{\mathrm{y}m}^{\mathrm{n}} + \Delta p_{\mathrm{y}m} \tag{2.138}$$

$$p_{\mathrm{z}m} = p_{\mathrm{z}m}^{\mathrm{n}} + \Delta p_{\mathrm{z}m} \tag{2.139}$$

假设波束形成理想的加权向量为 $\boldsymbol{w}^{\mathrm{n}} = [w_1^{\mathrm{n}},\cdots,w_m^{\mathrm{n}},\cdots,w_M^{\mathrm{n}}]^{\mathrm{T}}$，其中 m 号阵元的权值为 $w_m^{\mathrm{n}} = g_m^{\mathrm{n}}\exp(\mathrm{i}\varphi_m^{\mathrm{n}})$，即理想幅度加权为 g_m^{n}，理想相移为 φ_m^{n}。而在实际使用中，处理器通道存在误差的影响，如果将处理器通道响应纳入加权值，相当于实际的幅度加权与相移发生了改变，实际幅度加权和相移分别可以写成

$$g_m = g_m^{\mathrm{n}}(1 + \Delta g_m) \tag{2.140}$$

$$\varphi_m = \varphi_m^{\mathrm{n}} + \Delta \varphi_m \tag{2.141}$$

假设 Δg_m、$\Delta\varphi_m$、$\Delta p_{\mathrm{x}m}$、$\Delta p_{\mathrm{y}m}$、$\Delta p_{\mathrm{z}m}$ ($m=1,2,\cdots,M$)是统计独立的零均值高斯随机变量，且 Δg_m、$\Delta\varphi_m$ 的方差分别为 σ_{g}^2 和 σ_{φ}^2；$\Delta\boldsymbol{p}_m$ 的每个分量 $\Delta p_{\mathrm{x}m}$、$\Delta p_{\mathrm{y}m}$、$\Delta p_{\mathrm{z}m}$ 的方差都为 σ_{p}^2，定义 $\sigma_{\lambda} = (2\pi/\lambda)\sigma_{\mathrm{p}}$。

名义上的波束响应为

$$\overline{B}(\Omega) = (\boldsymbol{w}^{\mathrm{n}})^{\mathrm{H}}\,\overline{\boldsymbol{p}}(\Omega) = \sum_{m=1}^{M} g_m^{\mathrm{n}}\exp(\mathrm{i}\varphi_m^{\mathrm{n}} - \mathrm{i}\boldsymbol{k}^{\mathrm{T}}\boldsymbol{p}_m^{\mathrm{n}}) \tag{2.142}$$

真实的波束响应为

$$\tilde{B}(\Omega)=\boldsymbol{w}^{\mathrm{H}}\tilde{\boldsymbol{p}}(\Omega)=\sum_{m=1}^{M}g_m\exp(\mathrm{i}\varphi_m-\mathrm{i}\boldsymbol{k}^{\mathrm{T}}\boldsymbol{p}_m) \tag{2.143}$$

可以证明[59,76]，当上述各误差方差较小时，实际波束响应的幅度平方期望可以写成

$$E\left\{\left|\tilde{B}(\Omega)\right|^2\right\}=\left|\bar{B}(\Omega)\right|^2\exp[-(\sigma_{\varphi}^2+\sigma_{\lambda}^2)]+\sum_{m=1}^{M}(g_m^{\mathrm{n}})^2(\sigma_{\mathrm{g}}^2+\sigma_{\varphi}^2+\sigma_{\lambda}^2) \tag{2.144}$$

定义灵敏度函数

$$T_{\mathrm{se}}\triangleq\sum_{m=1}^{M}(g_m^{\mathrm{n}})^2=\sum_{m=1}^{M}\left|w_m^{\mathrm{n}}\right|^2=\|\boldsymbol{w}\|^2 \tag{2.145}$$

式(2.144)成为

$$E\left\{\left|\tilde{B}(\Omega)\right|^2\right\}=\left|\bar{B}(\Omega)\right|^2\exp[-(\sigma_{\varphi}^2+\sigma_{\lambda}^2)]+\|\boldsymbol{w}\|^2(\sigma_{\mathrm{g}}^2+\sigma_{\varphi}^2+\sigma_{\lambda}^2) \tag{2.146}$$

式(2.146)将实际波束响应幅度平方均值写成了两部分之和，第一部分是理想波束响应幅度平方乘以一个衰减因子，其影响是使各方位波束响应整体减小，使主瓣峰值小于 0dB，但这并不影响阵增益。第二部分是误差方差之和与加权向量范数平方之积，其影响是使波束旁瓣响应的期望值增加。可见对波束性能影响较大的主要是第二部分。

从第二部分可以看出，在阵元位置误差与通道幅相误差一定的情况下，加权向量范数越小，波束响应受扰动误差的影响越小，即稳健性越高。可见加权向量范数可以作为评判波束形成器稳健性的参数。

如果要保证波束形成器具有一定的稳健性，则需对波束形成器的加权向量范数(或灵敏度)进行约束，即令

$$T_{\mathrm{se}}=\|\boldsymbol{w}\|^2\leqslant\zeta_0 \tag{2.147}$$

式中，ζ_0是用户设定值，由式(2.116)可知，它必须满足$\zeta_0\geqslant 1/M$。

由式(2.117)可知，式(2.147)所示的加权向量范数约束等效于白噪声增益约束

$$G_{\mathrm{w}}=(\|\boldsymbol{w}\|^2)^{-1}\geqslant\zeta_0^{-1} \tag{2.148}$$

可见，白噪声增益也是表征波束形成器稳健性的参数。这可以作如下解释：对于扰动误差(如通道误差、阵元位置误差等)，这些误差在各阵元间几乎是互不相关的，它们对波束形成器性能的影响与空间白噪声对波束形成器的影响相似。因此，基阵在空间不相关噪声(即空间白噪声)背景中的阵增益大小可以用来检验波束形成器的稳健性。

2.3.4　波束扫描方位谱

在前面的介绍中，波束形成器加权向量是波束观察方向Ω_{o}的函数，用$\boldsymbol{w}(\Omega_{\mathrm{o}})$表

示。由式(2.106)计算出在观察方向波束形成器的输出功率为

$$\sigma_{\mathrm{y}}^{2}(\Omega_{\mathrm{o}})=\boldsymbol{w}^{\mathrm{H}}(\Omega_{\mathrm{o}})\boldsymbol{R}_{\mathrm{x}}\boldsymbol{w}(\Omega_{\mathrm{o}}) \tag{2.149}$$

如果改变波束观察方向，即让观察方向在观察视区内扫描，并针对每个观察方向设计对应的波束加权向量，则可以获得在观察视区扫描的波束输出功率。

为此，将扫描的观察方向用变量 Ω 表示，对应的波束形成器加权向量用 $\boldsymbol{w}(\Omega)$ 表示，通过观察方向扫描得到的波束输出功率是扫描方位的函数，表示为

$$P(\Omega)=\boldsymbol{w}^{\mathrm{H}}(\Omega)\boldsymbol{R}_{\mathrm{x}}\boldsymbol{w}(\Omega),\quad \Omega\in\Theta \tag{2.150}$$

这便是波束扫描方位谱。

方位谱图显示时一般取对数，即

$$P_{\mathrm{dB}}(\Omega)=10\lg P(\Omega),\quad \Omega\in\Theta \tag{2.151}$$

方位谱图与波束图的概念经常被很多读者混淆，这一点需要引起读者的注意。事实上，两者之间具有本质的区别。

方位谱用于估计空间各方位信号分布情况，即各方位到达信号功率的大小。利用波束扫描方法计算方位谱时，使用的加权向量是扫描方位的函数，方位谱峰可以用于估计信号到达方位。从方位谱图可以观察某一信号源对其他方位波束输出功率的影响。

波束图用于表示波束形成器的空域滤波性能，即给定波束形成器对各方位信号的响应大小。计算波束图时，波束加权向量固定，通过扫描基阵方向响应向量获得各方位波束响应，波束图峰值对应波束主轴方向。从波束图可以观察各方位信号、干扰与噪声对感兴趣方向(波束观察方向)波束输出产生的影响。波束图只与加权向量和方向响应向量有关，而与是否存在信号无关。

另外说明，阵列信号处理中的方位谱图与波束图的区别就好像数字信号处理中信号功率谱图与滤波器频率响应图的区别。

2.4　常见的波束形成器

2.4.1　常规波束形成器

前面已经提到过常规波束形成。由式(2.82)可知，将其中的导向向量用 $\bar{\boldsymbol{p}}_{\mathrm{s}}$ 代替，则常规波束形成加权向量成为

$$\boldsymbol{w}_{\mathrm{c}}=\bar{\boldsymbol{p}}_{\mathrm{s}}/M \tag{2.152}$$

另外，由式(2.122)所示无失真约束可得

$$\boldsymbol{w}_{\mathrm{c}}=\bar{\boldsymbol{p}}_{\mathrm{s}}/\bar{\boldsymbol{p}}_{\mathrm{s}}^{\mathrm{H}}\bar{\boldsymbol{p}}_{\mathrm{s}} \tag{2.153}$$

我们一般假设

$$\bar{\boldsymbol{p}}_{\mathrm{s}}^{\mathrm{H}}\bar{\boldsymbol{p}}_{\mathrm{s}}=M \tag{2.154}$$

于是式(2.153)与式(2.152)相等。假设真实的信号方向响应向量为 $\tilde{\boldsymbol{p}}_{\mathrm{s}}$，若将在假想导向向量为 $\bar{\boldsymbol{p}}_{\mathrm{s}}$ 条件下得到的常规波束加权向量对真实方向响应向量 $\tilde{\boldsymbol{p}}_{\mathrm{s}}$ 的响应记作 $B_{\mathrm{c}}(\bar{\boldsymbol{p}}_{\mathrm{s}}:\tilde{\boldsymbol{p}}_{\mathrm{s}})$，则

$$B_{\mathrm{c}}(\bar{\boldsymbol{p}}_{\mathrm{s}}:\tilde{\boldsymbol{p}}_{\mathrm{s}})=\boldsymbol{w}_{\mathrm{c}}^{\mathrm{H}}\tilde{\boldsymbol{p}}_{\mathrm{s}}=\frac{\bar{\boldsymbol{p}}_{\mathrm{s}}^{\mathrm{H}}\tilde{\boldsymbol{p}}_{\mathrm{s}}}{M} \tag{2.155}$$

将式(2.152)代入式(2.106)计算出常规波束形成器输出功率谱为

$$\sigma_{\mathrm{y,c}}^{2}=\boldsymbol{w}_{\mathrm{c}}^{\mathrm{H}}\boldsymbol{R}_{\mathrm{x}}\boldsymbol{w}_{\mathrm{c}}=\bar{\boldsymbol{p}}_{\mathrm{s}}^{\mathrm{H}}\boldsymbol{R}_{\mathrm{x}}\bar{\boldsymbol{p}}_{\mathrm{s}}/M^{2} \tag{2.156}$$

由式(2.109)计算常规波束形成器的阵增益为

$$G_{\mathrm{c}}=\frac{\left|\bar{\boldsymbol{p}}_{\mathrm{s}}^{\mathrm{H}}\tilde{\boldsymbol{p}}_{\mathrm{s}}/M\right|^{2}}{\bar{\boldsymbol{p}}_{\mathrm{s}}^{\mathrm{H}}\boldsymbol{\rho}_{\mathrm{n}}\bar{\boldsymbol{p}}_{\mathrm{s}}/M^{2}}=\frac{\left|\bar{\boldsymbol{p}}_{\mathrm{s}}^{\mathrm{H}}\tilde{\boldsymbol{p}}_{\mathrm{s}}\right|^{2}}{\bar{\boldsymbol{p}}_{\mathrm{s}}^{\mathrm{H}}\boldsymbol{\rho}_{\mathrm{n}}\bar{\boldsymbol{p}}_{\mathrm{s}}} \tag{2.157}$$

由式(2.155)，式(2.157)可表示成

$$G_{\mathrm{c}}=\frac{\left|\bar{\boldsymbol{p}}_{\mathrm{s}}^{\mathrm{H}}\tilde{\boldsymbol{p}}_{\mathrm{s}}/M\right|^{2}}{\bar{\boldsymbol{p}}_{\mathrm{s}}^{\mathrm{H}}\boldsymbol{\rho}_{\mathrm{n}}\bar{\boldsymbol{p}}_{\mathrm{s}}/M^{2}}=\frac{M^{2}\left|B_{\mathrm{c}}\left(\bar{\boldsymbol{p}}_{\mathrm{s}}:\tilde{\boldsymbol{p}}_{\mathrm{s}}\right)\right|^{2}}{\bar{\boldsymbol{p}}_{\mathrm{s}}^{\mathrm{H}}\boldsymbol{\rho}_{\mathrm{n}}\bar{\boldsymbol{p}}_{\mathrm{s}}} \tag{2.158}$$

可见，常规波束形成器的阵增益是波束响应 $B_{\mathrm{c}}(\bar{\boldsymbol{p}}_{\mathrm{s}}:\tilde{\boldsymbol{p}}_{\mathrm{s}})$ 的函数。于是，失配阵增益与匹配阵增益之比(即将真实方向响应向量分别取 $\tilde{\boldsymbol{p}}_{\mathrm{s}}$ 与 $\bar{\boldsymbol{p}}_{\mathrm{s}}$ 两种情况下的阵增益之比)为

$$\frac{G_{\mathrm{c}}(\bar{\boldsymbol{p}}_{\mathrm{s}}:\tilde{\boldsymbol{p}}_{\mathrm{s}})}{G_{\mathrm{c}}(\bar{\boldsymbol{p}}_{\mathrm{s}}:\bar{\boldsymbol{p}}_{\mathrm{s}})}=\left|B_{\mathrm{c}}(\bar{\boldsymbol{p}}_{\mathrm{s}}:\tilde{\boldsymbol{p}}_{\mathrm{s}})\right|^{2} \tag{2.159}$$

可见，匹配情况下具有最高的阵增益。

当 $\tilde{\boldsymbol{p}}_{\mathrm{s}}=\bar{\boldsymbol{p}}_{\mathrm{s}}$ 时，若噪声场是空间白噪声，即 $\boldsymbol{\rho}_{\mathrm{n}}=\boldsymbol{I}$，可得常规波束形成器的白噪声阵增益为

$$G_{\mathrm{cw}}=M \tag{2.160}$$

结合式(2.116)与式(2.118)可知，常规波束形成器具有最高的白噪声阵增益及最小的加权向量范数。因此，在所有种类的波束形成器中，常规波束形成器具有最高的稳健性。

例 2.2　常规波束图、常规波束扫描方位谱

考虑一个 10 元标准线列阵，假设一个功率为 1 的单频信号从 10° 方向入射到基阵，不考虑噪声，用式(2.69)计算数据协方差矩阵。

以基阵在 10° 方向的响应向量作为导向向量，即 $\bar{\boldsymbol{p}}_{\mathrm{s}}=\boldsymbol{p}(10^{\circ})$，采用式(2.152)计

算常规波束加权向量，用式(2.83)计算波束响应。将得到的波束图显示于图 2.13(a)中。由图中可以看见波束主瓣指向 10°方位。这意味着该波束形成器对 10°方向到达的信号响应最大。

进行波束扫描，即让 θ 在[−90°，90°]内变化，取导向向量为 $\bar{\boldsymbol{p}}_s = \boldsymbol{p}(\theta)$。由式(2.150)计算出波束扫描方位谱，显示于图 2.13(b)中。从图中可以看出，在 10°方位存在一个主峰值，该峰值表示在该方位存在一个信号。峰值大小为 0dB，表示该方位波束输出功率为 1，即该方向到达信号功率估计值为 1。同时注意到，虽然只有 10°方向存在信号，其他方位没有信号，但从方位谱上观察，其他方位的波束输出功率并不为 0，好像是出现了“能量泄漏”。这是由于波束旁瓣引起的，对于远离信号方向的波束，由于常规波束的旁瓣比较高，即使信号位于这些波束的旁瓣，旁瓣对该信号有一定的抑制，但是波束输出并不为 0，因此表现为在方位谱上非信号方向存在输出功率。可以预见，常规波束较高的旁瓣，可能会因为强信号的“能量泄漏”而湮没了其他方位的弱信号，这一点在后面的仿真中将会有所体现。

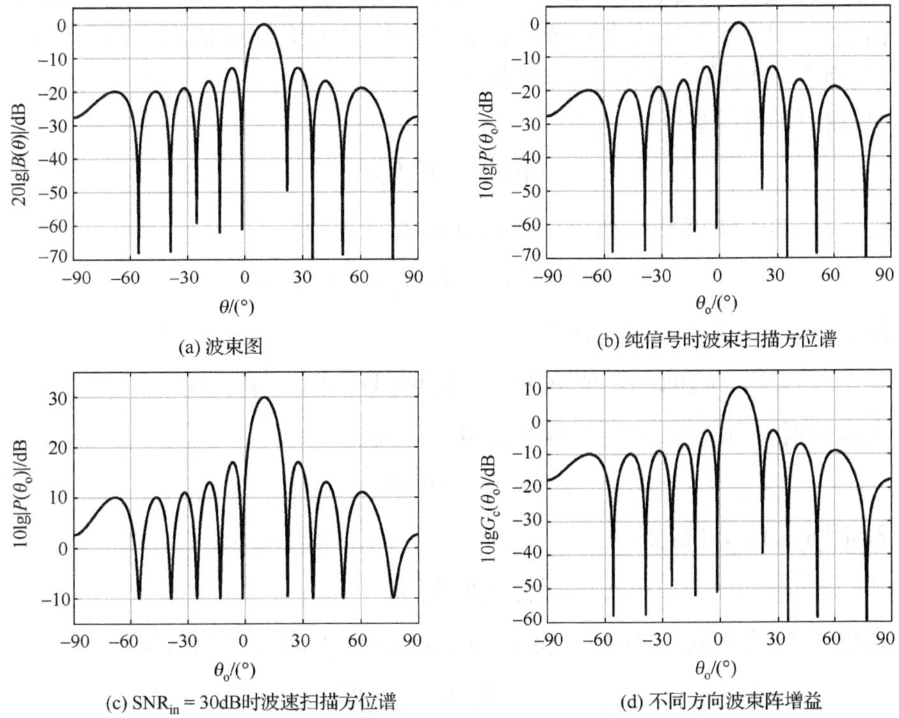

(a) 波束图　　(b) 纯信号时波束扫描方位谱

(c) SNR_{in} = 30dB时波速扫描方位谱　　(d) 不同方向波束阵增益

图 2.13　常规波束形成

比较图 2.13(a)与图 2.13(b)发现，指向信号方向的常规波束图与常规波束扫描方位谱曲线完全相同。这是在仅存在单位功率平面波信号时常规波束形成特有的现象，其他波束形成方法不存在此现象。

假设基阵接收到功率为 0dB 的空间白噪声，信号功率增加到 30dB，即输入信噪比 $\text{SNR}_{\text{in}}=30\text{dB}$。采用常规波束扫描得到的方位谱如图 2.13(c)所示，图中指示在 10°方向方位谱大约为 30dB，表示该方位信号功率估计值约为 30dB。

用式(2.157)计算扫描到各方位时波束阵增益，显示于图 2.13(d)中。由图可见，该曲线形状与图 2.13(a)中波束形状相同，但高出 10dB。这与式(2.159)吻合(此例中 $G_{\text{cw}}(\bar{\boldsymbol{p}}_{\text{s}}:\bar{\boldsymbol{p}}_{\text{s}})=10\text{dB}$)。从该图可知，当波束对准信号方向时，波束形成器的阵增益最大；波束观察方位与信号方位存在偏差时，波束阵增益减小。只要方位偏差不太大(在半功率束宽以内)，阵增益比最大值下降得并不多。

2.4.2 最佳波束形成器

1. MVDR 波束形成器

常规波束形成器的阵增益有限，为了最大限度地提高阵增益，Capon 于 1969 年提出了 MVDR 波束形成器[78]。MVDR 波束形成器也称为 Capon 波束形成器。该波束形成器的设计原理就是让它对感兴趣方位的信号无失真地输出，而使波束输出噪声(可以是包含干扰的广义噪声)方差最小。

波束输出噪声方差为

$$E[\sigma_{\text{yn}}^2]=\boldsymbol{w}^{\text{H}}\boldsymbol{R}_{\text{n}}\boldsymbol{w} \tag{2.161}$$

于是，MVDR 波束形成加权向量设计问题表述为

$$\min_{\boldsymbol{w}}\ \boldsymbol{w}^{\text{H}}\boldsymbol{R}_{\text{n}}\boldsymbol{w},\quad \text{subject to}\quad \boldsymbol{w}^{\text{H}}\bar{\boldsymbol{p}}_{\text{s}}=1 \tag{2.162}$$

采用 Lagrange 算子，定义函数

$$F(\boldsymbol{w},\lambda)\triangleq\boldsymbol{w}^{\text{H}}\boldsymbol{R}_{\text{n}}\boldsymbol{w}+\lambda(\bar{\boldsymbol{p}}_{\text{s}}^{\text{H}}\boldsymbol{w}-1)+\lambda^*(\boldsymbol{w}^{\text{H}}\bar{\boldsymbol{p}}_{\text{s}}-1) \tag{2.163}$$

将该函数对 $\boldsymbol{w}$ 求导，并令该导数为 $\mathbf{0}$，得到

$$\boldsymbol{w}^{\text{H}}=-\lambda\bar{\boldsymbol{p}}_{\text{s}}^{\text{H}}\boldsymbol{R}_{\text{n}}^{-1} \tag{2.164}$$

代入 $\boldsymbol{w}^{\text{H}}\bar{\boldsymbol{p}}_{\text{s}}=1$，可得到

$$\lambda=-(\bar{\boldsymbol{p}}_{\text{s}}^{\text{H}}\boldsymbol{R}_{\text{n}}^{-1}\bar{\boldsymbol{p}}_{\text{s}})^{-1} \tag{2.165}$$

将式(2.165)代入式(2.164)，得到 MVDR 波束形成器加权向量为

$$\boldsymbol{w}_{\text{MVDR}}=\frac{\boldsymbol{R}_{\text{n}}^{-1}\bar{\boldsymbol{p}}_{\text{s}}}{\bar{\boldsymbol{p}}_{\text{s}}^{\text{H}}\boldsymbol{R}_{\text{n}}^{-1}\bar{\boldsymbol{p}}_{\text{s}}}=\frac{\boldsymbol{\rho}_{\text{n}}^{-1}\bar{\boldsymbol{p}}_{\text{s}}}{\bar{\boldsymbol{p}}_{\text{s}}^{\text{H}}\boldsymbol{\rho}_{\text{n}}^{-1}\bar{\boldsymbol{p}}_{\text{s}}} \tag{2.166}$$

式中，分母 $\bar{\boldsymbol{p}}_{\text{s}}^{\text{H}}\boldsymbol{\rho}_{\text{n}}^{-1}\bar{\boldsymbol{p}}_{\text{s}}$ 是一个标量系数。

若噪声场为空间白噪声，即 $\boldsymbol{\rho}_{\text{n}}=\boldsymbol{I}$，MVDR 波束形成加权向量退化为常规波束形成器的权向量。

类似于常规波束形成波束响应式(2.155)，在假想导向向量为 $\bar{\boldsymbol{p}}_{\rm s}$ 条件下得到的 MVDR 波束加权向量对真实方向响应向量 $\tilde{\boldsymbol{p}}_{\rm s}$ 的响应为

$$B_{\rm MVDR}(\bar{\boldsymbol{p}}_{\rm s}:\tilde{\boldsymbol{p}}_{\rm s})=\boldsymbol{w}_{\rm MVDR}^{\rm H}\tilde{\boldsymbol{p}}_{\rm s}=\frac{\bar{\boldsymbol{p}}_{\rm s}^{\rm H}\boldsymbol{\rho}_{\rm n}^{-1}\tilde{\boldsymbol{p}}_{\rm s}}{\bar{\boldsymbol{p}}_{\rm s}^{\rm H}\boldsymbol{\rho}_{\rm n}^{-1}\bar{\boldsymbol{p}}_{\rm s}} \tag{2.167}$$

由式(2.106)可得，MVDR 波束形成器的输出功率为

$$\sigma_{\rm y,MVDR}^2=\boldsymbol{w}^{\rm H}\boldsymbol{R}_{\rm x}\boldsymbol{w}=\frac{\bar{\boldsymbol{p}}_{\rm s}^{\rm H}\boldsymbol{\rho}_{\rm n}^{-1}\boldsymbol{R}_x\boldsymbol{\rho}_{\rm n}^{-1}\bar{\boldsymbol{p}}_{\rm s}}{\bar{\boldsymbol{p}}_{\rm s}^{\rm H}\boldsymbol{\rho}_{\rm n}^{-1}\bar{\boldsymbol{p}}_{\rm s}\bar{\boldsymbol{p}}_{\rm s}^{\rm H}\boldsymbol{\rho}_{\rm n}^{-1}\bar{\boldsymbol{p}}_{\rm s}} \tag{2.168}$$

将式(2.166)代入式(2.109)，计算出 MVDR 波束形成器的阵增益为

$$G_{\rm MVDR}(\bar{\boldsymbol{p}}_{\rm s}:\tilde{\boldsymbol{p}}_s)=\frac{|\boldsymbol{w}^{\rm H}\tilde{\boldsymbol{p}}_s|^2}{\boldsymbol{w}^{\rm H}\boldsymbol{\rho}_{\rm n}\boldsymbol{w}}=\frac{|\bar{\boldsymbol{p}}_{\rm s}^{\rm H}\boldsymbol{R}_{\rm n}^{-1}\tilde{\boldsymbol{p}}_{\rm s}|^2}{\bar{\boldsymbol{p}}_{\rm s}^{\rm H}\boldsymbol{R}_{\rm n}^{-1}\boldsymbol{\rho}_{\rm n}\boldsymbol{R}_{\rm n}^{-1}\bar{\boldsymbol{p}}_{\rm s}}=\frac{|\bar{\boldsymbol{p}}_{\rm s}^{\rm H}\boldsymbol{\rho}_{\rm n}^{-1}\tilde{\boldsymbol{p}}_{\rm s}|^2}{\bar{\boldsymbol{p}}_{\rm s}^{\rm H}\boldsymbol{\rho}_{\rm n}^{-1}\bar{\boldsymbol{p}}_{\rm s}} \tag{2.169}$$

当 $\tilde{\boldsymbol{p}}_{\rm s}=\bar{\boldsymbol{p}}_{\rm s}$ 时，获得最佳的阵增益，即

$$G_{\rm opt}\triangleq G_{\rm MVDR}(\bar{\boldsymbol{p}}_{\rm s}:\bar{\boldsymbol{p}}_{\rm s})=\bar{\boldsymbol{p}}_{\rm s}^{\rm H}\boldsymbol{\rho}_{\rm n}^{-1}\bar{\boldsymbol{p}}_{\rm s} \tag{2.170}$$

对应的最佳阵输出信噪比为

$$\mathrm{SNR}_{\rm opt}=(\sigma_{\rm s}^2/\sigma_{\rm n}^2)\bar{\boldsymbol{p}}_{\rm s}^{\rm H}\boldsymbol{\rho}_{\rm n}^{-1}\bar{\boldsymbol{p}}_{\rm s} \tag{2.171}$$

若噪声中包括干扰，则式(2.171)中 $\mathrm{SNR}_{\rm opt}$ 实际上也就是最佳输出信干噪比 $\mathrm{SINR}_{\rm opt}$。

由式(2.167)、式(2.169)与式(2.170)可得失配阵增益与匹配阵增益之比为

$$\frac{G_{\rm MVDR}(\bar{\boldsymbol{p}}_{\rm s}:\tilde{\boldsymbol{p}}_{\rm s})}{G_{\rm MVDR}(\bar{\boldsymbol{p}}_{\rm s}:\bar{\boldsymbol{p}}_{\rm s})}=\left|B_{\rm MVDR}(\bar{\boldsymbol{p}}_{\rm s}:\tilde{\boldsymbol{p}}_{\rm s})\right|^2 \tag{2.172}$$

由式(2.166)可知，设计 MVDR 波束形成器加权向量时需要预先知道噪声协方差矩阵 $\boldsymbol{R}_{\rm n}$。$\boldsymbol{R}_{\rm n}$ 在某些情况下是可以预先估计的，如雷达和主动声呐未发射信号的间隙。也就是说，在接收数据中不包含期望信号的时候进行波束设计，然后将设计好的波束形成器用于信号检测，信号检测的过程中不再更新波束加权向量。但是，在某些应用中，如无线通信和被动声呐，接收数据中往往同时包含信号与噪声成分，因此无法估计噪声协方差矩阵。在这种情况下无法直接使用式(2.162)所示方法设计加权向量，此时的解决方法往往是直接用接收数据协方差矩阵 $\boldsymbol{R}_{\rm x}$ 来代替噪声协方差矩阵 $\boldsymbol{R}_{\rm n}$，该波束设计问题表述为

$$\min_w \boldsymbol{w}^{\rm H}\boldsymbol{R}_{\rm x}\boldsymbol{w},\quad \text{subject to}\quad \boldsymbol{w}^{\rm H}\bar{\boldsymbol{p}}_{\rm s}=1 \tag{2.173}$$

对于式(2.173)所示的波束设计方法，有些文献为了与式(2.162)所示 MVDR 波束形成器相区别，将其称为最小功率无失真响应(minimum power distortionless response，MPDR)波束形成器。另外还有很多参考文献将该方法仍称为 MVDR 波束形成法，本书亦采用此称谓。

考虑如下阵列接收数据模型

$$\boldsymbol{x}(n)=\beta\tilde{\boldsymbol{p}}_{\mathrm{s}}s(n)+\boldsymbol{n}(n) \tag{2.174}$$

若存在平面波干扰的情况下，如式(2.68)所示，可以将那里的干扰成分与噪声统一纳入式(2.174)中的噪声 $\boldsymbol{n}$ 中。

数据协方差矩阵可表示成

$$\boldsymbol{R}_{\mathrm{x}}=\beta\sigma_{\mathrm{s}}^{2}\tilde{\boldsymbol{p}}_{\mathrm{s}}\tilde{\boldsymbol{p}}_{\mathrm{s}}^{\mathrm{H}}+\sigma_{\mathrm{n}}^{2}\boldsymbol{\rho}_{\mathrm{n}} \tag{2.175}$$

式中，

$$\sigma_{\mathrm{n}}^{2}=\sigma_{\mathrm{w}}^{2}+\frac{1}{M}\mathrm{tr}[\boldsymbol{R}_{\mathrm{c}}] \tag{2.176}$$

式中，σ_{w}^{2} 是白噪声功率；$\boldsymbol{R}_{\mathrm{c}}$ 表示非白噪声(有色噪声)分量，例如，干扰可被认为是一种非白噪声。

在 $\beta=0$ 时，式(2.173)所示波束设计问题转化为式(2.162)所示的设计问题，即式(2.162)所示方法是式(2.173)方法的一个特例。我们在后面提到的 MVDR 波束形成器都是指由式(2.173)设计得到的波束形成器。

在 $\beta=1$ 时，用 $\boldsymbol{R}_{\mathrm{x}}$ 代替式(2.162)中的 $\boldsymbol{R}_{\mathrm{n}}$，此时的 MVDR 波束形成器加权向量为

$$\boldsymbol{w}_{\mathrm{MVDR}}=\frac{\boldsymbol{R}_{\mathrm{x}}^{-1}\overline{\boldsymbol{p}}_{\mathrm{s}}}{\overline{\boldsymbol{p}}_{\mathrm{s}}^{\mathrm{H}}\boldsymbol{R}_{\mathrm{x}}^{-1}\overline{\boldsymbol{p}}_{\mathrm{s}}} \tag{2.177}$$

当信号包括在阵列数据中($\beta=1$)时，式(2.175)所示数据的理想协方差矩阵为

$$\boldsymbol{R}_{\mathrm{x}}=\sigma_{\mathrm{s}}^{2}\tilde{\boldsymbol{p}}_{\mathrm{s}}\tilde{\boldsymbol{p}}_{\mathrm{s}}^{\mathrm{H}}+\sigma_{\mathrm{n}}^{2}\boldsymbol{\rho}_{\mathrm{n}} \tag{2.178}$$

这里将干扰成分也纳入了噪声成分中。

由矩阵求逆定理可得

$$\boldsymbol{R}_{\mathrm{x}}^{-1}=\sigma_{\mathrm{n}}^{-2}\boldsymbol{\rho}_{\mathrm{n}}^{-1}\{\boldsymbol{I}-\tilde{\boldsymbol{p}}_{\mathrm{s}}\tilde{\boldsymbol{p}}_{\mathrm{s}}^{\mathrm{H}}\boldsymbol{\rho}_{\mathrm{n}}^{-1}(\sigma_{\mathrm{s}}^{2}/\sigma_{\mathrm{n}}^{2})[1+(\sigma_{\mathrm{s}}^{2}/\sigma_{\mathrm{n}}^{2})\tilde{\boldsymbol{p}}_{\mathrm{s}}^{\mathrm{H}}\boldsymbol{\rho}_{\mathrm{n}}^{-1}\tilde{\boldsymbol{p}}_{\mathrm{s}}]^{-1}\} \tag{2.179}$$

令 $\chi=(\sigma_{\mathrm{s}}^{2}/\sigma_{\mathrm{n}}^{2})\tilde{\boldsymbol{p}}_{\mathrm{s}}^{\mathrm{H}}\boldsymbol{\rho}_{\mathrm{n}}^{-1}\tilde{\boldsymbol{p}}_{\mathrm{s}}$，有

$$\boldsymbol{R}_{\mathrm{x}}^{-1}=\sigma_{\mathrm{n}}^{-2}\boldsymbol{\rho}_{\mathrm{n}}^{-1}\{\boldsymbol{I}-\tilde{\boldsymbol{p}}_{\mathrm{s}}\tilde{\boldsymbol{p}}_{\mathrm{s}}^{\mathrm{H}}\boldsymbol{\rho}_{\mathrm{n}}^{-1}(\sigma_{\mathrm{s}}^{2}/\sigma_{\mathrm{n}}^{2})[1+\chi]^{-1}\} \tag{2.180}$$

于是

$$\begin{aligned}\boldsymbol{R}_{\mathrm{x}}^{-1}\tilde{\boldsymbol{p}}_{\mathrm{s}}&=\sigma_{\mathrm{n}}^{-2}\boldsymbol{\rho}_{\mathrm{n}}^{-1}\tilde{\boldsymbol{p}}_{\mathrm{s}}-\sigma_{\mathrm{n}}^{-2}\boldsymbol{\rho}_{\mathrm{n}}^{-1}\tilde{\boldsymbol{p}}_{\mathrm{s}}\tilde{\boldsymbol{p}}_{\mathrm{s}}^{\mathrm{H}}\boldsymbol{\rho}_{\mathrm{n}}^{-1}\tilde{\boldsymbol{p}}_{\mathrm{s}}(\sigma_{\mathrm{s}}^{2}/\sigma_{\mathrm{n}}^{2})[1+\chi]^{-1}\\&=\sigma_{\mathrm{n}}^{-2}\boldsymbol{\rho}_{\mathrm{n}}^{-1}\tilde{\boldsymbol{p}}_{\mathrm{s}}-\sigma_{\mathrm{n}}^{-2}\boldsymbol{\rho}_{\mathrm{n}}^{-1}\tilde{\boldsymbol{p}}_{\mathrm{s}}\left[\chi/(1+\chi)\right]\\&=\sigma_{\mathrm{n}}^{-2}\boldsymbol{\rho}_{\mathrm{n}}^{-1}\tilde{\boldsymbol{p}}_{\mathrm{s}}/(1+\chi)\end{aligned} \tag{2.181}$$

进而

$$\tilde{\boldsymbol{p}}_{\mathrm{s}}^{\mathrm{H}}\boldsymbol{R}_{\mathrm{x}}^{-1}\tilde{\boldsymbol{p}}_{\mathrm{s}}=\sigma_{\mathrm{n}}^{-2}\tilde{\boldsymbol{p}}_{\mathrm{s}}^{\mathrm{H}}\boldsymbol{\rho}_{\mathrm{n}}^{-1}\tilde{\boldsymbol{p}}_{\mathrm{s}}/(1+\chi) \tag{2.182}$$

当 $\tilde{\boldsymbol{p}}_{\mathrm{s}}=\overline{\boldsymbol{p}}_{\mathrm{s}}$ 时，由式(2.181)与式(2.182)可得，式(2.177)所示加权向量表达式简化为式(2.166)所示表达式，即

$$\boldsymbol{w}_{\mathrm{MVDR}}=\left.\frac{\boldsymbol{R}_{\mathrm{x}}^{-1}\overline{\boldsymbol{p}}_{\mathrm{s}}}{\overline{\boldsymbol{p}}_{\mathrm{s}}^{\mathrm{H}}\boldsymbol{R}_{\mathrm{x}}^{-1}\overline{\boldsymbol{p}}_{\mathrm{s}}}\right|_{\tilde{\boldsymbol{p}}_{\mathrm{s}}=\overline{\boldsymbol{p}}_{\mathrm{s}}}=\frac{\boldsymbol{\rho}_{\mathrm{n}}^{-1}\overline{\boldsymbol{p}}_{\mathrm{s}}}{\overline{\boldsymbol{p}}_{\mathrm{s}}^{\mathrm{H}}\boldsymbol{\rho}_{\mathrm{n}}^{-1}\overline{\boldsymbol{p}}_{\mathrm{s}}} \tag{2.183}$$

与式(2.168)相对应，该 MVDR 波束输出功率谱为

$$\sigma_{\mathrm{y,MVDR}}^{2}=\boldsymbol{w}^{\mathrm{H}}\boldsymbol{R}_{\mathrm{x}}\boldsymbol{w}=\frac{1}{\overline{\boldsymbol{p}}_{\mathrm{s}}^{\mathrm{H}}\boldsymbol{R}_{\mathrm{x}}^{-1}\overline{\boldsymbol{p}}_{\mathrm{s}}} \tag{2.184}$$

将式(2.177)代入式(2.109)可得该 MVDR 波束形成器的阵增益为

$$G_{\mathrm{MVDR}}=\frac{\left|\boldsymbol{w}^{\mathrm{H}}\tilde{\boldsymbol{p}}_{\mathrm{s}}\right|^{2}}{\boldsymbol{w}^{\mathrm{H}}\boldsymbol{\rho}_{\mathrm{n}}\boldsymbol{w}}=\frac{\left|\overline{\boldsymbol{p}}_{\mathrm{s}}^{\mathrm{H}}\boldsymbol{R}_{\mathrm{x}}^{-1}\tilde{\boldsymbol{p}}_{\mathrm{s}}\right|^{2}}{\overline{\boldsymbol{p}}_{\mathrm{s}}^{\mathrm{H}}\boldsymbol{R}_{\mathrm{x}}^{-1}\boldsymbol{\rho}_{\mathrm{n}}\boldsymbol{R}_{\mathrm{x}}^{-1}\overline{\boldsymbol{p}}_{\mathrm{s}}} \tag{2.185}$$

2. 最小均方误差波束形成器

最小均方误差(minimum mean-square error，MMSE)波束形成器的设计原理就是让波束输出与期望信号之间的均方误差最小，该波束设计问题表述为

$$\min_{\boldsymbol{w}} E(|\boldsymbol{w}^{\mathrm{H}}\boldsymbol{x}-s|^{2}) \tag{2.186}$$

式中，s 是期望信号快拍。

式(2.186)中的代价函数可以写成

$$\xi \triangleq E[(s-\boldsymbol{w}^{\mathrm{H}}\boldsymbol{x})(s^{*}-\boldsymbol{x}^{\mathrm{H}}\boldsymbol{w})] \tag{2.187}$$

将上式对 $\boldsymbol{w}$ 求导，并令该导数为 $\mathbf{0}$，得到

$$E(s\boldsymbol{x}^{\mathrm{H}})-\boldsymbol{w}^{\mathrm{H}}E(\boldsymbol{x}\boldsymbol{x}^{\mathrm{H}})=\mathbf{0} \tag{2.188}$$

或

$$E(s\boldsymbol{x}^{\mathrm{H}})=\boldsymbol{w}^{\mathrm{H}}\boldsymbol{R}_{\mathrm{x}} \tag{2.189}$$

由式(2.174)可得，在信号与噪声不相关假设条件下

$$E(s\boldsymbol{x}^{\mathrm{H}})=\sigma_{\mathrm{s}}^{2}\tilde{\boldsymbol{p}}_{\mathrm{s}}^{\mathrm{H}} \tag{2.190}$$

将式(2.190)代入式(2.189)得到 MMSE 波束形成器加权向量为

$$\boldsymbol{w}_{\mathrm{MMSE}}=\sigma_{\mathrm{s}}^{2}\boldsymbol{R}_{\mathrm{x}}^{-1}\tilde{\boldsymbol{p}}_{\mathrm{s}} \tag{2.191}$$

将式(2.181)代入式(2.191)可得

$$\boldsymbol{w}_{\mathrm{MMSE}}=\frac{\sigma_{\mathrm{s}}^{2}}{(1+\chi)\sigma_{\mathrm{n}}^{2}}\boldsymbol{\rho}_{\mathrm{n}}^{-1}\tilde{\boldsymbol{p}}_{\mathrm{s}} \tag{2.192}$$

可见，在理想情况下，式(2.192)所示 MMSE 波束形成器加权向量与式(2.183)所示 MVDR 波束形成器具有相似的形式，只是两者的标量系数略有不同。由于加权向量中的标量系数不影响基阵的阵增益，故理想情况下两者是等效的。

将式(2.192)代入式(2.187)得到最优的均方误差为

$$\xi_{\text{opt}} \triangleq \sigma_s^2 / (1+\chi) \tag{2.193}$$

3. 最大输出信噪比波束形成器

由式(2.108)可知，波束形成器的输出信噪比定义为

$$\text{SNR}_{\text{out}} = \frac{\boldsymbol{w}^{\text{H}}\boldsymbol{R}_s\boldsymbol{w}}{\boldsymbol{w}^{\text{H}}\boldsymbol{R}_n\boldsymbol{w}} \tag{2.194}$$

将上式对 $\boldsymbol{w}^{\text{H}}$ 求导，并令该导数为 $\boldsymbol{0}$，得到

$$\frac{\boldsymbol{R}_s\boldsymbol{w}(\boldsymbol{w}^{\text{H}}\boldsymbol{R}_n\boldsymbol{w}) - \boldsymbol{R}_n\boldsymbol{w}(\boldsymbol{w}^{\text{H}}\boldsymbol{R}_s\boldsymbol{w})}{(\boldsymbol{w}^{\text{H}}\boldsymbol{R}_n\boldsymbol{w})^2} = \boldsymbol{0} \tag{2.195}$$

即

$$\text{SNR}_{\text{out}}\boldsymbol{R}_n\boldsymbol{w} = \boldsymbol{R}_s\boldsymbol{w} \tag{2.196}$$

在平面波情况下，$\boldsymbol{R}_s = \sigma_s^2\tilde{\boldsymbol{p}}_s\tilde{\boldsymbol{p}}_s^{\text{H}}$，于是

$$\text{SNR}_{\text{out}}\boldsymbol{w} = \sigma_s^2\boldsymbol{R}_n^{-1}\tilde{\boldsymbol{p}}_s\tilde{\boldsymbol{p}}_s^{\text{H}}\boldsymbol{w} \tag{2.197}$$

求解可得最大输出信噪比(MSNR)准则下的波束形成加权向量为

$$\boldsymbol{w}_{\text{MSNR}} = \alpha\boldsymbol{R}_n^{-1}\tilde{\boldsymbol{p}}_s = (\alpha/\sigma_n^2)\boldsymbol{\rho}_n^{-1}\tilde{\boldsymbol{p}}_s \tag{2.198}$$

式中，α 为任意标量系数。

我们将设计出的波束形成器称为最大输出信噪比(maximum signal-to-noise ratio，MSNR)波束形成器。显然，该波束形成器加权向量与式(2.192)所示 MMSE 波束形成器加权向量只存在标量系数的差别，因此两者也是等效的。

最大输出信噪比为

$$\text{SNR}_{\max} = \sigma_s^2\tilde{\boldsymbol{p}}_s^{\text{H}}\boldsymbol{R}_n^{-1}\tilde{\boldsymbol{p}}_s \tag{2.199}$$

由前所述，MVDR、MMSE、MSNR 三种波束形成器在理想情况下是等效的，都能获得最高的阵增益，它们都被称为最佳波束形成器。后面我们只针对 MVDR 波束形成器进行深入研究。

例 2.3　MVDR 波束形成

考虑一个 10 元标准线列阵，假设基阵接收噪声是功率为 0dB 的高斯白噪声，即 $\boldsymbol{R}_n = \boldsymbol{I}$。一个信噪比 SNR = 30dB 的单频信号从 $\theta_0 = 10°$ 方向入射到基阵，用式(2.69)计算数据协方差矩阵 $\boldsymbol{R}_x$。

采用式(2.177)设计 MVDR 波束形成器加权向量。图 2.14(a)显示了观察方向分别取 $\theta_o = -10°$ 与 $\theta_o = 10°$ 的两个波束图。对于 $\theta_o = -10°$ 的波束形成器，它相当于

$\beta=0$ 的情况，10°方向平面波被视作干扰；对于 $\theta_o=10°$ 的波束，10°方向平面波为期望信号，对应于 $\beta=1$ 的情况。

对于 $\theta_o=10°$ 的波束图，它在−10°方向的响应为 1（即 0dB）。由于 MVDR 波束形成器的特性，它为了使波束输出功率最小，该波束在 10°方向形成零点来最大限度地抑制来自该方向的干扰。对于 $\theta_o=10°$ 的波束图，假想导向向量与真实基阵方向响应向量相等，又由于 $\boldsymbol{R}_n=\boldsymbol{I}$，该 MVDR 波束形成器退化为常规波束形成器，所以图 2.14(a) 点划线与图 2.13(a) 中的常规波束图相同。

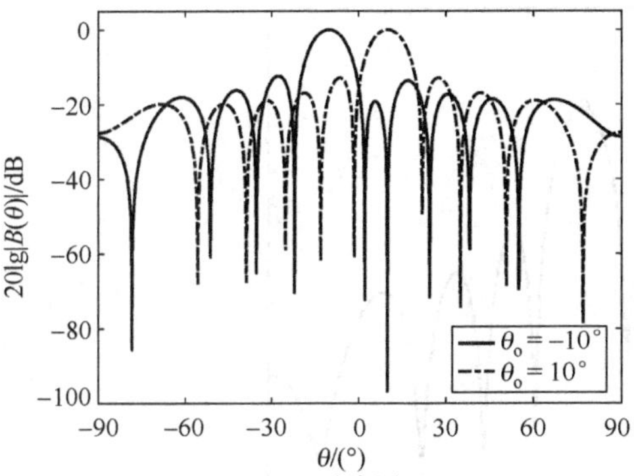

(a) 波束图

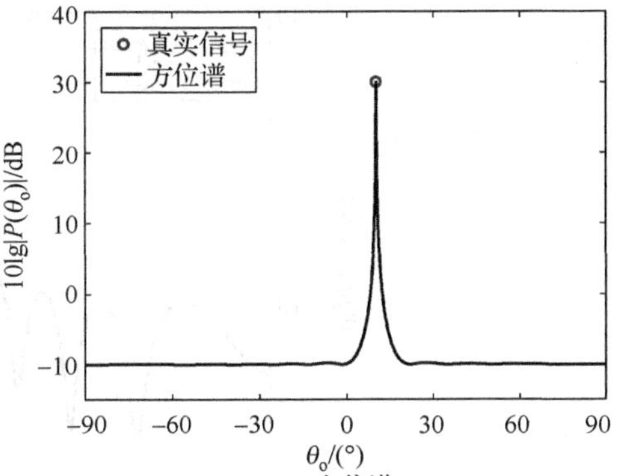

(b) 方位谱

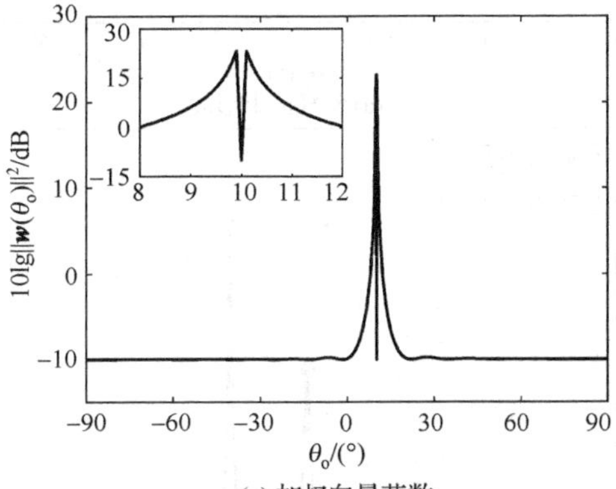

(c) 加权向量范数

图 2.14　MVDR 波束形成

采用 MVDR 波束扫描估计方位谱，其中扫描方位间隔为 0.1°，得到的方位谱显示于图 2.14(b) 中。与图 2.13(b) 相比较可见，MVDR 波束扫描得到的方位谱峰值更尖锐。可见，MVDR 波束扫描能提供比常规波束扫描更高的方位分辨能力。

图 2.14(c) 显示了各扫描方位波束的加权向量范数 $10\lg(\|\boldsymbol{w}\|^2)$。从图中可以看出，在波束观察方向距离信号方向较远时（例如，本例中与信号间隔 10°以上），波束形成器加权向量范数较小，接近于最小值（由式 (2.116) 知，最小极限值为−10dB）；间隔较近时，随着间隔的减小，加权向量范数逐渐增加；而当波束方向恰好等于信

号方向时，加权向量范数突然下降到与间隔较远的方位同一大小，因为此时波束形成器退化为常规波束形成器。

例 2.4　两信号源情况下 MVDR 与常规波束形成器的比较

考虑一个 10 元标准线列阵，基阵接收噪声是功率为 0dB 的高斯白噪声，两个信噪比为 15dB 与 30dB 的单频信号分别从−10° 与 10° 方向入射到基阵。

分别采用常规波束形成与 MVDR 波束形成扫描，得到的方位谱分别如图 2.15(a)与图 2.15(b)所示。

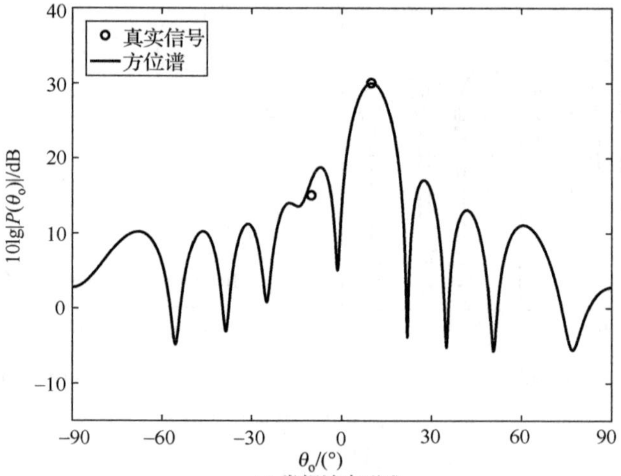

(a) 常规波束形成

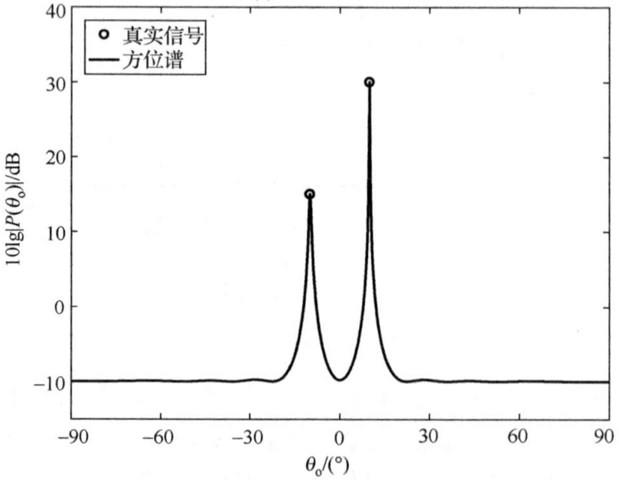

(b) MVDR波束形成

图 2.15　波束扫描方位谱

从图 2.15(a)看出，10° 方向出现峰值，且正确地显示了该方向的信号功率。而对于−10° 方向的相对弱信号，由于前面介绍的常规波束“能量泄漏”，该相对弱信号被强信号所湮没。图 2.15(b)所示的 MVDR 波束扫描方位谱图上正确显示了两个信号，且波束输出功率正确指示了信号功率。可见，MVDR 波束形成的信号分辨力高于常规波束形成。

对于本例，10°方向的波束形成器视 10°方向到达信号为期望信号，视−10°方向信号为干扰；而−10°方向的波束形成器刚好相反。

下面考察常规波束形成器与 MVDR 波束形成器的空间滤波能力情况。针对两种波束形成方法，分别计算对准信号的波束输出信号功率 σ_{ys}^2、输出干扰功率 σ_{yi}^2、输出噪声功率 σ_{yn}^2 与输出信干噪比 $SINR_{out}$，显示于表 2.1 中。表中 σ_s^2、σ_i^2 与 σ_n^2 分别是输入信号、干扰与噪声的功率。

表 2.1　常规波束形成与 MVDR 波束形成输出信干噪比比较

	常规波束形成		MVDR 波束形成	
	−10°	10°	−10°	10°
σ_s^2 /dB	15	30	15	30
σ_i^2 /dB	30	15	30	15
σ_n^2 /dB	0	0	0	0
σ_{ys}^2 /dB	15.00	30.00	15.00	30.00
σ_{yi}^2 /dB	13.04	−1.96	−66.7820	−51.81
σ_{yn}^2 /dB	−10.00	−10.00	−9.91	−9.91
$SINR_{out}$ /dB	1.94	31.32	24.91	39.91

从表 2.1 可以看出，当波束对准信号方位时，常规波束形成器与 MVDR 波束形成器各波束输出信号功率 σ_{ys}^2 等于输入信号功率 σ_s^2。常规波束输出干扰功率 σ_{yi}^2 比输入干扰功率 σ_i^2 减小 16.96dB，即对应方位的旁瓣衰减量；而 MVDR 波束输出干扰功率得到了极大的抑制。对于波束输出噪声功率 σ_{yn}^2，MVDR 波束输出比常规波束输出稍高，大约高 0.09dB。由于 MVDR 波束形成器极大地抑制了干扰，其波束输出信干噪比($SINR_{out}$)优于常规波束形成器，这正是 MVDR 波束形成器的优点所在。

2.5　本 章 小 结

本章介绍了阵列信号处理的数学模型与波束形成的基本知识。

首先介绍了阵列数学模型。宽带数据可以通过傅里叶变换到频域窄带数据，适合于使用频域快拍数据模型。窄带数据的频域快拍模型与时域快拍模型相同。

然后介绍了窄带波束形成器的几个重要的性能指标，包括波束响应、主瓣宽度、旁瓣级、阵增益、指向性指数、稳健性等。指向性指数可以解释为基阵在均匀各向同性噪声场中的阵增益。

接下来介绍了波束图与方位谱的区别。波束图用于表示波束形成器的空域滤波性能，即给定波束形成器对各方位信号的响应大小；而方位谱用于估计空间各方位信号分布情况，即各方位到达信号功率的大小。

最后介绍了两种常见的窄带波束形成器——常规波束形成器与最佳波束形成器。通过本章的分析与仿真验证，关于波束形成器的部分结论如下。

(1)波束形成器对误差的灵敏度与加权向量范数成正比，加权向量范数越小，波束形成器对误差的灵敏度越低，稳健性越高。白噪声增益是加权向量范数的倒数，因此白噪声增益也可以用于表征波束形成器的稳健性，白噪声增益越高，波束形成器的稳健性越高。常规波束形成器的白噪声增益最大(为阵元个数M)，加权向量范数最小(为$1/M$)，因此常规波束形成器具有最高的稳健性。

(2)从三种性能最佳准则可以推导出三种最佳波束形成器：MVDR、MMSE 与 MSNR 波束形成器，理想情况下这三种波束形成器是等效的。最佳波束形成器致力于使波束输出信干噪比最大。在理想情况下(信号导向向量与接收数据协方差矩阵均精确已知)，最佳波束形成器能够抑制干扰，最大限度地提高输出信干噪比。最佳波束形成器在理想情况下具有高于常规波束形成器的目标分辨力。

第 3 章　规则阵波束设计

3.1　引　　言

第 2 章已经介绍了传感器阵列的数学模型与波束形成的基础知识，并介绍了评判波束形成器性能优劣的几个重要性能指标，而且所介绍的数学模型与公式都是针对任意几何形状传感器阵列推导的一般结果。

对于规则形状的基阵，如线阵、矩形阵、圆阵等，由于它们的几何形状具有对称性，其阵列信号处理数学模型将表现出一些特有的性质。

线阵是一种最简单几何形状的基阵，使用面非常广，如雷达线状天线、舰船拖曳线列阵等。由于其阵形简单，很多文献在介绍阵列信号处理方法时也往往以线阵作为例子进行阐述。线阵空域信号处理与时间序列信号处理有很多相似之处，因此通过时空类比，很多时间序列分析的方法可以应用于线阵空域信号处理。例如，时间信号处理通过加窗处理抑制带外频谱，与之相对应，线阵通过窗函数降低波束旁瓣。

线阵由于其形状简单，阵列信号处理也比较容易，适用于线阵的方法也较多。线阵具有轴对称性(以该线阵所在直线为轴)，其波束形成器同样具有轴对称性。由于该对称性，线阵估计目标方位时具有左右舷模糊的缺点。

矩形阵是在平面上由线阵作为阵元组成的线阵。

本章针对几种规则形状传感器阵列，详细推导其波束形成解析表达式，并分析其特性，主要内容与组织结构如下：3.2 节介绍线阵波束形成问题，首先介绍连续线阵波束形成数学表达式，然后过渡到均匀线列阵；3.3 节介绍矩形阵波束形成问题；3.4 节是本章小结。

3.2　线　　阵

3.2.1　连续线阵

1. 频率-波数响应

在第 2 章中已经介绍，由 M 个离散阵元组成的基阵的阵列流形向量为

$$\boldsymbol{p}(\boldsymbol{k}) = [\exp(-\mathrm{i}\boldsymbol{k}^{\mathrm{T}} \boldsymbol{p}_1), \exp(-\mathrm{i}\boldsymbol{k}^{\mathrm{T}} \boldsymbol{p}_2), \cdots, \exp(-\mathrm{i}\boldsymbol{k}^{\mathrm{T}} \boldsymbol{p}_M)]^{\mathrm{T}} \tag{3.1}$$

式中，$\boldsymbol{k}(\Omega)=-k[\sin\phi\cos\theta,\sin\phi\sin\theta,\cos\phi]^{\mathrm{T}}$ 是对应于方向 $\Omega=(\theta,\phi)$ 的波数向量、$k=\omega/c$；$\boldsymbol{p}_m=[p_{xm},p_{ym},p_{zm}]^{\mathrm{T}}$（$m=1,\cdots,M$）是 m 号阵元位置坐标向量。式(3.1)中为表述简便，省略了 $\boldsymbol{k}$ 、$\boldsymbol{p}$ 等变量的宗量，本书后面内容当某变量的宗量能通过上下文推断出时，我们往往将其省略。

下面考虑连续线阵。在文献中，连续阵也称作“孔径”(aperture)。考虑一个长度为 L 的连续线阵，采用第 2 章定义的三维坐标系统，将线阵放置于坐标 z 轴上，线阵中心位于坐标原点，如图 3.1 所示。

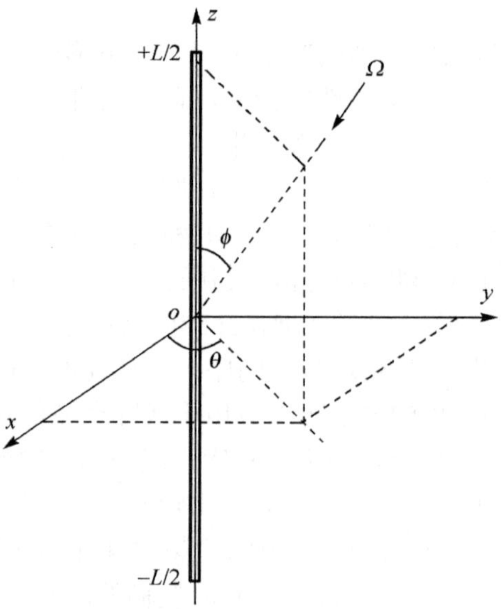

图 3.1　连续线阵

线阵上各接收点的坐标可以表示为

$$\boldsymbol{p}_z=[0,0,z]^{\mathrm{T}} \tag{3.2}$$

式中，z 是线阵上接收点在 z 轴上的坐标值。

类似于离散阵元组成的基阵，连续线阵上位于 $\boldsymbol{p}_z$ 点的阵列流形函数可以表示为

$$p_{\mathrm{a}}(\boldsymbol{k})=\exp(-\mathrm{i}\boldsymbol{k}^{\mathrm{T}}\boldsymbol{p}_z)=\exp(-\mathrm{i}k_z z) \tag{3.3}$$

式中，下标“a”表示孔径；$k_z=-k\cos\phi$ 表示波数向量 $\boldsymbol{k}$ 的 z 分量。从式(3.3)可以看出，该线阵的阵列流形函数与水平方位角 θ 无关，即它相对于 z 轴旋转对称。

根据第 2 章基阵的频率-波数响应函数的定义，假设该连续阵上各点的加权函数取 $w_{\mathrm{a}}^*(z)$，则连续线阵的频率-波数响应函数为

$$Y(\omega,k_z)=\int_{-L/2}^{L/2}w_{\mathrm{a}}^*(z)\exp(-\mathrm{i}k_z z)\mathrm{d}z \tag{3.4}$$

2. 空域傅里叶变换

我们已经知道，时域信号 $f(t)$ 的傅里叶变换 $F(\omega)$ 及其逆变换表示为

$$F(\omega)=\int_{-\infty}^{\infty}f(t)\mathrm{e}^{\mathrm{i}\omega t}\mathrm{d}t \tag{3.5}$$

$$f(t)=\frac{1}{2\pi}\int_{-\infty}^{\infty}F(\omega)\mathrm{e}^{-\mathrm{i}\omega t}\mathrm{d}\omega \tag{3.6}$$

在空域信号处理中，存在类似的傅里叶变换对[205]，称为空域傅里叶变换

$$F(k_z)=\mathcal{F}(f(z))\triangleq\int_{-\infty}^{\infty}f(z)\mathrm{e}^{-\mathrm{i}k_z z}\mathrm{d}z \tag{3.7}$$

$$f(z)=\mathcal{F}^{-1}(F(k_z))\triangleq\frac{1}{2\pi}\int_{-\infty}^{\infty}F(k_z)\,\mathrm{e}^{\mathrm{i}k_z z}\mathrm{d}k_z \tag{3.8}$$

式中，$\mathcal{F}$ 表示空域傅里叶变换算子。值得注意的是，空域傅里叶变换中指数项的符号与时域傅里叶变换符号相反。

通过积分变量变换，可以证明空域傅里叶变换存在如下关系

$$F(k_z)\mathrm{e}^{-\mathrm{i}k_z z_0}=\int_{-\infty}^{\infty}f(z-z_0)\mathrm{e}^{-\mathrm{i}k_z z}\mathrm{d}z \tag{3.9}$$

$$f(z)\mathrm{e}^{\mathrm{i}k_{z0}z}=\frac{1}{2\pi}\int_{-\infty}^{\infty}F(k_z-k_{z0})\mathrm{e}^{\mathrm{i}k_z z}\mathrm{d}k_z \tag{3.10}$$

这就是空域傅里叶变换的平移定理。

对于式(3.4)所示连续线阵频率-波数响应函数，若取其加权值为

$$w_{\mathrm{a}}^{*}(z)=0,\quad |z|>L/2 \tag{3.11}$$

则式(3.4)可以表示成

$$Y(\omega,k_z)=\int_{-\infty}^{\infty}w_{\mathrm{a}}^{*}(z)\exp(-\mathrm{i}k_z z)\mathrm{d}z=\mathcal{F}(w_{\mathrm{a}}^{*}(z)) \tag{3.12}$$

可见，连续线阵的频率-波数响应函数 $Y(\omega,k_z)$ 与加权函数 $w_{\mathrm{a}}^{*}(z)$ 存在式(3.7)与式(3.8)所示的空域傅里叶变换对关系。

3. 均匀加权连续线阵

下面我们考虑均匀加权的连续线阵，即取

$$w_{\mathrm{a}}^{*}(z)=\begin{cases}1/L, & |z|\leqslant L/2\\ 0, & |z|>L/2\end{cases} \tag{3.13}$$

代入式(3.4)可得

$$
\begin{aligned}
Y(\omega,k_z) &= \frac{1}{L}\int_{-L/2}^{L/2}\exp(-\mathrm{i}k_z z)\mathrm{d}z \\
&= \frac{1}{L}\int_{-L/2}^{L/2}\exp(\mathrm{i}kz\cos\phi)\mathrm{d}z \\
&= \frac{\exp(\mathrm{i}(L/2)k\cos\phi)-\exp(-\mathrm{i}(L/2)k\cos\phi)}{2\mathrm{i}(L/2)k\cos\phi} \\
&= \mathrm{sinc}((L/2)k\cos\phi) \\
&= \mathrm{sinc}\left(\frac{\pi L}{\lambda}\cos\phi\right)
\end{aligned}
\tag{3.14}
$$

式(3.14)左边 k_z 是方位角 ϕ 的函数，将频率-波数响应函数写成波束响应的形式为

$$
B(\phi)=\mathrm{sinc}\left(\frac{\pi L}{\lambda}\cos\phi\right) \tag{3.15}
$$

从式(3.15)可以看出，波束响应与水平方位角 θ 无关，即波束响应相对于 z 轴旋转对称。

图 3.2 显示了 $\mathrm{sinc}(t)$ 随宗量 t 变化的函数值，为表述直观，图中横坐标 t 的单位取为 π，可见 $\mathrm{sinc}(t)$ 在宗量 t 为 π 的非零整数倍时值为 0。

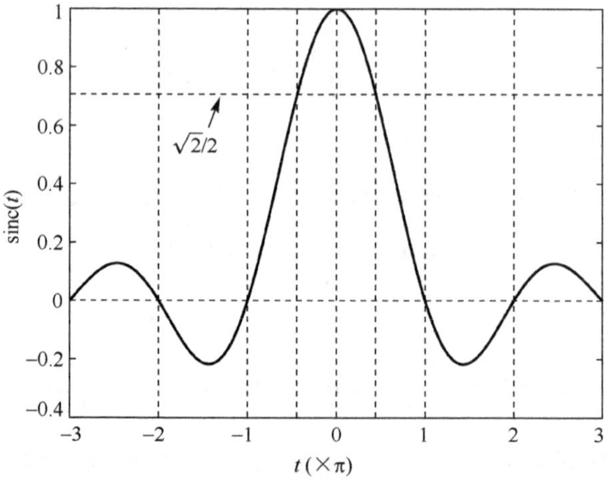

图 3.2　sinc 函数

于是可知，连续线阵主瓣两边第一个零点出现在

$$
\frac{\pi L}{\lambda}\cos\phi_{\mathrm{N}}=\pm\pi \tag{3.16}
$$

式中，ϕ_{N} 表示波束主瓣左右第一个过零点对应的方位。于是

$$
\phi_{\mathrm{N}}=\arccos(\pm\lambda/L) \tag{3.17}
$$

由此可得波束两零点间主瓣宽度为

$$\mathrm{BW_{NN}} = |\arccos(-\lambda / L) - \arccos(\lambda / L)| = 2\arcsin(\lambda / L) \tag{3.18}$$

进一步，由于

$$\mathrm{sinc}(\pm 0.4429\pi) = 0.7071 \tag{3.19}$$

可知−3dB 波束主瓣宽度为

$$\mathrm{BW_{-3dB}} = 2\arcsin(0.4429\lambda / L) \tag{3.20}$$

定义 L/λ 为连续线阵的孔径，由式(3.18)与式(3.20)可知线阵的孔径越大，波束主瓣宽度越小。

由图 3.2 显示的 sinc 函数图可知，该连续线阵主瓣两边第一个旁瓣对应的方位 ϕ 值出现在

$$\frac{\pi L}{\lambda}\cos\phi = \pm 1.4303\pi \tag{3.21}$$

该方位对应的波束响应取对数后为

$$20\lg|\mathrm{sinc}(\pm 1.4303\pi)| = -13.26\ \mathrm{dB} \tag{3.22}$$

对于上式的一个简单的近似是，由于 $|\mathrm{sinc}(t)| = |\sin(t)| / |t|$，可以近似认为当其分子绝对值最大(等于 1)时获得峰值，因此可以近似认为波束第一旁瓣大约出现在方位 $\pi\left(\frac{L}{\lambda}\right)\cos\phi = \pm\frac{3\pi}{2}$，由于 $\left|\mathrm{sinc}\left(\pm\frac{3\pi}{2}\right)\right| = 2/(3\pi)$，于是可估算出第一旁瓣高度大约为 $20\lg(2/(3\pi)) = -13.46\mathrm{dB}$。该值与式(3.22)非常接近。

例 3.1　连续线阵均匀加权波束图

考虑一长度 $L = 5\lambda$ 的连续线阵，计算采用均匀加权时得到的波束响应。

采用图 3.1 所示三维坐标系统，让垂直角 ϕ 在[0°，180°]内取值，利用式(3.15)计算该连续线阵相对于 ϕ 的波束响应。得到的各垂直角波束响应幅度(垂直面波束图)显示于图 3.3(a)中。图 3.3(b)显示了全方位波束图，由图可见波束响应相对于 z 轴旋转对称。

例 3.2　不同孔径大小连续线阵均匀加权波束图

连续线阵长度与波长的比值 L/λ 被称为孔径大小，下面考察波束图随孔径大小的变化规律。

假设连续线阵孔径分别取 $L/\lambda = 2.5$，5，10，20，采用均匀加权，计算用对数表示的各方位对应波束响应，即 $20\lg|B(\phi)|$，得到的结果显示于图 3.4 中。

由图 3.4 可见，线阵的孔径越大，其波束主瓣宽度越窄。而且，所有波束的第一旁瓣高度相等，均为−13.26dB。

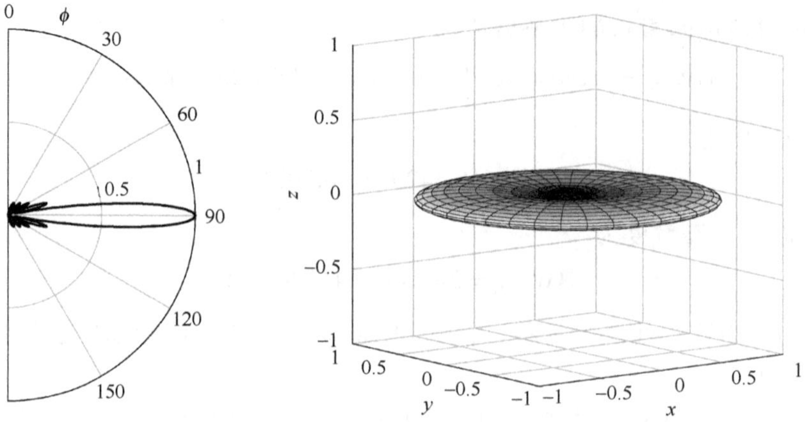

(a) 垂直面波束图　　(b) 全方位波束图

图 3.3　连续线阵及均匀加权波束图

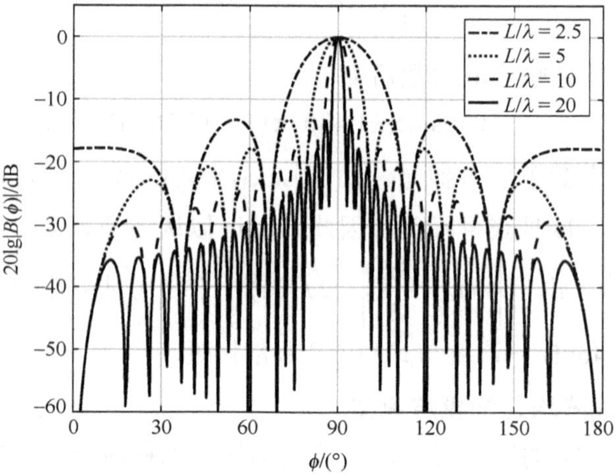

图 3.4　不同孔径大小时连续线阵均匀加权波束图

4. 连续线阵波束指向调整

由于连续线阵的频率-波数响应函数 $Y(\omega,k_z)$ 与加权函数 $w_a^*(z)$ 存在空域傅里叶变换对关系。利用平移定理式(3.10)，我们有

$$w_a^*(z)e^{ik_{z0}z}=\frac{1}{2\pi}\int_{-\infty}^{\infty}Y(\omega,k_z-k_{z0})e^{ik_z z}dk_z \tag{3.23}$$

式(3.23)意味着如果将加权函数乘以相移因子 $e^{ik_{z0}z}$，获得的频率-波数响应在波数域平移 k_{z0}。采用该方法，我们就可以通过相移因子来调节波束观察方向。

于是，假设波束观察方向平移量为 ϕ_o，可得 $k_{z0}=-k\cos\phi_o$，则对应的加权函数应取

$$\tilde{w}_{\mathrm{a}}^{*}(z)=w_{\mathrm{a}}^{*}(z)\mathrm{e}^{\mathrm{i}k_{z0}z}=w_{\mathrm{a}}^{*}(z)\mathrm{e}^{-\mathrm{i}kz\cos\phi_{\mathrm{o}}} \tag{3.24}$$

以均匀加权连续阵为例，由式(3.13)可知，若要求波束观察方向为 ϕ_{o}，则对应的加权函数为

$$\tilde{w}_{\mathrm{a}}^{*}(z)=\begin{cases}\dfrac{1}{L}\mathrm{e}^{-\mathrm{i}kz\cos\phi_{\mathrm{o}}}, & |z|\leqslant L/2\\ 0, & |z|>L/2\end{cases} \tag{3.25}$$

对应的波束响应为

$$\tilde{B}(\phi)=\mathrm{sinc}\left(\frac{\pi L}{\lambda}(\cos\phi-\cos\phi_{\mathrm{o}})\right) \tag{3.26}$$

值得说明的是，以上推导中将线阵放置在 z 轴上是为了推导方便。事实上，我们也可以将基阵放置于坐标其他位置(如 x 轴、y 轴或其他位置)。考虑到线阵及其波束图的轴旋转对称性，我们可以将线阵放置在 xoy 平面上，并只需要考察其在 xoy 平面上的阵列流形与波束响应即可了解其全貌。

为此，我们采用从 z 轴负方向向上仰视得到的 xoy 平面坐标系统，并将连续线阵置于坐标 y 轴，线阵中心位于坐标原点，如图 3.5(a)所示。在 xoy 平面上，垂直方位角 $\phi=90°$，我们只需要用水平方位角 θ 来表示方位。而且，波束响应以线阵为轴旋转对称。

采用同样的推导过程可得，在图 3.5(a)所示坐标布置下，该线阵的阵列流形函数可以表示为

$$p_{\mathrm{a}}(\theta)=\exp(\mathrm{i}ky\sin\theta) \tag{3.27}$$

式中，y 是线阵上接收点在 y 轴上的坐标值。

采用均匀加权得到的波束响应为

$$B(\theta)=\mathrm{sinc}\left(\frac{\pi L}{\lambda}\sin\theta\right) \tag{3.28}$$

取加权函数为

$$\tilde{w}_{\mathrm{a}}^{*}(y)=\begin{cases}\dfrac{1}{L}\mathrm{e}^{-\mathrm{i}ky\sin\theta_{\mathrm{o}}}, & |y|\leqslant L/2\\ 0, & |y|>L/2\end{cases} \tag{3.29}$$

时，对应的波束响应为

$$\tilde{B}(\theta)=\mathrm{sinc}\left(\frac{\pi L}{\lambda}(\sin\theta-\sin\theta_{\mathrm{o}})\right) \tag{3.30}$$

当 $L=5\lambda$ 时，采用式(3.28)计算得到的波束响应相对于方位角 θ 的幅度变化如图 3.5(b)所示。

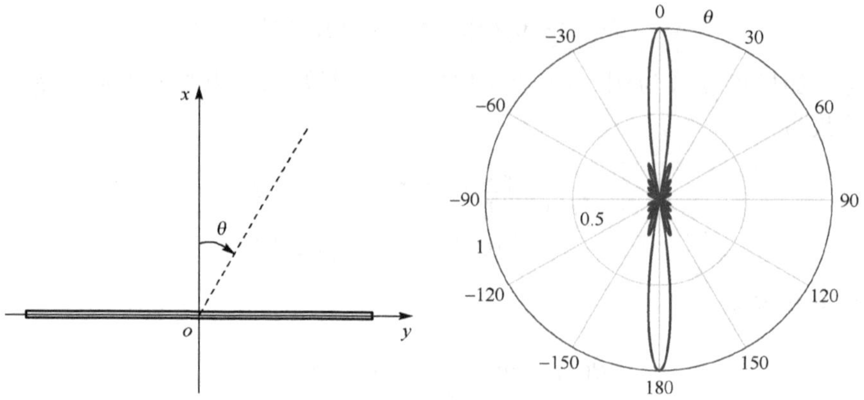

(a) 连续线阵　　(b) 极坐标下波束图

图 3.5　平面坐标下连续线阵及均匀加权波束图

从图3.3与图3.5所示的波束图中可以明显看出该均匀加权连续线阵的空域滤波特性，波束主瓣指向其正横方向，表示从正横方向入射的信号能被基阵接收，而从其他方位入射的信号被不同程度地抑制。

例 3.3　连续线阵不同观察方向时的波束图

考虑长度为 $L=5\lambda$ 的连续线阵，考察波束观察方向分别取 $\theta_{\text{o}}=0°,30°,60°,90°$ 时的波束图。

采用式(3.30)计算运用均匀加权并经过指向调整得到波束响应，结果显示于图 3.6 中。其中图 3.6(a)所示波束图是图 3.5(b)所示波束图的对数表示结果。

从图中可以看出，获得的波束主瓣均指向期望的波束观察方向，并且波束图相对于线阵对称。随着波束观察角度 θ_{o} 从线阵正横方向向端射方向变化，波束主瓣宽度逐渐变宽。图 3.6(a)与图 3.6(b)中波束第一旁瓣均为−13.26dB，而在图 3.6(c)所示波束中，60°方位与120°方位波束主瓣相连。

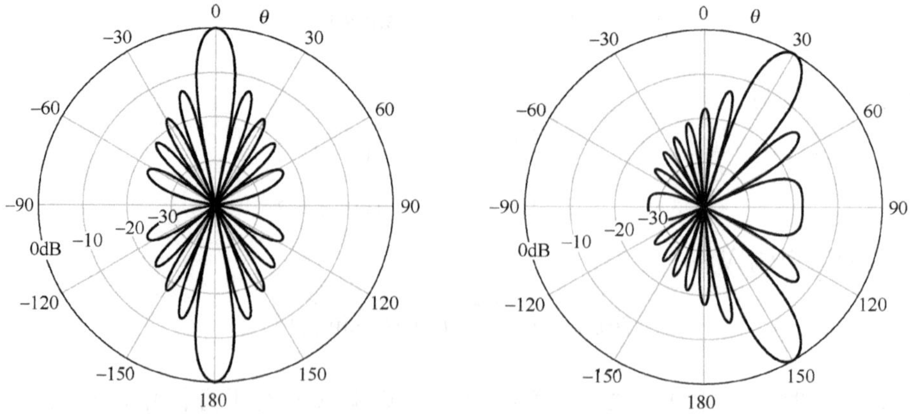

(a) $\theta_{\text{o}}=0°$　　(b) $\theta_{\text{o}}=30°$

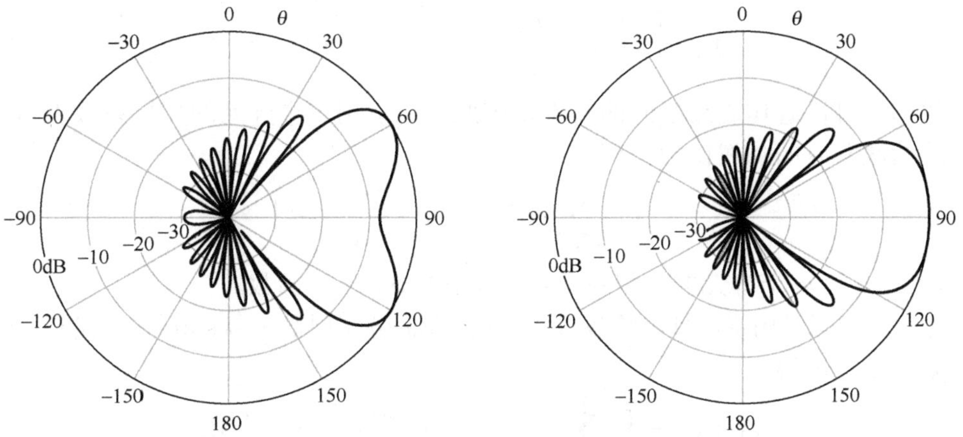

(c) $\theta_o=60^\circ$　　(d) $\theta_o=90^\circ$

图 3.6　连续线阵不同观测方向波束图

3.2.2　均匀线列阵

1. 连续线阵空间采样

我们利用 M 个均匀分布阵元组成的线列阵来代替图 3.5(a)所示的连续线阵，如图 3.7(a)所示。假设阵元间距为 d，则线列阵总长度 $L=Md$。注意，这里计算线列阵长度时将两端阵元向外各延伸了 $d/2$。该均匀线列阵相当于对原连续线阵进行了空间采样。

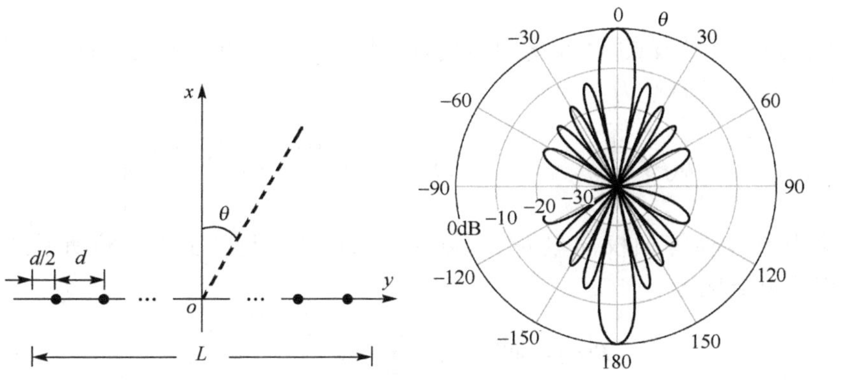

(a) 均匀线列阵　　(b) $d=\lambda/2$ 时常规波束图

图 3.7　均匀线列阵及其常规波束图

图 3.7(a)所示均匀线列阵各阵元的位置可以表示为

$$\boldsymbol{p}_m = \left[0, \left(m - \frac{M+1}{2}\right)d, 0\right]^{\mathrm{T}}, \quad m = 1, \cdots, M \tag{3.31}$$

线列阵可以看作连续线阵的特例，因此可以运用每个阵元的加权系数表示将其视作连续线阵时的加权函数，即

$$w_{\mathrm{a}}^*(y) = \sum_{m=1}^{M} w_m^* \delta\left(y - \left(m - \frac{M+1}{2}\right)d\right) \tag{3.32}$$

式中，w_m^* 是第 m 个阵元的加权系数；$\delta(\cdot)$ 是 Kronecker 函数。

运用式(3.4)，由于此处线阵放置在 y 轴，我们分别用 $k_y = -k\sin\theta$ 与 y 代替式(3.4)中的 k_z 与 z，可得

$$\begin{aligned} Y(\omega, k_y) &= \int_{-\infty}^{\infty} \sum_{m=1}^{M} w_m^* \delta\left(y - \left(m - \frac{M+1}{2}\right)d\right) \mathrm{e}^{-\mathrm{i}k_y y} \mathrm{d}y \\ &= \sum_{m=1}^{M} w_m^* \mathrm{e}^{-\mathrm{i}\left(m - \frac{M+1}{2}\right)k_y d} \\ &= \sum_{m=1}^{M} w_m^* \mathrm{e}^{\mathrm{i}\left(m - \frac{M+1}{2}\right)kd\sin\theta} \end{aligned} \tag{3.33}$$

将其写成波束响应的形式为

$$B(\theta) = \sum_{m=1}^{M} w_m^* \mathrm{e}^{\mathrm{i}\left(m - \frac{M+1}{2}\right)kd\sin\theta} \tag{3.34}$$

这便是均匀线列阵波束响应与加权值的关系表达式。

2. 常规波束响应

对于前述间距为 d 的 M 元均匀线列阵，将式(3.31)所示阵元位置向量代入式(3.1)可计算其阵列流形向量为

$$\boldsymbol{p}(\theta) = \left[\mathrm{e}^{\mathrm{i}\frac{1-M}{2}kd\sin\theta}, \cdots, \mathrm{e}^{\mathrm{i}\left(m - \frac{M+1}{2}\right)kd\sin\theta}, \cdots, \mathrm{e}^{\mathrm{i}\frac{M-1}{2}kd\sin\theta}\right]^{\mathrm{T}} \tag{3.35}$$

若该均匀线列阵加权向量 $\boldsymbol{w}^{\mathrm{H}} = [w_1^*, w_2^*, \cdots, w_M^*]$，运用式(3.35)所示阵列流形向量，计算波束响应为

$$B(\theta) = \boldsymbol{w}^{\mathrm{H}}\boldsymbol{p}(\theta) = \sum_{m=1}^{M} w_m^* \mathrm{e}^{\mathrm{i}\left(m - \frac{M+1}{2}\right)kd\sin\theta} \tag{3.36}$$

可以发现，式(3.36)所示波束响应与式(3.34)完全相同。这也验证了均匀线列阵可以看作对连续线阵进行空间采样。

对该均匀线列阵进行常规波束形成，假设波束指向角为 θ_{o}，波束加权向量为

$$\boldsymbol{w}_{\mathrm{c}} = \boldsymbol{p}(\theta_{\mathrm{o}}) / M \tag{3.37}$$

于是可计算出波束方向响应为

$$B(\theta)=\boldsymbol{w}_{\mathrm{c}}^{\mathrm{H}}\boldsymbol{p}(\theta)/M=\boldsymbol{p}^{\mathrm{H}}(\theta_{\mathrm{o}})\boldsymbol{p}(\theta)/M \tag{3.38}$$

将式(3.35)代入式(3.38)可得均匀线列阵波束方向响应为

$$\begin{aligned}
B(\theta)&=\frac{1}{M}\sum_{m=1}^{M}\exp\left(\mathrm{i}\left(m-\frac{M+1}{2}\right)kd(\sin\theta-\sin\theta_{\mathrm{o}})\right)\\
&=\frac{1}{M}\exp\left(-\mathrm{i}\frac{M+1}{2}kd\left(\sin\theta-\sin\theta_{\mathrm{o}}\right)\right)\sum_{m=1}^{M}\exp^{m}(\mathrm{i}kd(\sin\theta-\sin\theta_{\mathrm{o}}))\\
&=\frac{1}{M}\exp\left(-\mathrm{i}\frac{M-1}{2}kd\left(\sin\theta-\sin\theta_{\mathrm{o}}\right)\right)\frac{1-\exp(\mathrm{i}Mkd(\sin\theta-\sin\theta_{\mathrm{o}}))}{1-\exp(\mathrm{i}kd(\sin\theta-\sin\theta_{\mathrm{o}}))}\\
&=\frac{1}{M}\frac{\exp\left(-\mathrm{i}\frac{M}{2}kd\left(\sin\theta-\sin\theta_{\mathrm{o}}\right)\right)-\exp\left(\mathrm{i}\frac{M}{2}kd(\sin\theta-\sin\theta_{\mathrm{o}})\right)}{\exp\left(-\mathrm{i}\frac{1}{2}kd\left(\sin\theta-\sin\theta_{\mathrm{o}}\right)\right)-\exp\left(\mathrm{i}\frac{1}{2}kd(\sin\theta-\sin\theta_{\mathrm{o}})\right)}\\
&=\frac{\sin(Mkd(\sin\theta-\sin\theta_{\mathrm{o}})/2)}{M\sin(kd(\sin\theta-\sin\theta_{\mathrm{o}})/2)}
\end{aligned} \tag{3.39}$$

当 $\theta_{\mathrm{o}}=0$，即波束指向为线阵正横方向时，均匀线列阵波束方向响应为

$$B(\theta)=\frac{\sin(Mkd\sin\theta/2)}{M\sin(kd\sin\theta/2)}=\frac{\sin\left(\dfrac{\pi Md}{\lambda}\sin\theta\right)}{M\sin\left(\dfrac{\pi d}{\lambda}\sin\theta\right)} \tag{3.40}$$

当 $d\ll\lambda$ 时，由于 $\lim\limits_{\alpha\to 0}\sin\alpha=\alpha$，式(3.40)简化为

$$B(\theta)=\operatorname{sinc}\left(\frac{\pi Md}{\lambda}\sin\theta\right) \tag{3.41}$$

观察式(3.14)与式(3.41)可以发现，当 $Md=L$ 时，两式相等。注意，这里 Md 其实就是线列阵的长度。于是我们可得，当 $d\ll\lambda$ 时，均匀线列阵波束响应逼近于同等长度的连续线阵。

观察式(3.40)所示波束指向为正横方向的常规波束响应，若将波束主瓣左右两边第一次出现零点的方位记作 θ_{N}，则有

$$\frac{\pi Md}{\lambda}\sin\theta_{\mathrm{N}}=\pm\pi \tag{3.42}$$

即

$$\sin\theta_{\mathrm{N}}=\pm\frac{\lambda}{Md}\quad 或\quad \theta_{\mathrm{N}}=\arcsin\left(\pm\frac{\lambda}{Md}\right) \tag{3.43}$$

由此可得波束两零点间主瓣宽度为

$$\mathrm{BW_{NN}}=\arcsin\left(\frac{\lambda}{Md}\right)-\arcsin\left(-\frac{\lambda}{Md}\right)=2\arcsin\left(\frac{\lambda}{Md}\right) \tag{3.44}$$

观察式(3.18)与式(3.44)可以发现，当 $Md=L$ 时，两式相等，即均匀线列阵与连续线阵长度相等时，两者主瓣宽度相等。

例 3.4　均匀线列阵常规波束图

考虑一长度为 $L=5\lambda$ 的均匀线列阵，采用图 3.7(a)所示坐标系统，假设波束观察方向 $\theta_0=0°$，计算常规波束形成获得的波束响应。

假设阵元数目 $M=10$，即阵元间隔 $d=L/M=\lambda/2$。采用式(3.40)计算波束响应，显示于图 3.7(b)中。

例 3.5　均匀线列阵阵元间距对波束图的影响

考察在线列阵总长度一定的情况下阵元间距对波束响应的影响。

考虑一长度为 $L=5\lambda$ 的线列阵，分别假设阵元数目为 $M=5$，10，30，即阵元间距分别为 $d=\lambda$，$\lambda/2$，$\lambda/6$。假设期望波束观察方向分别为 $\theta_0=0°$，90°，采用式(3.39)计算得到的波束响应显示于图 3.8 中。作为比较，同等阵长的连续线阵波束图也显示在图中。由于波束响应的对称性，仅需显示 $\theta\in[-90°,90°]$ 范围内的波束图即可了解其全貌。

从图中可以看出，在不同阵元间距及不同期望观察方向情况下，得到的波束主瓣都几乎与连续线阵波束主瓣重合。在主瓣之外，随着阵元间距的减小，其波束响应逐渐逼近连续线阵。对于 $d=\lambda/6$ 的小间距均匀线阵，其波束响应与连续线阵波束逼近度很高。

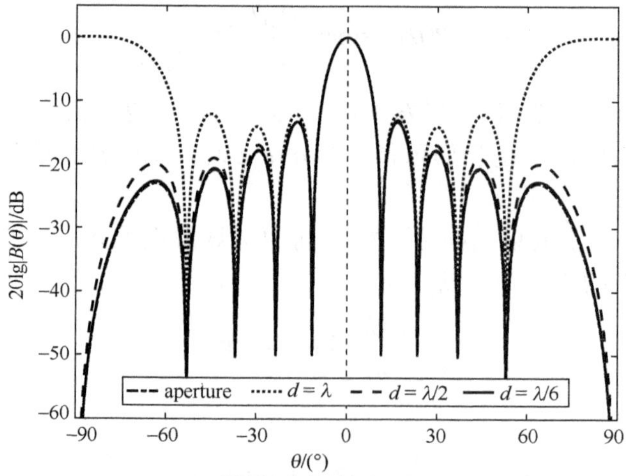

(a) 期望波束观察方向 $\theta_0=0°$

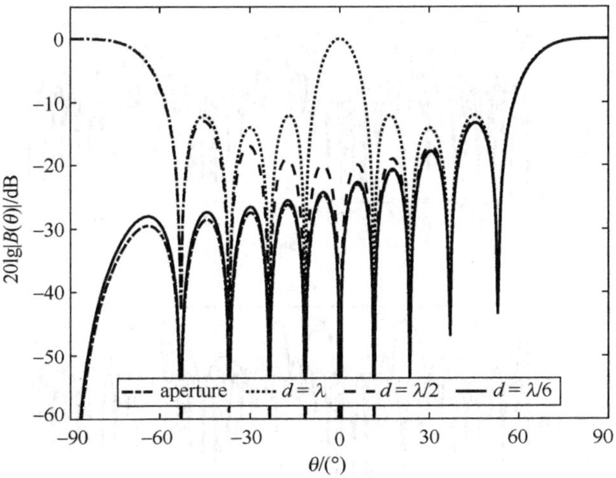

(b) $\theta_o = 90°$

图 3.8 总长度 $L = 5\lambda$，阵元间距分别为 $d = \lambda$，$\lambda/2$，$\lambda/6$ 的均匀线列阵常规波束图

同时我们也可以看到，对于 $d = \lambda$ 的大间距均匀线阵，当 $\theta_o = 0°$ 时，在 $\theta = \pm 90°$ 方向的波束响应幅度与波束主瓣具有相同的高度，这称作栅瓣；当 $\theta_o = 90°$ 时，在 $\theta = -90°$ 与 $0°$ 方向出现栅瓣。对于 $d = \lambda/2$ 的均匀线阵，只有当 $\theta_o = 90°$ 时，在 $\theta = -90°$ 方向出现栅瓣。

栅瓣出现时，同等强度的信号从栅瓣方向入射产生的波束输出功率与从主瓣方向入射产生的波束输出功率完全相等，这意味着无法根据波束输出区分信号入射方向。因此我们设计基阵与波束时，需要避免产生栅瓣。

下面详细考察均匀线列阵波束栅瓣情况。

例 3.6 均匀线列阵阵元间距与栅瓣的关系

考虑一个 $M = 10$ 元均匀线列阵，假设阵元间距分别取 $d = \lambda/2$，λ，$3\lambda/2$，2λ。假设期望波束观察方向分别为 $\theta_o = 0°$，$30°$，$90°$，运用式(3.39)计算得到的波束响应显示于图 3.9 中。注意，图中横坐标是 $\sin\theta$，表示在 $\sin\theta$ 域的波束响应图，其中 $\sin\theta \in [-1,1]$。

考察均匀线列阵波束方向响应式(3.39)，令 $u = \sin\theta$，$u_o = \sin\theta_o$，可以将式(3.39)改写成

$$B_u(u - u_o) = \frac{\sin(Mkd(u - u_o)/2)}{M\sin(kd(u - u_o)/2)}, \quad u \in [-1,1], \quad u_o \in [-1,1] \tag{3.45}$$

式(3.45)表示 u 域(或 $\sin\theta$ 域)波束响应。

从式(3.45)可以看出，$-2 \leqslant u - u_o \leqslant 2$，也就是说 $u - u_o \in [-2,2]$ 是所有可能的 $u - u_o$ 值区间。采用式(3.45)计算 $u - u_o \in [-2,2]$ 区间内 $B_u(u - u_o)$ 相对于 $u - u_o$ 的值。结果显示于图 3.10 中。

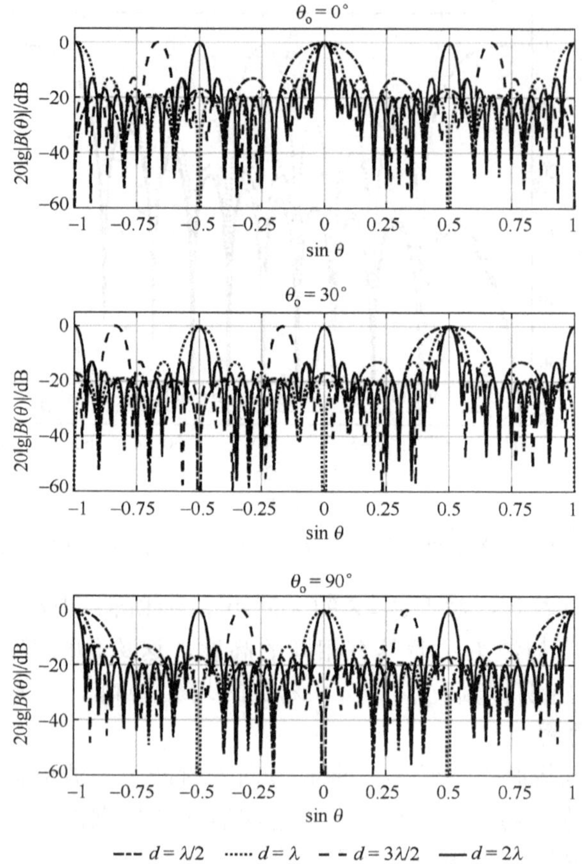

图 3.9　阵元间距分别为 $d=\lambda/2$， λ， $3\lambda/2$， 2λ 的 10 元均匀线列阵常规波束图，期望波束观察方向分别为 $\theta_o = 0°$， $\theta_o = 30°$， $\theta_o = 90°$

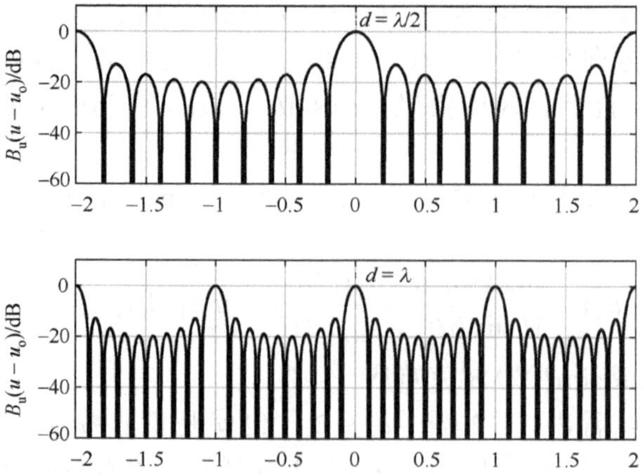

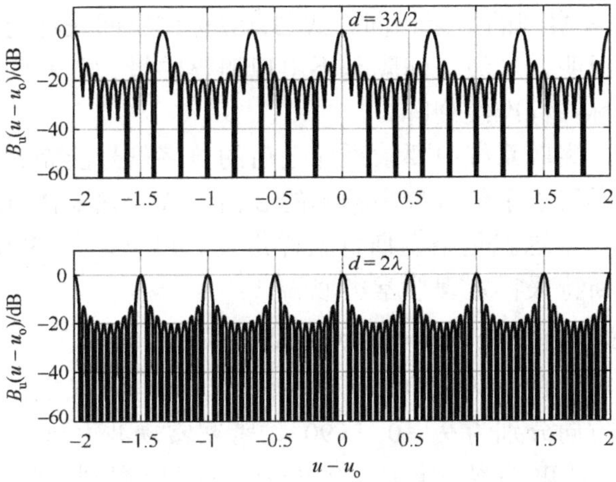

图 3.10　阵元间距分别为 $d=\lambda/2$，λ，$3\lambda/2$，2λ 时波束响应 $B_u(u-u_o)$ 相对于 $u-u_o$ 的值，$u-u_o\in[-2,2]$

另外，如果 u_o 的值给定，则 $-1-u_o\leqslant u-u_o\leqslant 1-u_o$。也就是说，实际观察到的波束响应区间为 $u-u_o\in[-1-u_o,1-u_o]$，该区间宽度为 2，比前面提到的 $u-u_o$ 所有可能区间 $[-2,2]$ 小。

回顾例 3.6，期望波束观察方向分别为 $\theta_o=0^\circ$，30°，90°，即分别对应 $u_o=0$，0.5，1，可知 $u-u_o$ 区间分别为 $[-1,1]$，$[-1.5,0.5]$，$[-2,0]$。我们将该区间称为可视区间。

结合图 3.9 与图 3.10 可以发现，图 3.9 中对应于 $\theta_o=0^\circ$，30° 与 90° 的波束响应其实就是图 3.10 中横坐标 $u-u_o$ 区间(可视区间)分别取 $[-1,1]$，$[-1.5,0.5]$ 与 $[-2,0]$ 的响应值。由此说明，我们实际观察到的波束响应其实是在图 3.10 中可视区间为 2 范围内的响应，若调整波束观察方向 θ_o，即相当于图 3.10 中可视区间平移。

从图 3.10 我们还可以看到，为了保证在 $\sin\theta$ 域宽度为 2 的可视区间内只有一个主瓣(若不考虑 $\theta_o=\pm 90^\circ$ 这两种极端情况)，则要求 $d\leqslant\lambda/2$。

另外，由式(3.39)所示波束响应可以看出，当式(3.39)中分子与分母都等于 0 时产生主瓣或栅瓣，此时

$$\sin(kd(\sin\theta-\sin\theta_o)/2)=0 \tag{3.46}$$

式中，当 $\theta=\theta_o$ 时产生主瓣，而当

$$kd(\sin\theta-\sin\theta_o)/2=n\pi,\quad n=\pm1,\pm2,\cdots \tag{3.47}$$

时产生栅瓣。由于 $\max|\sin\theta-\sin\theta_o|=2$，为避免产生栅瓣(端射阵除外)，我们需要均匀线列阵的阵元间距满足

$$kd\leqslant\pi \quad 或 \quad d\leqslant\lambda/2 \tag{3.48}$$

该结果与从图 3.10 观察到的结果相同。式(3.48)称作空间采样定理。

空间采样定理说明，半波长间隔是不出现栅瓣的最大阵元间距，本书中将半波长间隔均匀线列阵称作标准线列阵。

我们已经知道，离散系统中要求采样之后的数字信号能完整地保留原始信号中的信息，采样频率不得小于信号最高频率的 2 倍，或者说采样时间周期不得大于最高频率信号的半周期，这就是奈奎斯特采样定理。可见，式(3.48)所示空间采样定理与离散系统奈奎斯特采样定理非常类似。

例 3.7　均匀线列阵波束响应与阵元间距的关系

考虑一个 $M=10$ 元的均匀线列阵，假设阵元间距与波长之比 d/λ 从 0 到 0.5 变化，期望波束观察方向分别为 $\theta_o=0°$ 与 90°，考察常规波束形成的波束响应。

运用式(3.39)，波束观察方向 $\theta_o=0°$ 与 $\theta_o=90°$ 时得到的波束响应随 d/λ 的变化分别显示于图 3.11(a)与图 3.11(b)中。

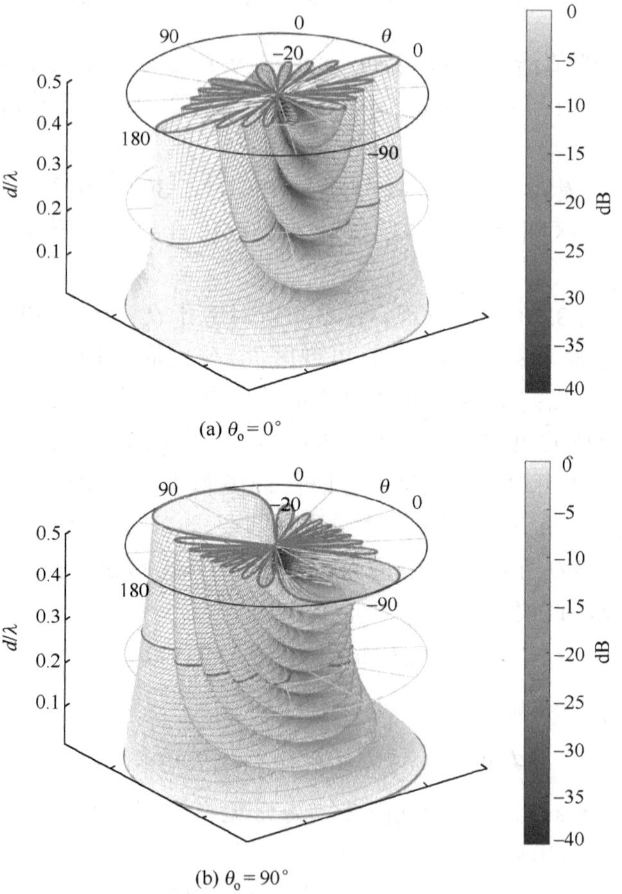

(a) $\theta_o=0°$

(b) $\theta_o=90°$

图 3.11　d/λ 从 0 到 0.5 变化时，10 元均匀线列阵常规波束响应

从图 3.11(a)可以看出，当 $\theta_o = 0^\circ$ 时，得到的波束在 0° 方向形成了主瓣。由于线阵具有对称性，在180° 方向亦出现主瓣。$d/\lambda = 0$ 时，波束响应为圆，即没有方向性；随着 d/λ 从 0 到 0.5 变化，波束主瓣宽度逐渐减小。

从图 3.11(b)可以看出，当 $\theta_o = 90^\circ$ 时，得到的波束在 90° 方向形成了主瓣。$d/\lambda = 0$ 时，波束响应为圆；$0 < d/\lambda < 0.5$ 时，只在 90° 方向出现一个主瓣；当 $d/\lambda = 0.5$ 时，在 −90° 方向亦出现一个主瓣(栅瓣)。

3.2.3　二元阵

下面考虑一种特殊的线阵——二元阵，即由两个阵元组成的阵列。将第一个阵元放置在坐标原点，第二个阵元放置在 z 轴上，两阵元间距为 d，该二元阵的坐标系统如图 3.12 所示。

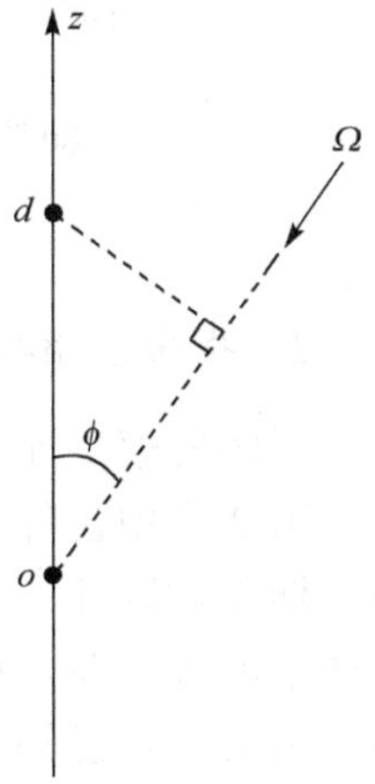

图 3.12　二元阵

两阵元的位置坐标为

$$p_m = [0,0,(m-1)d]^{\mathrm{T}},\quad m = 1,2 \tag{3.49}$$

由于具有对称性，基阵方向性与水平方位角无关，只与垂直方位角 ϕ 有关。由式(3.1)计算该均匀线列阵的阵列流形向量为

$$\boldsymbol{p}(\phi) = [1, \mathrm{e}^{\mathrm{i}kd\cos\phi}]^{\mathrm{T}} \tag{3.50}$$

1. *常规波束形成*

对该二元阵进行常规波束形成，假设期望方向为 ϕ_o，加权向量为

$$\boldsymbol{w}^*(\phi_o) = \boldsymbol{p}^*(\phi_o)/2 = \frac{1}{2}[1, \mathrm{e}^{-\mathrm{i}kd\cos\phi_o}]^{\mathrm{T}} \tag{3.51}$$

例 3.8　二元阵常规波束图

考察阵元间距取不同值时二元阵常规波束响应。

假设阵元间距分别取 $d = 0.05\lambda$，0.25λ 与 0.5λ，波束期望方向分别为 $\phi_o = 90^\circ$ 与 $\phi_o = 0^\circ$，计算得到的常规波束图如图 3.13(a)与图 3.13(b)显示。由图可见，当阵元间距逐渐减小时，二元阵的波束主瓣逐渐变宽，指向性逐渐变差。当阵元间距减小到 $d = 0.05\lambda$ 时，二元阵的常规波束图接近于圆，即退化成了单个阵元，没有指向性。

观察图 3.13(b)发现，当 $d = 0.25\lambda$ 时，波束图是一个倒“心形”，此时波束加权向量为

$$\boldsymbol{w}^* = \left[\frac{1}{2}, -\frac{\mathrm{i}}{2}\right]^{\mathrm{T}} \tag{3.52}$$

后面将会看到，此时的二元阵是一种偶极子阵。

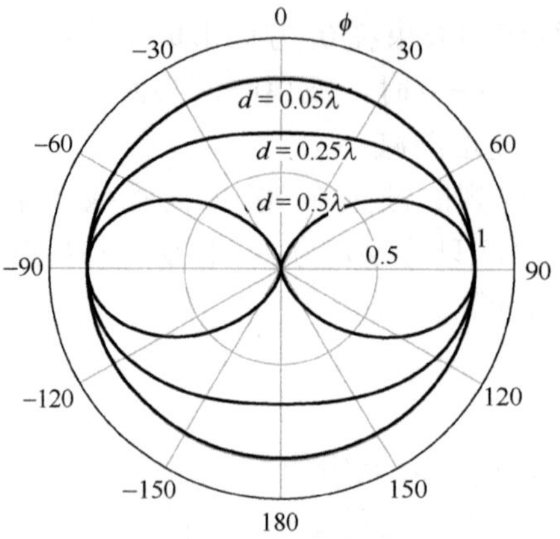

(a) 期望方向$\phi_o=90°$

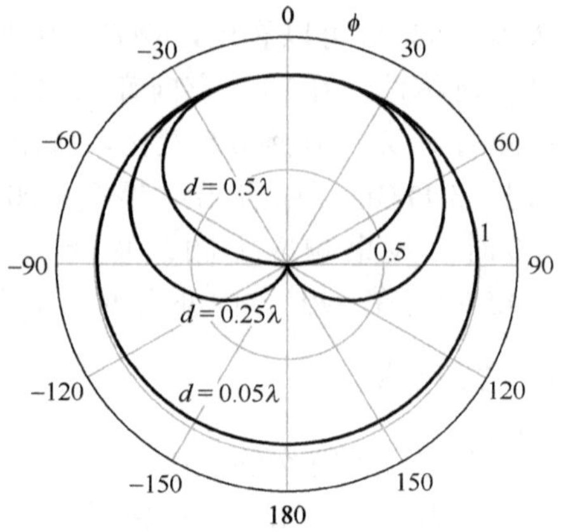

(b) $\phi_o=0°$

图 3.13　二元阵常规波束图

2. 指向性指数

下面考察二元阵波束形成器的指向性指数。

第 2 章中已经指出，基阵的指向性指数等于基阵在空间均匀各向同性噪声场中的阵增益。因此，对于不同的波束形成器，只需要计算基阵在空间均匀各向同性噪声场中的阵增益，就可得到其指向性指数。

由第 2 章已知，该二元阵空间均匀各向同性噪声互谱矩阵为

$$\boldsymbol{\rho}_{\text{niso}}=\begin{bmatrix}1 & \operatorname{sinc}(kd)\\ \operatorname{sinc}(kd) & 1\end{bmatrix} \tag{3.53}$$

对于常规波束形成，其在空间均匀各向同性噪声场中的阵增益为

$$G_{\text{D,c}}=\frac{\left|\boldsymbol{p}^{\text{H}}\boldsymbol{p}\right|^2}{\boldsymbol{p}^{\text{H}}\boldsymbol{\rho}_{\text{niso}}\boldsymbol{p}}=\frac{2}{1+\operatorname{sinc}(kd)\cos(kd\cos\phi)} \tag{3.54}$$

对于最佳波束形成，由于

$$\boldsymbol{\rho}_{\text{niso}}^{-1}=\begin{bmatrix}1 & -\operatorname{sinc}(kd)\\ -\operatorname{sinc}(kd) & 1\end{bmatrix}/(1-\operatorname{sinc}^2(kd)) \tag{3.55}$$

其在空间均匀各向同性噪声场中的阵增益为

$$G_{\text{D,opt}}=\boldsymbol{p}^{\text{H}}\boldsymbol{\rho}_{\text{niso}}^{-1}\boldsymbol{p}=\frac{2-2\operatorname{sinc}(kd)\cos(kd\cos\phi)}{1-\operatorname{sinc}^2(kd)} \tag{3.56}$$

式(3.54)与式(3.56)分别是二元阵常规波束形成与最佳波束形成时的指向性指数。

例 3.9　二元阵指向性指数

考虑一个二元阵，分别采用常规波束形成方法与最佳波束形成方法，考察不同阵元间距波长比（d/λ）与不同观察方向情况下基阵的指向性指数。

假设波束观察方向分别为 $\phi_o = 0°,30°,60°,90°$，让 d/λ 在 0～0.5 范围内变化，分别利用式(3.54)与式(3.56)计算采用常规波束形成方法与最佳波束形成方法得到的指向性指数。两种波束形成方法的指向性计算结果分别显示于图 3.14(a)与(b)中。

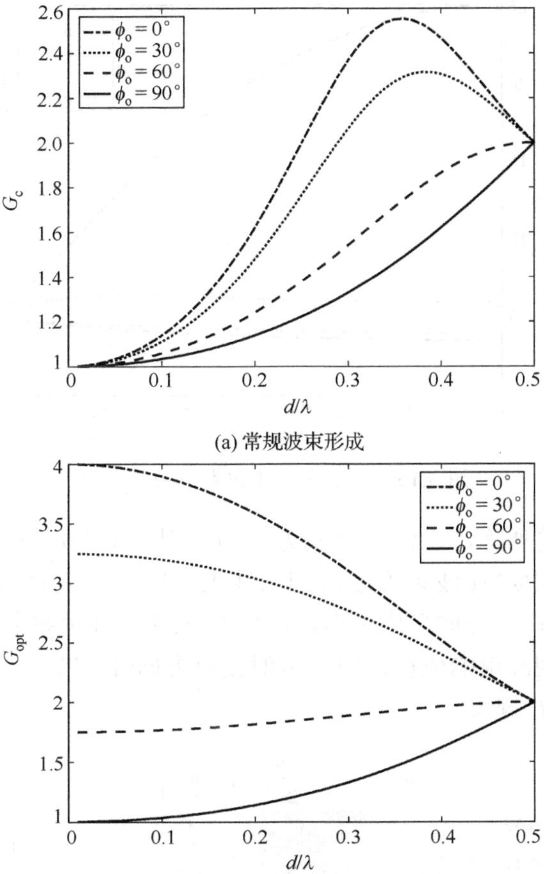

(a) 常规波束形成

(b) 最佳波束形成

图 3.14　二元阵指向性

从图 3.14(a)可以看出，对于常规波束形成方法，当 $d/\lambda = 0.5$ 时，指向性 $G_{D,c} = 2$，即阵元个数。波束观察方向为正横方向时（$\phi_o = 90°$），随着 d/λ 的减小，波束指向性逐渐减小，在 d/λ 趋近于 0 时等于 1，即没有指向性，等效于单阵元。

观察图 3.14(b)可以发现，采用最佳波束形成时，当波束观察方向为正横方向（$\phi_o = 90°$）时，随着 d/λ 从 0.5 逐渐减小到 0，指向性从 2 逐渐减小到 1。当波束观察方向为端射方向($\phi_o = 0^\circ$)时，随着d/λ从 0.5 逐渐减小到 0，指向性从 2 逐渐增加到 4。也就是说，随着阵元间距的减小，线阵最佳波束形成在端射方向的指向性超过阵元个数，这种现象称为“超指向性”或“超增益”。

文献[81]中指出，在空间均匀各向同性噪声场中，M阵元密集布放均匀线列阵，在端射方向最佳波束形成的阵增益逼近于M^2。这一点从图 3.15 显示的 5 元均匀线列阵端射方向最佳波束形成的指向性可以看出。

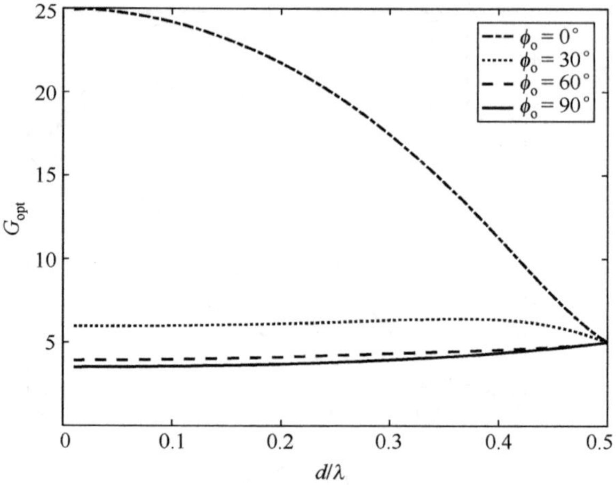

图 3.15　5 元阵最佳波束形成指向性

对于 5 元均匀线列阵，当波束观察方向为端射方向($\phi_o = 0^\circ$)时，随着d/λ从 0 逐渐变化到 0.5，采用最佳波束形成得到的波束响应如图 3.16(a)所示。由图可见，最佳波束形成器在$\phi = 0^\circ$方向形成主瓣，即使在$d/\lambda \to 0$时波束也具有方向性，而不像图 3.11(b)所示常规波束响应在$d/\lambda \to 0$时没有方向性。当$d/\lambda = 0.5$时，在$\phi = 180^\circ$方向亦出现一个主瓣(栅瓣)。

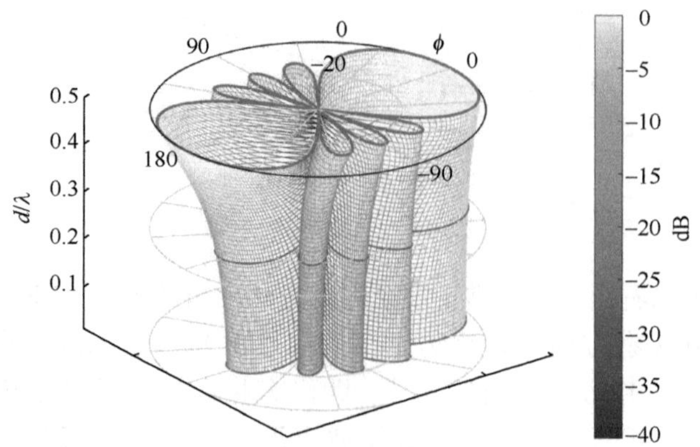

(a) $\phi_o = 0^\circ$

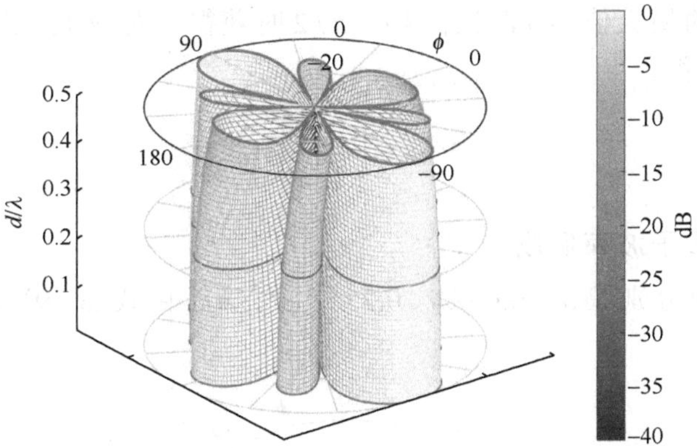

(b) $\phi_o = 90^\circ$

图 3.16　d/λ 从 0 到 0.5 变化时，5 元阵最佳波束形成波束响应

当波束观察方向为正横方向（$\phi_o = 90^\circ$）时，该 5 元均匀线列阵最佳波束形成得到的波束响应如图 3.16(b)所示。由图可见，波束在 $\phi = 90^\circ$ 方向形成主瓣。由于线阵对称性，在 $\phi = -90^\circ$ 亦形成了主瓣。同样，最佳波束形成器在 $d/\lambda \to 0$ 时波束也具有方向性，而不像图 3.11(a)所示常规波束响应在 $d/\lambda \to 0$ 时没有方向性。这是最佳波束形成器与常规波束形成器的区别。

3. 偶极子

下面我们再研究另一种波束形成方法。

在图 3.13(b)显示的期望方向为 $\phi_o = 0^\circ$（端射方向）的常规波束图中，波束加权向量为

$$\boldsymbol{w}^*(0) = \left[\frac{1}{2}, \frac{1}{2}\mathrm{e}^{-\mathrm{i}kd}\right]^{\mathrm{T}} \tag{3.57}$$

如果我们将端射波束形成第二个阵元加权值取负数，即向量改成

$$\boldsymbol{w}^* = \left[\frac{1}{2}, -\frac{1}{2}\mathrm{e}^{-\mathrm{i}kd}\right]^{\mathrm{T}} \tag{3.58}$$

则二元阵波束响应成为

$$B(\phi) = \boldsymbol{w}^{\mathrm{H}}\boldsymbol{p}(\phi) = \frac{1}{2} - \frac{1}{2}\mathrm{e}^{\mathrm{i}kd(\cos\phi - 1)} \tag{3.59}$$

在 0° 与 180° 方向分别有

$$B(0) = 0 \tag{3.60}$$

$$B(\pi) = \frac{1}{2} - \frac{1}{2}\mathrm{e}^{-\mathrm{i}2kd} \tag{3.61}$$

可见，$B(\pi)$的最大值为 1，且在$kd=\pi/2$时获得。对应地，此时$d=0.25\lambda$。将其代入式(3.58)可得

$$w^*=\left[\frac{1}{2},\frac{\mathrm{i}}{2}\right]^{\mathrm{T}} \tag{3.62}$$

例 3.10　偶极子波束形成

假设阵元间距分别取$d=0.05\lambda$，0.25λ与0.5λ，由式(3.59)计算得到的波束图如图 3.17 所示。

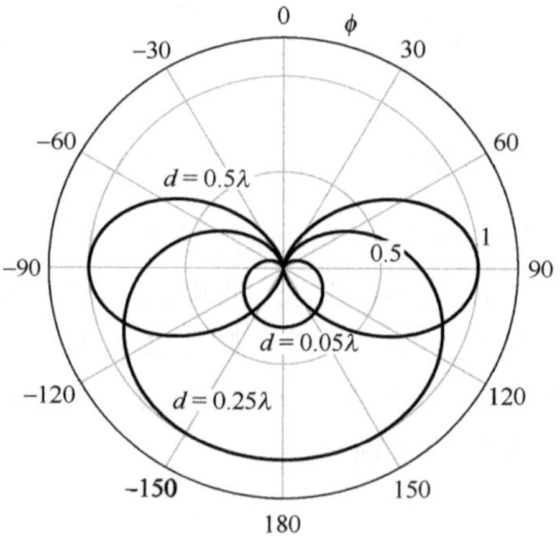

图 3.17　端射波束形成

由图 3.17 可见，所有的波束在$\phi=0°$方向的响应为 0，其中当$d=0.25\lambda$时，波束图为心形。

综合式(3.62)与式(3.52)可以得出结论，当二元阵阵元间隔$d=0.25\lambda$时，若加权向量$w^*=\left[\frac{1}{2},\pm\frac{\mathrm{i}}{2}\right]^{\mathrm{T}}$，可获得心形波束图。这种二元阵称为偶极子。

3.2.4　均匀线列阵窗函数加权

在数字信号处理时间序列分析中我们已经知道，通过加窗处理可以降低旁瓣。均匀线列阵波束形成与时间序列分析有很多相似之处，通过幅度加权同样可以降低波束旁瓣。下面介绍几种常用的幅度加权法。由于这种窗函数具有前后对称的特性，得到的波束图主轴指向正横方向。

1. 均匀加权

常规时延求和波束形成器的加权向量为均匀(uniform)加权，每个阵元幅度加权值相等，即

$$w_m = 1/M,\quad m = 1,\cdots,M \tag{3.63}$$

采样图 3.7(a)所示坐标系统，若将波束主瓣右边第一次出现零点的方位记作 θ_{N}^{+}，对于标准线列阵，由于 $d=\lambda/2$，由式(3.43)可知均匀加权波束形成器的第一零点满足 $\sin\theta_{\mathrm{N}}^{+}=2/M$，即波束两零点间束宽 $\mathrm{BW_{NN}}=2\arcsin(2/M)$。

2. 余弦 q 次方加权

余弦 q 次方加权中，各阵元加权值为

$$w_m(q)=\alpha(q)\cos^q\left[\pi\frac{m-(M+1)/2}{M}\right],\quad m=1,\cdots,M \tag{3.64}$$

式中，系数 $\alpha(q)$ 是为了将波束主瓣最大响应(0°方向的波束响应)归一化为 1。若 $q=1$，上式所示加权向量称为余弦(cosine)窗加权；若 $q=2$，称为 Hanning 窗加权。

余弦 q 次方加权中，对于标准线列阵，第一零点满足 $\sin\theta_{\mathrm{N}}^{+}=(q+2)/M$，即在余弦窗加权中，$\sin\theta_{\mathrm{N}}^{+}=3/M$；在 Hanning 窗加权中 $\sin\theta_{\mathrm{N}}^{+}=4/M$。余弦窗与 Hanning 窗得到的波束图的两零点间波束宽度都比均匀加权所得到的要宽。

3. 升余弦 q 次方加权

升余弦 q 次方加权中，各阵元加权值为

$$w_m(p,q)=\alpha(p,q)\left\{p+(1-p)\cos^q\left[\pi\frac{m-(M+1)/2}{M}\right]\right\},\quad m=1,\cdots,M \tag{3.65}$$

式中，系数 $\alpha(p,q)$ 是为了将波束最大响应归一化为 1。若 $q=1$，上式所示加权向量称为升余弦(raised cosine)窗加权。

若 $q=2$，式(3.65)成为

$$w_m(p)=\frac{\alpha(p)}{2}\left\{(1+p)+(1-p)\cos\left[2\pi\frac{m-(M+1)/2}{M}\right]\right\},\quad m=1,\cdots,M \tag{3.66}$$

若 $p=0.08$，称为 Hamming 窗加权。在 Hamming 窗加权中，对于标准线列阵，第一零点满足 $\sin\theta_{\mathrm{N}}^{+}=4/M$。可见 Hamming 窗加权波束图两零点间束宽与 Hanning 窗相同。

4. Dolph-Chebyshev 加权

Dolph 于 1946 年提出了一种 Chebyshev 加权方法[72]，该方法常称作 Dolph-Chebyshev 加权。Dolph-Chebyshev 加权值为

$$w_m=\begin{cases} z^{M-1}/2, & m=1\\ \displaystyle\sum_{i=1}^{m-1}\frac{0.5(M-1)(m-2)!(M-i-1)!}{(m-i)!(i-1)!(M-i-1)!(M-m)!}z^{M-2m+1}(z^2-1)^{m-i}, & 2\leqslant m\leqslant M/2+1\\ w_{M+1-m}, & m\geqslant M/2+1\end{cases} \tag{3.67}$$

式中，(·)!表示阶乘

$$z=\begin{cases}\dfrac{\cos\left[\dfrac{\pi}{2(M-1)}\right]}{\cos\left[\pi\dfrac{d}{\lambda}\sin\theta_{\mathrm{N}}^{+}\right]}, & \text{指定}\theta_{\mathrm{N}}^{+}\\ \cosh\left[\dfrac{\operatorname{arcosh}\left(\sqrt{10^{-\mathrm{SLL}/10}}\right)}{M-1}\right], & \text{指定SLL(dB)}\end{cases}\tag{3.68}$$

式中，d 与 λ 分别是阵元间隔与信号波长；SLL 是波束旁瓣级，单位是 dB，由于旁瓣比主瓣低，故旁瓣级用负数表示。Dolph-Chebyshev 加权设计方法分为指定主瓣宽度与指定旁瓣级两种。

对于半波长均匀间隔线列阵，在所有波束形成加权方法中，Dolph-Chebyshev 加权在给定主瓣宽度时可以获得最低的均匀旁瓣，或者在给定旁瓣级时能获得最窄的波束主瓣宽度。

下面通过仿真比较这几种幅度加权法对应的波束图。

例 3.11　几种幅度加权的波束图

考虑一个 10 元标准线列阵，采用图 3.7(a)所示坐标系统。

长度为 10 的均匀加权、余弦窗加权、Hanning 窗加权与 Hamming 窗加权等加权函数幅度如图 3.18 所示。

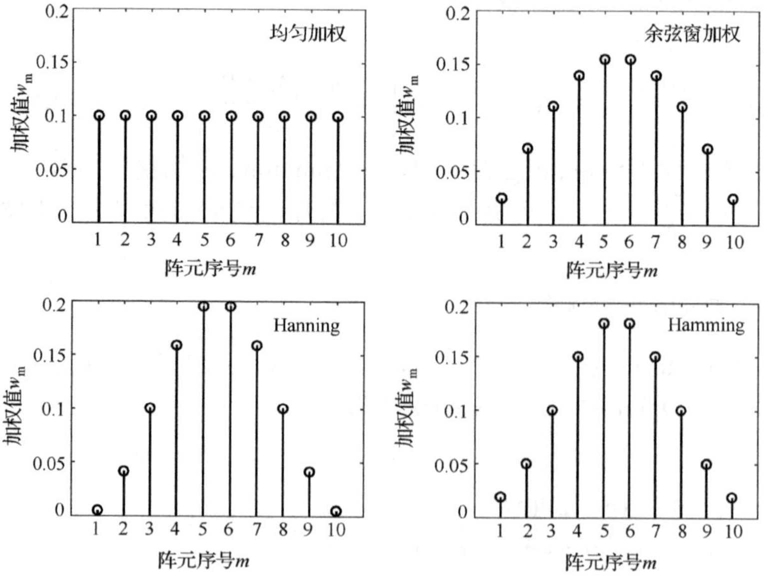

图 3.18　几种窗函数幅度大小

采用图 3.18 所示的几种窗函数加权，得到的波束图如图 3.19 所示。从图中可以看出，后三种窗加权方法的波束图旁瓣都比均匀加权低，但同时主瓣宽度变宽。比较 Hanning 窗与 Hamming 窗加权，两种方法的零点间束宽 BW_{NN} 相同，但后者的半功率束宽（BW_{-3dB}）比前者窄，且最高旁瓣比前者低。

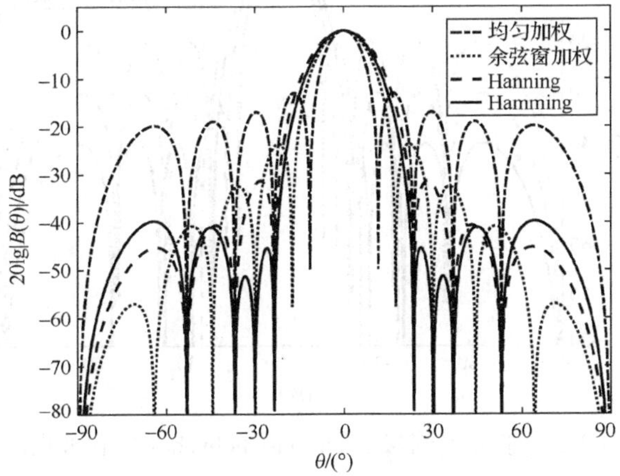

图 3.19　几种窗函数幅度加权得到的波束图

采用 Dolph-Chebyshev 加权法，分别指定 $\sin\theta_N^+ = 2/M$，$3/M$ 与 $4/M$，即分别与图 3.19 所示的几种波束零点束宽相等，得到的波束如图 3.20 所示。

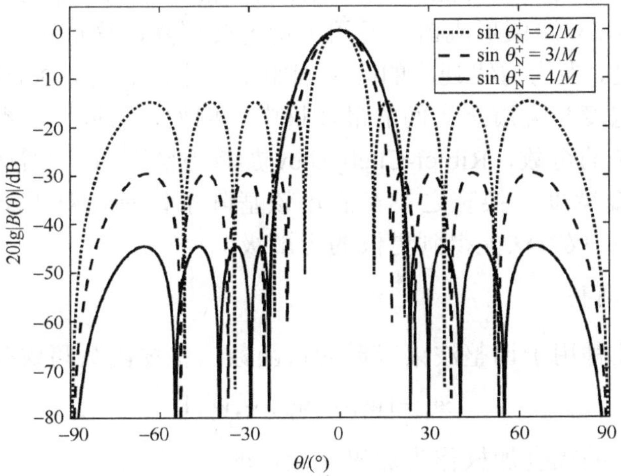

图 3.20　指定 θ_N^+ 的 Dolph-Chebyshev 加权波束图

从图 3.20 可以看出，Dolph-Chebyshev 波束图具有均匀的旁瓣，随着主瓣宽度的增大，旁瓣逐渐降低。比较图 3.19 与图 3.20 可以看出，在同等主瓣宽度（BW_{NN}）的情况下，Dolph-Chebyshev 波束图具有最低的旁瓣级。

采用指定旁瓣级的Dolph-Chebyshev加权，分别设定波束旁瓣级为−20dB、−30dB与−40dB，得到的波束图如图 3.21 所示。

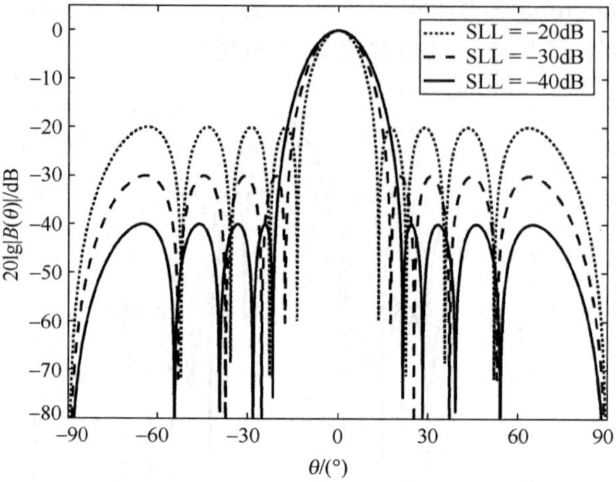

图 3.21　指定旁瓣级的 Dolph-Chebyshev 加权波束图

Dolph-Chebyshev 加权的优点是能够得到指定的主瓣宽度或指定的旁瓣级。并且对于半波长间隔均匀线列阵，Dolph-Chebyshev 方法得到主瓣宽度与旁瓣级之间的最佳折中。因此，Dolph-Chebyshev 波束形成器常作为参考波束来考察其他旁瓣控制波束形成器的束宽与旁瓣性能。由于该窗函数推导过程中运用了均匀线列阵的特性，Dolph-Chebyshev 波束形成器只适用于均匀线列阵，这也正是它的一个局限性。

值得指出的是，当均匀线列阵的阵元间距小于半波长时，Dolph-Chebyshev 加权并不能得到主瓣宽度与旁瓣级之间的最佳折中。例如，若阵元间距小于半波长，且阵元数为不小于 7 的奇数，Riblet-Chebyshev 加权方法[129]在同等旁瓣级约束条件下能获得更窄的主瓣宽度。换言之，在满足该基阵条件时，对于给定的主瓣宽度，Riblet-Chebyshev 加权方法能得到更低的旁瓣级。

5. 波束指向调整

前面介绍了几种用于调整波束旁瓣的窗函数，将窗函数写成列向量的形式为

$$\boldsymbol{w}_{\mathrm{d}}=[w_1,\cdots,w_m,\cdots,w_M]^{\mathrm{T}} \tag{3.69}$$

如果使用单纯的幅度加权作为加权向量，即

$$\boldsymbol{w}=\boldsymbol{w}_{\mathrm{d}} \tag{3.70}$$

则该加权向量得到的波束主瓣指向为 0° 方向。若要使波束主瓣指向其他方向，则需要在幅度加权的基础上附加一定的相移。例如，需要波束指向 θ_{s} 方向，则对应的加权向量调整为

$$\boldsymbol{w}=\boldsymbol{w}_{\mathrm{d}}\circ\boldsymbol{p}_{\mathrm{s}} \tag{3.71}$$

式中，操作符∘表示两向量点乘，即对应元素相乘；$\boldsymbol{p}_{\mathrm{s}}=\boldsymbol{p}(\theta_{\mathrm{s}})$ 表示基阵在 θ_{s} 方向的响应向量，或称导向向量。

如果幅度加权取式(3.63)所示的均匀加权，那么得到的加权向量为

$$\boldsymbol{w}=\boldsymbol{p}_{\mathrm{s}}/M \tag{3.72}$$

这正是第 2 章中给出的常规波束形成加权向量。

例 3.12　非 0°方向波束图

考虑 10 元标准线列阵，要求采用 Dolph-Chebyshev 加权，设计指向−10°方向的波束，分别设定波束旁瓣级为−20dB、−30dB 与−40dB。

首先根据指定的旁瓣级要求设计 Dolph-Chebyshev 窗函数，再按式(3.71)构造加权向量，得到的波束图如图 3.22 所示。由图 3.22 可见，波束正好指向−10°方向，且旁瓣级满足设定要求。

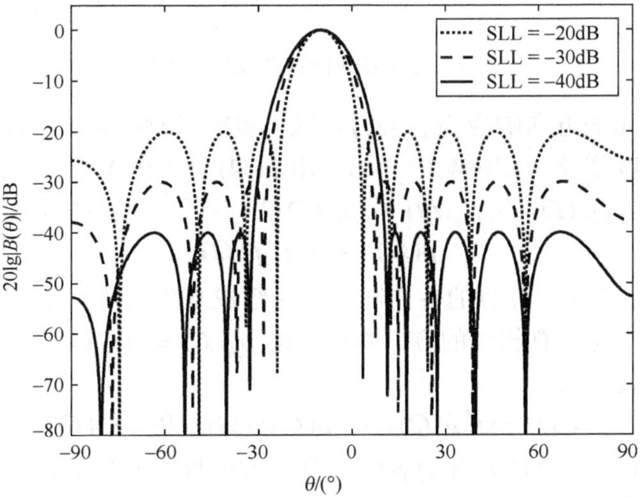

图 3.22　非 0°方向 Dolph-Chebyshev 波束图

3.3　矩　形　阵

3.3.1　波束图乘积定理

式(3.1)所示基阵阵列流形向量基于如下理想假设：组成基阵的各阵元均各向同性，即阵元对各方向到达信号的响应相同。在此我们假设阵元不是各向同性的，而是具有一定的方向性。例如，图 3.23 所示的以连续线阵作为阵元组成的基阵就属于这种情况。

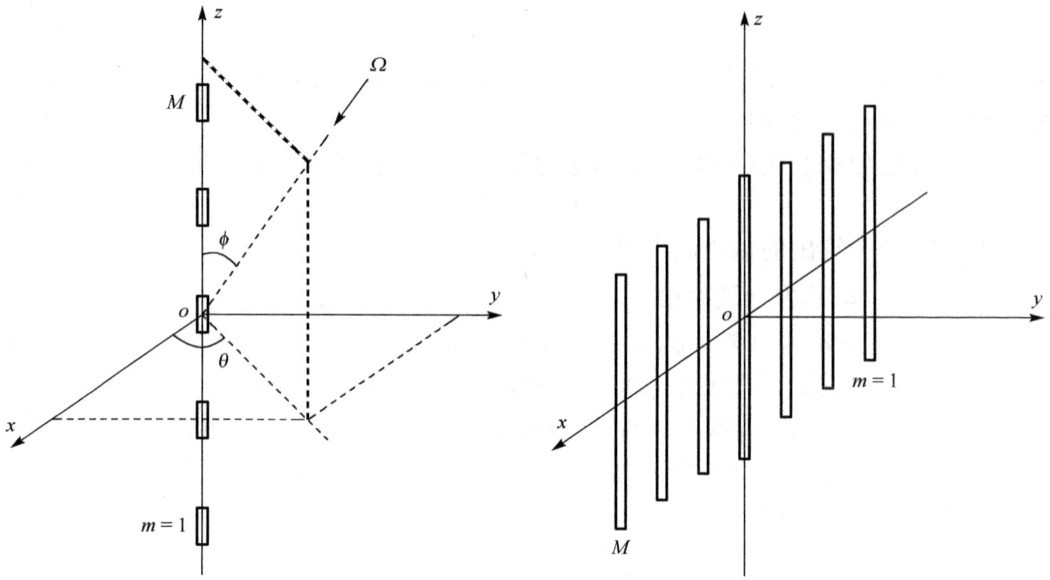

图 3.23　由非各向同性阵元组成的阵列

假设 m 号阵元的方向响应为 $\breve{p}_m(\Omega)$，这里省略了频率宗量，阵元方向响应一般是复数，包括幅度增益与相位响应。如果用 $\breve{\boldsymbol{p}}(\Omega)$ 表示由 M 个阵元的方向响应组成的向量，即 $\breve{\boldsymbol{p}}(\Omega)=[\breve{p}_1(\Omega),\cdots,\breve{p}_m(\Omega),\cdots,\breve{p}_M(\Omega)]^{\mathrm{T}}$，则基阵的真实阵列流形可以表示为

$$\tilde{\boldsymbol{p}}(\Omega)=\overline{\boldsymbol{p}}(\Omega)\circ\breve{\boldsymbol{p}}(\Omega) \tag{3.73}$$

式中，$\overline{\boldsymbol{p}}(\Omega)$ 是由式(3.1)计算的各向同性阵元组成基阵的阵列流形向量。

如果所有的阵元具有相同的方向响应，即 $\breve{p}_m(\Omega)=\breve{p}(\Omega)$，$m=1,\cdots,M$，则基阵的波束响应可以表示成

$$\tilde{B}(\Omega)=\boldsymbol{w}^{\mathrm{H}}\tilde{\boldsymbol{p}}(\Omega)=\boldsymbol{w}^{\mathrm{H}}\overline{\boldsymbol{p}}(\Omega)\breve{p}(\Omega)=\overline{B}(\Omega)\breve{p}(\Omega) \tag{3.74}$$

式(3.74)表明，当组成基阵的各阵元具有方向性，且所有阵元方向性相同时，基阵的波束响应等于对应的各向同性阵元组成基阵的波束响应与阵元方向响应的乘积，这种现象称为波束图乘积定理。

3.3.2　均匀矩形阵

下面再考察由各向同性阵元组成的矩形基阵，假设该矩形基阵阵元有 $\breve{M}$ 行 M 列共 $M\times\breve{M}$ 个阵元，将其布置在 xoy 平面，基阵中心位于坐标原点，如图 3.24 所示。

假设在 x 轴方向阵元间距为 d_x，在 y 轴方向阵元间距为 d_y，将第 $\breve{m}$ 行 m 列阵元编号记作 $(\breve{m},m)$，其坐标位置可以表示为

$$\boldsymbol{p}_{m\breve{m}}=\left[\left(m-\frac{M+1}{2}\right)d_x,\left(\breve{m}-\frac{\breve{M}+1}{2}\right)d_y,0\right]^{\mathrm{T}},\quad m=1,\cdots,M,\quad \breve{m}=1,\cdots,\breve{M} \tag{3.75}$$

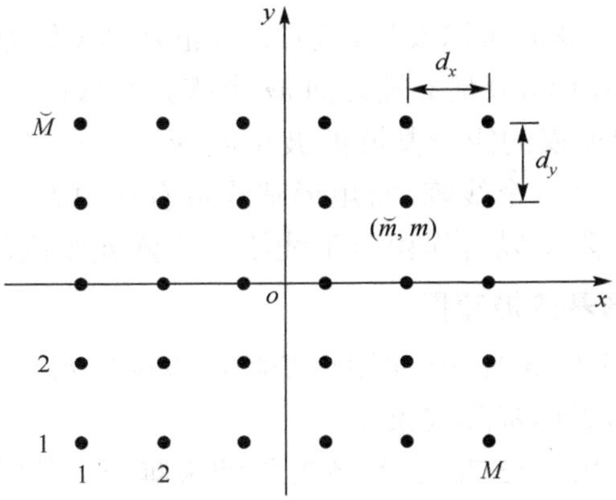

图 3.24　矩形阵列

由式(3.1)计算该基阵的阵列流形向量，其中对应于$(\breve{m},m)$阵元的接收响应为

$$p_{m\breve{m}}=\mathrm{e}^{-\mathrm{i}\boldsymbol{k}^{\mathrm{T}}\boldsymbol{p}_{m\breve{m}}}=\mathrm{e}^{-\mathrm{i}\left(k_x x_m+k_y y_{\breve{m}}\right)} \tag{3.76}$$

式中，$k_x=-k\sin\phi\cos\theta$，$k_y=-k\sin\phi\sin\theta$，$x_m=\left(m-\dfrac{M+1}{2}\right)d_x$，$y_{\breve{m}}=\left(\breve{m}-\dfrac{\breve{M}+1}{2}\right)d_y$。

假设$(\breve{m},m)$阵元加权值为$w_{m\breve{m}}^*$，并假设它可以写成

$$w_{m\breve{m}}^*=w_m^* w_{\breve{m}}^* \tag{3.77}$$

则基阵波束响应为

$$\begin{aligned}B(\varOmega)&=\sum_{\breve{m}=1}^{\breve{M}}\sum_{m=1}^{M}w_{m\breve{m}}^* p_{m\breve{m}}\\&=\sum_{\breve{m}=1}^{\breve{M}}\sum_{m=1}^{M}w_m^* w_{\breve{m}}^*\mathrm{e}^{-\mathrm{i}(k_x x_m+k_y y_{\breve{m}})}\\&=\sum_{\breve{m}=1}^{\breve{M}}w_{\breve{m}}^*\mathrm{e}^{-\mathrm{i}k_y y_{\breve{m}}}\sum_{m=1}^{M}w_m^*\mathrm{e}^{-\mathrm{i}k_x x_m}\\&=B_y(\varOmega)B_x(\varOmega)\end{aligned} \tag{3.78}$$

式中，$B_x(\varOmega)=\sum_{m=1}^{M}w_m^*\mathrm{e}^{-\mathrm{i}k_x x_m}$，$B_y(\varOmega)=\sum_{\breve{m}=1}^{\breve{M}}w_{\breve{m}}^*\mathrm{e}^{-\mathrm{i}k_y y_{\breve{m}}}$。

对于均匀加权，即$w_{m\breve{m}}^*=\dfrac{1}{M\breve{M}}$，令$w_m^*=\dfrac{1}{M}$，$w_{\breve{m}}^*=\dfrac{1}{\breve{M}}$，推导后可得

$$B_x(\varOmega)=\frac{\sin(Mk_x d_x/2)}{M\sin(k_x d_x/2)} \tag{3.79}$$

$$B_y(\varOmega)=\frac{\sin(\breve{M}k_y d_y/2)}{\breve{M}\sin(k_y d_y/2)} \tag{3.80}$$

观察式(3.79)与式(3.80)可以发现，式(3.79)正好是 x 轴方向 M 个阵元组成的均匀线列阵的波束响应，式(3.80)是 y 轴方向 $\breve{M}$ 个阵元组成的均匀线列阵的波束响应。由式(3.78)可知，均匀加权的矩形基阵的波束响应满足乘积定理。其原因是，该基阵的每一列(或每一行)是一个线阵，而矩形基阵可看作由若干子线阵构成的行(或列)线阵。换言之，矩形基阵可以看作由若干线阵作为阵元组成的广义线阵。

例 3.13　均匀矩形基阵波束图

对于图 3.24 所示 5 行 6 列 30 元矩形基阵，假设阵元间距为 $d_x = d_y = \lambda / 2$。采用均匀加权考察该均匀矩形基阵波束图。

对于以上基阵，采用式(3.78)计算各方位波束响应，其幅度响应显示于图 3.25 中。由图 3.25 可见，波束主瓣方向与矩形平面垂直。

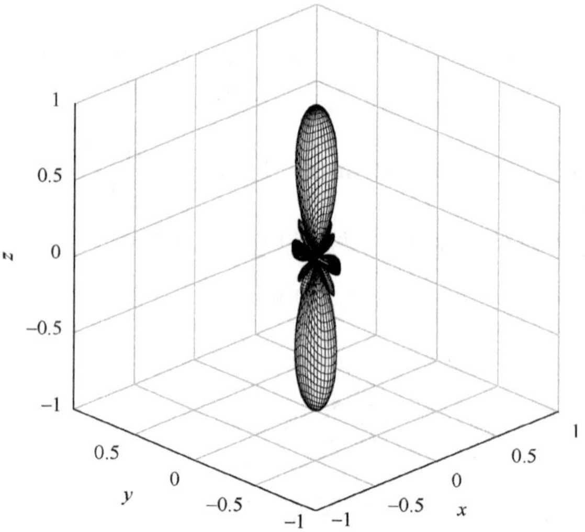

图 3.25　均匀加权矩形基阵波束图

图 3.26(a)～(d)分别显示了 $\theta = 0^\circ$(或180°)，$\theta = 30^\circ$(或 210°)，$\theta = 60^\circ$(或 240°)，$\theta = 90^\circ$(或 270°)等 4 个垂直切面的波束图(单位：dB)。

图 3.26(a)与图 3.26(d)所对应的切面是 xoz 平面与 yoz 平面，为便于比较，在两图中还分别显示了 x 轴上布放的 6 元均匀线列阵(间距为 d_x)与 y 轴上布放的 5 元均匀线列阵(间距为 d_y)的波束图。从图 3.26(a)与图 3.26(d)可以看出，矩形基阵在两个垂直切面上的波束图与对应的均匀线列阵波束图完全重合。

依据波束图乘积定理，在 xoz 平面与 yoz 平面之外的垂直切面上，获得的波束旁瓣低于这两个切面上的波束旁瓣，这可以从图 3.26(b)与图 3.26(c)显示的切面波束图明显看出。

值得说明的是，如果需要波束主瓣方向指向其他方向，采用类似于前面线列阵波束调向的方法即可实现，此处不再赘述。

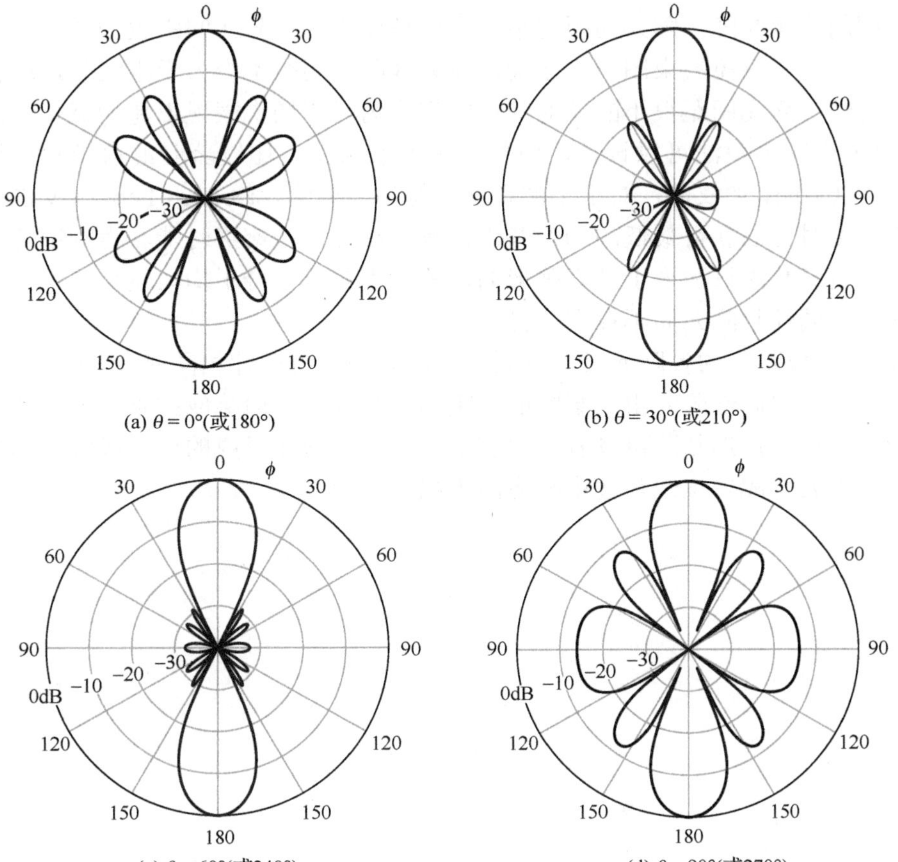

(a) $\theta = 0°$(或180°)　(b) $\theta = 30°$(或210°)

(c) $\theta = 60°$(或240°)　(d) $\theta = 90°$(或270°)

图 3.26　均匀加权矩形基阵在多个垂直切面的波束图

3.4　本 章 小 结

本章针对线阵与矩形阵(由线阵组成的线阵)，推导了其波束形成解析表达式，分析了波束形成器具有的一些特性。通过本章的推导、分析与仿真验证，关于这几种规则形状阵列波束形成器的部分结论如下。

(1) 连续线阵的频率-波数响应函数与加权函数存在空域傅里叶变换对关系。线阵的波束图相对于该线阵轴对称，线阵的孔径(线阵长度与波长之比)越大，波束主瓣宽度越窄。均匀加权线阵波束响应是 sinc 函数，其旁瓣级与孔径无关，均为 −13.26dB。根据傅里叶变换平移定理，通过调整加权函数相位，可调整波束主瓣指向方向。当波束主瓣方向偏离正横方向时，波束主瓣随着偏离角度增大而变宽。

(2) 均匀线列阵相当于对连续线阵进行了空间采样，均匀线列阵的波束响应逼近于等长度的连续线阵，阵元间距越小，逼近精度越高。阵元间距较大时，波束响应出现栅瓣，为了避免波束图产生栅瓣，线列阵阵元间距不得大于半波长，这就是空间采样定理。阵元间距很小的端射阵在空间均匀噪声场中表现出超增益特性。

(3)采用窗函数法可以设计出较低旁瓣的波束图。比较著名的窗函数加权法有Dolph-Chebyshev 加权法，对于半波长间隔均匀线列阵，Dolph-Chebyshev 加权在给定主瓣宽度时可以获得最低的均匀旁瓣，或者在给定旁瓣级时能获得最窄的波束主瓣宽度。窗函数法只适合于规则阵形的基阵，大多只适合于均匀线列阵，而且要求各阵元各向同性且阵元间不存在差异。

(4)当组成基阵的各阵元具有方向性且所有阵元方向性相同时，基阵的波束响应等于对应的各向同性阵元组成基阵的波束响应与阵元方向响应的乘积，这就是波束响应乘积定理。矩形基阵可以看作由若干线阵作为阵元组成的广义线阵，因此其波束响应可以表示成二维线阵波束响应的乘积。

第 4 章　波束稳健性分析

4.1　引　　言

第 2 章已经介绍了传感器阵列波束形成的基本知识与几种常见的波束形成器。用于表征波束形成器优劣的几个重要性能指标包括主瓣形状、旁瓣级、阵增益、指向性指数、稳健性等。这几个性能指标参数中，稳健性指标用于表征波束形成器在理想情况下获得的其他几个性能指标(主瓣形状、旁瓣级、阵增益、指向性指数等)在存在各种误差情况下的下降程度。

第 2 章已经指出，波束形成器对误差的灵敏度与加权向量范数成正比，与白噪声增益成反比。加权向量范数与白噪声增益可用于表征波束形成器的稳健性，波束加权向量范数越小，白噪声增益越高，波束形成器对误差的灵敏度越低，稳健性越高。在各种波束形成器中，常规波束形成器的白噪声增益最大，加权向量范数最小，具有最高的稳健性。即在存在误差的情况下，常规波束形成器的性能下降程度最小。

最佳波束形成器致力于使波束输出信干噪比最大化，在信号导向向量与接收数据协方差矩阵均精确已知的理想情况下，最佳波束形成器能够获得最高的输出信干噪比，同时具有高于常规波束形成器的目标分辨力。但是，最佳波束形成器的这一优异性能在实际中能否真正获得，是一个必须考虑的问题。

在实际中，由于各种误差(如观察方向误差、阵形标定误差、通道幅度与相位误差等)的影响，造成导向向量存在误差；另外，由于接收数据协方差矩阵无法精确知道，只能通过接收数据进行估计，也不可避免地存在估计误差。导向向量与接收数据互谱矩阵误差都势必影响最佳波束形成器的输出信噪比性能。这两者的误差是如何影响最佳波束形成器的性能的？影响程度如何？这些都是本章要重点讨论的内容。

本章的主要内容与组织结构如下：4.2 节介绍最佳波束形成器稳健性影响因素；4.3 节与 4.4 节分别从导向向量误差与协方差矩阵误差两个方面分析它们对最佳波束形成器性能的影响规律；4.5 节分析直线阵超增益波束形成器的稳健性情况；4.6 节是本章小结。

4.2　最佳波束形成器稳健性影响因素

第 2 章已经介绍了三种最佳波束形成器，分别是 MVDR 波束形成器、最小均方误差(MMSE)波束形成器以及最大输出信噪比(MSNR)波束形成器。这几种最佳波束形成器在理想情况下是等效的。

MVDR 波束形成器加权向量为

$$\boldsymbol{w}_{\text{MVDR}} = \frac{\boldsymbol{R}_{\text{n}}^{-1}\overline{\boldsymbol{p}}_{\text{s}}}{\overline{\boldsymbol{p}}_{\text{s}}^{\text{H}}\boldsymbol{R}_{\text{n}}^{-1}\overline{\boldsymbol{p}}_{\text{s}}} \tag{4.1}$$

当噪声协方差矩阵 $\boldsymbol{R}_{\text{n}}$ 无法得到时，用数据协方差矩阵 $\boldsymbol{R}_{\text{x}}$ 代替，本书仍将该波束形成器称为 MVDR 波束形成器，加权向量为

$$\boldsymbol{w}_{\text{MVDR}} = \frac{\boldsymbol{R}_{\text{x}}^{-1}\overline{\boldsymbol{p}}_{\text{s}}}{\overline{\boldsymbol{p}}_{\text{s}}^{\text{H}}\boldsymbol{R}_{\text{x}}^{-1}\overline{\boldsymbol{p}}_{\text{s}}} \tag{4.2}$$

最小均方误差波束形成器的加权向量为

$$\boldsymbol{w}_{\text{MMSE}} = \sigma_{\text{s}}^{2}\boldsymbol{R}_{\text{x}}^{-1}\tilde{\boldsymbol{p}}_{\text{s}} \tag{4.3}$$

最大输出信噪比波束形成器的加权向量为

$$\boldsymbol{w}_{\text{MSNR}} = \alpha\boldsymbol{R}_{\text{n}}^{-1}\tilde{\boldsymbol{p}}_{\text{s}} \tag{4.4}$$

在式(4.3)与式(4.4)中，真实值 $\tilde{\boldsymbol{p}}_{\text{s}}$ 一般是未知的，所以用假想导向向量 $\overline{\boldsymbol{p}}_{\text{s}}$ 来代替，又由于噪声协方差矩阵 $\boldsymbol{R}_{\text{n}}$ 可以看作数据协方差矩阵 $\boldsymbol{R}_{\text{x}}$ 的特例，式(4.1)～式(4.4)所示的几种最佳波束形成器可以统一写成

$$\boldsymbol{w}_{\text{opt}} = \alpha\boldsymbol{R}_{\text{x}}^{-1}\overline{\boldsymbol{p}}_{\text{s}} \tag{4.5}$$

式中，α 为任意标量系数，注意此处的标量系数 α 与式(4.4)中的 α 不一定相等，但其大小都不影响波束形成器的性能。考虑到 α 的大小对波束形成器的性能没有影响，为表述简便，这里仍用 α 表示。后面其他用到 α 的地方亦如此，在某些场合甚至可以直接省略该标量。

由于这几种最佳波束形成器具有相同的形式，本书后续分析最佳波束形成器的性能时，如无特别说明，一般以 MVDR 波束形成器为例进行分析。

由式(4.5)可以看出，计算最佳波束形成器加权向量时，我们需要知道导向向量 $\overline{\boldsymbol{p}}_{\text{s}}$ 与数据协方差矩阵 $\boldsymbol{R}_{\text{x}}$。在实际应用中，我们一般无法获得它们的精确值，这就会存在误差，造成失配。

造成导向向量失配的原因有方向失配与阵元接收响应误差等。在典型应用中，波束形成器在感兴趣的观察扇面内进行扫描，由于离散扫描存在一定的方位间隔，这造成波束方向与真实的信号到达方向存在失配。阵元接收响应误差包括通道幅相误差、阵元位置误差，以及阵元各向异性与不一致性引起的响应灵敏度误差等。

造成数据协方差矩阵误差的原因主要是：我们一般采用有限长度数据快拍估计得到数据协方差矩阵，估计值与其期望值之间不可避免地存在误差。

4.3　导向向量失配对波束性能的影响

本节主要研究导向向量失配对 MVDR 波束形成器性能的影响。数据协方差矩阵失配问题在后面讨论。

由第 2 章我们已经知道，当信号包括在阵列数据中（$\beta=1$）时，MVDR 波束形成器的阵增益为

$$G_{\mathrm{MVDR}}\left(\bar{\boldsymbol{p}}_{\mathrm{s}}:\tilde{\boldsymbol{p}}_{\mathrm{s}}\right)\Big|_{\beta=1}=\frac{\left|\bar{\boldsymbol{p}}_{\mathrm{s}}^{\mathrm{H}}\boldsymbol{R}_{\mathrm{x}}^{-1}\tilde{\boldsymbol{p}}_{\mathrm{s}}\right|^{2}}{\bar{\boldsymbol{p}}_{\mathrm{s}}^{\mathrm{H}}\boldsymbol{R}_{\mathrm{x}}^{-1}\boldsymbol{\rho}_{\mathrm{n}}\boldsymbol{R}_{\mathrm{x}}^{-1}\bar{\boldsymbol{p}}_{\mathrm{s}}}\tag{4.6}$$

式中，$\boldsymbol{R}_{\mathrm{x}}$ 是数据协方差矩阵

$$\boldsymbol{R}_{\mathrm{x}}=\sigma_{\mathrm{s}}^{2}\tilde{\boldsymbol{p}}_{\mathrm{s}}\tilde{\boldsymbol{p}}_{\mathrm{s}}^{\mathrm{H}}+\sigma_{\mathrm{n}}^{2}\boldsymbol{\rho}_{\mathrm{n}}\tag{4.7}$$

其逆可以写成

$$\boldsymbol{R}_{\mathrm{x}}^{-1}=\sigma_{\mathrm{n}}^{-2}\boldsymbol{\rho}_{\mathrm{n}}^{-1}\left[\boldsymbol{I}-\tilde{\boldsymbol{p}}_{\mathrm{s}}\tilde{\boldsymbol{p}}_{\mathrm{s}}^{\mathrm{H}}\boldsymbol{\rho}_{\mathrm{n}}^{-1}(\sigma_{\mathrm{s}}^{2}/\sigma_{\mathrm{n}}^{2})(1+\chi)^{-1}\right]\tag{4.8}$$

式中，$\chi=(\sigma_{\mathrm{s}}^{2}/\sigma_{\mathrm{n}}^{2})\tilde{\boldsymbol{p}}_{\mathrm{s}}^{\mathrm{H}}\boldsymbol{\rho}_{\mathrm{n}}^{-1}\tilde{\boldsymbol{p}}_{\mathrm{s}}$。

于是，式(4.6)的分母可以写成

$$\begin{aligned}\bar{\boldsymbol{p}}_{\mathrm{s}}^{\mathrm{H}}\boldsymbol{R}_{\mathrm{x}}^{-1}\boldsymbol{\rho}_{\mathrm{n}}\boldsymbol{R}_{\mathrm{x}}^{-1}\bar{\boldsymbol{p}}_{\mathrm{s}}&=\sigma_{\mathrm{n}}^{-2}\bar{\boldsymbol{p}}_{\mathrm{s}}^{\mathrm{H}}\boldsymbol{\rho}_{\mathrm{n}}^{-1}\left[\boldsymbol{I}-\tilde{\boldsymbol{p}}_{\mathrm{s}}\tilde{\boldsymbol{p}}_{\mathrm{s}}^{\mathrm{H}}\boldsymbol{\rho}_{\mathrm{n}}^{-1}(\sigma_{\mathrm{s}}^{2}/\sigma_{\mathrm{n}}^{2})(1+\chi)^{-1}\right]\boldsymbol{\rho}_{\mathrm{n}}\\&\quad\cdot\sigma_{\mathrm{n}}^{-2}\boldsymbol{\rho}_{\mathrm{n}}^{-1}\left[\boldsymbol{I}-\tilde{\boldsymbol{p}}_{\mathrm{s}}\tilde{\boldsymbol{p}}_{\mathrm{s}}^{\mathrm{H}}\boldsymbol{\rho}_{\mathrm{n}}^{-1}(\sigma_{\mathrm{s}}^{2}/\sigma_{\mathrm{n}}^{2})(1+\chi)^{-1}\right]\bar{\boldsymbol{p}}_{\mathrm{s}}\\&=\sigma_{\mathrm{n}}^{-4}\bar{\boldsymbol{p}}_{\mathrm{s}}^{\mathrm{H}}\boldsymbol{\rho}_{\mathrm{n}}^{-1}\left[\boldsymbol{I}-\tilde{\boldsymbol{p}}_{\mathrm{s}}\tilde{\boldsymbol{p}}_{\mathrm{s}}^{\mathrm{H}}\boldsymbol{\rho}_{\mathrm{n}}^{-1}(\sigma_{\mathrm{s}}^{2}/\sigma_{\mathrm{n}}^{2})(1+\chi)^{-1}\right]^{2}\bar{\boldsymbol{p}}_{\mathrm{s}}\end{aligned}\tag{4.9}$$

我们已经知道当 $\beta=0$ 时，MVDR 波束响应可以表示为

$$B_{\mathrm{MVDR}}\left(\bar{\boldsymbol{p}}_{\mathrm{s}}:\tilde{\boldsymbol{p}}_{\mathrm{s}}\right)=\frac{\bar{\boldsymbol{p}}_{\mathrm{s}}^{\mathrm{H}}\boldsymbol{\rho}_{\mathrm{n}}^{-1}\tilde{\boldsymbol{p}}_{\mathrm{s}}}{\bar{\boldsymbol{p}}_{\mathrm{s}}^{\mathrm{H}}\boldsymbol{\rho}_{\mathrm{n}}^{-1}\bar{\boldsymbol{p}}_{\mathrm{s}}}\tag{4.10}$$

因此有

$$\begin{aligned}\left|B_{\mathrm{MVDR}}(\bar{\boldsymbol{p}}_{\mathrm{s}}:\tilde{\boldsymbol{p}}_{\mathrm{s}})\right|^{2}&=(\bar{\boldsymbol{p}}_{\mathrm{s}}^{\mathrm{H}}\boldsymbol{\rho}_{\mathrm{n}}^{-1}\bar{\boldsymbol{p}}_{\mathrm{s}})^{-2}\left|\bar{\boldsymbol{p}}_{\mathrm{s}}^{\mathrm{H}}\boldsymbol{\rho}_{\mathrm{n}}^{-1}\tilde{\boldsymbol{p}}_{\mathrm{s}}\right|^{2}\\&=(\bar{\boldsymbol{p}}_{\mathrm{s}}^{\mathrm{H}}\boldsymbol{\rho}_{\mathrm{n}}^{-1}\bar{\boldsymbol{p}}_{\mathrm{s}})^{-2}(\bar{\boldsymbol{p}}_{\mathrm{s}}^{\mathrm{H}}\boldsymbol{\rho}_{\mathrm{n}}^{-1}\tilde{\boldsymbol{p}}_{\mathrm{s}})(\tilde{\boldsymbol{p}}_{\mathrm{s}}^{\mathrm{H}}\boldsymbol{\rho}_{\mathrm{n}}^{-1}\bar{\boldsymbol{p}}_{\mathrm{s}})\end{aligned}\tag{4.11}$$

于是，式(4.9)可以简化为

$$\begin{aligned}\bar{\boldsymbol{p}}_{\mathrm{s}}^{\mathrm{H}}\boldsymbol{R}_{\mathrm{x}}^{-1}\boldsymbol{\rho}_{\mathrm{n}}\boldsymbol{R}_{\mathrm{x}}^{-1}\bar{\boldsymbol{p}}_{\mathrm{s}}&=\sigma_{\mathrm{n}}^{-4}\bar{\boldsymbol{p}}_{\mathrm{s}}^{\mathrm{H}}\boldsymbol{\rho}_{\mathrm{n}}^{-1}\bar{\boldsymbol{p}}_{\mathrm{s}}[1-2\left|B_{\mathrm{MVDR}}\right|^{2}\bar{\boldsymbol{p}}_{\mathrm{s}}^{\mathrm{H}}\boldsymbol{\rho}_{\mathrm{n}}^{-1}\bar{\boldsymbol{p}}_{\mathrm{s}}(\sigma_{\mathrm{s}}^{2}/\sigma_{\mathrm{n}}^{2})(1+\chi)^{-1}\\&\quad+\left|B_{\mathrm{MVDR}}\right|^{2}\bar{\boldsymbol{p}}_{\mathrm{s}}^{\mathrm{H}}\boldsymbol{\rho}_{\mathrm{n}}^{-1}\bar{\boldsymbol{p}}_{\mathrm{s}}(\sigma_{\mathrm{s}}^{2}/\sigma_{\mathrm{n}}^{2})(1+\chi)^{-2}\chi]\end{aligned}\tag{4.12}$$

式中，B_{MVDR} 省略了其宗量 $(\bar{\boldsymbol{p}}_{\mathrm{s}}:\tilde{\boldsymbol{p}}_{\mathrm{s}})$。

令

$$\frac{\left|\bar{\boldsymbol{p}}_{\mathrm{s}}^{\mathrm{H}}\boldsymbol{\rho}_{\mathrm{n}}^{-1}\tilde{\boldsymbol{p}}_{\mathrm{s}}\right|^2}{(\bar{\boldsymbol{p}}_{\mathrm{s}}^{\mathrm{H}}\boldsymbol{\rho}_{\mathrm{n}}^{-1}\bar{\boldsymbol{p}}_{\mathrm{s}})(\tilde{\boldsymbol{p}}_{\mathrm{s}}^{\mathrm{H}}\boldsymbol{\rho}_{\mathrm{n}}^{-1}\tilde{\boldsymbol{p}}_{\mathrm{s}})}=\cos^2(\bar{\boldsymbol{p}}_{\mathrm{s}},\tilde{\boldsymbol{p}}_{\mathrm{s}},\boldsymbol{\rho}_{\mathrm{n}}^{-1}) \tag{4.13}$$

可得

$$\cos^2(\bar{\boldsymbol{p}}_{\mathrm{s}},\tilde{\boldsymbol{p}}_{\mathrm{s}},\boldsymbol{\rho}_{\mathrm{n}}^{-1})=\left|B_{\mathrm{MVDR}}\right|^2\frac{(\bar{\boldsymbol{p}}_{\mathrm{s}}^{\mathrm{H}}\boldsymbol{\rho}_{\mathrm{n}}^{-1}\bar{\boldsymbol{p}}_{\mathrm{s}})}{(\tilde{\boldsymbol{p}}_{\mathrm{s}}^{\mathrm{H}}\boldsymbol{\rho}_{\mathrm{n}}^{-1}\tilde{\boldsymbol{p}}_{\mathrm{s}})}=\left|B_{\mathrm{MVDR}}\right|^2\frac{\sigma_{\mathrm{s}}^2}{\sigma_{\mathrm{n}}^2}\frac{\bar{\boldsymbol{p}}_{\mathrm{s}}^{\mathrm{H}}\boldsymbol{\rho}_{\mathrm{n}}^{-1}\bar{\boldsymbol{p}}_{\mathrm{s}}}{\chi} \tag{4.14}$$

因此，式(4.12)可以进一步简化为

$$\begin{aligned}\bar{\boldsymbol{p}}_{\mathrm{s}}^{\mathrm{H}}\boldsymbol{R}_{\mathrm{x}}^{-1}\boldsymbol{\rho}_{\mathrm{n}}\boldsymbol{R}_{\mathrm{x}}^{-1}\bar{\boldsymbol{p}}_{\mathrm{s}}&=\sigma_{\mathrm{n}}^{-4}\bar{\boldsymbol{p}}_{\mathrm{s}}^{\mathrm{H}}\boldsymbol{\rho}_{\mathrm{n}}^{-1}\bar{\boldsymbol{p}}_{\mathrm{s}}\left[1-2\frac{\chi}{1+\chi}\cos^2(\bar{\boldsymbol{p}}_{\mathrm{s}},\tilde{\boldsymbol{p}}_{\mathrm{s}},\boldsymbol{\rho}_{\mathrm{n}}^{-1})+\left(\frac{\chi}{1+\chi}\right)^2\cos^2(\bar{\boldsymbol{p}}_{\mathrm{s}},\tilde{\boldsymbol{p}}_{\mathrm{s}},\boldsymbol{\rho}_{\mathrm{n}}^{-1})\right]\\&=\sigma_{\mathrm{n}}^{-4}\left(1+\chi\right)^{-2}\bar{\boldsymbol{p}}_{\mathrm{s}}^{\mathrm{H}}\boldsymbol{\rho}_{\mathrm{n}}^{-1}\bar{\boldsymbol{p}}_{\mathrm{s}}\left[(1+\chi)^2-(2\chi+\chi^2)\cos^2(\bar{\boldsymbol{p}}_{\mathrm{s}},\tilde{\boldsymbol{p}}_{\mathrm{s}},\boldsymbol{\rho}_{\mathrm{n}}^{-1})\right]\\&=\sigma_{\mathrm{n}}^{-4}(1+\chi)^{-2}\bar{\boldsymbol{p}}_{\mathrm{s}}^{\mathrm{H}}\boldsymbol{\rho}_{\mathrm{n}}^{-1}\bar{\boldsymbol{p}}_{\mathrm{s}}\left[1+(2\chi+\chi^2)\sin^2(\bar{\boldsymbol{p}}_{\mathrm{s}},\tilde{\boldsymbol{p}}_{\mathrm{s}},\boldsymbol{\rho}_{\mathrm{n}}^{-1})\right]\end{aligned} \tag{4.15}$$

式中，$\sin^2(\bar{\boldsymbol{p}}_{\mathrm{s}},\tilde{\boldsymbol{p}}_{\mathrm{s}},\boldsymbol{\rho}_{\mathrm{n}}^{-1})=1-\cos^2(\bar{\boldsymbol{p}}_{\mathrm{s}},\tilde{\boldsymbol{p}}_{\mathrm{s}},\boldsymbol{\rho}_{\mathrm{n}}^{-1})$。

由式(4.8)可得

$$\begin{aligned}\boldsymbol{R}_{\mathrm{x}}^{-1}\tilde{\boldsymbol{p}}_{\mathrm{s}}&=\sigma_{\mathrm{n}}^{-2}\boldsymbol{\rho}_{\mathrm{n}}^{-1}\tilde{\boldsymbol{p}}_{\mathrm{s}}-\sigma_{\mathrm{n}}^{-2}\boldsymbol{\rho}_{\mathrm{n}}^{-1}\tilde{\boldsymbol{p}}_{\mathrm{s}}\tilde{\boldsymbol{p}}_{\mathrm{s}}^{\mathrm{H}}\boldsymbol{\rho}_{\mathrm{n}}^{-1}\tilde{\boldsymbol{p}}_{\mathrm{s}}(\sigma_{\mathrm{s}}^2/\sigma_{\mathrm{n}}^2)(1+\chi)^{-1}\\&=\sigma_{\mathrm{n}}^{-2}\boldsymbol{\rho}_{\mathrm{n}}^{-1}\tilde{\boldsymbol{p}}_{\mathrm{s}}/(1+\chi)\end{aligned} \tag{4.16}$$

进而可得

$$\bar{\boldsymbol{p}}_{\mathrm{s}}^{\mathrm{H}}\boldsymbol{R}_{\mathrm{x}}^{-1}\tilde{\boldsymbol{p}}_{\mathrm{s}}=\sigma_{\mathrm{n}}^{-2}\bar{\boldsymbol{p}}_{\mathrm{s}}^{\mathrm{H}}\boldsymbol{\rho}_{\mathrm{n}}^{-1}\tilde{\boldsymbol{p}}_{\mathrm{s}}/(1+\chi) \tag{4.17}$$

将式(4.17)与式(4.15)代入式(4.6)，可得

$$\begin{aligned}G_{\mathrm{MVDR}}(\bar{\boldsymbol{p}}_{\mathrm{s}}:\tilde{\boldsymbol{p}}_{\mathrm{s}})\big|_{\beta=1}&=\frac{\left|\bar{\boldsymbol{p}}_{\mathrm{s}}^{\mathrm{H}}\boldsymbol{R}_{\mathrm{x}}^{-1}\tilde{\boldsymbol{p}}_{\mathrm{s}}\right|^2}{\bar{\boldsymbol{p}}_{\mathrm{s}}^{\mathrm{H}}\boldsymbol{R}_{\mathrm{x}}^{-1}\boldsymbol{\rho}_{\mathrm{n}}\boldsymbol{R}_{\mathrm{x}}^{-1}\bar{\boldsymbol{p}}_{\mathrm{s}}}\\&=\frac{\left|\bar{\boldsymbol{p}}_{\mathrm{s}}^{\mathrm{H}}\boldsymbol{\rho}_{\mathrm{n}}^{-1}\tilde{\boldsymbol{p}}_{\mathrm{s}}\right|^2\left[\sigma_{\mathrm{n}}^{-4}(1+\chi)^{-2}\right]}{\bar{\boldsymbol{p}}_{\mathrm{s}}^{\mathrm{H}}\boldsymbol{\rho}_{\mathrm{n}}^{-1}\bar{\boldsymbol{p}}_{\mathrm{s}}\left[1+(2\chi+\chi^2)\sin^2(\bar{\boldsymbol{p}}_{\mathrm{s}},\tilde{\boldsymbol{p}}_{\mathrm{s}},\boldsymbol{\rho}_{\mathrm{n}}^{-1})\right]\left[S_{\mathrm{n}}^{-2}(1+\chi)^{-2}\right]}\\&=\frac{\tilde{\boldsymbol{p}}_{\mathrm{s}}^{\mathrm{H}}\boldsymbol{\rho}_{\mathrm{n}}^{-1}\tilde{\boldsymbol{p}}_{\mathrm{s}}\cos^2(\bar{\boldsymbol{p}}_{\mathrm{s}},\tilde{\boldsymbol{p}}_{\mathrm{s}},\boldsymbol{\rho}_{\mathrm{n}}^{-1})}{1+(2\chi+\chi^2)\sin^2(\bar{\boldsymbol{p}}_{\mathrm{s}},\tilde{\boldsymbol{p}}_{\mathrm{s}},\boldsymbol{\rho}_{\mathrm{n}}^{-1})}\end{aligned} \tag{4.18}$$

当$\beta=0$时，即数据中不包含期望信号，可得$\chi=0$，此时式(4.18)中的分母简化为1，于是MVDR波束形成器的阵增益简化为

$$G_{\mathrm{MVDR}}(\bar{\boldsymbol{p}}_{\mathrm{s}}:\tilde{\boldsymbol{p}}_{\mathrm{s}})\big|_{\beta=0}=\tilde{\boldsymbol{p}}_{\mathrm{s}}^{\mathrm{H}}\boldsymbol{\rho}_{\mathrm{n}}^{-1}\tilde{\boldsymbol{p}}_{\mathrm{s}}\cos^2(\bar{\boldsymbol{p}}_{\mathrm{s}},\tilde{\boldsymbol{p}}_{\mathrm{s}},\boldsymbol{\rho}_{\mathrm{n}}^{-1}) \tag{4.19}$$

由式(4.18)与式(4.19)有

$$\frac{G_{\mathrm{MVDR}}(\bar{\boldsymbol{p}}_{\mathrm{s}}:\tilde{\boldsymbol{p}}_{\mathrm{s}})\big|_{\beta=0}}{G_{\mathrm{MVDR}}(\bar{\boldsymbol{p}}_{\mathrm{s}}:\tilde{\boldsymbol{p}}_{\mathrm{s}})\big|_{\beta=1}}=1+(2\chi+\chi^2)\sin^2(\bar{\boldsymbol{p}}_{\mathrm{s}},\tilde{\boldsymbol{p}}_{\mathrm{s}},\boldsymbol{\rho}_{\mathrm{n}}^{-1}) \tag{4.20}$$

这就是 Cox 推导的结果[101]。

将式(4.18)展开，有

$$G_{\mathrm{MVDR}}=\frac{\tilde{\boldsymbol{p}}_{\mathrm{s}}^{\mathrm{H}}\boldsymbol{\rho}_{\mathrm{n}}^{-1}\tilde{\boldsymbol{p}}_{\mathrm{s}}\cos^2(\bar{\boldsymbol{p}}_{\mathrm{s}},\tilde{\boldsymbol{p}}_{\mathrm{s}},\boldsymbol{\rho}_{\mathrm{n}}^{-1})}{1+\{2(\sigma_{\mathrm{s}}^2/\sigma_{\mathrm{n}}^2)\tilde{\boldsymbol{p}}_{\mathrm{s}}^{\mathrm{H}}\boldsymbol{\rho}_{\mathrm{n}}^{-1}\tilde{\boldsymbol{p}}_{\mathrm{s}}+[(\sigma_{\mathrm{s}}^2/\sigma_{\mathrm{n}}^2)\tilde{\boldsymbol{p}}_{\mathrm{s}}^{\mathrm{H}}\boldsymbol{\rho}_{\mathrm{n}}^{-1}\tilde{\boldsymbol{p}}_{\mathrm{s}}]^2\}\sin^2(\bar{\boldsymbol{p}}_{\mathrm{s}},\tilde{\boldsymbol{p}}_{\mathrm{s}},\boldsymbol{\rho}_{\mathrm{n}}^{-1})} \tag{4.21}$$

下面根据式(4.21)分析导向向量误差与输入信噪比对MVDR波束形成器的阵增益的影响。

(1)若取 $\bar{\boldsymbol{p}}_{\mathrm{s}}=\tilde{\boldsymbol{p}}_{\mathrm{s}}$，由式(4.13)可知 $\cos^2(\bar{\boldsymbol{p}}_{\mathrm{s}},\tilde{\boldsymbol{p}}_{\mathrm{s}},\boldsymbol{\rho}_{\mathrm{n}}^{-1})=1$，$\sin^2(\bar{\boldsymbol{p}}_{\mathrm{s}},\tilde{\boldsymbol{p}}_{\mathrm{s}},\boldsymbol{\rho}_{\mathrm{n}}^{-1})=0$，由式(4.20)可知，$G_{\mathrm{MVDR}}\big|_{\beta=1}=G_{\mathrm{MVDR}}\big|_{\beta=0}=G_{\mathrm{opt}}$。

(2)若 $\bar{\boldsymbol{p}}_{\mathrm{s}}$ 与 $\tilde{\boldsymbol{p}}_{\mathrm{s}}$ 之间存在误差，误差越大，$\cos^2(\bar{\boldsymbol{p}}_{\mathrm{s}},\tilde{\boldsymbol{p}}_{\mathrm{s}},\boldsymbol{\rho}_{\mathrm{n}}^{-1})$ 越小，$\sin^2(\bar{\boldsymbol{p}}_{\mathrm{s}},\tilde{\boldsymbol{p}}_{\mathrm{s}},\boldsymbol{\rho}_{\mathrm{n}}^{-1})$ 越大，由式(4.21)可以看出，MVDR 波束形成器的阵增益损失越大。

(3)在导向向量误差一定的情况下，输入信噪比 $\sigma_{\mathrm{s}}^2/\sigma_{\mathrm{n}}^2$ 越大，式(4.21)的分母越大，即 MVDR 波束形成器的阵增益损失越大。当 $\sigma_{\mathrm{s}}^2/\sigma_{\mathrm{n}}^2=0$ 时，它简化为 $\beta=0$ 的 MVDR 波束形成器。

例 4.1　MVDR 波束形成器的阵增益

考虑一个 10 元标准线列阵，基阵接收噪声是功率为 0dB 高斯白噪声，一单频信号从 10° 方向入射到基阵。

运用式(4.18)计算 $\cos^2(\bar{\boldsymbol{p}}_{\mathrm{s}},\tilde{\boldsymbol{p}}_{\mathrm{s}},\boldsymbol{\rho}_{\mathrm{n}}^{-1})$ 取 4 个值时，不同输入信噪比 $\mathrm{SNR_{in}}$ 下 MVDR 波束形成器的阵增益，显示于图 4.1 中。

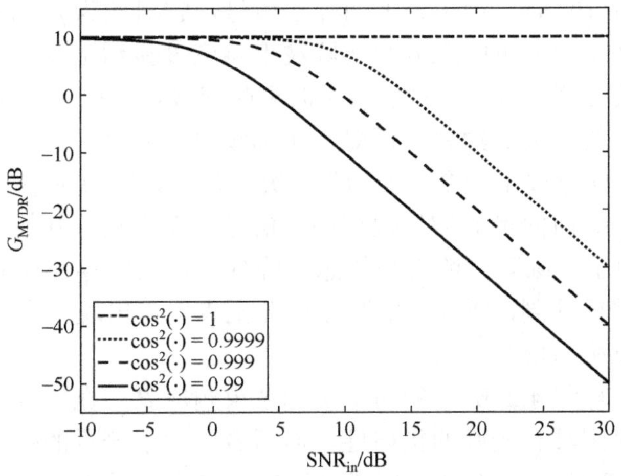

图 4.1　不同 $\cos^2(\bar{\boldsymbol{p}}_{\mathrm{s}},\tilde{\boldsymbol{p}}_{\mathrm{s}},\boldsymbol{\rho}_{\mathrm{n}}^{-1})$ 值与不同输入信噪比情况下 MVDR 阵增益

从图中可以看出，对于给定的 $\cos^2(\bar{\boldsymbol{p}}_s, \tilde{\boldsymbol{p}}_s, \boldsymbol{\rho}_n^{-1})$ 值，随着输入信噪比 SNR_{in} 的增加，即使很小的失配(例如，$\cos^2(\bar{\boldsymbol{p}}_s, \tilde{\boldsymbol{p}}_s, \boldsymbol{\rho}_n^{-1}) = 0.99$，导向向量无失配情况下其值应该为 1)，也导致 MVDR 波束形成器阵增益急剧下降。当输入信噪比相同时，$\cos^2(\bar{\boldsymbol{p}}_s, \tilde{\boldsymbol{p}}_s, \boldsymbol{\rho}_n^{-1})$ 越小，MVDR 波束形成器阵增益越小。

当输入信噪比无穷小时，即 $\beta = 0$ 时，在本例中假设白噪声(不存在干扰)的情况下，MVDR 波束形成退化为常规波束形成。从图 4.1 的变化趋势可以看出，当输入信噪比很小时，随着 $\cos^2(\bar{\boldsymbol{p}}_s, \tilde{\boldsymbol{p}}_s, \boldsymbol{\rho}_n^{-1})$ 的减小，波束形成器的阵增益微弱下降。换言之，这可以看出常规波束形成具有远高于 MVDR 波束形成的稳健性。

例 4.2　MVDR 波束形成器的稳健性

考虑一个 10 元标准线列阵，假设基阵接收噪声是功率为 0dB 高斯白噪声，即 $\boldsymbol{R}_n = \boldsymbol{I}$。一信噪比为 SNR = 30 dB 的单频信号从 $\theta_0 = 10°$ 方向入射到基阵，根据式(4.7)计算数据协方差矩阵 $\boldsymbol{R}_x$。假设该基阵在观察视区内的各方向的阵列流形向量都存在误差，即 $\tilde{\boldsymbol{p}}(\theta) = \bar{\boldsymbol{p}}(\theta) + \boldsymbol{p}_\Delta(\theta)$。假设误差向量 $\boldsymbol{p}_\Delta(\theta)$ 是高斯随机向量，且在各方向互不相同，但都满足 $\|\boldsymbol{p}_\Delta(\theta)\|^2 = 0.1$。

假设波束期望方向分别为−10° 与 10° 方向，采用 MVDR 方法设计波束形成器。分别计算名义上的波束响应 $\bar{B}$ 与实际的波束响应 $\tilde{B}$，得到的波束图显示于图 4.2 中。

当期望方向为−10° 时，由于该方向没有信号，此时的 MVDR 波束形成器对应为 $\beta = 0$，且在 10° 方向存在干扰。此情形下名义波束响应 $\bar{B}$ 与实际波束响应 $\tilde{B}$ 显示于图 4.2(a)中。观察两个波束图，两波束响应主轴都出现在−10° 方向。实际波束响应 $\tilde{B}$ 在 10° 方向形成一个较深的凹槽来抑制该方向的干扰。而名义波束响应 $\bar{B}$ 在 10° 方向的凹槽深度相比于实际波束响应变浅，这是由于假想的阵列流形向量存在误差引起的。

当期望方向为 10° 时，由于该方向存在信号，它对应为 $\beta = 1$ 的 MVDR 波束形成器。该情形下名义上波束响应 $\bar{B}$ 与实际波束响应 $\tilde{B}$ 显示于图 4.2(b)中。观察波束图发现，波束图发生严重畸变。对于名义波束响应 $\bar{B}$，它在 10° 方向的响应为 0dB，这满足设计要求中的无失真约束。而对于实际波束响应 $\tilde{B}$，它在 10° 方向的响应远低于 0dB，在该方向形成了一个“凹槽”。究其原因，MVDR 波束设计方法中仅将响应向量完全等于导向向量的信号视作期望信号，而将具有其他方向响应向量的信号都视作干扰，由于实际阵列流形与假想的阵列流形之间存在误差，MVDR 方法误将信号视作干扰进行抑制，所以在实际波束图上表现为出现一个凹槽。MVDR 波束形成器的这种现象称为信号“自消”。

比较图 4.2(a)与图 4.2(b)中的两个实际波束响应 $\tilde{B}$。在同等响应向量误差的条件下，前者的波束图具有较好的指向性，而后者发生了严重的畸变。这是因为前者对应于 $\beta = 0$，后者对应于 $\beta = 1$，后者由于输入信噪比较大，波束主瓣形状严重畸变，阵增益损失严重，这与式(4.21)所表达的结论吻合。

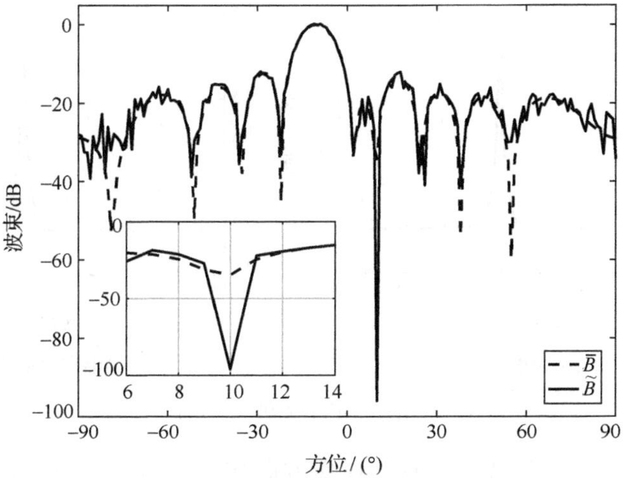

(a) 波束期望方向为−10°

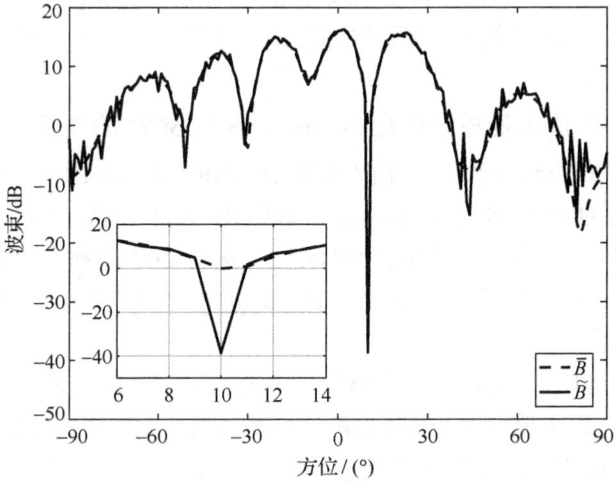

(b) 波束期望方向为10°

图 4.2　阵列流形向量误差对 MVDR 波束图影响

经计算，10°方向波束形成器的输出信噪比约为−20dB，阵增益约为−50dB。另外，运用式(4.13)计算出本仿真中导向向量误差产生的$\cos^2(\bar{\boldsymbol{p}}_s, \tilde{\boldsymbol{p}}_s, \boldsymbol{\rho}_n^{-1})$大约为 0.99，从图 4.1 可知，此时阵增益大约为−50dB，与仿真结果吻合。再次验证了式(4.21)的结果。

在[−90°，90°]视区扇面内按间隔 1°进行 MVDR 波束扫描，图 4.3(a)显示了波束扫描得到的方位谱，图 4.3(b)显示了各方位波束加权向量范数$10\lg(\|\boldsymbol{w}\|^2)$。

从图中可以看出，两条曲线非常相似。虽然从方位谱上可以观察到 10°方向存在一个信号，但该方向的 MVDR 波束输出功率基本上是由噪声贡献的，即该方向 MVDR 波束形成器输出信噪比很低。

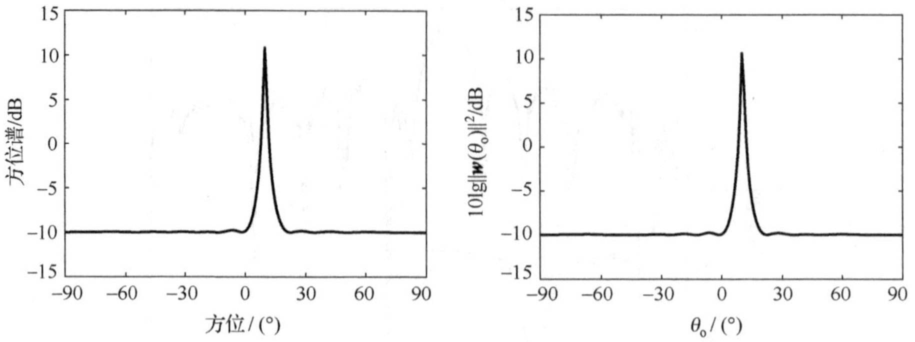

(a) 方位谱　　(b) 加权向量范数

图 4.3　MVDR 波束扫描

从图 4.3(b)还可以看出，当波束观察方向接近信号方向时，波束加权向量范数比较大；远离信号方向时，加权向量范数接近−10dB，即 $10\lg(1/M)$。由第 2 章已知，波束形成器加权向量范数越大，稳健性越差，这进一步解释了图 4.2(b)中波束主瓣严重畸变这一现象。

例 4.3　MVDR 波束形成器输出 SINR 与输入 SNR 的关系

考虑例 4.2 中的仿真条件，让输入信噪比 $\mathrm{SNR}_{\mathrm{in}}$ 从−20dB 到 30dB 变化。

在 10° 方向分别进行常规波束形成与 MVDR 波束形成，针对不同的输入信噪比 $\mathrm{SNR}_{\mathrm{in}}$ 计算对应的波束输出信干噪比 $\mathrm{SINR}_{\mathrm{out}}$，进行 200 次独立试验，平均结果显示于图 4.4(a)中。图中还显示了由式 $(\sigma_s^2/\sigma_n^2)\overline{\boldsymbol{p}}_s^{\mathrm{H}}\boldsymbol{\rho}_n^{-1}\overline{\boldsymbol{p}}_s$ 计算的理想 MVDR 最佳输出信干噪比 $\mathrm{SINR}_{\mathrm{out}}$。

从图 4.4(a)可以看出，由于信号响应向量存在误差，在输入 SNR 较高时，MVDR 波束输出 SINR 严重下降。而常规波束形成器具有很好的稳健性，其输出 SINR 与理想 MVDR 最佳输出 SINR 几乎相等。

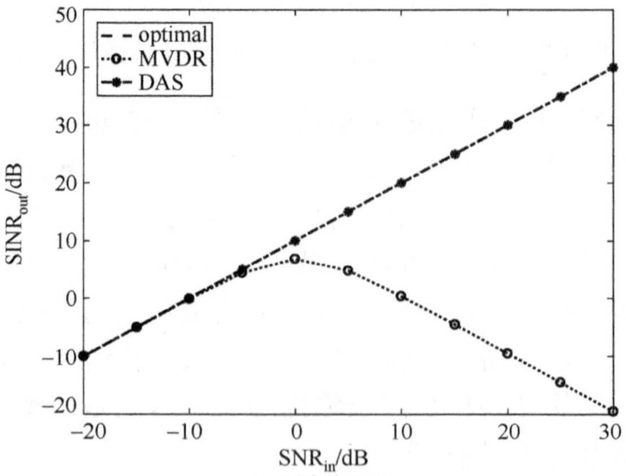

(a) 不存在干扰

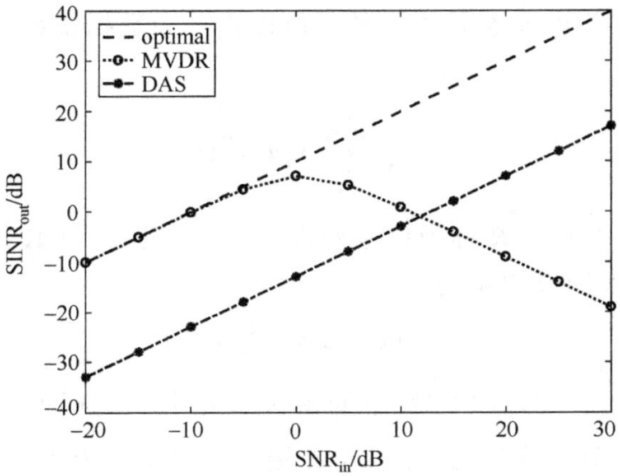

(b) 存在干扰

图 4.4　不同输入 SNR 时的输出 SINR

假设在−10°方向存在一个平面波干扰，干扰噪声比 INR = 30dB。重复以上处理，结果显示于图 4.4(b)中。由图中可见，常规波束形成器抑制干扰能力很弱，本仿真中对干扰大约抑制了 17dB(可由 $\mathrm{SINR}_{\mathrm{out}}-(\mathrm{SNR}_{\mathrm{in}}-\mathrm{INR})$ 估算)。MVDR 波束形成器在输入 SNR 较低时，能较好地抑制干扰；但在输入 SNR 较高时，性能下降严重。

4.4　协方差矩阵失配对波束性能的影响

4.4.1　样本协方差矩阵求逆波束形成

4.3 节介绍了导向向量误差对 MVDR 波束形成器阵增益性能的影响，本节分析协方差矩阵误差对 MVDR 波束形成器阵增益性能的影响。

在前面的介绍中，噪声协方差矩阵与数据协方差矩阵分别用 $\boldsymbol{R}_{\mathrm{n}}$ 与 $\boldsymbol{R}_{\mathrm{x}}$ 表示。为了表述方便，后面如不需要特别区分噪声协方差矩阵与数据协方差矩阵，统一都用 $\boldsymbol{R}$ 表示，其估计值用 $\hat{\boldsymbol{R}}$ 表示。

于是，式(2.166)与式(2.177)所示的 MVDR 波束形成器加权向量可以表示为

$$\boldsymbol{w}_{\mathrm{MVDR}}=\alpha\boldsymbol{R}^{-1}\overline{\boldsymbol{p}}_{\mathrm{s}} \tag{4.22}$$

式中，$\alpha=(\overline{\boldsymbol{p}}_{\mathrm{s}}^{\mathrm{H}}\boldsymbol{R}^{-1}\overline{\boldsymbol{p}}_{\mathrm{s}})^{-1}$ 是一个标量，它不影响波束形成器的阵增益性能，仅仅是为了满足无失真约束。

一个自适应波束形成器处于白噪声环境下的波束称为静态波束(quiescent pattern)，对应的加权向量称为静态波束加权向量。例如，式(4.22)所示的 MVDR 波束形成器对应的静态波束为常规时延求和波束。因为令式(4.22)中 $\boldsymbol{R}=\boldsymbol{I}$ 时，其加权向量退化为常规波束加权向量。其他自适应波束形成法对应的静态波束不一定是常规波束。

在实际中，协方差矩阵 $\boldsymbol{R}$ 是未知的，可以由一段数据快拍样本的空间相关矩阵来估计

$$\hat{\boldsymbol{R}} = \frac{1}{N}\sum_{n=1}^{N}\left[\boldsymbol{x}(n)\boldsymbol{x}^{\mathrm{H}}(n)\right] \tag{4.23}$$

式中，N 是数据快拍长度；$\hat{\boldsymbol{R}}$ 称为样本协方差矩阵。在 MVDR 波束形成器中，用 $\hat{\boldsymbol{R}}$ 代替 $\boldsymbol{R}$，得到的波束加权向量为

$$\hat{\boldsymbol{w}}_{\mathrm{SMI}} = \alpha \hat{\boldsymbol{R}}^{-1}\overline{\boldsymbol{p}}_{\mathrm{s}} \tag{4.24}$$

式中，$\alpha = (\overline{\boldsymbol{p}}_{\mathrm{s}}^{\mathrm{H}}\hat{\boldsymbol{R}}^{-1}\overline{\boldsymbol{p}}_{\mathrm{s}})^{-1}$，与式(4.22)中的 α 大小并不一定相等。为了保证 $\hat{\boldsymbol{R}}$ 可逆，快拍数需要满足 $N \geqslant M$。当 N 无穷大时，$\hat{\boldsymbol{R}}$ 逼近于真实协方差矩阵 $\boldsymbol{R}$，即 $\lim\limits_{N\to\infty}\hat{\boldsymbol{R}} = \boldsymbol{R}$。

采用接收数据样本调节加权向量的波束形成方法称为自适应波束形成。式(4.24)所示的直接对数据样本协方差矩阵求逆来实现 MVDR 波束形成器的方法称为样本协方差矩阵求逆(sample matrix inversion，SMI)法。在计算式(4.24)所示 SMI 波束加权向量时，主要计算量来自于对样本协方差矩阵进行特征分解，其计算复杂度为 $\mathrm{O}(M^3)$。

4.4.2 样本协方差矩阵求逆法波束性能

由于在实际中样本数目是有限的，所以采用样本协方差矩阵 $\hat{\boldsymbol{R}}$ 代替数据协方差矩阵 $\boldsymbol{R}$ 会产生一定的误差，波束形成器的性能会受到影响。本书前面章节已经讨论了导向向量误差对 MVDR 波束形成器性能的影响，本节中我们主要讨论数据协方差矩阵误差对 MVDR 波束形成器性能的影响。在此我们先假设导向向量精确已知。

Reed 等[103]在假设观察数据中不包含期望信号($\beta=0$)的条件下分析了 SMI 方法的性能。他们推导了归一化输出信干噪比的概率分布函数。归一化输出信干噪比定义为

$$\rho_0 = \left.\frac{\mathrm{SINR}(\hat{\boldsymbol{w}}_{\mathrm{SMI}})}{\mathrm{SINR}_{\mathrm{opt}}}\right|_{\beta=0} \tag{4.25}$$

式中，$\mathrm{SINR}_{\mathrm{opt}}$ 表示在精确知道数据协方差矩阵与导向向量情况下的最优输出信干噪比。在采用 N 个快拍估计数据协方差矩阵时，归一化输出信干噪比的均值为

$$E(\rho_0) = \frac{N-M+2}{N+1} \tag{4.26}$$

式(4.26)表明，为了保证 SMI 波束形成的平均输出 SINR 比最优情况下损失在 3dB 以内，要求

$$N \geqslant 2M-3 \approx 2M \tag{4.27}$$

Kelly[104]提出，快拍数有限时，SMI 波束旁瓣升高，它除了高于静态波束之外，平均旁瓣与样本数目的关系大约为

$$E(\mathrm{SLL}) = \frac{1}{N+1} \tag{4.28}$$

式中，SLL 表示旁瓣级(sidelobe level)。

当数据样本中包含期望信号时($\beta=1$)，SMI 波束形成的性能会受到更严重的影响[108]，这就是信号“自消”现象[107]。由于快拍数目有限，用样本协方差矩阵代替理想数据协方差矩阵时产生了误差，它不能与真实的信号响应向量匹配。因此，SMI 波束形成器误将期望信号视作干扰进行零陷，而不是增强。这与由导向向量误差引起的信号自消现象类似。

如果信噪比较高，为保证 SMI 波束形成的平均输出 SINR 损失在 3dB 以内，快拍数需要满足[99]

$$N \geqslant \mathrm{SINR}_{\mathrm{opt}} \cdot (M-1) \gg M \tag{4.29}$$

从式(4.29)可以看出，在训练数据中包括期望信号时，SMI 方法收敛速度更慢，稳健性更差。

下面通过仿真说明这一情况。

例 4.4　不同样本数目 N 与输入 SNR 时 SMI 波束形成器的性能

考虑一个 10 元标准线列阵，基阵接收噪声为 0dB 空间白噪声(不计干扰)，三平面波信号分别从 0°、20°与 35°方向入射到基阵。其中 0°方向信号为期望信号，其他两信号认为是干扰。信号、干扰与噪声都是互不相关的随机高斯窄带过程。期望信号的 SNR 在一定范围内变化，两干扰的干噪比分别为 INR = 30dB 与 35dB。

由于信号、干扰与噪声都是随机过程，每次仿真得到的结果有所不同，需要采用大量独立试验估计平均性能。在后面考察各种随机过程的定量性能时(例如，输出信干噪比 $\mathrm{SINR}_{\mathrm{out}}$ 等)，如无特别说明，显示的都是进行 200 次独立试验取平均值的结果。

进行 SMI 波束形成，期望信号方向为 $\theta_{\mathrm{s}}=0°$。考察不同数据样本快拍数 N 与不同输入 SNR 时 SMI 波束输出 SINR。

仿真结果显示于图 4.5 中。作为比较，图 4.5(b)中还显示了最优波束形成(optimal)输出 SINR 与输入 SNR 的关系。该最优波束形成是指精确知道信号响应向量与噪声协方差矩阵时的 MVDR 波束形成。由于最优波束形成能够极大地抑制干扰，所以本例中最优波束输出信干噪比 $\mathrm{SINR}_{\mathrm{opt}}(\mathrm{dB}) \approx \mathrm{SNR}_{\mathrm{in}}(\mathrm{dB}) + 10\lg M$。

从图中可以看出，随着数据样本数目 N 的增加，输出 SINR 趋近于最优输出 $\mathrm{SINR}_{\mathrm{opt}}$，但输入 SNR 不同时，收敛速度也不同。当输入 SNR 很小(如−20dB)时，收敛速度很快，样本数目为 $2M$ 时平均输出 SINR 比最优情况下损失在 3dB 以内，

这与式(4.26)吻合。随着输入 SNR 的增大，收敛速度变慢，这与式(4.29)吻合。对于相同的样本数目，输入 SNR 越大，输出 SINR 损失越大。可见，样本较少与输入 SNR 较大时，SMI 波束形成器输出 SINR 相比于最优波束形成器的输出 SINR 损失更为严重。

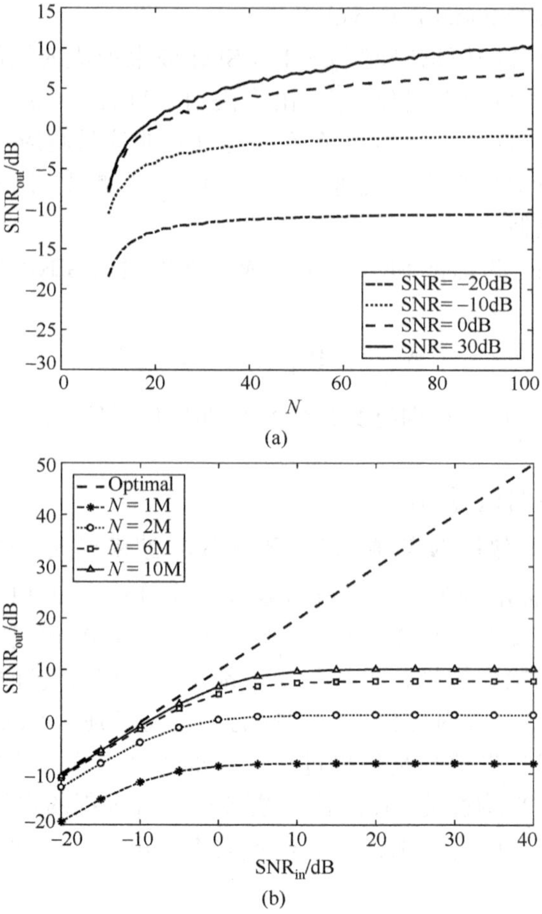

图 4.5　不同快拍数 N 与输入 SNR 时 SMI 波束输出 SINR

第 2 章中已经介绍，波束形成器的加权向量范数平方与灵敏度成正比。加权向量范数越大，波束形成器的稳健性越差，波束形成器的性能受误差的影响越大。图 4.6 显示了图 4.5(b)中对应各波束形成器加权向量范数 $10\lg(\|\boldsymbol{w}^2\|)$。从图中可以看出，随着快拍数的增加，波束加权向量范数减小；快拍数相同时，输入 SNR 越大，加权向量范数越大。可见，样本较少与输入 SNR 较大时 SMI 波束形成器稳健性较差，波束形成器性能将严重下降，这也正好解释了图 4.5 中少样本与高输入 SNR 情况下输出 SINR 相比于最优情况严重下降的原因。

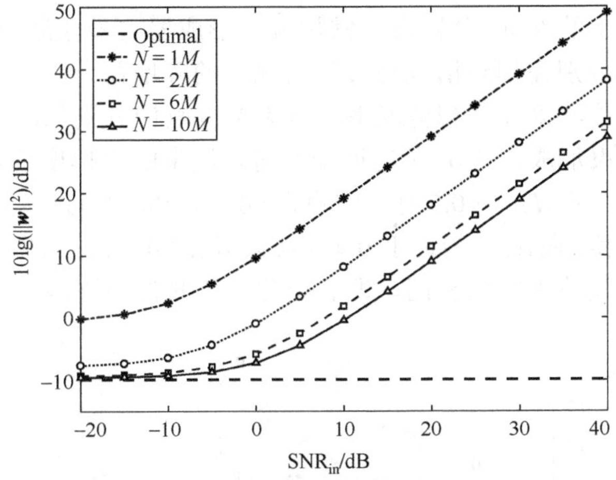

图 4.6　不同快拍数 N 与输入 SNR 时 SMI 波束加权向量范数

结合第 2 章中关于 MVDR 波束形成稳健性的介绍可知，SMI 波束形成的稳健性受两方面影响：导向向量误差与协方差矩阵误差。前者产生的原因包括观察方向误差、阵元位置误差、通道误差、散射等，后者主要是由于协方差矩阵估计精度受到样本数目的限制。MVDR 波束形成器受这两方面误差的影响非常严重，尤其是在信噪比较高时更加严重。因此在实际应用中，在开发利用 MVDR 波束形成器潜在高增益的同时，需要提高 MVDR 波束形成器的稳健性，在阵增益与稳健性之间进行合理的折中。

4.5　超增益波束形成器的稳健性

从图 3.14 与图 3.15 已经知道，位于空间均匀各向同性噪声场中的密集布放均匀线列阵，在端射方向最佳波束形成能获得超增益。下面分析这种超增益波束形成器的稳健性。

例 4.5　端射阵超增益波束形成器的稳健性

考虑一个 $M=5$ 元均匀线列阵，放置在 y 轴上，在端射方向进行波束形成，假设阵元间距与波长之比 d/λ 在 0～0.5 范围内变化。

理想情况下，假设阵列流形向量不存在误差，基阵位于空间均匀各向同性噪声场中，噪声协方差矩阵 $\boldsymbol{R}_{\mathrm{n}}(\omega)=\boldsymbol{\rho}_{\mathrm{niso}}(\omega)$，其中 $\boldsymbol{\rho}_{\mathrm{niso}}(\omega)$ 为式(2.34)所示归一化各向同性噪声协方差矩阵。实际情况下，阵列流形向量存在误差，假设实际阵列流形向量 $\tilde{\boldsymbol{p}}(\theta)=\bar{\boldsymbol{p}}(\theta)+\boldsymbol{p}_{\Delta}(\theta)$，其中误差向量满足 $\|\boldsymbol{p}_{\Delta}(\theta)\|^2=0.1$。假设实际噪声协方差矩阵为 $\boldsymbol{R}_{\mathrm{n}}(\omega)=0.9\cdot\boldsymbol{\rho}_{\mathrm{niso}}(\omega)+0.1\cdot\boldsymbol{\rho}_{\mathrm{nw}}(\omega)$，其中 $\boldsymbol{\rho}_{\mathrm{nw}}(\omega)$ 为归一化白噪声互谱矩阵，即单位矩阵。

采用理想情况下的参数，分别设计常规波束形成器与最佳波束形成器加权向量。考察两波束形成器分别在理想情况与实际情况下的阵增益。

常规波束与最佳波束在理想情况下的波束幅度响应分别如图 4.7(a)与图 4.7(b)所示。对于常规波束形成，在 d/λ 趋近于 0 时，波束响应幅度趋近于单位圆，即波束响应没有方向性；在 $d/\lambda=0.5$ 时，波束在 90° 与 −90° 方向(线阵两端)出现主瓣。对于最佳波束形成器，在 d/λ 趋近于 0 时，波束只在 90° 方向出现主瓣；在 $d/\lambda=0.5$ 时，波束响应与常规波束响应相同，即它退化为常规波束形成。

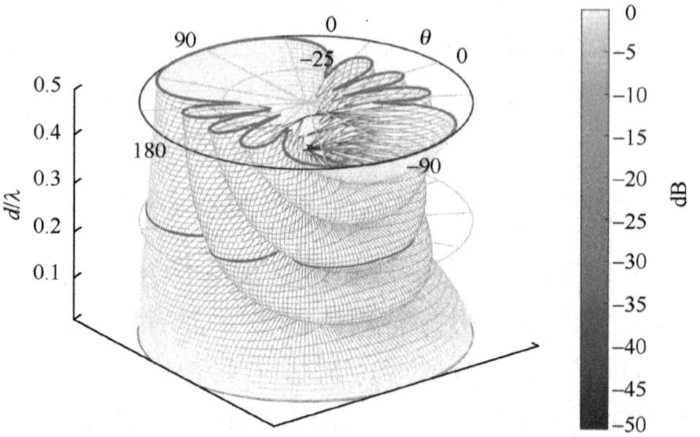

(a) 常规波束

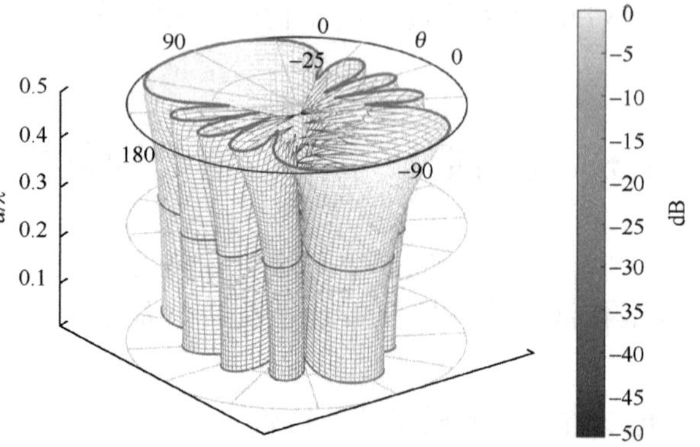

(b) 最佳波束

图 4.7　5 元端射阵波束图

常规波束与最佳波束分别在理想与实际情况下的阵增益如图 4.8(a)所示。由图 4.8(a)可见，常规波束形成在理想与实际情况下的阵增益变化不大，在 d/λ 趋近于 0 时接近于 0dB，在 $d/\lambda=0.5$ 时约为 $10\lg 5=7.0\text{dB}$ 。读者可能发现，在 d/λ 趋近于 0 时，常规波束形成实际情况下的阵增益甚至略高于理想值，这是由于此时噪声协方差矩阵中混入了部分白噪声成分而降低了阵元间噪声相关性造成的。

对于最佳波束形成器，在理想情况下当 d/λ 趋近于 0 时阵增益约为 $20\lg 5 = 14.0\,\text{dB}$，在 $d/\lambda = 0.5$ 时退化为常规波束形成。在实际情况下，d/λ 较小时阵增益严重下降。这表明理想情况下的最佳波束形成器在存在阵列流形向量误差与噪声协方差矩阵误差时，不再是“最佳”的。

为了分析出现该现象的原因，通过白噪声增益考察波束形成器的稳健性。图 4.8(b)显示了端射阵常规波束形成与最佳波束形成在阵元间距波长比 d/λ 取不同值时的白噪声增益。由图可见，常规波束形成在 d/λ 取不同值时具有恒定的白噪声增益 $10\lg 5 = 7.0\text{dB}$。最佳波束形成器在 d/λ 较小时白噪声增益非常小，表明其稳健性很差，在 d/λ 接近于 0.5 时逐渐逼近于常规波束，表明其具有较好的稳健性。

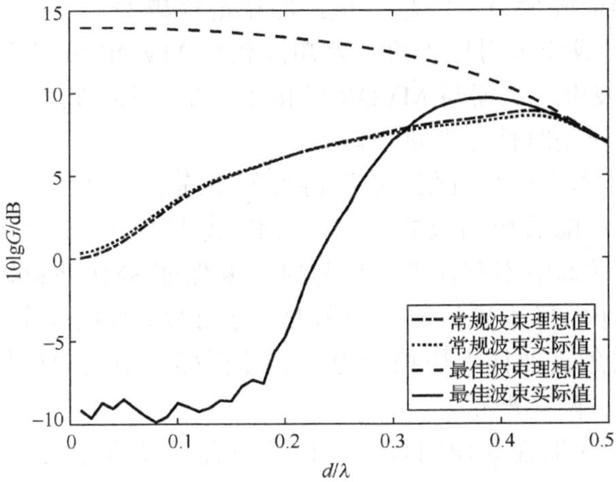

(a) 阵增益

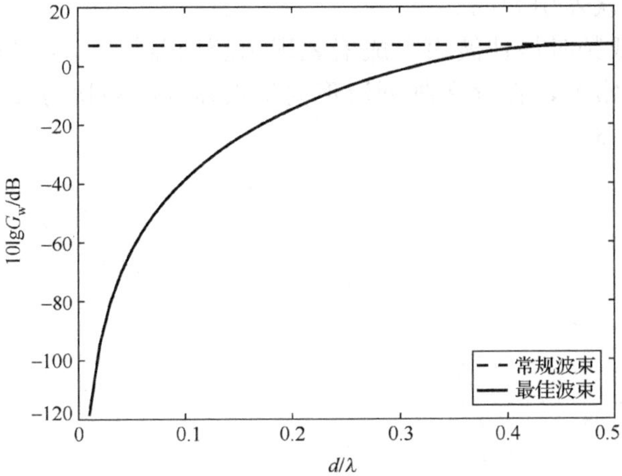

(b) 白噪声增益

图 4.8　5 元端射阵常规与最佳波束形成

4.6 本章小结

本章以 MVDR 波束形成器为例，考察了最佳波束形成器的稳健性，分析了最佳波束形成器稳健性影响因素。通过本章的分析与仿真验证，关于最佳波束形成器稳健性的部分结论如下。

(1)信号导向向量存在误差(该误差可能是由于观察方向偏差或阵元位置与通道误差引起的)时，MVDR 波束形成器的阵增益下降。导向向量误差越大，下降越严重。在同等导向向量误差情况下，接收数据中包含期望信号时，输入信噪比越大，MVDR 波束形成器的阵增益下降越严重，即稳健性越差。

(2)SMI 波束形成器采用样本协方差矩阵代替 MVDR 波束形成器设计中的数据协方差矩阵。SMI 波束形成器与 MVDR 波束形成器一样，它对导向向量误差比较敏感，存在导向向量误差时性能严重下降。

(3)由于数据样本快拍数有限，数据协方差矩阵估计存在误差，SMI 波束形成器的性能也受到影响。随着快拍数的增加，SMI 波束形成器性能逐渐趋向于 MVDR 波束形成器。数据样本中不存在期望信号时，要保证 SMI 波束输出 SINR 比最优情况下损失在 3dB 以内，样本快拍数大约需要大于 $2M$ 。数据样本中包含期望信号时，SMI 波束形成器收敛需要样本快拍数更大。数据样本中期望信号 SNR 越大，SMI 波束形成器的性能下降越严重。

(4)SMI 波束形成器在导向向量存在误差与有限快拍时性能都下降。有趣的是，由于数据快拍较少造成的协方差矩阵误差对 SMI 波束形成器性能的影响可以看作好像是由导向向量误差引起的。

(5)端射阵在低频时最佳波束形成器表现出超增益特性，但是由于最佳波束形成器低频时稳健性非常差，在存在阵列流形向量误差与噪声协方差矩阵误差时，不一定能保证获得超增益。

第 5 章　稳健波束设计

5.1 引　　言

第 2 章已经介绍了 MVDR 波束形成器(或称 Capon 波束形成器)。在期望信号响应向量(导向向量)与噪声(包括干扰)协方差矩阵精确已知的情况下，Capon 波束形成器具有很好的分辨能力与干扰抑制能力。第 4 章已经分析，当导向向量存在误差时，Capon 波束形成器把期望信号误认为是干扰进行抑制，造成输出信干噪比急剧下降，甚至比常规波束形成器还差。

实际应用中，噪声协方差矩阵往往采用由数据快拍估计的数据协方差矩阵来代替，估计的数据协方差矩阵与理想的协方差矩阵间存在误差。有趣的是，由于数据快拍较少引起协方差矩阵误差而造成 Capon 波束形成器性能的下降，可以看作好像是由导向向量误差引起似的[99]。输入信噪比越高，性能下降越严重。

过去的三十年中出现了很多提高 Capon 波束形成器稳健性的方法。在这些方法中，对角加载类方法(包括其改进方法)得到了最广泛的应用。除了原始的对角加载方法[119]外，另一个具有代表性的对角加载类方法是加权向量范数约束方法[79]，由于加权向量范数约束等同于白噪声增益约束，所以也称为白噪声增益约束法。不过，对角加载类方法的最大问题是难以根据导向向量误差信息确定对角加载量的大小。

2003 年后出现的几种稳健波束形成方法[122-127]具有清晰的理论背景，能够真正有效利用导向向量误差信息。有趣的是，这些方法被证明是等价的，且都属于对角加载类算法。与常规对角加载方法不同的是，它们能根据导向向量误差椭圆精确计算对角加载量的大小。

本章具体从 Capon 波束形成器稳健性分析入手，详细介绍以上提及的经典稳健波束形成方法及当前国际上在这方面的最新研究成果。

本章的主要内容与组织结构如下：5.2～5.6 节分别介绍对角加载、加权向量范数约束、最差性能最佳化、协方差矩阵拟合、双约束等 5 种稳健自适应波束形成方法，通过仿真对它们的性能进行了分析；5.7 节对前面介绍的几种波束形成方法进行比较；5.8 节是本章小结。

5.2 对角加载法

第 4 章中已经介绍了采用样本协方差矩阵作为数据协方差矩阵的估计值来进行

MVDR 波束形成器设计，这种方法称为样本协方差矩阵求逆法，简称 SMI 法。SMI 波束形成器加权向量为

$$\hat{\boldsymbol{w}}_{\mathrm{SMI}} = \alpha \hat{\boldsymbol{R}}^{-1} \overline{\boldsymbol{p}}_{\mathrm{s}} \tag{5.1}$$

式中，α 是保证波束无失真输出的归一化系数；$\hat{\boldsymbol{R}}$ 是样本协方差矩阵，由一段长度为 N 的数据快拍样本的相关矩阵来估计

$$\hat{\boldsymbol{R}} = \frac{1}{N} \sum_{n=1}^{N} \left[\boldsymbol{x}(n) \boldsymbol{x}^{\mathrm{H}}(n) \right] \tag{5.2}$$

为了提高 SMI 波束形成器的稳健性，Cox 等[79]与 Carlson[119]独立提出了对角加载(diagonal loading)波束形成方法，以下简称 LSMI(loading sample matrix inversion)方法。对角加载方法就是在样本协方差矩阵的对角元素上加一个量，对角加载波束形成的加权向量为

$$\hat{\boldsymbol{w}}_{\mathrm{LSMI}} = \alpha (\hat{\boldsymbol{R}} + \lambda \boldsymbol{I})^{-1} \overline{\boldsymbol{p}}_{\mathrm{s}} \tag{5.3}$$

式中，λ 是对角加载量。式(5.3)中的归一化系数 α 与式(5.1)中的 α 并不相等，考虑到它们都不影响波束阵增益，后面对其大小不再区分。

定义加载噪声级(load-to-white-noise ratio，LNR)为

$$\mathrm{LNR} = 10\lg(\lambda / \sigma_{\mathrm{w}}^2) \tag{5.4}$$

式中，σ_{w}^2 表示噪声中白噪声分量的功率；LNR 的单位是 dB。本书后续内容也将 LNR 称为对角加载级。

即使在 $\hat{\boldsymbol{R}}$ 不可逆时，通过对角加载也可以保证矩阵 $\hat{\boldsymbol{R}} + \lambda \boldsymbol{I}$ 可逆，因此对于 $N < M$ 的情况仍然可能有效。

下面分析对角加载能够提高 SMI 波束形成器稳健性的原因[119]。

假设观察数据中不包含期望信号($\beta = 0$)，即 $\hat{\boldsymbol{R}}_{\mathrm{x}} = \hat{\boldsymbol{R}}_{\mathrm{n}}$。假设这里噪声包括干扰分量与白噪声分量，即 $\hat{\boldsymbol{R}}_{\mathrm{n}} = \hat{\boldsymbol{R}}_{\mathrm{i}} + \hat{\boldsymbol{R}}_{\mathrm{w}}$。将噪声协方差矩阵 $\hat{\boldsymbol{R}}_{\mathrm{n}}$(下面简写成 $\hat{\boldsymbol{R}}$)进行特征分解为

$$\hat{\boldsymbol{R}} = \boldsymbol{U} \hat{\boldsymbol{\Gamma}} \boldsymbol{U}^{\mathrm{H}} = \sum_{m=1}^{M} \hat{\gamma}_m \boldsymbol{u}_m \boldsymbol{u}_m^{\mathrm{H}} \tag{5.5}$$

式中，$\hat{\gamma}_m$ ($m = 1,2,\cdots,M$)是特征值，按降序排列 $\hat{\gamma}_1 \geqslant \hat{\gamma}_2 \geqslant \cdots \geqslant \hat{\gamma}_M$；$\hat{\boldsymbol{\Gamma}}$ 是由特征值组成的对角阵 $\hat{\boldsymbol{\Gamma}} = \mathrm{diag}(\hat{\gamma}_1, \hat{\gamma}_2, \cdots, \hat{\gamma}_M)$；列向量 $\boldsymbol{u}_m$ ($m = 1,2,\cdots,M$)是对应的特征向量；$\boldsymbol{U}$ 是由特征向量组成的矩阵，$\boldsymbol{U} = [\boldsymbol{u}_1, \boldsymbol{u}_2, \cdots, \boldsymbol{u}_M]$。

则

$$\begin{aligned} \hat{\boldsymbol{R}}^{-1} &= \boldsymbol{U} \hat{\boldsymbol{\Gamma}}^{-1} \boldsymbol{U}^{\mathrm{H}} = \sum_{m=1}^{M} \frac{1}{\hat{\gamma}_m} \boldsymbol{u}_m \boldsymbol{u}_m^{\mathrm{H}} \\ &= \frac{1}{\hat{\gamma}_{\min}} \left(\boldsymbol{I} - \sum_{m=1}^{M} \frac{\hat{\gamma}_m - \hat{\gamma}_{\min}}{\hat{\gamma}_m} \boldsymbol{u}_m \boldsymbol{u}_m^{\mathrm{H}} \right) \end{aligned} \tag{5.6}$$

式中，$\hat{\gamma}_{\min}$ 是最小的特征值，即 $\hat{\gamma}_{\min}=\hat{\gamma}_M$。

将式(5.6)代入式(4.24)并省略标量系数得

$$\hat{\boldsymbol{w}}_{\text{SMI}}=\overline{\boldsymbol{p}}_{\text{s}}-\sum_{m=1}^{M}\frac{\hat{\gamma}_m-\hat{\gamma}_{\min}}{\hat{\gamma}_m}\boldsymbol{u}_m\boldsymbol{u}_m^{\text{H}}\overline{\boldsymbol{p}}_{\text{s}} \tag{5.7}$$

对于更一般的情况，若静态波束不是常规波束(关于静态波束，参阅第 6 章相关阐述)，加权向量可以写成

$$\hat{\boldsymbol{w}}_{\text{SMI}}=\boldsymbol{w}_{\text{q}}-\sum_{m=1}^{M}\frac{\hat{\gamma}_m-\hat{\gamma}_{\min}}{\hat{\gamma}_m}\boldsymbol{u}_m\boldsymbol{u}_m^{\text{H}}\boldsymbol{w}_{\text{q}} \tag{5.8}$$

式中，$\boldsymbol{w}_{\text{q}}$ 是静态波束加权向量(省略了标量因子)。该加权向量对应的波束响应为

$$\begin{aligned}B_{\text{SMI}}(\boldsymbol{k})&=\hat{\boldsymbol{w}}_{\text{SMI}}^{\text{H}}\boldsymbol{p}(\boldsymbol{k})\\&=\boldsymbol{w}_{\text{q}}^{\text{H}}\boldsymbol{p}(\boldsymbol{k})-\sum_{m=1}^{M}\frac{\hat{\gamma}_m-\hat{\gamma}_{\min}}{\hat{\gamma}_m}\boldsymbol{w}_{\text{q}}^{\text{H}}\boldsymbol{u}_m\boldsymbol{u}_m^{\text{H}}\boldsymbol{p}(\boldsymbol{k})\\&=B_{\text{q}}(\boldsymbol{k})-\sum_{m=1}^{M}\frac{\hat{\gamma}_m-\hat{\gamma}_{\min}}{\hat{\gamma}_m}\rho_{\text{q}m}B_{\text{eig},m}(\boldsymbol{k})\\&=B_{\text{q}}(\boldsymbol{k})-\sum_{m=1}^{D}\frac{\hat{\gamma}_m-\hat{\gamma}_{\min}}{\hat{\gamma}_m}\rho_{\text{q}m}B_{\text{eig},m}(\boldsymbol{k})-\sum_{m=D+1}^{M}\frac{\hat{\gamma}_m-\hat{\gamma}_{\min}}{\hat{\gamma}_m}\rho_{\text{q}m}B_{\text{eig},m}(\boldsymbol{k})\end{aligned} \tag{5.9}$$

式中，D 表示干扰个数；$\rho_{\text{q}m}=\boldsymbol{w}_{\text{q}}^{\text{H}}\boldsymbol{u}_m$ 表示静态波束加权向量与第 m 个特征向量间的相关性；$B_{\text{eig},m}(\boldsymbol{k})$ 是第 m 个特征波束，即以第 m 个特征向量作为加权向量得到的波束响应。注意，由于特征向量是正交的，特征波束也是正交的。在干扰方向 $\boldsymbol{k}=\boldsymbol{k}_{\text{i}m}$（$m=1,2,\cdots,D$），$\rho_{\text{q}m}$ 通过调节特征波束响应 $B_{\text{eig},m}(\boldsymbol{k}_{\text{i}m})$ 的大小，使 $\rho_{\text{q}m}B_{\text{eig},m}(\boldsymbol{k}_{\text{i}m})=B_{\text{q}}(\boldsymbol{k}_{\text{i}m})$。

事实上，SMI 波束形成器并不区分哪些特征值对应于干扰，哪些特征值对应于噪声。若噪声协方差矩阵估计不存在误差，白噪声分量对应的 $M-D$ 个特征值相等，即

$$\hat{\gamma}_{D+1}=\hat{\gamma}_{D+2}=\cdots=\hat{\gamma}_M=\hat{\gamma}_{\min} \tag{5.10}$$

此时式(5.9)第 3 项为 0。可见，在噪声协方差矩阵不存在误差时，白噪声分量对 SMI 波束响应不产生影响。

在噪声协方差矩阵不存在误差时，在干扰方向有

$$B_{\text{SMI}}(\boldsymbol{k}_{\text{i}m})=\left(1-\frac{\hat{\gamma}_m-\hat{\gamma}_{\min}}{\hat{\gamma}_m}\right)B_{\text{q}}(\boldsymbol{k}_{\text{i}m})=\frac{\hat{\gamma}_{\min}}{\hat{\gamma}_m}B_{\text{q}}(\boldsymbol{k}_{\text{i}m}),\quad m=1,2,\cdots,D \tag{5.11}$$

这意味着在干扰方向 SMI 波束响应比静态波束响应下降 $20\lg(\hat{\gamma}_{\min}/\hat{\gamma}_m)$ dB。当某干扰的特征值 $\hat{\gamma}_m\gg\hat{\gamma}_{\min}$ 时，该干扰被完全零陷；若某干扰噪声比不是太高，$\hat{\gamma}_{\min}/\hat{\gamma}_m\neq 0$，则 $B_{\text{SMI}}(\boldsymbol{k}_{\text{i}m})\neq 0$，即干扰只被部分零陷。

将对应于白噪声的最大特征值与最小特征值之比（$\hat{\gamma}_{D+1}/\hat{\gamma}_{\min}$）定义为白噪声特征值扩散程度。当用来估计噪声协方差矩阵的数据样本数量N有限时，造成估计出的对应于白噪声的特征值扩散程度增大。由于噪声分量对应的特征向量不相等，使得式(5.9)中第3项不为0。又由于噪声分量对应的特征波束是随机变量，它的变化会影响SMI波束响应，造成波束旁瓣增高。

如果采用对角加载处理，有

$$\hat{\boldsymbol{R}}+\lambda\boldsymbol{I}=\boldsymbol{U}\hat{\boldsymbol{\Gamma}}\boldsymbol{U}^{\mathrm{H}}+\lambda\boldsymbol{U}\boldsymbol{U}^{\mathrm{H}}=\boldsymbol{U}(\hat{\boldsymbol{\Gamma}}+\lambda\boldsymbol{I})\boldsymbol{U}^{\mathrm{H}} \tag{5.12}$$

则

$$(\hat{\boldsymbol{R}}+\lambda\boldsymbol{I})^{-1}=\boldsymbol{U}(\hat{\boldsymbol{\Gamma}}+\lambda\boldsymbol{I})^{-1}\boldsymbol{U}^{\mathrm{H}} \tag{5.13}$$

可见，对数据协方差矩阵对角加载，加载后的矩阵$\hat{\boldsymbol{R}}_{\mathrm{n}}+\lambda\boldsymbol{I}$的特征向量不变，但特征值都增大$\lambda$。因此，与式(5.9)相对应的对角加载波束响应为

$$\begin{aligned}B_{\mathrm{LSMI}}(\boldsymbol{k})=B_{\mathrm{q}}(\boldsymbol{k})&-\sum_{m=1}^{D}\frac{\hat{\gamma}_m-\hat{\gamma}_{\min}}{\hat{\gamma}_m+\lambda}\rho_{\mathrm{q}m}B_{\mathrm{eig},m}(\boldsymbol{k})\\&-\sum_{m=D+1}^{M}\frac{\hat{\gamma}_m-\hat{\gamma}_{\min}}{\hat{\gamma}_m+\lambda}\rho_{\mathrm{q}m}B_{\mathrm{eig},m}(\boldsymbol{k})\end{aligned} \tag{5.14}$$

比较式(5.9)与式(5.14)可见，对于干扰成分，如果干扰噪声比较大，即$\{\hat{\gamma}_m\}_{m=1}^{D}\gg\lambda$，对角加载对第2项影响不大，即零陷深度影响不大。而对于白噪声成分，如果选择$\lambda>\{\hat{\gamma}_m\}_{m=D+1}^{M}$，可以减小式(5.14)中第3项的大小，因此，对角加载波束形成器的旁瓣相比于未进行对角加载处理的旁瓣降低，稳健性提高。

综上所述，对角加载量应选取小于干扰特征值且大于噪声特征值。经验表明，取加载噪声级为$\mathrm{LNR}=10\mathrm{dB}$比较合适。

观察LSMI波束形成表达式(5.3)可知，当对角加载量$\lambda=0$时，LSMI方法退化为SMI方法，当对角加载量$\lambda\to\infty$时，它退化为常规时延求和波束形成。换言之，通过调节对角加载量λ的大小，可以在SMI波束形成与常规波束形成之间进行折中，也就是在阵增益与稳健性之间进行折中。

将式(5.13)代入式(5.3)，得到$N\geqslant M$时的LSMI波束加权向量为

$$\hat{\boldsymbol{w}}_{\mathrm{LSMI}}=\alpha\boldsymbol{U}(\hat{\boldsymbol{\Gamma}}+\lambda\boldsymbol{I})^{-1}\boldsymbol{U}^{\mathrm{H}}\overline{\boldsymbol{p}}_{\mathrm{s}} \tag{5.15}$$

由于$\hat{\boldsymbol{\Gamma}}$是对角阵，$(\hat{\boldsymbol{\Gamma}}+\lambda\boldsymbol{I})^{-1}$计算比较简便，可见LSMI波束形成器设计的主要计算量是对样本协方差矩阵进行特征分解，计算复杂度为$O(M^3)$。

如果快拍数小于阵元数，即$N<M$，此时样本协方差矩阵$\hat{\boldsymbol{R}}$奇异，$\hat{\boldsymbol{R}}$的秩为N。此时$\hat{\boldsymbol{R}}$可以表示成

$$\hat{\boldsymbol{R}}=\sum_{m=1}^{N}\hat{\gamma}_m\boldsymbol{u}_m\boldsymbol{u}_m^{\mathrm{H}} \tag{5.16}$$

对角加载协方差矩阵的逆也可以表示成

$$(\hat{\boldsymbol{R}}+\lambda\boldsymbol{I})^{-1}=\frac{1}{\lambda}\left[\boldsymbol{I}-\sum_{m=1}^{N}\frac{\hat{\gamma}_m}{\hat{\gamma}_m+\lambda}\boldsymbol{u}_m\boldsymbol{u}_m^{\mathrm{H}}\right] \tag{5.17}$$

下面通过几个简单的例子说明对角加载方法对 SMI 波束形成器的性能改进效果。

例 5.1　样本数目 N 对 SMI 与 LSMI 波束形成器性能影响

考虑一个 10 元标准线列阵，基阵接收噪声(不计干扰)为 0dB 空间白噪声，三平面波信号分别从 0°、20°与 35°方向入射到基阵。其中 0°方向信号为期望信号，其他两信号认为是干扰。信号、干扰与噪声都是互不相关的随机高斯窄带过程。期望信号的信噪比在一定范围内变化，两干扰的干噪比分别为 INR = 30dB 与 35dB。

首先假设观察数据中不包含 0°方向的期望信号。分别采用 SMI 与 LSMI 方法进行波束形成，在 LSMI 方法中取加载噪声级为 LNR = 10dB 。

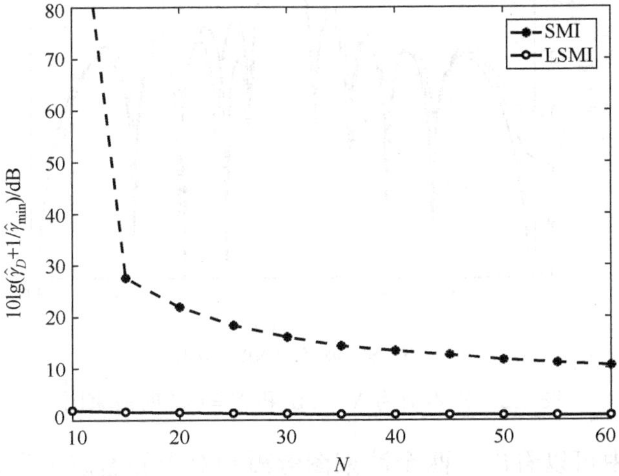

图 5.1　噪声特征值扩散程度与样本数的关系

分别计算采用不同样本数目时 SMI 与 LSMI 方法使用的噪声协方差矩阵(分别是 $\hat{\boldsymbol{R}}_{\mathrm{n}}$ 与 $\hat{\boldsymbol{R}}_{\mathrm{n}}+\lambda\boldsymbol{I}$)中噪声特征值(不包括干扰)扩散程度 $\hat{\gamma}_{D+1}/\hat{\gamma}_{\min}$ ，结果显示于图 5.1 中。从图中可以看出，$\hat{\boldsymbol{R}}_{\mathrm{n}}$ 的噪声特征值扩散程度随样本数目的增加而减小。采用对角加载处理，噪声特征值扩散程度大大减小。

分别采用 $N=2M$ 与 $N=6M$ 个数据样本估计噪声协方差矩阵，然后进行 SMI 波束形成，得到的波束图如图 5.2(a)所示，图中还显示了对应的静态波束(本例中是常规波束)。

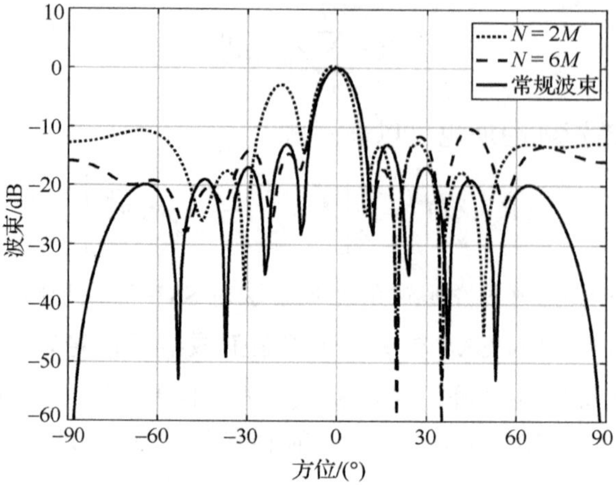

(a) SMI波束

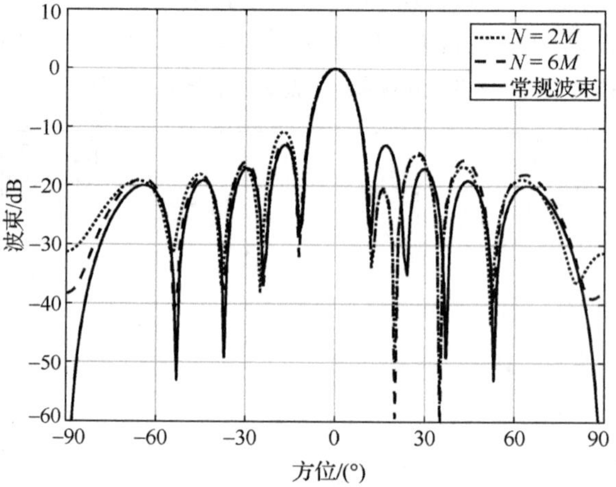

(b) LSMI波束，LNR = 10dB

图 5.2　样本数为 $N=2M$ 和 $N=6M$ 时波束图

从图 5.2(a)中可以看出，两个波束图旁瓣相对于静态波束升高，且 $N=6M$ 的波束旁瓣比 $N=2M$ 时低。

采用加载噪声级为 LNR = 10dB 的 LSMI 方法，图 5.2(b)显示了分别采用 $N=2M$ 与 $N=6M$ 个数据样本时得到的对角加载方法波束图。由图可见，LSMI 方法相对于 SMI 方法波束旁瓣改善非常明显。

考察样本数目对 SMI 与 LSMI 两种波束形成器阵增益的影响。图 5.3 显示了该仿真条件下不同样本数时两波束形成器阵增益损失情况。SMI 波束形成器阵增益损失情况与第 4 章中介绍的理论平均损失值非常吻合。同等样本数情况下，LSMI 方法阵增益损失比 SMI 方法小很多。可见，对角加载处理大大提高了波束形成器的稳健性，改善了性能。

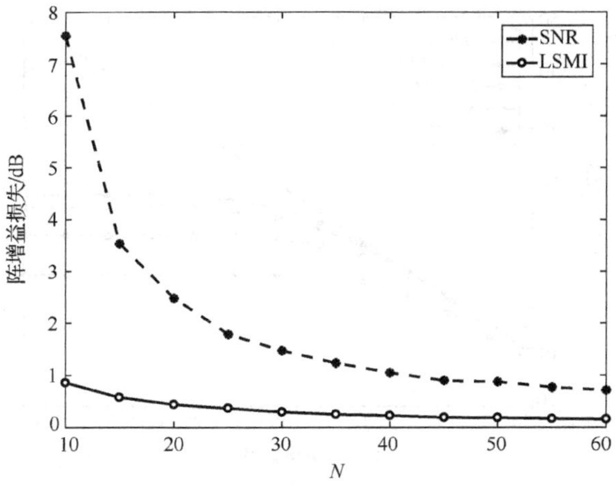

图 5.3　阵增益损失与样本数的关系，LSMI 方法中 LNR=10dB

对于数据样本中包含期望信号的情形，同样可以通过对角加载来提高稳健性，但是所需要的加载量比不包含期望信号的情况更大。该情形下对角加载的原理与不包括期望信号情形有类似之处，本书不再具体阐述。下面通过仿真来说明数据样本中包含期望信号时 SMI 与 LSMI 波束形成器的性能。

例 5.2　不同样本数目 N 与输入 SNR 时 LSMI 波束形成器的性能

考虑例 5.1 所述仿真条件，波束观察方向为 0°，考察不同快拍数 N 与不同输入 SNR 时 LSMI 波束输出 SINR。

当取不同快拍数 N 与不同输入 SNR 时，LSMI 波束形成器的输出 SINR 显示于图 5.4。这里 LSMI 波束形成中加载噪声级取 LNR=10dB。当 $N<M$ 时，样本协方差矩阵奇异，SMI 方法不适用。而对角加载后的协方差矩阵可逆，所以 LSMI 方法在 $N<M$ 时仍然有效。因此在图 5.4 中给出了 $N<M$ 时 LSMI 波束输出 SINR 情况。

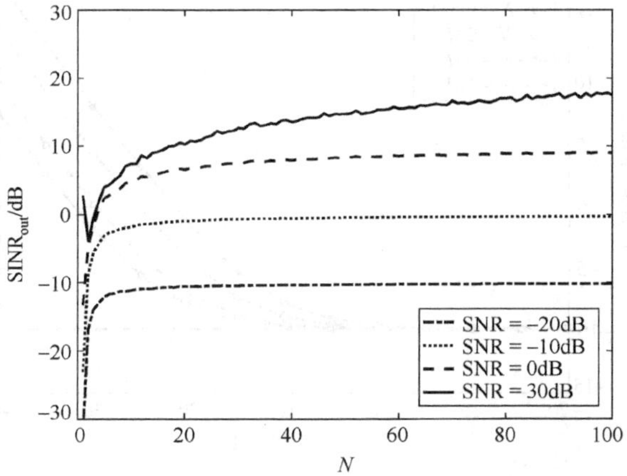

(a)

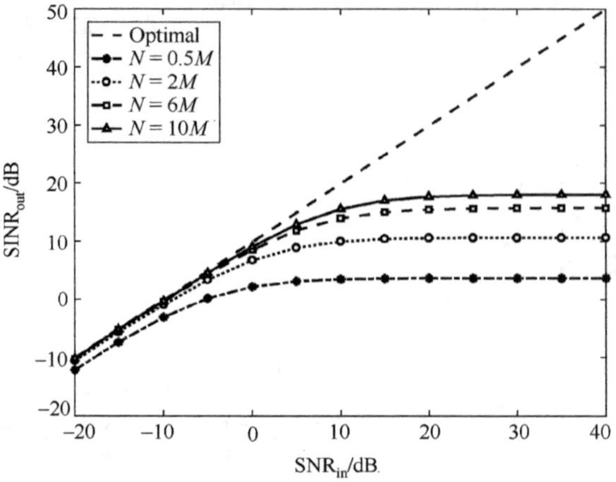

(b)

图 5.4　不同快拍数 N 与输入 SNR 时 LSMI 波束输出 SINR，LNR=10dB

比较图 5.4 与第 4 章中 SMI 方法对应结果可见，LSMI 方法与 SMI 方法的变化趋势相同，即样本数目越少、输入 SNR 越高，输出信干噪比 $\mathrm{SINR}_{\mathrm{out}}$ 与最优输出信干噪比 $\mathrm{SINR}_{\mathrm{opt}}$ 之间的差距越大。但是，LSMI 方法的输出 SINR 收敛速度比 SMI 快，在低 SNR 情况下，LSMI 方法仅需要几个快拍就可以收敛到与最优输出 SINR 相差在 3dB 以内。当两种方法快拍数 N 与输入 SNR 相同时，LSMI 方法的输出 SINR 高于 SMI 方法。可见，对角加载处理提高了 SMI 波束形成器的稳健性，尤其是在快拍数较少与输入 SNR 较高时性能改善非常明显。

图 5.5 显示了图 5.4(b)中对应各波束形成器加权向量范数 $10\lg(\|\boldsymbol{w}^2\|)$。与第 4 章中 SMI 方法对应结果相比较，可以看出，LSMI 波束加权向量范数比 SMI 方法大幅减小，这也是对角加载处理提高波束形成器稳健性的原因。

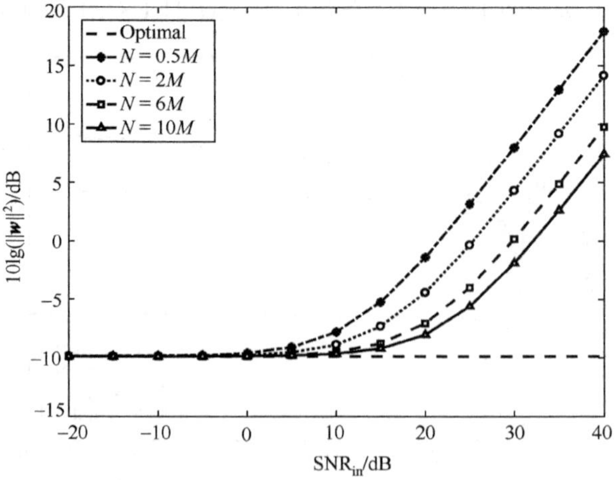

图 5.5　不同快拍数 N 与输入 SNR 时 LSMI 波束加权向量范数，LNR=10dB

LSMI 波束形成中，要求对角加载量大于阵列数据中白噪声的特征值且小于干扰特征值。经验表明，比较常用的是取加载噪声级为 LNR=10dB。而在实际应用中，很难区分哪些特征值对应于干扰，哪些对应于噪声。而且噪声对应的特征值扩散也比较大(图 5.1)，噪声功率本身难以确定，这使得对角加载量难以确定。对角加载量选取得不合适就会造成 LSMI 方法性能有所损失。下面考察不同的加载噪声级 LNR 对 LSMI 方法性能的影响。

假设快拍数为 $N=2M$ 。图 5.6(a)显示了 LNR 分别取 0dB、10dB 与 30dB 时 LSMI 波束形成输出 SINR 与输入 SNR 的关系曲线。图 5.6(b)显示了输入 SNR 分别为 −20dB、−10dB、0dB 与 30dB 时 LSMI 波束形成输出 SINR 与对角加载级 LNR 的关系曲线。

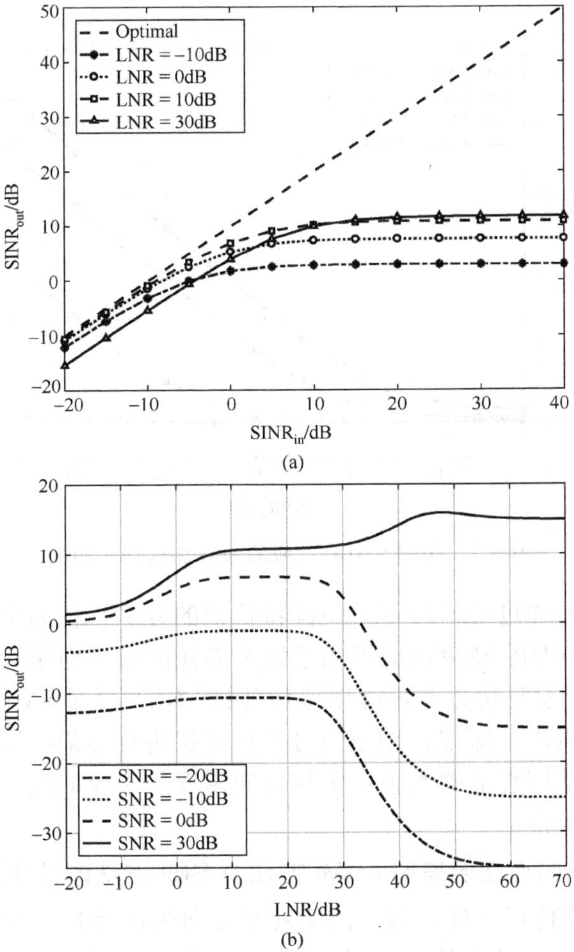

图 5.6　$N=2M$ 时 LSMI 波束形成器输出 SINR 与输入 SNR 及 LNR 的关系

从图中可以看出，当 LNR 较小时，在输入 SNR 较高时输出 SINR 损失严重；而当 LNR 较大时，在输入 SNR 较低时输出 SINR 损失严重。前一现象出现的原因是输入 SNR 较高时，LSMI 波束形成器稳健性变差，需要增加对角加载量来提高其稳健性；后一现象的原因是输入 SNR 较小时，需要的对角加载量不太高，而过高的对角加载量虽然增强了其稳健性，但导致其干扰抑制能力减弱。对于不同的输入 SNR，最佳的对角加载级是不同的。

图 5.7 显示了图 5.6(a)中各波束形成器的加权向量范数 $10\lg(\|\boldsymbol{w}^2\|)$。由图可见，对角加载量 LNR 增加时，波束加权向量范数减小，即波束灵敏度减小，稳健性增强。当对角加载量 LNR 固定时，输入 SNR 越高，波束加权向量范数越高，稳健性越差。这也验证了图 5.6 中的结论。可见对角加载量 LNR 的大小对 LSMI 波束形成器的性能影响比较大。

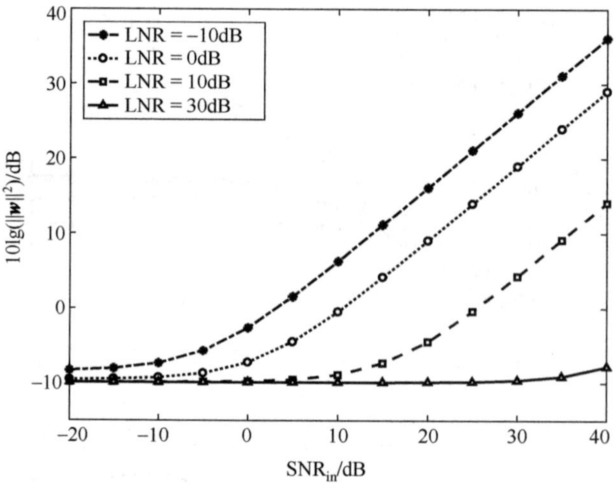

图 5.7　与图 5.6(a)对应的波束加权向量范数

对角加载方法是通过分析协方差矩阵特征值的分散特性而提出的，前面已经验证了它能够改善 MVDR 波束形成器由于协方差矩阵误差而引起的性能下降。事实上，由于导向向量误差与协方差矩阵误差(有限样本情况)对 SMI 波束形成方法的性能影响具有相同的机理，即都将期望信号当作干扰进行零陷，造成期望信号自消。因此，对角加载方法同样能够改善由于导向向量误差引起的波束形成器性能下降。下面通过仿真进行验证。

例 5.3　观察方向存在误差时 LSMI 方法对 SMI 方法的性能改善

考虑例 5.1 所述仿真条件，假设波束观察方向为 $\theta_o = 1°$，即由于观察方向误差造成导向向量误差。分别采用 SMI 与 LSMI 方法进行波束形成。假设样本快拍数 $N = 6M$。LSMI 方法中取加载噪声级为 LNR=10dB。

图 5.8 显示了 SMI 与 LSMI 两种波束形成器在不同输入 SNR 时的输出 SINR。作为比较，图中还显示了不存在观察方向误差($\theta_o=0°$)时两波束形成器的输出 SINR。从图中可以看出，相比于导向向量不存在误差的情况(由于快拍数有限，仍存在协方差矩阵误差)，当导向向量存在误差时，SMI 方法在高信噪比时性能下降更加严重。如果采用对角加载方法，其性能有所改善。可见，对角加载方法不仅能够提高 MVDR 波束形成器在有限样本时的稳健性，而且能提高它对导向向量误差的稳健性。

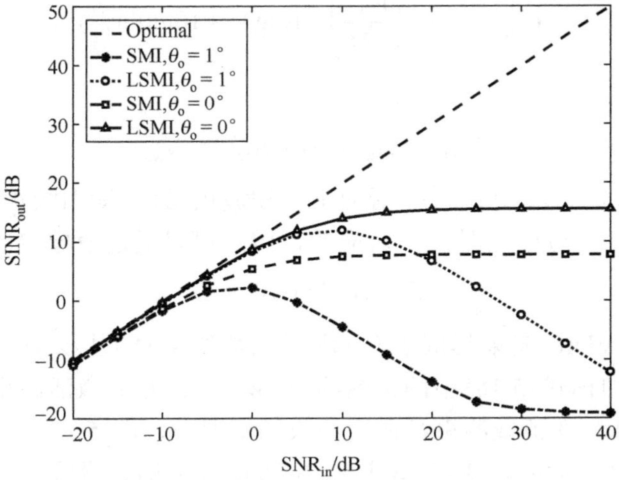

图 5.8　观察方向存在误差时 LSMI 方法对 SMI 方法的性能改善

5.3　加权向量范数约束法

5.2 节介绍了一种非常常用的稳健波束形成方法——对角加载波束形成。该方法使用简单方便，得到了广泛应用。但是，该方法存在一个明显的缺点：对角加载量难以确定。

5.3.1　加权向量范数约束与对角加载波束形成器的关系

第 2 章已经介绍了波束形成器的灵敏度为 $T_{se}=\|\boldsymbol{w}\|^2$，因此，通过约束波束加权向量范数可以提高波束形成器的稳健性。

后面为了表述简便，如不需要特别区分协方差矩阵的实际值与估计值，可以统一用 $\boldsymbol{R}$ 表示。

对 MVDR 波束形成器增加加权向量范数约束，得到范数约束 Capon 波束形成器(norm constrained Capon beamformer，NCCB)

$$\min_{w} \boldsymbol{w}^{\mathrm{H}}\boldsymbol{R}\boldsymbol{w}, \quad \text{subject to} \quad \boldsymbol{w}^{\mathrm{H}}\overline{\boldsymbol{p}}_{\mathrm{s}}=1, \quad \|\boldsymbol{w}\|^2 \leqslant \zeta_0 \tag{5.18}$$

式中，ζ_0是用户设定的约束值，ζ_0越小，波束形成器的稳健性越高。但ζ_0不可能无限小，由第2章推导结果可知，它必须满足

$$\zeta_0 \geqslant 1/M \tag{5.19}$$

式(5.19)取等号时对应于常规波束形成，此时白噪声增益为10lg$M$ dB。

定义白噪声增益损失为

$$G_{\mathrm{wd}}=10\lg\left(\frac{\|\boldsymbol{w}\|^2}{1/M}\right)=10\lg M+10\lg(\|\boldsymbol{w}\|^2) \tag{5.20}$$

由式(5.19)得

$$G_{\mathrm{wd}} \leqslant 10\lg M+10\lg(\zeta_0) \triangleq G_{\mathrm{wd0}} \tag{5.21}$$

显而易见$G_{\mathrm{wd}} \geqslant 0$，其中$G_{\mathrm{wd}}=0$对应于常规波束形成，即白噪声增益损失为0dB。由式(5.21)可知，ζ_0与G_{wd0}是一一对应的，用户可以通过设定G_{wd0}来确定ζ_0，即

$$\zeta_0=(1/M)\cdot 10^{G_{\mathrm{wd0}}/10} \tag{5.22}$$

如果一个 MVDR 波束形成器(未进行范数约束)的加权向量$\boldsymbol{w}_{\mathrm{MVDR}}$本身满足$\|\boldsymbol{w}_{\mathrm{MVDR}}\|^2 \leqslant \zeta_0$，则称式(5.18)中的范数约束$\|\boldsymbol{w}\|^2 \leqslant \zeta_0$是非激活约束；反之，该约束是一个激活的约束。在范数约束是激活约束的情况下，式(5.18)的解满足$\|\boldsymbol{w}\|^2=\zeta_0$。

若范数约束是激活的，式(5.18)所示 NCCB 波束形成器可以写成

$$\min_{w} \boldsymbol{w}^{\mathrm{H}}\boldsymbol{R}\boldsymbol{w}, \quad \text{subject to} \quad \boldsymbol{w}^{\mathrm{H}}\overline{\boldsymbol{p}}_{\mathrm{s}}=1, \quad \boldsymbol{w}^{\mathrm{H}}\boldsymbol{w}=\zeta_0 \tag{5.23}$$

采用 Lagrange 算子，定义函数

$$F(\boldsymbol{w},\lambda,\mu) \triangleq \boldsymbol{w}^{\mathrm{H}}\boldsymbol{R}\boldsymbol{w}+\lambda(\boldsymbol{w}^{\mathrm{H}}\boldsymbol{w}-\zeta_0)+\mu(\boldsymbol{w}^{\mathrm{H}}\overline{\boldsymbol{p}}_{\mathrm{s}}-1)+\mu^*(\overline{\boldsymbol{p}}_{\mathrm{s}}^{\mathrm{H}}\boldsymbol{w}-1) \tag{5.24}$$

式中，λ和μ是实值 Lagrange 乘子。将式(5.24)对$\boldsymbol{w}^H$求导，并令导数为$\mathbf{0}$，得到

$$\boldsymbol{R}\boldsymbol{w}+\lambda\boldsymbol{w}+\mu\overline{\boldsymbol{p}}_{\mathrm{s}}=\mathbf{0} \tag{5.25}$$

因此

$$\boldsymbol{w}=-\mu(\boldsymbol{R}+\lambda\boldsymbol{I})^{-1}\overline{\boldsymbol{p}}_{\mathrm{s}} \tag{5.26}$$

由于$\overline{\boldsymbol{p}}_{\mathrm{s}}^{\mathrm{H}}\boldsymbol{w}=1$，所以

$$\mu=-[\overline{\boldsymbol{p}}_{\mathrm{s}}^{\mathrm{H}}(\boldsymbol{R}+\lambda\boldsymbol{I})^{-1}\overline{\boldsymbol{p}}_{\mathrm{s}}]^{-1} \tag{5.27}$$

代入式(5.26)得到

$$\boldsymbol{w}=\frac{(\boldsymbol{R}+\lambda\boldsymbol{I})^{-1}\overline{\boldsymbol{p}}_{\mathrm{s}}}{\overline{\boldsymbol{p}}_{\mathrm{s}}^{\mathrm{H}}(\boldsymbol{R}+\lambda\boldsymbol{I})^{-1}\overline{\boldsymbol{p}}_{\mathrm{s}}} \tag{5.28}$$

可见，NCCB 波束形成器属于对角加载类技术。与常规 LSMI 波束形成器不同

的是，NCCB 波束形成器中的对角加载量是通过加权向量范数约束量确定的。

NCCB 波束形成器对角加载量 λ 可以通过求解如下方程得到

$$\boldsymbol{w}^{\mathrm{H}}\boldsymbol{w}=\frac{\overline{\boldsymbol{p}}_{\mathrm{s}}^{\mathrm{H}}(\boldsymbol{R}+\lambda\boldsymbol{I})^{-2}\overline{\boldsymbol{p}}_{\mathrm{s}}}{\left[\overline{\boldsymbol{p}}_{\mathrm{s}}^{\mathrm{H}}(\boldsymbol{R}+\lambda\boldsymbol{I})^{-1}\overline{\boldsymbol{p}}_{\mathrm{s}}\right]^{2}}=\zeta_{0} \tag{5.29}$$

关于 λ 的求解方法参考 5.3.3 节。

5.3.2　范数约束波束形成器的二阶锥规划求解方法

作者在文献[113]中提出了 NCCB 波束形成器的二阶锥规划求解方法。

对数据协方差矩阵 $\boldsymbol{R}$ 进行 Cholesky 分解，可以得到

$$\boldsymbol{R}=\boldsymbol{V}^{\mathrm{H}}\boldsymbol{V} \tag{5.30}$$

因此

$$\boldsymbol{w}^{\mathrm{H}}\boldsymbol{R}\boldsymbol{w}=(\boldsymbol{V}\boldsymbol{w})^{\mathrm{H}}(\boldsymbol{V}\boldsymbol{w})=\|\boldsymbol{V}\boldsymbol{w}\|^{2} \tag{5.31}$$

于是，式(5.18)所示 NCCB 波束形成器求解问题可以写成

$$\min_{\boldsymbol{w}}\|\boldsymbol{V}\boldsymbol{w}\|,\quad \text{subject to}\quad \boldsymbol{w}^{\mathrm{H}}\overline{\boldsymbol{p}}_{\mathrm{s}}=1,\quad \|\boldsymbol{w}\|\leqslant\sqrt{\zeta_{0}} \tag{5.32}$$

该优化问题可以转化为二阶锥规划问题，然后采用已有的内点算法求解。凸优化问题的二阶锥规划表述与求解过程可以参阅附录 A。

5.3.3　范数约束波束形成器对角加载量求解法

Li 等[126]提出了采用牛顿迭代法根据范数约束值 ζ_0 求解 NCCB 波束形成器对角加载量的方法。

假设式(5.18)中的约束集定义为 S，定义函数

$$F_1(\boldsymbol{w},\lambda,\mu)\triangleq\boldsymbol{w}^{\mathrm{H}}\boldsymbol{R}\boldsymbol{w}+\lambda(\boldsymbol{w}^{\mathrm{H}}\boldsymbol{w}-\zeta_{0})+\mu(-\boldsymbol{w}^{\mathrm{H}}\overline{\boldsymbol{p}}_{\mathrm{s}}-\overline{\boldsymbol{p}}_{\mathrm{s}}^{\mathrm{H}}\boldsymbol{w}+2) \tag{5.33}$$

式中，λ 与 μ 是实值 Lagrange 乘子，μ 是任意数，$\lambda\geqslant 0$ 且满足 $\boldsymbol{R}+\lambda\boldsymbol{I}$ 正定，以便使 $F_1(\boldsymbol{w},\lambda,\mu)$ 相对于 $\boldsymbol{w}$ 能最小化。因此

$$F_1(\boldsymbol{w},\lambda,\mu)\leqslant\boldsymbol{w}^{\mathrm{H}}\boldsymbol{R}\boldsymbol{w},\quad \forall\boldsymbol{w}\in S \tag{5.34}$$

且在 S 的边界取等号。

考虑

$$\frac{\overline{\boldsymbol{p}}_{\mathrm{s}}^{\mathrm{H}}\boldsymbol{R}^{-2}\overline{\boldsymbol{p}}_{\mathrm{s}}}{\left[\overline{\boldsymbol{p}}_{\mathrm{s}}^{\mathrm{H}}\boldsymbol{R}^{-1}\overline{\boldsymbol{p}}_{\mathrm{s}}\right]^{2}}\leqslant\zeta_{0} \tag{5.35}$$

当条件式(5.35)满足时，MVDR 波束形成器的解

$$\hat{\boldsymbol{w}}=\frac{\boldsymbol{R}^{-1}\overline{\boldsymbol{p}}_{\mathrm{s}}}{\overline{\boldsymbol{p}}_{\mathrm{s}}^{\mathrm{H}}\boldsymbol{R}^{-1}\overline{\boldsymbol{p}}_{\mathrm{s}}} \tag{5.36}$$

自然满足式(5.19)中的范数约束，因此，式(5.36)也是式(5.18)所示 NCCB 的解。此时 $\lambda=0$，式(5.18)中的范数约束是未激活的。反之，如果条件式(5.35)不满足，即

$$\zeta_0<\frac{\overline{\boldsymbol{p}}_{\mathrm{s}}^{\mathrm{H}}\boldsymbol{R}^{-2}\overline{\boldsymbol{p}}_{\mathrm{s}}}{\left[\overline{\boldsymbol{p}}_{\mathrm{s}}^{\mathrm{H}}\boldsymbol{R}^{-1}\overline{\boldsymbol{p}}_{\mathrm{s}}\right]^2} \tag{5.37}$$

则 NCCB 加权向量与 MVDR 加权向量不相同。为了处理该情形问题，将式(5.33)改写成

$$\begin{aligned}F_1(\boldsymbol{w},\lambda,\mu)\triangleq&\left[\boldsymbol{w}-\mu(\boldsymbol{R}+\lambda\boldsymbol{I})^{-1}\overline{\boldsymbol{p}}_{\mathrm{s}}\right]^{\mathrm{H}}(\boldsymbol{R}+\lambda\boldsymbol{I})\left[\boldsymbol{w}-\mu(\boldsymbol{R}+\lambda\boldsymbol{I})^{-1}\overline{\boldsymbol{p}}_{\mathrm{s}}\right]\\&-\mu^2\overline{\boldsymbol{p}}_{\mathrm{s}}^{\mathrm{H}}(\boldsymbol{R}+\lambda\boldsymbol{I})^{-1}\overline{\boldsymbol{p}}_{\mathrm{s}}-\lambda\zeta_0+2\mu\end{aligned} \tag{5.38}$$

对于固定的 λ 与 μ，对上式最小化可得

$$\hat{\boldsymbol{w}}_{\lambda,\mu}=\mu(\boldsymbol{R}+\lambda\boldsymbol{I})^{-1}\overline{\boldsymbol{p}}_{\mathrm{s}} \tag{5.39}$$

显然，将式(5.39)代入式(5.38)，有

$$F_2(\lambda,\mu)=F_1(\hat{\boldsymbol{w}}_{\lambda,\mu},\lambda,\mu)=-\mu^2\overline{\boldsymbol{p}}_{\mathrm{s}}^{\mathrm{H}}(\boldsymbol{R}+\lambda\boldsymbol{I})^{-1}\overline{\boldsymbol{p}}_{\mathrm{s}}-\lambda\zeta_0+2\mu \tag{5.40}$$

$$\leqslant\boldsymbol{w}^{\mathrm{H}}\boldsymbol{R}\boldsymbol{w},\quad\forall\boldsymbol{w}\in S \tag{5.41}$$

使 $F_2(\lambda,\mu)$ 相对于 μ 最大化得到

$$\hat{\mu}=\frac{1}{\overline{\boldsymbol{p}}_{\mathrm{s}}^{\mathrm{H}}(\boldsymbol{R}+\lambda\boldsymbol{I})^{-1}\overline{\boldsymbol{p}}_{\mathrm{s}}} \tag{5.42}$$

并且定义

$$F_3(\lambda)\triangleq F_2(\lambda,\hat{\mu})=-\lambda\zeta_0+\frac{1}{\overline{\boldsymbol{p}}_{\mathrm{s}}^{\mathrm{H}}(\boldsymbol{R}+\lambda\boldsymbol{I})^{-1}\overline{\boldsymbol{p}}_{\mathrm{s}}} \tag{5.43}$$

上式相对于 λ 最大化得到

$$\frac{\overline{\boldsymbol{p}}_{\mathrm{s}}^{\mathrm{H}}(\boldsymbol{R}+\hat{\lambda}\boldsymbol{I})^{-2}\overline{\boldsymbol{p}}_{\mathrm{s}}}{[\overline{\boldsymbol{p}}_{\mathrm{s}}^{\mathrm{H}}(\boldsymbol{R}+\hat{\lambda}\boldsymbol{I})^{-1}\overline{\boldsymbol{p}}_{\mathrm{s}}]^2}=\zeta_0 \tag{5.44}$$

可以证明[50,126]，在条件式(5.37)的约束下，式(5.44)存在唯一的正数解 $\hat{\lambda}>0$。而且式(5.44)左边函数是单调降函数[121]，因此，可以通过数值计算方法，如牛顿迭代法求解。

将式(5.44)代入式(5.39)得

$$\hat{\boldsymbol{w}}=\frac{(\boldsymbol{R}+\hat{\lambda}\boldsymbol{I})^{-1}\overline{\boldsymbol{p}}_{\mathrm{s}}}{\overline{\boldsymbol{p}}_{\mathrm{s}}^{\mathrm{H}}(\boldsymbol{R}+\hat{\lambda}\boldsymbol{I})^{-1}\overline{\boldsymbol{p}}_{\mathrm{s}}} \tag{5.45}$$

该式满足

$$\hat{\boldsymbol{w}}^{\mathrm{H}}\overline{\boldsymbol{p}}_{\mathrm{s}}=1 \tag{5.46}$$

与

$$\|\hat{\boldsymbol{w}}\|^2=\zeta_0 \tag{5.47}$$

因此，$\hat{\boldsymbol{w}}$ 在约束 S 的边界上，它是在式(5.37)约束下优化问题(5.18)的解。注意到式(5.45)再次证明了 NCCB 是对角加载类波束形成算法，该算法中对角加载量 λ 可以通过求解式(5.45)得到。

与式(5.5)类似，将 $\boldsymbol{R}$ 进行特征分解，得到

$$\boldsymbol{R}=\boldsymbol{U}\boldsymbol{\Gamma}\boldsymbol{U}^{\mathrm{H}} \tag{5.48}$$

式中，$\boldsymbol{\Gamma}$ 是由特征值组成的对角矩阵，且

$$\boldsymbol{\Gamma}=\mathrm{diag}(\gamma_1,\gamma_2,\cdots,\gamma_M)\,,\quad \gamma_1\geqslant\gamma_2\geqslant\cdots\geqslant\gamma_M \tag{5.49}$$

令

$$\boldsymbol{z}=\boldsymbol{U}^{\mathrm{H}}\overline{\boldsymbol{p}}_{\mathrm{s}} \tag{5.50}$$

假设 $\boldsymbol{z}$ 的第 $\boldsymbol{m}$ 个元素用 z_m 表示。由于

$$(\boldsymbol{R}+\hat{\lambda}\boldsymbol{I})^{-1}=\boldsymbol{U}(\boldsymbol{\Gamma}+\hat{\lambda}\boldsymbol{I})^{-1}\boldsymbol{U}^{\mathrm{H}} \tag{5.51}$$

式(5.44)可以写成

$$\frac{\sum_{m=1}^{M}\frac{|z_m|^2}{(\gamma_m+\hat{\lambda})^2}}{\left[\sum_{m=1}^{M}\frac{|z_m|^2}{\gamma_m+\hat{\lambda}}\right]^2}=\zeta_0 \tag{5.52}$$

因此，有

$$\zeta_0\leqslant\frac{\|\overline{\boldsymbol{p}}_{\mathrm{s}}\|^2}{(\gamma_M+\hat{\lambda})^2}\Big/\frac{\|\overline{\boldsymbol{p}}_{\mathrm{s}}\|^4}{(\gamma_1+\hat{\lambda})^2}=\frac{(\gamma_1+\hat{\lambda})^2}{M(\gamma_M+\hat{\lambda})^2} \tag{5.53}$$

由此可以得到 $\hat{\lambda}$ 的上界，考虑到 $\hat{\lambda}\geqslant 0$，$\hat{\lambda}$ 的上下界范围为

$$0\leqslant\hat{\lambda}\leqslant\frac{\gamma_1-(M\zeta_0)^{\frac{1}{2}}\gamma_M}{(M\zeta_0)^{\frac{1}{2}}-1} \tag{5.54}$$

由式(5.51)，式(5.45)可以写成

$$\hat{\boldsymbol{w}}_{\mathrm{NCCB}}=\frac{\boldsymbol{U}(\boldsymbol{\Gamma}+\hat{\lambda}\boldsymbol{I})^{-1}\boldsymbol{U}^{\mathrm{H}}\overline{\boldsymbol{p}}_{\mathrm{s}}}{\overline{\boldsymbol{p}}_{\mathrm{s}}^{\mathrm{H}}\boldsymbol{U}(\boldsymbol{\Gamma}+\hat{\lambda}\boldsymbol{I})^{-1}\boldsymbol{U}^{\mathrm{H}}\overline{\boldsymbol{p}}_{\mathrm{s}}} \tag{5.55}$$

综上所述，NCCB 加权向量设计步骤如下。

(1)对数据协方差矩阵 $\boldsymbol{R}$(在实际应用中用其估计值 $\hat{\boldsymbol{R}}$)进行特征分解，如式(5.48)。

(2)如果式(5.35)满足，取 $\hat{\lambda}=0$；否则，用牛顿法对式(5.52)求解 $\hat{\lambda}$，其中 $\hat{\lambda}$ 的上下界范围由式(5.54)确定。

(3)将求解出的 $\hat{\lambda}$ 代入式(5.55)得到 NCCB 加权向量 $\hat{\boldsymbol{w}}_{\text{NCCB}}$。

以上各步骤中并不要求 $\{\gamma_m\}_{m=1}^{M}>0$，所以对于 $\boldsymbol{R}$(或 $\hat{\boldsymbol{R}}$)奇异的情况仍有效。也就是说该 NCCB 方法适用于 $N<M$ 的情况。

NCCB 方法也属于对角加载类方法,它与常规 LSMI 波束形成器的区别为:LSMI 波束形成中对角加载量难以确定，而 NCCB 方法的对角加载量是通过加权向量范数约束量确定的，比 LSMI 直接选取方便些。

例 5.4　不同样本数目 N 与输入 SNR 时 NCCB 波束形成器的性能

考虑例 5.1 所述仿真条件,考察不同快拍数 N 与不同输入 SNR 时 NCCB 波束输出 SINR。

不同快拍数 N 与不同输入 SNR 时 NCCB 波束输出 SINR 显示于图 5.9 中。这里 NCCB 波束形成中白噪声增益损失取 $G_{\text{wd0}}=2\text{dB}$，即 $\zeta_0=(1/M)\cdot 10^{2/10}$。

比较图 5.9 与第 4 章 SMI 方法对应结果可见，NCCB 方法的 SINR 收敛速度比 SMI 快，在低 SNR 下，NCCB 方法仅需要几个快拍就可以收敛到与最优输出 SINR 相差在 3dB 以内。当快拍数 N 与输入 SNR 相同时，NCCB 方法的输出 SINR 高于 SMI 方法。可见，加权向量范数约束处理提高了 SMI 波束形成器的稳健性。

比较NCCB方法与LSMI方法的性能。观察图5.9与图5.4，NCCB方法($G_{\text{wd0}}=2\,\text{dB}$)与 LSMI 方法(LNR=10dB)的性能差别较小。前者在 SNR 较高时稍优，而后者在 SNR 较小时稍优。但它们之间的差别也会因选择的参数(G_{wd0} 与 LNR)不同而不同。

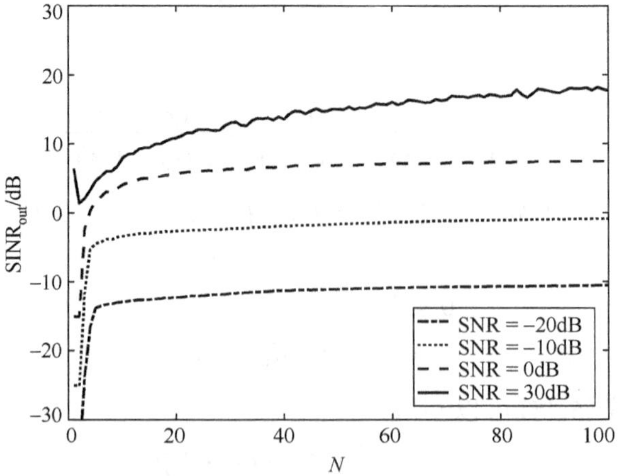

(a)

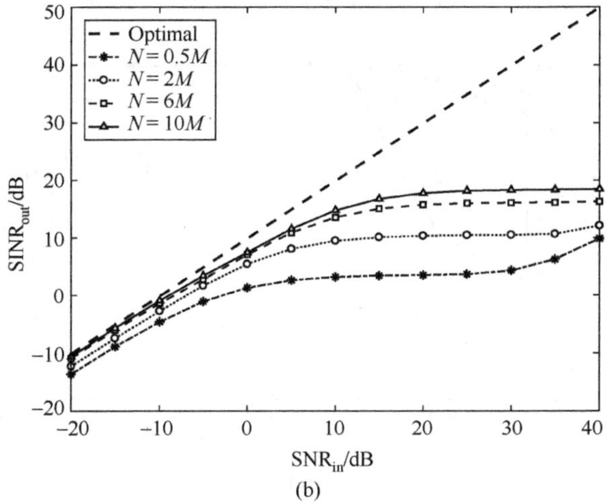

图 5.9　不同快拍数 N 与输入 SNR 时 NCCB 波束输出 SINR，$G_{\mathrm{wd0}}=2\mathrm{dB}$

图 5.9(b)中对应的各波束形成器加权向量范数 $10\lg(\|\boldsymbol{w}^2\|)$ 显示于图 5.10(a)中。

由图 5.10(a)可见，NCCB 方法严格控制了波束形成器加权向量的范数，所以 NCCB 方法提高了波束形成器的稳健性。输入 SNR 较小时，SMI 方法的加权向量范数本来就比较小(见第 4 章 SMI 方法仿真结果)，NCCB 方法中范数约束被激活的次数(总共进行了 200 次独立的试验)比较少，所以 NCCB 方法的加权向量范数平均值小于约束值。而当输入 SNR 较大时，范数约束每次都被激活，所以 NCCB 加权向量范数等于约束值。SNR 较小时，NCCB 加权向量范数比 LSMI 方法稍高，而在 SNR 较大时小很多。

NCCB 属于对角加载类方法，加载量是由加权向量范数约束值决定的，而不是固定不变的。图 5.10(b)显示了图 5.10(a)中对应的 NCCB 波束形成器所使用的对角加载噪声级。

从图 5.10 可以看出，NCCB 方法的对角加载量随输入 SNR 增大而增大。前面已经知道，随着输入 SNR 的增大，SMI 波束形成器稳健性变差，可见 NCCB 方法加载量变化趋势正好顺应波束形成器的稳健性需求。当输入 SNR 较小且样本快拍数 N 较大时，NCCB 方法中范数约束被激活的次数很少，所以此情况下对角加载量非常小。

值得说明的是，当加权向量范数约束值 ζ_0 较大时，有可能造成该约束未激活，此时 NCCB 波束形成器退化为 MVDR 波束形成器。而当 ζ_0 取最小值 $1/M$ 时，它退化为常规波束形成器，此时范数约束肯定被激活。换言之，通过调节约束值 ζ_0，可以在 SMI 波束形成与常规波束形成之间进行折中。

下面考察不同的白噪声增益损失 G_{wd0} 对 NCCB 方法性能的影响。

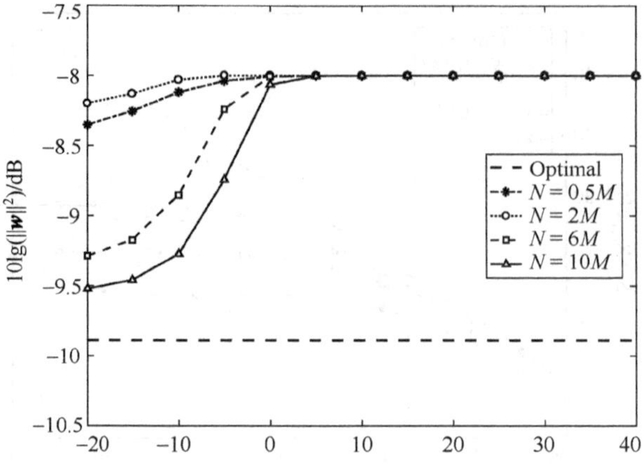

(a)

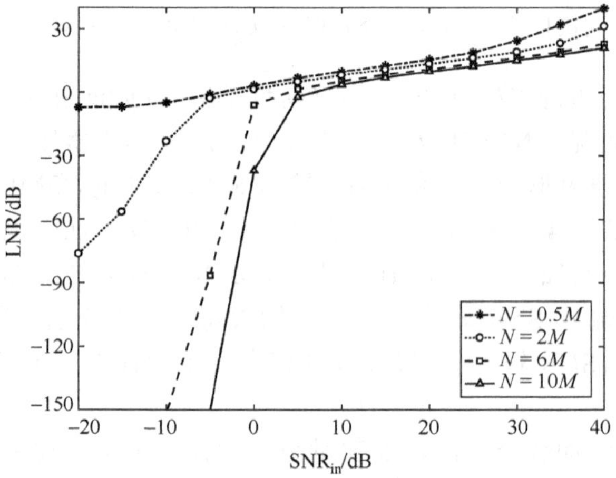

(b)

图 5.10　NCCB 波束加权向量范数与对应的对角加载量，$G_{\text{wd0}}=2\text{dB}$

假设快拍数 $N=2M$。图 5.11 显示了 G_{wd0} 分别取 0.08dB、0.5dB、2dB 与 5dB 时 NCCB 波束形成输出 SINR 与输入 SNR 的关系曲线。从图中可以看出，G_{wd0} 过小或过大都会影响 NCCB 波束形成器的性能。

此外，前面通过比较图 5.9 与图 5.4 可知，$G_{\text{wd0}}=2\,\text{dB}$ 时的 NCCB 方法与 LNR=10dB 时的 LSMI 方法的性能差别较小。在实际应用中，对于 LSMI 方法而言，噪声功率本身难以确定，对角加载量参数 LNR=10dB 是很难得到的。而 NCCB 方法的加权向量范数约束参数 ζ_0（或 G_{wd0}）的选择要容易得多。比较常用的是设定白噪声增益损失量 $G_{\text{wd0}}=2\,\text{dB}$（如文献[140]）。可见，NCCB 方法能部分改善 LSMI 方法对角加载量难以确定的缺点。但是，NCCB 方法中加权向量范数约束值也是只能凭经验选取，仍旧没有严格的解析解或数值解，其性能也仍没能达到最优。

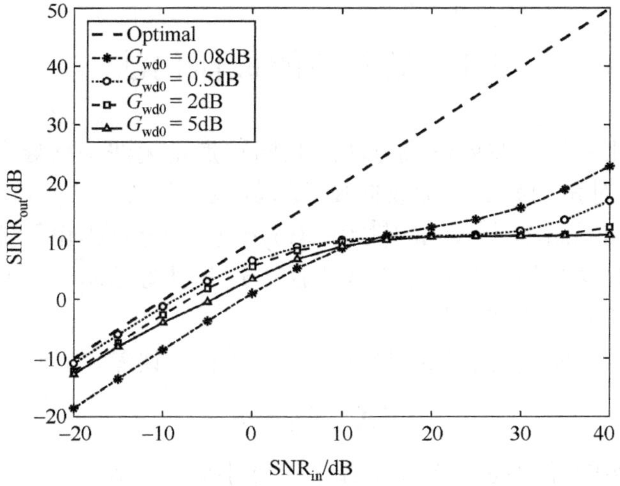

图 5.11　$N=2M$ 时范数约束大小对 NCCB 波束形成器的性能影响

例 5.5　观察方向存在误差时 NCCB 方法的性能

考虑例 5.1 所述仿真条件，假设波束观察方向为 $\theta_o=1^{\circ}$，样本快拍数取 $N=6M$ 。分别采用 SMI、LSMI 与 NCCB 方法。其中 LSMI 方法中加载噪声级取 LNR=10dB，NCCB 方法中白噪声增益损失量取 $G_{wd0}=2\text{dB}$ 。

图 5.12 显示了三种波束形成方法在不同输入 SNR 时的输出 SINR。由图中可见，在输入 SNR 较小时，NCCB 方法与 SMI 方法相同(因为此时加权向量范数约束尚未激活)，LSMI 方法性能较好。在输入 SNR 较高时，NCCB 方法具有优于 LSMI 方法的性能。

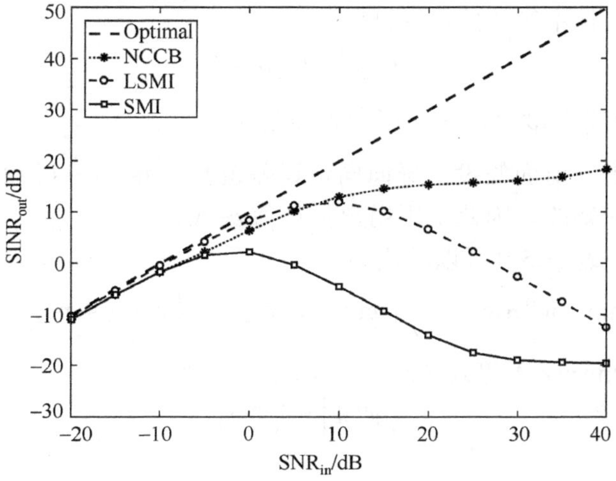

图 5.12　不同输入 SNR 时的输出 SINR，$\theta_o=1^{\circ}$，$N=6M$

5.4　最差性能最佳化法

前面介绍的几种稳健波束形成方法的共同缺点是无法根据导向向量的不确定范围来选取参数(如对角加载量、加权向量范数约束量等)。

近年来，Gershman 等[122]、Li 等[125]、Boyd 等[127]分别提出了能够根据导向向量不确定范围来选取参数的稳健波束形成方法。这几种方法本质上是相同的，但求解方法各不相同，它们能够统一起来。

假设真实的导向向量与假想的导向向量之间存在误差，且误差范数有上界，即

$$\|\tilde{\boldsymbol{p}}_{\mathrm{s}}-\bar{\boldsymbol{p}}_{\mathrm{s}}\|^2 \leqslant \varepsilon \tag{5.56}$$

因此，可认为真实的导向向量 $\tilde{\boldsymbol{p}}_{\mathrm{s}}$ 属于如下椭圆不确定集 S

$$S \triangleq \left\{\boldsymbol{p}_{\mathrm{s}} \mid \boldsymbol{p}_{\mathrm{s}}=\bar{\boldsymbol{p}}_{\mathrm{s}}+\boldsymbol{p}_{\Delta},\ \|\boldsymbol{p}_{\Delta}\|^2 \leqslant \varepsilon\right\} \tag{5.57}$$

Gershman 等[122]提出了最差性能最佳化(worst-case performance optimization, WCPO)方法，其设计准则是使最差情况下的波束输出信噪比最高，即

$$\max_{\boldsymbol{w}} \min_{\boldsymbol{p}_{\Delta}} \frac{\sigma_{\mathrm{s}}^2\left|\boldsymbol{w}^{\mathrm{H}}\boldsymbol{p}_{\mathrm{s}}\right|^2}{\boldsymbol{w}^{\mathrm{H}}\boldsymbol{R}\boldsymbol{w}}, \quad \text{subject to } \|\boldsymbol{p}_{\mathrm{s}}-\bar{\boldsymbol{p}}_{\mathrm{s}}\|^2 \leqslant \varepsilon, \quad \forall \boldsymbol{p}_{\mathrm{s}} \in S \tag{5.58}$$

该优化问题等效于如下问题[122]

$$\min_{\boldsymbol{w}} \boldsymbol{w}^{\mathrm{H}}\boldsymbol{R}\boldsymbol{w}, \text{ subject to } \left|\boldsymbol{w}^{\mathrm{H}}(\bar{\boldsymbol{p}}_{\mathrm{s}}+\boldsymbol{p}_{\Delta})\right| \geqslant 1,\ \forall \|\boldsymbol{p}_{\Delta}\|^2 \leqslant \varepsilon \tag{5.59}$$

该优化问题与 MVDR 波束形成问题的主要修正是用不等式约束代替了观察方向的无失真约束。该不等式约束保证

$$\left|\boldsymbol{w}^{\mathrm{H}}\boldsymbol{p}_{\mathrm{s}}\right| \geqslant 1, \forall \boldsymbol{p}_{\mathrm{s}} \in S \tag{5.60}$$

并且在 $\left|\boldsymbol{w}^{\mathrm{H}}\left(\bar{\boldsymbol{p}}_{\mathrm{s}}+\boldsymbol{p}_{\Delta}\right)\right|$ 取最小值时对应于最差情况。

值得指出的是，前面假设了导向向量误差范数上界 ε 是已知的，在实际中，该误差上界往往是未知的，因此采用用户估计值 ε_0 代替。

于是，优化问题(5.59)可以转化为

$$\min_{\boldsymbol{w}} \boldsymbol{w}^{\mathrm{H}}\boldsymbol{R}\boldsymbol{w}, \quad \text{subject to } \min_{\|\boldsymbol{p}_{\Delta}\|^2 \leqslant \varepsilon_0} \left|\boldsymbol{w}^{\mathrm{H}}(\bar{\boldsymbol{p}}_{\mathrm{s}}+\boldsymbol{p}_{\Delta})\right| \geqslant 1 \tag{5.61}$$

由 Cauchy-Schwarz 不等式定理可以证明[122]，如果

$$\left|\boldsymbol{w}^{\mathrm{H}}\bar{\boldsymbol{p}}_{\mathrm{s}}\right| \geqslant \varepsilon_0 \|\boldsymbol{w}\| \tag{5.62}$$

则

$$\min_{\|\boldsymbol{p}_{\Delta}\|^2 \leqslant \varepsilon_0} \left|\boldsymbol{w}^{\mathrm{H}}(\bar{\boldsymbol{p}}_{\mathrm{s}}+\boldsymbol{p}_{\Delta})\right| = \left|\boldsymbol{w}^{\mathrm{H}}\bar{\boldsymbol{p}}_{\mathrm{s}}\right| - \varepsilon_0 \|\boldsymbol{w}\| \tag{5.63}$$

因此，式(5.61)可以写成

$$\min_{\boldsymbol{w}} \boldsymbol{w}^{\mathrm{H}}\boldsymbol{R}\boldsymbol{w}, \quad \text{subject to} \quad \left|\boldsymbol{w}^{\mathrm{H}}\overline{\boldsymbol{p}}_{\mathrm{s}}\right| - \varepsilon_0 \|\boldsymbol{w}\| \geqslant 1 \tag{5.64}$$

注意到当 $\boldsymbol{w}$ 旋转任意角度时，式(5.64)的代价函数 $\boldsymbol{w}^{\mathrm{H}}\boldsymbol{R}\boldsymbol{w}$ 保持不变。因此，如果 $\boldsymbol{w}_0$ 是式(5.64)的最优解，可以通过旋转 $\boldsymbol{w}_0$ 使 $\boldsymbol{w}^{\mathrm{H}}\overline{\boldsymbol{p}}_{\mathrm{s}}$ 是正实数，且代价函数保持不变。基于此原因，优化问题(5.64)可以表示成

$$\min_{\boldsymbol{w}} \boldsymbol{w}^{\mathrm{H}}\boldsymbol{R}\boldsymbol{w}, \quad \text{subject to} \quad \boldsymbol{w}^{\mathrm{H}}\overline{\boldsymbol{p}}_{\mathrm{s}} \geqslant 1 + \varepsilon_0 \|\boldsymbol{w}\| \tag{5.65}$$

同式(5.31)一样，将 $\boldsymbol{R}$ 进行 Cholesky 分解得到 $\boldsymbol{R}=\boldsymbol{V}^{\mathrm{H}}\boldsymbol{V}$，式(5.65)转化为

$$\min_{\boldsymbol{w}} \|\boldsymbol{V}\boldsymbol{w}\|, \quad \text{subject to} \quad \varepsilon_0 \|\boldsymbol{w}\| \leqslant \boldsymbol{w}^{\mathrm{H}}\overline{\boldsymbol{p}}_{\mathrm{s}} + 1 \tag{5.66}$$

该优化问题是一个二阶锥规划问题，求解过程可参阅附录 A。

假设得到的波束加权向量记作 $\hat{\boldsymbol{w}}_{\mathrm{WCPO}}$。

采用内点方法求解该二阶锥规划问题时，该波束形成算法需要数次迭代后收敛，每次迭代所需计算量为 $O(M^3)$ 浮点运算[162]，因此，WCPO 方法的计算量为 $O(\rho M^3)$，这里 ρ 为迭代次数(经验表明，它一般为 10 次左右)。

Gershman 等又在文献[123]中将此方法进行了进一步推导，指出 WCPO 波束形成问题也可以采用一般的迭代法求解，计算量可以降低。本书对此不再具体阐述。

观察式(5.61)中的约束，约束中所指的最差情况其实就对应于 $\left|\boldsymbol{w}^{\mathrm{H}}(\overline{\boldsymbol{p}}_{\mathrm{s}}+\boldsymbol{p}_{\Delta})\right|=1$，因此式(5.64)中的约束其实可以取等号，即约束问题(5.64)成为

$$\min_{\boldsymbol{w}} \boldsymbol{w}^{\mathrm{H}}\boldsymbol{R}\boldsymbol{w}, \quad \text{subject to} \quad \left|\boldsymbol{w}^{\mathrm{H}}\overline{\boldsymbol{p}}_{\mathrm{s}} - 1\right|^2 = \varepsilon_0^2 \boldsymbol{w}^{\mathrm{H}}\boldsymbol{w} \tag{5.67}$$

运用 Lagrange 乘子方法，定义函数

$$F(\boldsymbol{w},\lambda) \triangleq \boldsymbol{w}^{\mathrm{H}}\boldsymbol{R}\boldsymbol{w} + \lambda(\varepsilon_0^2 \boldsymbol{w}^{\mathrm{H}}\boldsymbol{w} - \boldsymbol{w}^{\mathrm{H}}\overline{\boldsymbol{p}}_{\mathrm{s}}\overline{\boldsymbol{p}}_{\mathrm{s}}^{\mathrm{H}}\boldsymbol{w} + \boldsymbol{w}^{H}\overline{\boldsymbol{p}}_{\mathrm{s}} + \overline{\boldsymbol{p}}_{\mathrm{s}}^{\mathrm{H}}\boldsymbol{w} - 1) \tag{5.68}$$

式中，λ 是实值 Lagrange 乘子。上式对 $\boldsymbol{w}^{\mathrm{H}}$ 求导，并令导数为 $\boldsymbol{0}$，得到

$$\boldsymbol{R}\boldsymbol{w} + \lambda(\varepsilon_0^2 \boldsymbol{w} - \overline{\boldsymbol{p}}_{\mathrm{s}}\overline{\boldsymbol{p}}_{\mathrm{s}}^{\mathrm{H}}\boldsymbol{w} + \overline{\boldsymbol{p}}_{\mathrm{s}}) = \boldsymbol{0} \tag{5.69}$$

于是

$$\boldsymbol{w} = -\lambda(\boldsymbol{R} + \lambda\varepsilon_0^2 \boldsymbol{I} - \lambda\overline{\boldsymbol{p}}_{\mathrm{s}}\overline{\boldsymbol{p}}_{\mathrm{s}}^{\mathrm{H}})^{-1}\overline{\boldsymbol{p}}_{\mathrm{s}} \tag{5.70}$$

运用矩阵求逆定理可得

$$\boldsymbol{w} = \frac{\lambda}{\lambda\overline{\boldsymbol{p}}_{\mathrm{s}}^{\mathrm{H}}(\boldsymbol{R}+\lambda\varepsilon_0^2\boldsymbol{I})^{-1}\overline{\boldsymbol{p}}_{\mathrm{s}} - 1}(\boldsymbol{R}+\lambda\varepsilon_0^2\boldsymbol{I})^{-1}\overline{\boldsymbol{p}}_{\mathrm{s}} \tag{5.71}$$

可见，WCPO 波束形成方法也属于对角加载类方法。由于 WCPO 方法与 5.5 节中的协方差矩阵拟合法(RCB)具有相同的解，且后者计算量更小。因此，此处不再通过仿真观察 WCPO 法的性能，关于 WCPO 的性能请参考 5.5 节中的 RCB 法。

5.5　协方差矩阵拟合法

Stoica 等[124]从协方差矩阵拟合的观点出发，提出了另一种稳健 Capon 波束形成方法。

前面已经介绍，MVDR(Capon)波束形成器的加权向量为

$$\boldsymbol{w}_{\text{MVDR}} = \frac{\boldsymbol{R}^{-1}\overline{\boldsymbol{p}}_{\text{s}}}{\overline{\boldsymbol{p}}_{\text{s}}^{\text{H}}\boldsymbol{R}^{-1}\overline{\boldsymbol{p}}_{\text{s}}} \tag{5.72}$$

可以用波束输出功率作为信号功率的估计

$$\hat{\sigma}_{\text{s}}^{2} = \boldsymbol{w}_{\text{MVDR}}^{\text{H}}\boldsymbol{R}\boldsymbol{w}_{\text{MVDR}} = \frac{1}{\overline{\boldsymbol{p}}_{\text{s}}^{\text{H}}\boldsymbol{R}^{-1}\overline{\boldsymbol{p}}_{\text{s}}} \tag{5.73}$$

容易证明，如下等价变换成立

$$\begin{aligned} &\boldsymbol{R} - \sigma^{2}\overline{\boldsymbol{p}}_{\text{s}}\overline{\boldsymbol{p}}_{\text{s}}^{\text{H}} \succcurlyeq 0 \\ \Leftrightarrow\ &\boldsymbol{I} - \sigma^{2}\boldsymbol{R}^{-1/2}\overline{\boldsymbol{p}}_{\text{s}}\overline{\boldsymbol{p}}_{\text{s}}^{\text{H}}\boldsymbol{R}^{-1/2} \succcurlyeq 0 \\ \Leftrightarrow\ &1 - \sigma^{2}\overline{\boldsymbol{p}}_{\text{s}}^{\text{H}}\boldsymbol{R}^{-1}\overline{\boldsymbol{p}}_{\text{s}} \geqslant 0 \\ \Leftrightarrow\ &\sigma^{2} \leqslant \frac{1}{\overline{\boldsymbol{p}}_{\text{s}}^{\text{H}}\boldsymbol{R}^{-1}\overline{\boldsymbol{p}}_{\text{s}}} = \hat{\sigma}_{\text{s}}^{2} \end{aligned} \tag{5.74}$$

式中，$\boldsymbol{R}^{-1/2}$ 是 $\boldsymbol{R}^{-1}$ 的 Hermitian 平方根。对于矩阵而言，“$\succcurlyeq 0$”表示矩阵半正定(如上式中第 1、2 行)。

由式(5.74)可知，MVDR 波束形成优化问题等效为[80]

$$\max_{\sigma^{2}} \sigma^{2}, \quad \text{subject to} \quad \boldsymbol{R} - \sigma^{2}\overline{\boldsymbol{p}}_{\text{s}}\overline{\boldsymbol{p}}_{\text{s}}^{\text{H}} \succcurlyeq 0 \tag{5.75}$$

可见，式(5.75)可以解释为协方差拟合问题(covariance fitting problem)：对于给定的协方差矩阵 $\boldsymbol{R}$ 与导向向量 $\overline{\boldsymbol{p}}_{\text{s}}$，求解最大可能的期望信号项 $\sigma^{2}\overline{\boldsymbol{p}}_{\text{s}}\overline{\boldsymbol{p}}_{\text{s}}^{\text{H}}$，使除去信号项后的剩余的协方差矩阵半正定。

当信号导向向量存在误差时，假设它属于式(5.57)所示的不确定集 S。稳健的 Capon 波束形成问题可以表述为

$$\max_{\sigma^{2}} \sigma^{2}, \quad \text{subject to} \quad \boldsymbol{R} - \sigma^{2}\boldsymbol{p}_{\text{s}}\boldsymbol{p}_{\text{s}}^{\text{H}} \succcurlyeq 0, \quad \forall \|\boldsymbol{p}_{\text{s}} - \overline{\boldsymbol{p}}_{\text{s}}\|^{2} \leqslant \varepsilon_{0} \tag{5.76}$$

式中，ε_{0} 是用户设定的导向向量误差范数上界，理想情况下 $\varepsilon_{0} = \varepsilon$。

引入一个新变量 $\eta = 1/\sigma^{2}$，式(5.76)可以转化为半定规划[169]问题

$$\max_{\eta,\boldsymbol{p}_{\text{s}}} \eta, \quad \text{subject to} \quad \begin{bmatrix} \boldsymbol{R} & \boldsymbol{p}_{\text{s}} \\ \boldsymbol{p}_{\text{s}}^{\text{H}} & \eta \end{bmatrix} \succcurlyeq 0, \quad \begin{bmatrix} \varepsilon_{0}\boldsymbol{I} & \boldsymbol{p}_{\text{s}} - \overline{\boldsymbol{p}}_{\text{s}} \\ (\boldsymbol{p}_{\text{s}} - \overline{\boldsymbol{p}}_{\text{s}})^{\text{H}} & 1 \end{bmatrix} \succcurlyeq 0 \tag{5.77}$$

该半定规划问题可以采用已有的 SeDuMi 软件[266]求解。

不过用半定规划求解该问题需要的计算量为 $O(\rho M^6)$ 浮点运算(这里 ρ 为迭代次数)，远高于一般 MVDR 波束形成所需要的 $O(M^3)$ 浮点运算。

Li 等提出了一种求解式(5.76)所示稳健波束形成问题的新方法[125]，并证明了该方法与 WCPO 方法的解是相同的。但是该方法所需的计算量较小，它与一般的 MVDR 为同一量级，即 $O(M^3)$。

本书沿用该文献的称呼，将此方法称为 RCB(robust Capon beamformer)方法。

对于任意给定的 $\boldsymbol{p}_\mathrm{s}$，式(5.76)的解 $\hat{\sigma}^2$ 具有式(5.73)所示的形式，用 $\boldsymbol{p}_\mathrm{s}$ 代替式(5.73)中的 $\bar{\boldsymbol{p}}_\mathrm{s}$，稳健波束形成问题(5.76)可以转化为

$$\min_{\boldsymbol{p}_\mathrm{s}} \boldsymbol{p}_\mathrm{s}^\mathrm{H}\boldsymbol{R}^{-1}\boldsymbol{p}_\mathrm{s}, \quad \text{subject to } \|\boldsymbol{p}_\mathrm{s}-\bar{\boldsymbol{p}}_\mathrm{s}\|^2 \leqslant \varepsilon_0 \tag{5.78}$$

为了避免无用解 $\boldsymbol{p}_\mathrm{s}=\boldsymbol{0}$，假设

$$\|\bar{\boldsymbol{p}}_\mathrm{s}\| > \sqrt{\varepsilon_0} \tag{5.79}$$

满足条件(5.79)时，式(5.78)的解显然发生在约束集的边界，因此不等式约束可以写成等式约束

$$\min_{\boldsymbol{p}_\mathrm{s}} \boldsymbol{p}_\mathrm{s}^\mathrm{H}\boldsymbol{R}^{-1}\boldsymbol{p}_\mathrm{s}, \quad \text{subject to } \|\boldsymbol{p}_\mathrm{s}-\bar{\boldsymbol{p}}_\mathrm{s}\|^2 = \varepsilon_0 \tag{5.80}$$

运用 Lagrange 乘子方法，定义函数

$$F(\boldsymbol{p}_\mathrm{s},\lambda) \triangleq \boldsymbol{p}_\mathrm{s}^\mathrm{H}\boldsymbol{R}^{-1}\boldsymbol{p}_\mathrm{s} + \lambda(\|\boldsymbol{p}_\mathrm{s}-\bar{\boldsymbol{p}}_\mathrm{s}\|^2 - \varepsilon_0) \tag{5.81}$$

式中，$\lambda \geqslant 0$ 是实值 Lagrange 乘子。上式对 $\boldsymbol{p}_\mathrm{s}^\mathrm{H}$ 求导，并令导数为 $\boldsymbol{0}$，得到

$$\boldsymbol{R}^{-1}\boldsymbol{p}_\mathrm{s} + \lambda(\boldsymbol{p}_\mathrm{s}-\bar{\boldsymbol{p}}_\mathrm{s}) = \boldsymbol{0} \tag{5.82}$$

可得上式中 $\boldsymbol{p}_\mathrm{s}$ 的解为

$$\hat{\boldsymbol{p}}_\mathrm{s} = \left(\frac{\boldsymbol{R}^{-1}}{\lambda} + \boldsymbol{I}\right)^{-1} \bar{\boldsymbol{p}}_\mathrm{s} \tag{5.83}$$

由矩阵求逆理论，上式进一步可写成

$$\hat{\boldsymbol{p}}_\mathrm{s} = \bar{\boldsymbol{p}}_\mathrm{s} - (\boldsymbol{I}+\lambda\boldsymbol{R})^{-1}\bar{\boldsymbol{p}}_\mathrm{s} \tag{5.84}$$

通过如式(5.48)所示特征分解，有

$$(\boldsymbol{I}+\lambda\boldsymbol{R})^{-1} = \boldsymbol{U}(\boldsymbol{I}+\lambda\boldsymbol{\varGamma})^{-1}\boldsymbol{U}^\mathrm{H} \tag{5.85}$$

于是，式(5.84)可以表示成

$$\hat{\boldsymbol{p}}_\mathrm{s} = \bar{\boldsymbol{p}}_\mathrm{s} - \boldsymbol{U}(\boldsymbol{I}+\lambda\boldsymbol{\varGamma})^{-1}\boldsymbol{U}^\mathrm{H}\bar{\boldsymbol{p}}_\mathrm{s} \tag{5.86}$$

用 $\hat{\boldsymbol{p}}_\mathrm{s}$ 代替式(5.73)中的 $\bar{\boldsymbol{p}}_\mathrm{s}$，得到估计的信号功率为

$$\hat{\sigma}_{\mathrm{s}}^2=\frac{1}{\hat{\boldsymbol{p}}_{\mathrm{s}}^{\mathrm{H}}\boldsymbol{R}^{-1}\hat{\boldsymbol{p}}_{\mathrm{s}}} \tag{5.87}$$

由式(5.83)，式(5.87)可以进一步写成

$$\hat{\sigma}_{\mathrm{s}}^2=\frac{1}{\overline{\boldsymbol{p}}_{\mathrm{s}}^{\mathrm{H}}\boldsymbol{U}\boldsymbol{\Gamma}(\lambda^{-2}\boldsymbol{I}+2\lambda^{-1}\boldsymbol{\Gamma}+\boldsymbol{\Gamma}^2)^{-1}\boldsymbol{U}^{\mathrm{H}}\overline{\boldsymbol{p}}_{\mathrm{s}}} \tag{5.88}$$

用 $\hat{\boldsymbol{p}}_{\mathrm{s}}$ 代替式(5.72)中的 $\overline{\boldsymbol{p}}_{\mathrm{s}}$，得到 RCB 波束形成器加权向量为

$$\hat{\boldsymbol{w}}_{\mathrm{RCB}}=\frac{\boldsymbol{R}^{-1}\hat{\boldsymbol{p}}_{\mathrm{s}}}{\hat{\boldsymbol{p}}_{\mathrm{s}}^{\mathrm{H}}\boldsymbol{R}^{-1}\hat{\boldsymbol{p}}_{\mathrm{s}}} \tag{5.89}$$

由式(5.83)，式(5.89)可进一步写成

$$\hat{\boldsymbol{w}}_{\mathrm{RCB}}=\frac{\left(\boldsymbol{R}+\dfrac{1}{\lambda}\boldsymbol{I}\right)^{-1}\overline{\boldsymbol{p}}_{s}}{\overline{\boldsymbol{p}}_{\mathrm{s}}^{\mathrm{H}}\left(\boldsymbol{R}+\dfrac{1}{\lambda}\boldsymbol{I}\right)^{-1}\boldsymbol{R}\left(\boldsymbol{R}+\dfrac{1}{\lambda}\boldsymbol{I}\right)^{-1}\overline{\boldsymbol{p}}_{\mathrm{s}}} \tag{5.90}$$

可见，RCB 方法是对角加载类算法，其对角加载量为$1/\lambda$。

将式(5.86)代入式(5.80)中的约束函数，可得

$$\|\boldsymbol{U}(\boldsymbol{I}+\lambda\boldsymbol{\Gamma})^{-1}\boldsymbol{U}^{\mathrm{H}}\overline{\boldsymbol{p}}_{\mathrm{s}}\|^2=\varepsilon_0 \tag{5.91}$$

类似于式(5.52)，式(5.91)可以表示成

$$\begin{aligned}g(\lambda)&\triangleq\|\boldsymbol{U}(\boldsymbol{I}+\lambda\boldsymbol{\Gamma})^{-1}\boldsymbol{U}^{\mathrm{H}}\overline{\boldsymbol{p}}_{\mathrm{s}}\|^2\\&=\sum_{m=1}^{M}\frac{|z_m|^2}{(1+\lambda\gamma_m)^2}=\varepsilon_0\end{aligned} \tag{5.92}$$

很容易看出，$g(\lambda)$是关于λ的单调递减函数。由式(5.79)、式(5.86)与式(5.92)知$g(0)>\varepsilon_0$。由式(5.92)知$\lim\limits_{\lambda\to\infty}g(\lambda)=0<\varepsilon_0$。因此，式(5.92)存在唯一解。分别用最大与最小特征值γ_1与γ_M代替式(5.92)中的γ_m，可以得到λ的上下界范围

$$\frac{\|\overline{\boldsymbol{p}}_{\mathrm{s}}\|-\sqrt{\varepsilon_0}}{\gamma_1\sqrt{\varepsilon_0}}\leqslant\lambda\leqslant\frac{\|\overline{\boldsymbol{p}}_{\mathrm{s}}\|-\sqrt{\varepsilon_0}}{\gamma_M\sqrt{\varepsilon_0}} \tag{5.93}$$

将式(5.92)分母中的 1 去掉，可以得到λ的另外一个上界

$$\lambda<\left(\frac{1}{\varepsilon_0}\sum_{m=1}^{M}\frac{|z_m|^2}{\gamma_m^2}\right)^{1/2} \tag{5.94}$$

因此，λ的上下界范围为

$$\frac{\|\overline{\boldsymbol{p}}_{\mathrm{s}}\|-\sqrt{\varepsilon_0}}{\gamma_1\sqrt{\varepsilon_0}}\leqslant\lambda\leqslant\min\left\{\frac{\|\overline{\boldsymbol{p}}_{\mathrm{s}}\|-\sqrt{\varepsilon_0}}{\gamma_M\sqrt{\varepsilon_0}},\left(\frac{1}{\varepsilon_0}\sum_{m=1}^{M}\frac{|z_m|^2}{\gamma_m^2}\right)^{1/2}\right\} \tag{5.95}$$

可见，可以运用牛顿迭代法求解式(5.92)中的λ得到$\hat{\lambda}$，然后代入式(5.86)即可计算出估计的导向向量$\hat{\boldsymbol{p}}_{\mathrm{s}}$。

值得说明的是，由于$g(\lambda)$是关于λ的单调递减函数，ε_0越大，计算得到的$\hat{\lambda}$值越小，对角加载量$1/\hat{\lambda}$也就越大，RCB 波束稳健性越强。

由以上可以看出，RCB 方法的主要计算量来自于对协方差矩阵$\boldsymbol{R}$进行特征分解，所以该算法的计算量大约为$O(M^3)$浮点运算，这与 SMI 方法的计算量为同一量级。

从目标函数来看，本节介绍的协方差矩阵拟合法与前面介绍的其他方法的主要区别是它直接估计信号功率$\hat{\sigma}_{\mathrm{s}}^2$，而其他方法主要是估计加权向量(当然，这只是计算顺序不同，某一个量计算出来后其他量也可以随后估计出来)。

观察式(5.75)中的约束函数，考虑到对于任意标量$\alpha>0$，$(\sigma^2,\boldsymbol{p})$与$(\sigma^2/\alpha,\alpha^{1/2}\boldsymbol{p})$产生同样的$\sigma^2\boldsymbol{p}\boldsymbol{p}^{\mathrm{H}}$值。这预示着对于真实的导向向量$\boldsymbol{p}_{\mathrm{s}}$，如果$\alpha^{1/2}\boldsymbol{p}_{\mathrm{s}}$(不妨假设$\alpha<1$)也属于式(5.57)所示的不确定集$S$，目标函数$\max\sigma^2$将会选择$(\sigma^2/\alpha,\alpha^{1/2}\boldsymbol{p}_{\mathrm{s}})$作为信号功率与导向向量的估计值，而不是$(\sigma^2,\boldsymbol{p}_{\mathrm{s}})$，这会造成信号功率过估计。为了解决该“比例模糊”的问题，可以将估计的导向向量进行归一化，即令

$$\hat{\hat{\boldsymbol{p}}}_{\mathrm{s}}=M^{1/2}\hat{\boldsymbol{p}}_{\mathrm{s}}/\|\hat{\boldsymbol{p}}_{\mathrm{s}}\| \tag{5.96}$$

以使$\|\hat{\hat{\boldsymbol{p}}}_{\mathrm{s}}\|^2=M$。

对应地，信号功率估计值为

$$\hat{\hat{\sigma}}_{\mathrm{s}}^2=\frac{\hat{\sigma}_{\mathrm{s}}^2\|\hat{\boldsymbol{p}}_{\mathrm{s}}\|^2}{M} \tag{5.97}$$

综上所述，RCB 方法设计步骤如下。

(1)对数据协方差矩阵$\boldsymbol{R}$(在实际应用中用其估计值$\hat{\boldsymbol{R}}$)进行特征分解。

(2)运用牛顿迭代法，求解式(5.92)得到$\hat{\lambda}$，其中$\hat{\lambda}$的上下界范围可由式(5.95)确定。

(3)将求解出的$\hat{\lambda}$代入式(5.86)，得到估计的导向向量$\hat{\boldsymbol{p}}_{\mathrm{s}}$。

(4)将$\hat{\boldsymbol{p}}_{\mathrm{s}}$代入式(5.87)估计$\hat{\sigma}_{\mathrm{s}}^2$。也可以省略第(3)步，从第(2)步计算出$\hat{\lambda}$后直接代入式(5.88)计算$\hat{\sigma}_{\mathrm{s}}^2$。进而由式(5.97)得到去“比例模糊”的信号功率估计值$\hat{\hat{\sigma}}_{\mathrm{s}}^2$。

(5)将$\hat{\boldsymbol{p}}_{\mathrm{s}}$代入式(5.89)计算加权向量$\hat{\boldsymbol{w}}_{\mathrm{RCB}}$。也可以省略第(3)步，从第(2)步计算出$\hat{\lambda}$后直接代入式(5.90)计算$\hat{\boldsymbol{w}}_{\mathrm{RCB}}$。

例 5.6　观察方向存在误差时 RCB 方法的性能

考虑例 5.1 所述仿真条件，SNR 在−20～40dB 范围内变化。波束观察方向为$\theta_0=1^\circ$，即真实导向向量与假想导向向量之间的误差为$\|\boldsymbol{p}_\Delta\|^2=\|\boldsymbol{p}(0^\circ)-\boldsymbol{p}(1^\circ)\|^2\approx0.8453$。假设数据协方差矩阵精确已知。

采用 RCB(WCPO 方法与 RCB 方法具有相同解)方法进行波束形成。假设 ε_0 分别取 2.00、0.85 与 0.25，对应的 RCB 输出 SINR 与输入 SNR 关系曲线如图 5.13 所示。作为比较，图中也显示了 SMI 方法输出结果。从图中可以看出，RCB 方法对于观察方向误差具有较好的稳健性。ε_0 值选取得过大或过小，都会影响 RCB 方法输出性能。

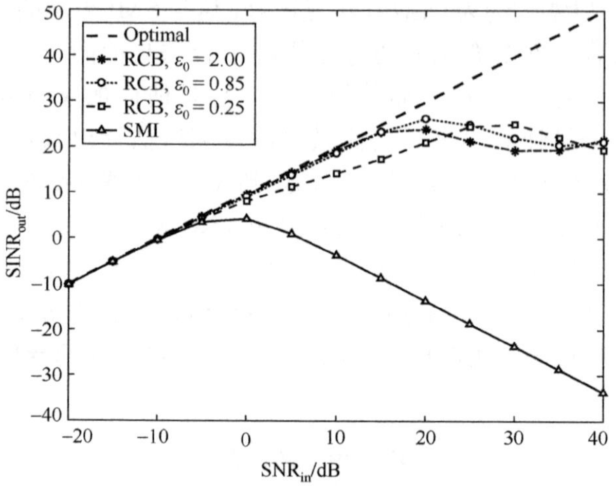

图 5.13　观察方向存在误差时不同 ε_0 值对应的 RCB 输出 SINR

图 5.14 显示了输入信噪比 $SNR_{in} = 10dB$ 时的 SMI、LSMI(LNR = 10dB)与 RCB($\varepsilon_0 = 0.85$)等三种波束形成方法的波束图。从图中可以看出，三种波束形成方法都在干扰方向形成了凹槽。在 0° 方向，SMI 方法将期望信号误认为是干扰，对期望信号零陷了。RCB 方法保证了波束对 0° 方向信号的响应大于 0dB。

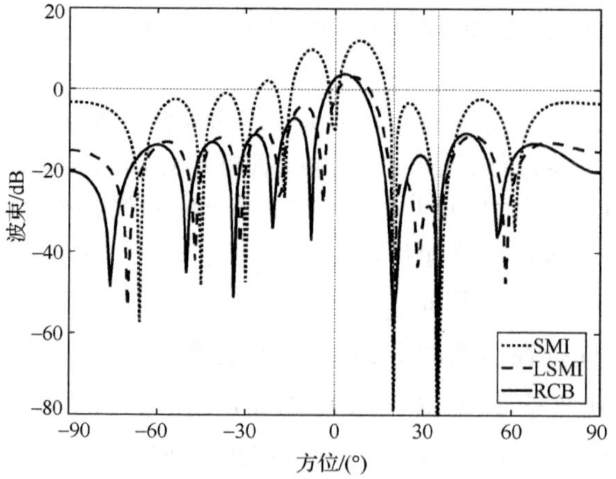

图 5.14　观察方向存在误差时的波束图，$SNR_{in} = 10dB$

我们已经知道，对角加载方法对导向向量误差与协方差矩阵误差都具有稳健性。虽然 RCB 方法是从导向向量误差的角度提出的，RCB 方法也属于对角加载类方法，它也应该对两种误差都具有稳健性。下面考察 RCB 方法在有限快拍数情况下的性能。

例 5.7　不同样本数目 N 与输入 SNR 时 RCB 波束形成器的性能

考虑例 5.1 所述仿真条件，考察不同快拍数 N 与不同输入 SNR 时 RCB 波束输出 SINR。

假设选择 $\varepsilon_0 = 5$，在 $\theta_o = 0°$ 方向进行 RCB 波束形成。图 5.15 显示了不同快拍数 N 与不同输入 SNR 时 RCB 波束输出 SINR。比较图 5.15 与第 4 章 SMI 方法仿真结果可见，RCB 方法的 SINR 收敛速度比 SMI 快，在低 SNR 下，RCB 方法仅需要几

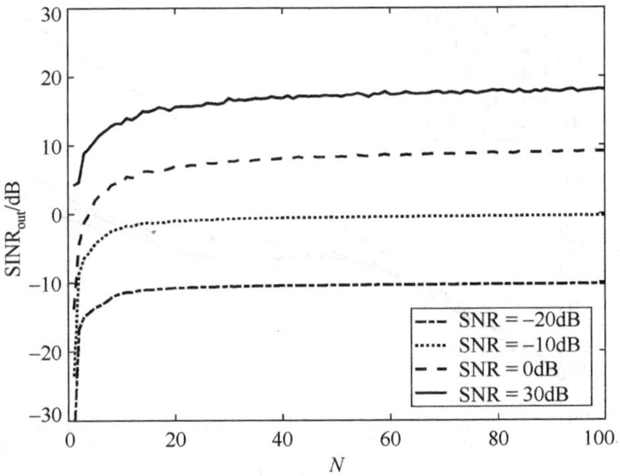

(a)

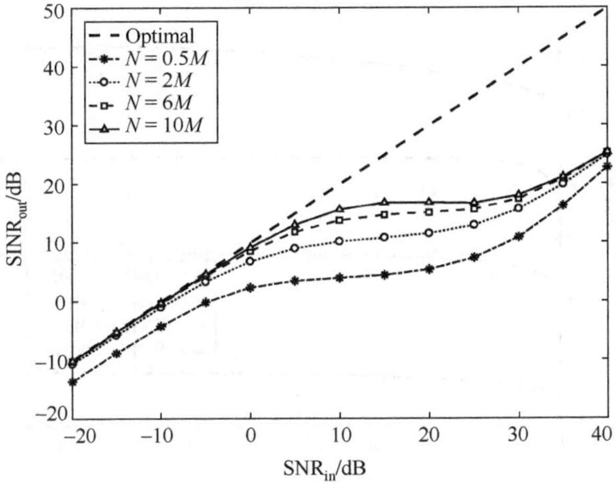

(b)

图 5.15　不同快拍数 N 与输入 SNR 时 RCB 波束输出 SINR，$\varepsilon_0 = 5$

个快拍就可以收敛到与最优输出 SINR 相差在 3dB 以内。当快拍数 N 与输入 SNR 相同时，RCB 方法的输出 SINR 高于 SMI 方法。可见，RCB 方法提高了 SMI 波束形成器的稳健性。

考察 RCB 方法中 ε_0 值的选取对输出 SINR 的影响。图 5.16 显示了不同的 ε_0 值与输入 SNR 对应的 RCB 输出 SINR。从图中可以看出，当输入 SNR 较小时，随着 ε_0 的增大，输出 SINR 趋向于最优输出信干噪比 $\mathrm{SINR}_{\mathrm{opt}}$；而当输入 SNR 较大时，随着 ε_0 的增大，输出 SINR 先增加后减小。可见，对于不同的输入 SNR，RCB 存在不同的最优 ε_0 值(图 5.16 中各曲线出现最大值时对应的 ε_0 值，记作 $\varepsilon_{\mathrm{opt}}$)。随着输入 SNR 的增加，$\varepsilon_{\mathrm{opt}}$ 减小。

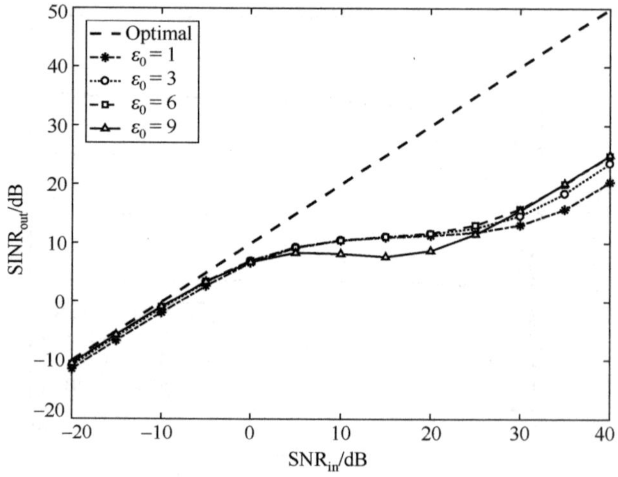

(a)

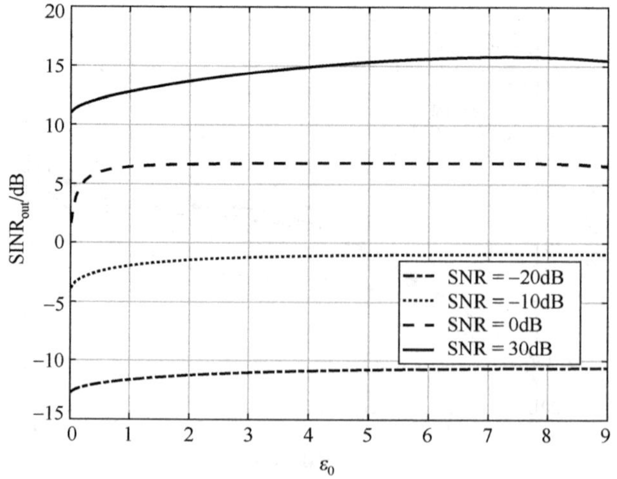

(b)

图 5.16　ε_0 值对 RCB 输出 SINR 的影响，$N=2M$

图 5.17 显示了图 5.16 中各波束形成器的对角加载量。从图中可见，ε_0 越大，对角加载级 LNR 越大。从对角加载级的大小也可以分析 RCB 波束输出 SINR 性能，参阅图 5.6 及相关叙述。

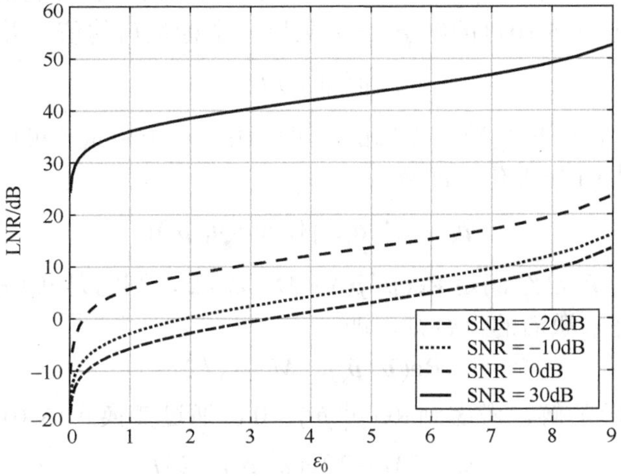

图 5.17　不同 ε_0 值时 RCB 波束对角加载量大小，$N=2M$

5.6　双约束法

5.6.1　算法描述

在 RCB 方法中，在估计信号功率时，为了去除“比例模糊”的影响，对估计出的导向向量进行了归一化，如式(5.96)。但是，这种归一化处理后得到的导向向量 $\hat{\boldsymbol{p}}_{\mathrm{s}}$ 可能不再属于不确定集 S。Li 等[126]又提出了双约束稳健 Capon 波束形成器(doubly constrained robust Capon beamformer，DCRCB)设计方法。

DCRCB 方法即在式(5.78)所示的 RCB 方法中增加了导向向量范数约束，该优化问题表述为

$$\min_{\boldsymbol{p}_{\mathrm{s}}} \boldsymbol{p}_{\mathrm{s}}^{\mathrm{H}}\boldsymbol{R}^{-1}\boldsymbol{p}_{\mathrm{s}},\quad \text{subject to}\ \ \|\boldsymbol{p}_{\mathrm{s}}-\bar{\boldsymbol{p}}_{\mathrm{s}}\|^2\leqslant\varepsilon_0,\quad \|\boldsymbol{p}_{\mathrm{s}}\|^2=M \tag{5.98}$$

由于 $\|\bar{\boldsymbol{p}}_{\mathrm{s}}\|^2=M$，可将式(5.98)中约束函数 $\|\boldsymbol{p}_{\mathrm{s}}-\bar{\boldsymbol{p}}_{\mathrm{s}}\|^2\leqslant\varepsilon_0$ 表示为

$$\|\boldsymbol{p}_{\mathrm{s}}-\bar{\boldsymbol{p}}_{\mathrm{s}}\|^2\leqslant\varepsilon_0 \Leftrightarrow \mathrm{Re}(\bar{\boldsymbol{p}}_{\mathrm{s}}^{\mathrm{H}}\boldsymbol{p}_{\mathrm{s}})\geqslant M-\varepsilon_0/2 \tag{5.99}$$

于是，式(5.98)成为

$$\min_{\boldsymbol{p}_{\mathrm{s}}} \boldsymbol{p}_{\mathrm{s}}^{\mathrm{H}}\boldsymbol{R}^{-1}\boldsymbol{p}_{\mathrm{s}},\quad \text{subject to}\ \ \mathrm{Re}(\bar{\boldsymbol{p}}_{\mathrm{s}}^{\mathrm{H}}\boldsymbol{p}_{\mathrm{s}})\geqslant M-\varepsilon_0/2,\quad \|\boldsymbol{p}_{\mathrm{s}}\|^2=M \tag{5.100}$$

该约束优化问题与 NCCB 的表达形式比较相似。如果不考虑式(5.100)中的不确

定集约束，它成为

$$\min_{\boldsymbol{p}_s} \boldsymbol{p}_s^{\mathrm{H}} \boldsymbol{R}^{-1} \boldsymbol{p}_s, \quad \text{subject to} \ \|\boldsymbol{p}_s\|^2 = M \tag{5.101}$$

假设 $\boldsymbol{u}_1$ 是 $\boldsymbol{R}$ 的主特征向量，即 $\boldsymbol{U}$ 中对应于最大特征值的特征向量[参见式(5.48)]，优化问题(5.101)的解 $\tilde{\boldsymbol{p}}_s$ 是 $\boldsymbol{u}_1$ 乘以一个标量后的值，并满足

$$\|\tilde{\boldsymbol{p}}_s\|^2 = M \tag{5.102}$$

由于矩阵的特征向量是独一无二的，可以相差一个标量。可以通过选择一个 $\tilde{\boldsymbol{p}}_s$ 的相位，使 $\mathrm{Re}(\overline{\boldsymbol{p}}_s^{\mathrm{H}} \tilde{\boldsymbol{p}}_s)$ 最大化，即令

$$\tilde{\boldsymbol{p}}_s = M^{1/2} \boldsymbol{u}_1 \exp[\mathrm{i} \cdot \arg(\boldsymbol{u}_1^{\mathrm{H}} \overline{\boldsymbol{p}}_s)] \tag{5.103}$$

如果所得到的 $\tilde{\boldsymbol{p}}_s$ 已经满足 $\mathrm{Re}(\overline{\boldsymbol{p}}_s^{\mathrm{H}} \tilde{\boldsymbol{p}}_s) \geqslant M - \varepsilon_0 / 2$，则它是式(5.100)的解 $\hat{\boldsymbol{p}}_s$。此时不确定集约束是未激活的。否则，即

$$\mathrm{Re}(\overline{\boldsymbol{p}}_s^{\mathrm{H}} \tilde{\boldsymbol{p}}_s) \leqslant M - \varepsilon_0 / 2 \tag{5.104}$$

则 $\tilde{\boldsymbol{p}}_s$ 不是式(5.100)的解。考虑到 $\mathrm{Re}(\overline{\boldsymbol{p}}_s^{\mathrm{H}} \tilde{\boldsymbol{p}}_s) \geqslant 0$，通过变换式(5.104)，有

$$\varepsilon_0 < 2M - 2\mathrm{Re}(\overline{\boldsymbol{p}}_s^{\mathrm{H}} \tilde{\boldsymbol{p}}_s) \leqslant 2M \tag{5.105}$$

假设优化问题(5.100)中约束集用 $\breve{S}$ 表示，为了计算满足式(5.104)时优化问题(5.100)的解，定义函数

$$F_1(\boldsymbol{p}_s, \lambda, \mu) \triangleq \boldsymbol{p}_s^{\mathrm{H}} \boldsymbol{R}^{-1} \boldsymbol{p}_s + \lambda(\|\boldsymbol{p}_s\|^2 - M) + \mu(2M - \varepsilon_0 - \overline{\boldsymbol{p}}_s^{\mathrm{H}} \boldsymbol{p}_s - \boldsymbol{p}_s^{\mathrm{H}} \overline{\boldsymbol{p}}_s) \tag{5.106}$$

式中，λ 与 μ 是实数 Lagrange 乘子，并且 $\mu \geqslant 0$，λ 满足 $\boldsymbol{R}^{-1} + \lambda \boldsymbol{I} \succ \boldsymbol{0}$，以便上式能够相对于 $\boldsymbol{p}_s$ 最小化。显然对于任意的 $\boldsymbol{p}_s \in \breve{S}$，有 $F_1(\boldsymbol{p}_s, \lambda, \mu) \leqslant \boldsymbol{p}_s^{\mathrm{H}} \boldsymbol{R}^{-1} \boldsymbol{p}_s$，并且在 $\breve{S}$ 的边界上时取等号。式(5.106)可以写成

$$\begin{aligned} F_1(\boldsymbol{p}_s, \lambda, \mu) \triangleq & \left[\boldsymbol{p}_s - \mu(\boldsymbol{R}^{-1} + \lambda \boldsymbol{I})^{-1} \overline{\boldsymbol{p}}_s \right]^{\mathrm{H}} (\boldsymbol{R}^{-1} + \lambda \boldsymbol{I}) \left[\boldsymbol{p}_s - \mu(\boldsymbol{R}^{-1} + \lambda \boldsymbol{I})^{-1} \overline{\boldsymbol{p}}_s \right] \\ & - \mu^2 \overline{\boldsymbol{p}}_s^{\mathrm{H}} (\boldsymbol{R}^{-1} + \lambda \boldsymbol{I})^{-1} \overline{\boldsymbol{p}}_s - \lambda M + \mu(2M - \varepsilon_0) \end{aligned} \tag{5.107}$$

对于固定的 λ 与 μ，上式相对于 $\boldsymbol{p}_s$ 最小化得到

$$\hat{\boldsymbol{p}}_{\lambda,\mu} = \mu(\boldsymbol{R}^{-1} + \lambda \boldsymbol{I})^{-1} \overline{\boldsymbol{p}}_s \tag{5.108}$$

将它代入式(5.107)，有

$$\begin{aligned} F_2(\lambda, \mu) & \triangleq F_1(\hat{\boldsymbol{p}}_{\lambda,\mu}, \lambda, \mu) \\ & = -\mu^2 \overline{\boldsymbol{p}}_s^{\mathrm{H}} (\boldsymbol{R}^{-1} + \lambda \boldsymbol{I})^{-1} \overline{\boldsymbol{p}}_s - \lambda M + \mu(2M - \varepsilon_0) \qquad (5.109) \\ & \leqslant \boldsymbol{p}_s^{\mathrm{H}} \boldsymbol{R}^{-1} \boldsymbol{p}_s, \quad \forall \boldsymbol{p}_s \in \breve{S} \qquad (5.110) \end{aligned}$$

使 $F_2(\lambda, \mu)$ 相对于 μ 最大化得到

$$\hat{\mu} = \frac{2M - \varepsilon_0}{2 \overline{\boldsymbol{p}}_s^{\mathrm{H}} (\boldsymbol{R}^{-1} + \lambda \boldsymbol{I})^{-1} \overline{\boldsymbol{p}}_s} \tag{5.111}$$

它确实满足 $\hat{\mu}>0$。将式(5.111)代入式(5.109)得到

$$F_3(\lambda)\triangleq F_2(\lambda,\hat{\mu})=-\lambda M+\frac{(M-\varepsilon_0/2)^2}{\overline{\boldsymbol{p}}_{\rm s}^{\rm H}(\boldsymbol{R}^{-1}+\lambda\boldsymbol{I})^{-1}\overline{\boldsymbol{p}}_{\rm s}} \tag{5.112}$$

上式相对于 λ 最大化得到其估计值 $\hat{\lambda}$ 满足

$$h(\hat{\lambda})=\rho \tag{5.113}$$

式中

$$h(\hat{\lambda})=\frac{\overline{\boldsymbol{p}}_{\rm s}^{\rm H}(\boldsymbol{R}^{-1}+\hat{\lambda}\boldsymbol{I})^{-2}\overline{\boldsymbol{p}}_{\rm s}}{[\overline{\boldsymbol{p}}_{\rm s}^{\rm H}(\boldsymbol{R}^{-1}+\hat{\lambda}\boldsymbol{I})^{-1}\overline{\boldsymbol{p}}_{\rm s}]^2},\qquad \rho=\frac{M}{(M-\varepsilon_0/2)^2}$$

与 NCCB 方法类似，可以证明，在条件(5.104)满足时，式(5.113)是关于 $\hat{\lambda}$ 的单调降函数。而且，$\hat{\lambda}\to\infty$，$h(\hat{\lambda})\to 1/M<\rho$；$\hat{\lambda}\to -1/\gamma_1$，$h(\hat{\lambda})\to 1/\left|\boldsymbol{u}_1^{\rm H}\overline{\boldsymbol{p}}_{\rm s}\right|^2$。由于 $\left|\boldsymbol{u}_1^{\rm H}\overline{\boldsymbol{p}}_{\rm s}\right|^2={\rm Re}^2(\tilde{\boldsymbol{p}}_{\rm s}^{\rm H}\overline{\boldsymbol{p}}_{\rm s})/M<(M-\varepsilon_0/2)^2/M$，$1/\left|\boldsymbol{u}_1^{\rm H}\overline{\boldsymbol{p}}_{\rm s}\right|^2>\rho$。因此，式(5.113)存在唯一解，且 $\hat{\lambda}>-1/\gamma_1$。可见，式(5.113)可以通过数值计算方法，如牛顿迭代法求解。

将式(5.111)代入式(5.108)得到

$$\hat{\boldsymbol{p}}_{\rm s}=\left(M-\frac{\varepsilon_0}{2}\right)\frac{(\boldsymbol{R}^{-1}+\lambda\boldsymbol{I})^{-2}\overline{\boldsymbol{p}}_{\rm s}}{\overline{\boldsymbol{p}}_{\rm s}^{\rm H}(\boldsymbol{R}^{-1}+\lambda\boldsymbol{I})^{-1}\overline{\boldsymbol{p}}_{\rm s}} \tag{5.114}$$

它满足 ${\rm Re}(\hat{\boldsymbol{p}}_{\rm s}^{\rm H}\overline{\boldsymbol{p}}_{\rm s})=\hat{\boldsymbol{p}}_{\rm s}^{\rm H}\overline{\boldsymbol{p}}_{\rm s}=M-\varepsilon_0/2$ 与 $\|\hat{\boldsymbol{p}}_{\rm s}\|=M$。因此，式(5.114)就是所需要的解。由特征分解 $\boldsymbol{R}=\boldsymbol{U\Gamma U}^{\rm H}$，它成为

$$\hat{\boldsymbol{p}}_{\rm s}=\left(M-\frac{\varepsilon_0}{2}\right)\frac{\boldsymbol{U}(\boldsymbol{I}+\lambda\boldsymbol{\Gamma})^{-1}\boldsymbol{\Gamma}\boldsymbol{U}^{\rm H}\overline{\boldsymbol{p}}_{\rm s}}{\overline{\boldsymbol{p}}_{\rm s}^{\rm H}\boldsymbol{U}(\boldsymbol{I}+\lambda\boldsymbol{\Gamma})^{-1}\boldsymbol{\Gamma}\boldsymbol{U}^{\rm H}\overline{\boldsymbol{p}}_{\rm s}} \tag{5.115}$$

得到估计的信号功率为

$$\hat{\sigma}_{\rm s}^2=\frac{1}{\hat{\boldsymbol{p}}_{\rm s}^{\rm H}\boldsymbol{R}^{-1}\hat{\boldsymbol{p}}_{\rm s}} \tag{5.116}$$

由式(5.115)，式(5.116)可以进一步写成

$$\hat{\sigma}_{\rm s}^2=\frac{1}{(M-\varepsilon_0/2)^2}\frac{\left[\overline{\boldsymbol{p}}_{\rm s}^{\rm H}\boldsymbol{U}(\boldsymbol{I}+\lambda\boldsymbol{\Gamma})^{-1}\boldsymbol{\Gamma}\boldsymbol{U}^{\rm H}\overline{\boldsymbol{p}}_{\rm s}\right]^2}{\overline{\boldsymbol{p}}_{\rm s}^{\rm H}\boldsymbol{U}(\boldsymbol{I}+\lambda\boldsymbol{\Gamma})^{-2}\boldsymbol{\Gamma}\boldsymbol{U}^{\rm H}\overline{\boldsymbol{p}}_{\rm s}} \tag{5.117}$$

DCRCB 波束形成器加权向量为

$$\hat{\boldsymbol{w}}_{\rm DCRCB}=\frac{\boldsymbol{R}^{-1}\hat{\boldsymbol{p}}_{\rm s}}{\hat{\boldsymbol{p}}_{\rm s}^{\rm H}\boldsymbol{R}^{-1}\hat{\boldsymbol{p}}_{\rm s}} \tag{5.118}$$

由式(5.114)，上式可进一步写成

$$\hat{\boldsymbol{w}}_{\text{DCRCB}}=\frac{1}{M-\varepsilon_0/2}\left[\bar{\boldsymbol{p}}_{\text{s}}^{\text{H}}\left(\boldsymbol{R}+\frac{1}{\hat{\lambda}}\boldsymbol{I}\right)^{-1}\boldsymbol{R}\,\bar{\boldsymbol{p}}_{\text{s}}\right]\cdot\frac{\left(\boldsymbol{R}+\dfrac{1}{\lambda}\boldsymbol{I}\right)^{-1}\bar{\boldsymbol{p}}_{\text{s}}}{\bar{\boldsymbol{p}}_{\text{s}}^{\text{H}}\left(\boldsymbol{R}+\dfrac{1}{\lambda}\boldsymbol{I}\right)^{-1}\boldsymbol{R}\left(\boldsymbol{R}+\dfrac{1}{\lambda}\boldsymbol{I}\right)^{-1}\bar{\boldsymbol{p}}_{\text{s}}} \tag{5.119}$$

下面推导 $\hat{\lambda}$ 的上界。类似于 NCCB 方法，式(5.113)可以写成

$$\frac{\displaystyle\sum_{m=1}^{M}\frac{|z_m|^2}{\left(\dfrac{1}{\gamma_m}+\hat{\lambda}\right)^2}}{\left[\displaystyle\sum_{m=1}^{M}\frac{|z_m|^2}{\dfrac{1}{\gamma_m}+\hat{\lambda}}\right]^2}=\rho \tag{5.120}$$

因此，有

$$\rho\leqslant\frac{\|\bar{\boldsymbol{p}}_{\text{s}}\|^2}{(1/\gamma_1+\hat{\lambda})^2}\Big/\frac{\|\bar{\boldsymbol{p}}_{\text{s}}\|^4}{(1/\gamma_M+\hat{\lambda})^2}=\frac{(1/\gamma_M+\hat{\lambda})^2}{M(1/\gamma_1+\hat{\lambda})^2} \tag{5.121}$$

由此可以得到 $\hat{\lambda}$ 的上界，考虑到 $\hat{\lambda}>-1/\gamma_1$， $\hat{\lambda}$ 的上下界范围为

$$-\frac{1}{\gamma_1}\leqslant\hat{\lambda}\leqslant\frac{1/\gamma_M-(M\rho)^{1/2}1/\gamma_1}{(M\rho)^{1/2}-1} \tag{5.122}$$

综上所述，DCRCB 方法设计步骤如下。

(1)对数据协方差矩阵 $\boldsymbol{R}$ (在实际应用中用其估计值 $\hat{\boldsymbol{R}}$)进行特征分解。

(2)运用牛顿迭代法求解式(5.120)得到 $\hat{\lambda}$，其中，$\hat{\lambda}$ 的上下界范围由式(5.122)确定。

(3)将求解出的 $\hat{\lambda}$ 代入式(5.115)得到估计的导向向量 $\hat{\boldsymbol{p}}_{\text{s}}$。

(4)将 $\hat{\boldsymbol{p}}_{\text{s}}$ 代入式(5.116)估计 $\hat{\sigma}_{\text{s}}^2$。也可以省略第(3)步，从第(2)步计算出 $\hat{\lambda}$ 后直接代入式(5.117)计算 $\hat{\sigma}_{\text{s}}^2$。

(5)将 $\hat{\boldsymbol{p}}_{\text{s}}$ 代入式(5.118)计算加权向量 $\hat{\boldsymbol{w}}_{\text{DCRCB}}$。也可以省略第(3)步，从第(2)步计算出 $\hat{\lambda}$ 后直接代入式(5.119)计算 $\hat{\boldsymbol{w}}_{\text{DCRCB}}$。

5.6.2　尽可能小的椭圆不确定集

在 DCRCB 算法中，为了保证波束形成器对干扰的抑制能力，ε_0 应该选得尽可能小。注意到若将导向向量 $\boldsymbol{p}_{\text{s}}$ 旋转任意相位，并不影响代价函数 $\boldsymbol{p}_{\text{s}}^{\text{H}}\boldsymbol{R}^{-1}\boldsymbol{p}_{\text{s}}$ 与范数约束 $\|\boldsymbol{p}_{\text{s}}\|^2=M$。因此，$\varepsilon_0$ 应该选得尽可能小，且满足

$$\varepsilon_0\geqslant\varepsilon_{\min}\triangleq\min\nolimits_{\varphi}\|\tilde{\boldsymbol{p}}_{\text{s}}\exp(\mathrm{i}\varphi)-\bar{\boldsymbol{p}}_{\text{s}}\|^2 \tag{5.123}$$

式中，$\tilde{\boldsymbol{p}}_s$ 是真实的导向向量；φ 是任意角度。

例 5.8　观察方向存在误差时 DCRCB 方法的性能

考虑例 5.6 所述仿真条件。信号方向为 $\theta_0 = 0^\circ$，波束观察方向为 $\theta_o = 1^\circ$，真实导向向量与假想导向向量之间的误差 $\|\boldsymbol{p}_\Delta\|^2 = \|\boldsymbol{p}(0^\circ) - \boldsymbol{p}(1^\circ)\|^2 \approx 0.8453$。

如果将 $\boldsymbol{p}(0^\circ)$ 旋转角度 φ，有

$$\begin{aligned}\varepsilon_{\min} &= \min_{\varphi} \|\boldsymbol{p}(0^\circ)\exp(\mathrm{i}\varphi) - \boldsymbol{p}(1^\circ)\|^2 \\ &= \|\boldsymbol{p}(0^\circ)\exp\{\mathrm{i}\cdot\arg[\boldsymbol{p}^{\mathrm{H}}(0^\circ)\boldsymbol{p}(1^\circ)]\} - \boldsymbol{p}(1^\circ)\|^2 \\ &= 0.2471\end{aligned} \tag{5.124}$$

采用 DCRCB 方法进行波束形成，其中 ε_0 分别取 0.85、0.25 与 0.20。各波束形成器的输出 SINR 与输入 SNR 的关系曲线如图 5.18 所示。从图中可以看出，$\varepsilon_0 = 0.25$ 对应的 DCRCB 方法性能最优。ε_0 值过大或过小都会产生性能下降。

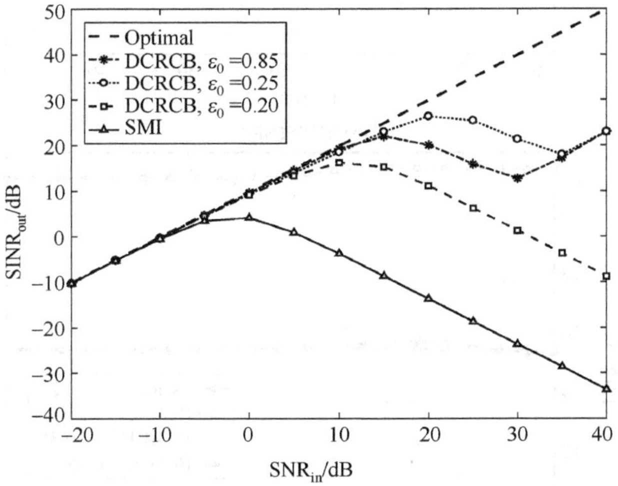

图 5.18　不同 ε_0 值对应的 DCRCB 波束输出 SINR

假设输入信号 SNR＝10dB，在例 5.1 所述仿真条件的基础上，增加一个从−25°方位入射的平面波干扰，其 INR 是变化的。取 $\varepsilon_0 = 0.25$ 与 0.85，分别进行 RCB 与 DCRCB 波束形成。图 5.19(a) 显示了该干扰的 INR 变化时波束输出 SINR 曲线。

从图中可以看出，当选择 $\varepsilon_0 = 0.25$ 时，DCRCB 方法的输出 SINR 高于 RCB 方法。当 ε_0 值较大（$\varepsilon_0 = 0.85$）时，一般情况下，DCRCB 方法的输出 SINR 高于 RCB 方法，而若某干扰功率与期望信号功率可比时，DCRCB 方法输出 SINR 低于 RCB 方法。有趣的是，$\varepsilon_0 = 0.25$ 时的 DCRCB 方法与 $\varepsilon_0 = 0.85$ 时的 RCB 方法输出 SINR 大致相当，这一点也可以从图 5.19(b) 所示的对角加载量看出来，此时它们的对角加载级大致相等。

注意图 5.19(a) 中，当某一 INR 接近于 SNR 时，波束输出 SINR 性能下降。其原因可能是当 INR 远小于 SNR 时，它对期望信号的影响较小；随着 INR 的增大，

它造成波束输出 SINR 降低；而当 INR 远大于 SNR 时，自适应波束形成器对该干扰零陷，由此波束输出 SINR 又开始升高并保持稳定。

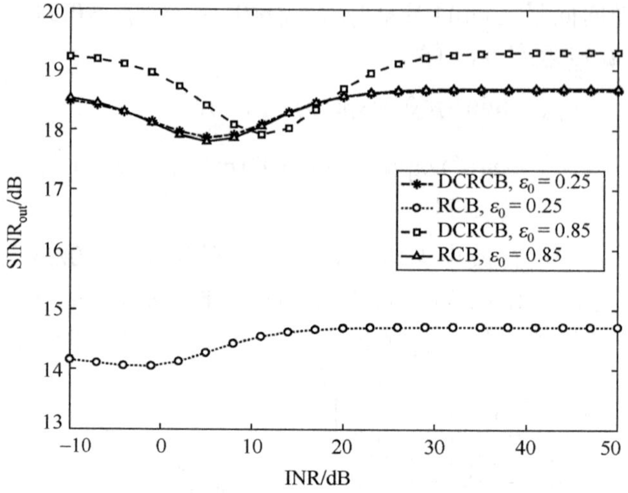

(a) 输出SINR

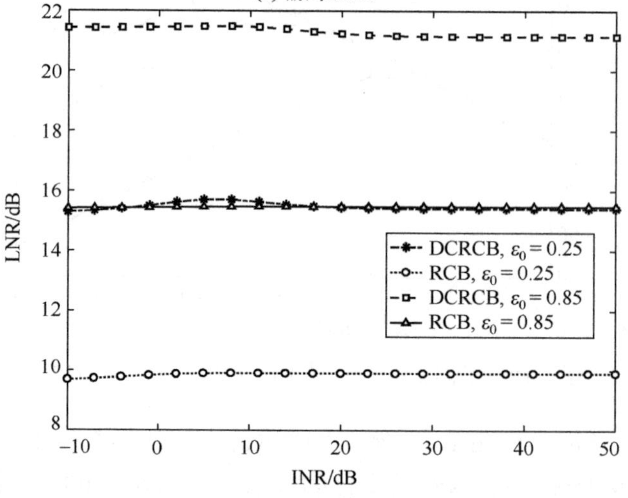

(b) 对角加载级

图 5.19　RCB 与 DCRCB 方法比较，$\varepsilon_{\min} = 0.2471$

例 5.9　不同样本数目 N 与输入 SNR 时 DCRCB 波束形成器的性能

考虑例 5.1 所述仿真条件，考察不同快拍数 N 与不同输入 SNR 时 DCRCB 波束输出 SINR。

选择 $\varepsilon_0 = 5$，在 0° 方向进行 DCRCB 波束形成。图 5.20 显示了不同快拍数 N 与不同输入 SNR 时 DCRCB 波束输出 SINR。比较图 5.20 与图 5.15 可见，在输入 SNR

不太高时(如 10dB 以下)，DCRCB 方法的性能与 RCB 方法的性能相当。而当输入 SNR 较大时，DCRCB 方法输出 SINR 小于 RCB 方法。

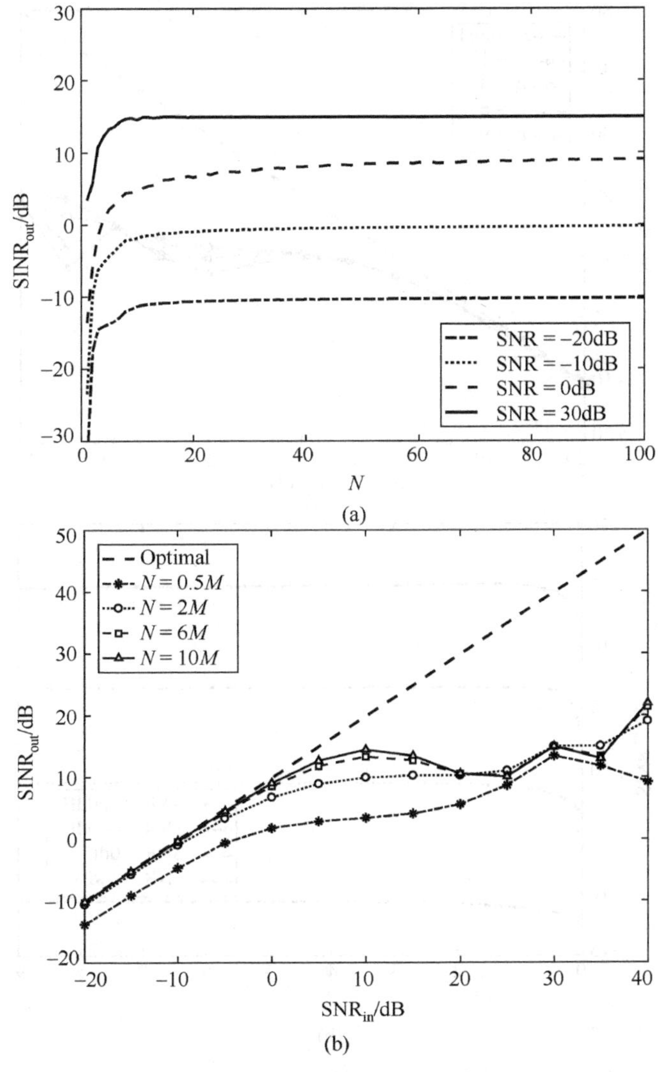

图 5.20　不同快拍数 N 与输入 SNR 时 DCRCB 波束输出 SINR，$\varepsilon_0 = 5$

考察 DCRCB 方法中 ε_0 值的选取对输出 SINR 的影响。图 5.21 显示了不同的 ε_0 值与输入 SNR 对应的 DCRCB 输出 SINR。

由图中可以看出，当输入 SNR 较小时，随着 ε_0 的增大，输出 SINR 趋向于最优输出信干噪比 $SINR_{opt}$；而当输入 SNR 较大时，随着 ε_0 的增大，输出 SINR 先增加后减小。与 RCB 方法类似，随着输入 SNR 的增加，ε_0 最优值(图 5.21(b)中各曲线出现最大值时对应的 ε_0 值，记作 ε_{opt})减小。不过，总体而言，DCRCB 方法中的最优值 ε_{opt} 小于 RCB 方法中的最优值。

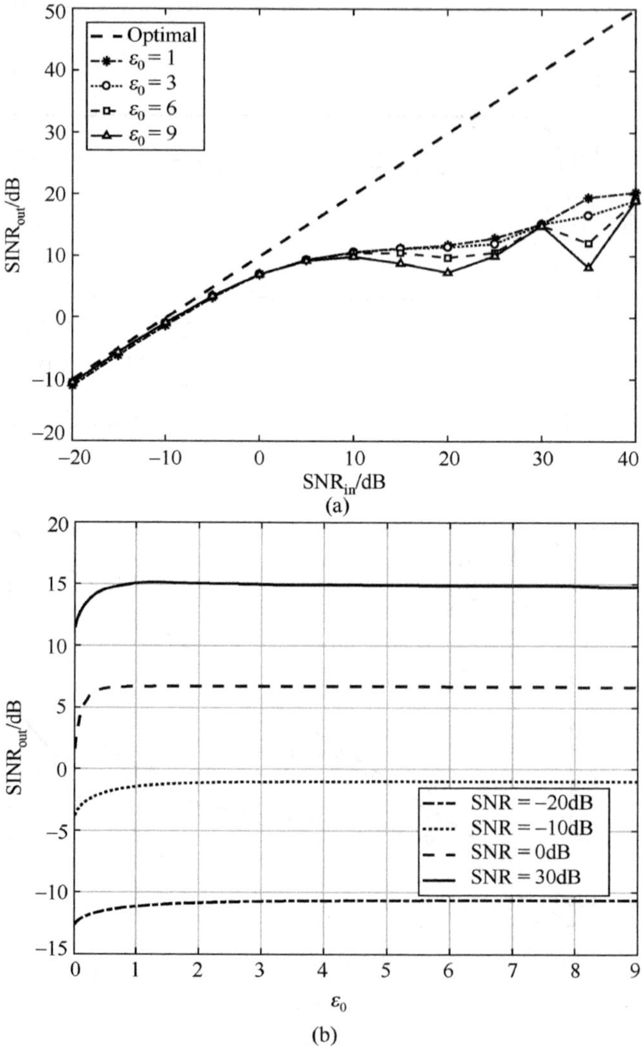

图 5.21　ε_0 值对 DCRCB 输出 SINR 的影响，$N=2M$

图 5.22 显示了图 5.21(b)中各波束形成器的对角加载量。由图中可见，ε_0 越大，对角加载级 LNR 越大。从对角加载级的大小也可以分析 DCRCB 波束输出 SINR 性能(参见图 5.6)。比较图 5.22 与图 5.16，当输入 SNR 较大时，DCRCB 方法的对角加载量比 RCB 方法大得多，这也正是 DCRCB 方法在高 SNR 时较 RCB 输出 SINR 低的原因。

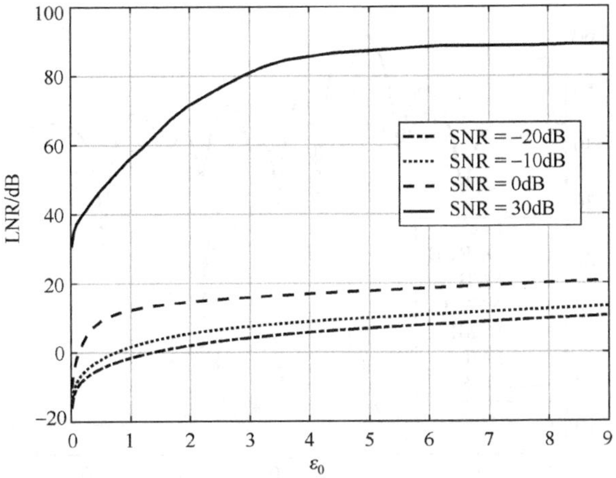

图 5.22 ε_0 值对 DCRCB 输出 SINR 的影响，$N = 2M$

5.7 各种波束形成方法性能比较

本节对本章介绍的各种波束形成方法的方位谱估计性能、输出 SINR 性能及波束图性能进行比较。

例 5.10 几种波束形成器的性能比较

考虑例 5.1 所述仿真条件，增加一个到达方向为−25°，功率为 60dB 的信号。假设存在导向向量误差，假设 4 个入射信号的响应向量都存在一个零均值圆对称复高斯随机变量的扰动，这些扰动都归一化为 $\|\boldsymbol{p}_\Delta\|=1$，且它们之间相互独立。

分别采用 DAS、SMI、LSMI、NCCB、RCB 与 DCRCB 波束形成方法进行信号方位谱估计。其中 LSMI 方法中选择 LNR=10dB，NCCB 方法中选择 $\zeta_0 = 0.6$，RCB 与 DCRCB 方法中选择 $\varepsilon_0 = 1$。假设数据样本为无穷多（$N = \infty$），即数据协方差矩阵采用理论值。这 6 种方法得到的方位谱如图 5.23(a)所示。

从图中可以看出，DAS 方法仅能够估计出最大信号的功率，其他信号都被该强信号湮没，旁瓣容易产生虚警。虽然 SMI 方法的方位谱峰值能够正确显示信号方位，但对信号功率估计能力很差。虽然 LSMI 与 NCCB 方法比 SMI 方法更加稳健，对估计的信号功率仍旧比真实信号功率低，NCCB 方法优于 LSMI 方法。只有 RCB 与 DCRCB 方法的信号功率估计能力较好，几乎能正确指示信号功率。

图 5.23(b)显示了 LSMI、NCCB、RCB 与 DCRCB 方法的对角加载级。由于 NCCB 方法中加权向量范数约束有时被激活，有时不被激活，所以该方法的对角加载曲线是不连续的。DCRCB 方法的对角加载曲线也是不连续的(在−25°附近对角加载量无穷大)，这是由于在最强信号附近不确定集约束未激活。NCCB、RCB 与 DCRCB 方法的对角加载级随信号强度变化，一般来说，信号越强，对角加载级越大。

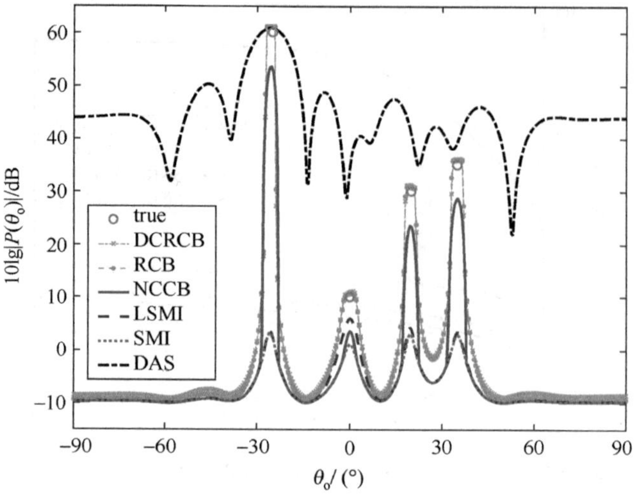

(a) 方位谱

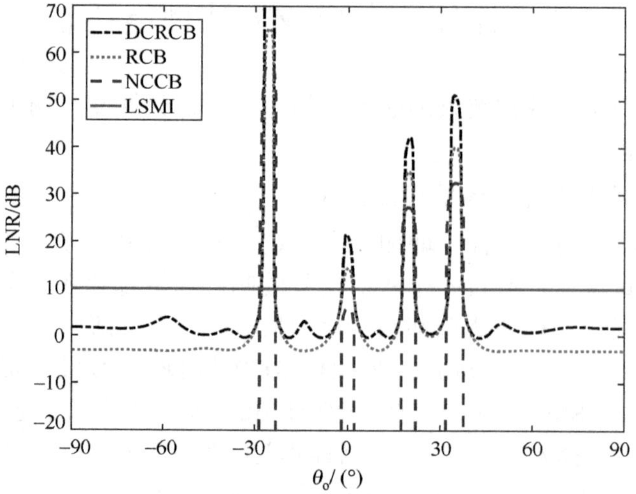

(b) 对角加载级

图 5.23　各方法的方位谱功率估计与对角加载级

图 5.24 显示了当波束观察方向刚好扫描到对应信号方位时，各种波束形成方法得到的波束输出 SINR。

从图中可以看出，输入 SNR 越高，DAS 方法的输出 SINR 越高，而 SMI 方法的输出 SINR 越低，这一仿真结果与第 4 章中的分析吻合。LSMI、NCCB、RCB 与 DCRCB 方法不同程度地提高了波束形成器的稳健性。但 LSMI 方法在输入 SNR 过高时输出 SINR 受到损失较大。这是由于 NCCB、RCB 与 DCRCB 方法的对角加载级能随输入 SNR 增加而增加，而 LSMI 方法的对角加载级保持恒定，因而在 SNR 较高时 LSMI 方法性能所受影响较其他几种稳健方法大。

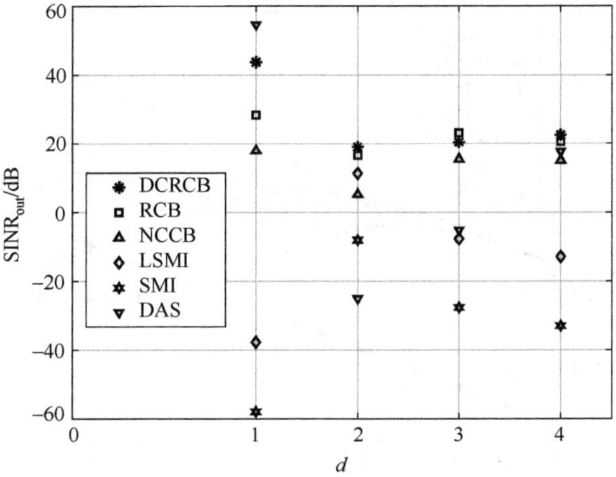

图 5.24　采用各种方法时 4 个信号输出 SINR

各方法中选择不同的参数时，相对结果会有所不同，但总体而言，DCRCB 方法具有最好的输出 SINR。

假设第 2 个信号是期望信号，其他信号都是干扰。让期望信号 SNR 在−20～40dB 范围内变化，各种波束形成方法对期望信号的输出 SINR 显示于图 5.25 中。图 5.25(a)中数据协方差矩阵精确已知，图 5.25(b)中数据协方差矩阵是由 $N=6M$ 个样本进行估计的。

比较图 5.25(a)与图 5.25(b)可知，当样本快拍数有限时，RCB 与 DCRCB 方法波束输出 SINR 略有下降(若增加 ε 值，性能会有所改善)。有趣的是，如果输入 SNR 很高，有限样本时的 SMI 波束输出 SINR 居然高于无限样本时。其原因可能是由于在期望信号 SNR 很高时，若协方差矩阵精确已知，由于存在导向向量误差，SMI

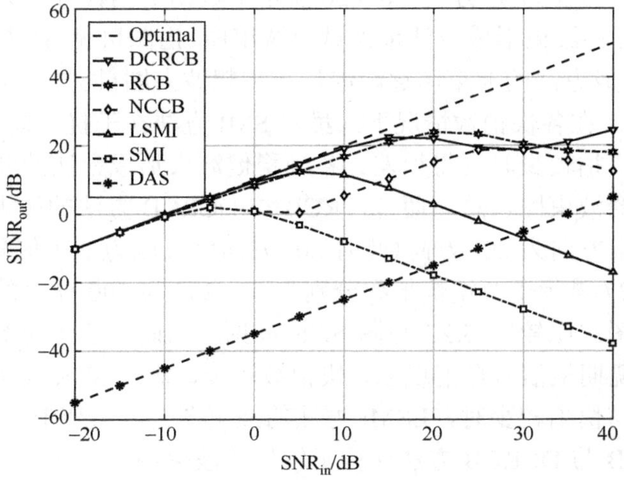

(a) $N=\infty$

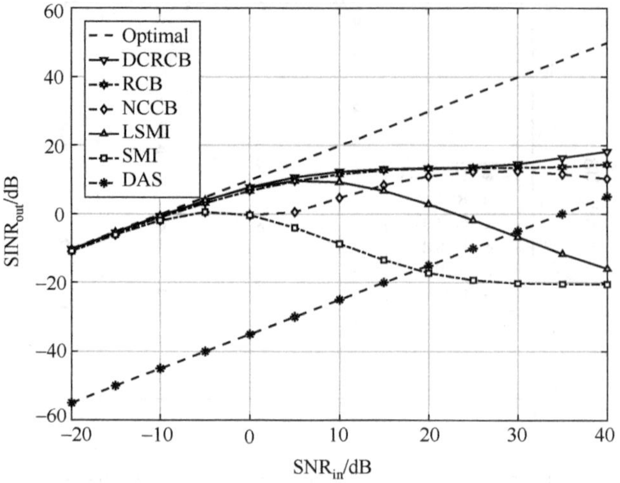

(b) $N=6M$

图 5.25　第 2 个信号 SNR 变化时各方法的输出 SINR

方法将期望信号当作干扰，将其与其他干扰一起进行抑制；而协方差矩阵存在误差时，期望信号方向特征误差进一步增大，此时 SMI 方法更多地去抑制干扰，而对期望信号的抑制减小了。

例 5.11　几种波束形成器的波束图比较

考虑例 5.1 所述仿真条件，增加一个到达方向为−25°、功率为 60dB 的信号。假设各信号导向向量都不存在误差。考察各种自适应波束形成方法(SMI、LSMI、NCCB、RCB 与 DCRCB)的波束响应图。LSMI 方法中取 LNR=10dB，NCCB 方法中取 $G_{\mathrm{wd0}}=2\,\mathrm{dB}$，RCB 与 DCRCB 方法中皆取 $\varepsilon_0=3$。

假设波束观察方向为 0° 方向。图 5.26 显示了数据快拍数分别为 $N=0.5M$，$2M$，$500M$ 与 ∞ 时的五种波束形成方法单次试验波束图。由图可见，随着数据快拍数 N 的增加，各种波束形成方法的波束图逐渐趋近于理想波束图(协方差矩阵精确已知时波束图，即 $N=\infty$)。在各快拍数情况下，虽然 SMI 方法在干扰方向具有较深的凹槽，但波束图形状在快拍较少时变得很差。各种稳健波束形成方法的波束图形状在快拍较少时具有较好的波束图，总体而言，RCB 与 DCRCB 方法的波束图稳健性最优。

假设波束观察方向为 20° 方向(此时 20° 方向信号成为期望信号，其他方向信号成为干扰)。图 5.27 显示了数据快拍数分别为 $N=2M$ 与 $500M$ 时的五种波束形成方法单次试验波束图。比较图 5.27 与图 5.26 可见，当期望信号功率较强且快拍较少时，SMI 方法出现期望信号自消现象，快拍数越少，输入 SNR 越大，信号自消现象越严重。强信号与快拍较少时，LSMI 方法的波束图也严重变形，这与图 5.25 分析的结果吻合。RCB 与 DCRCB 方法保持了较好的波束图。

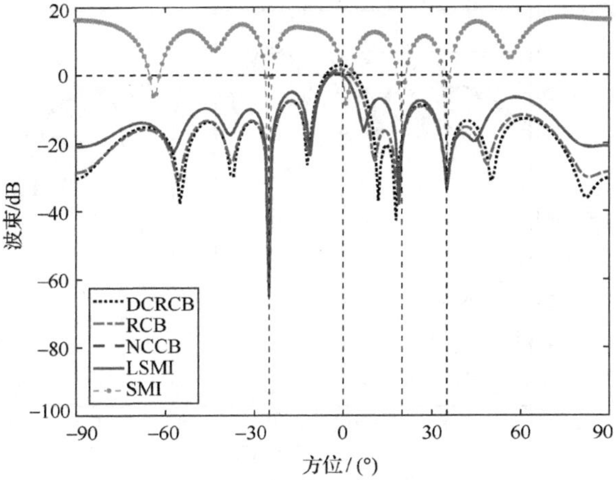

(a) $N=0.5M$

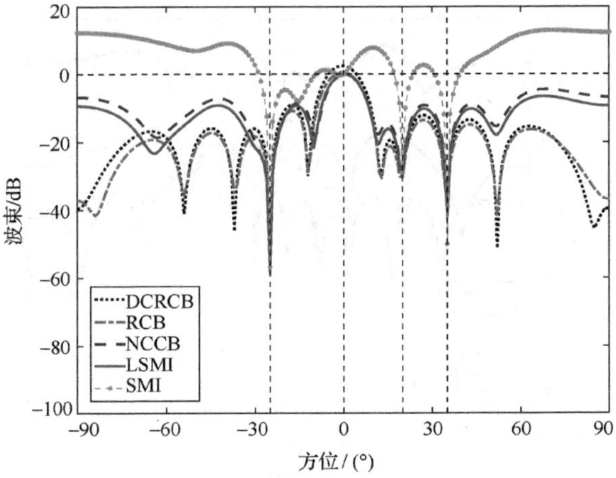

(b) $N=2M$

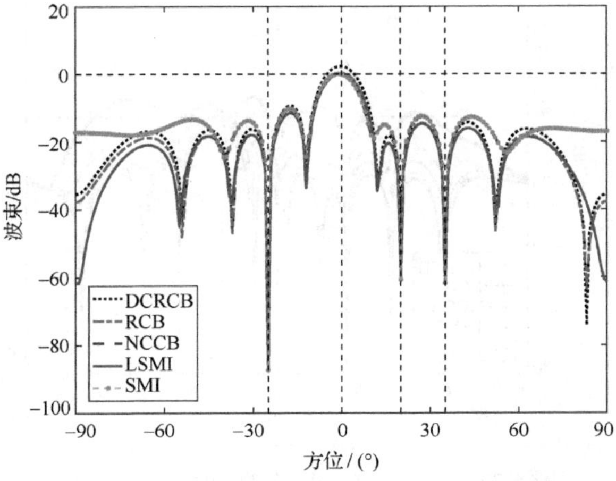

(c) $N=500M$

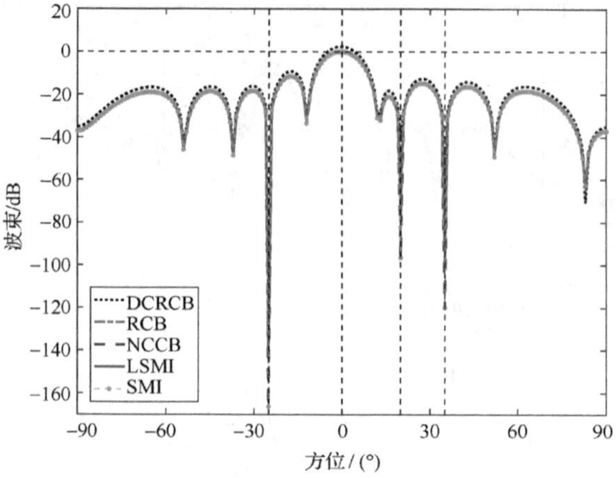

(d) $N=\infty$

图 5.26　不同快拍数对应的 0°方向波束图

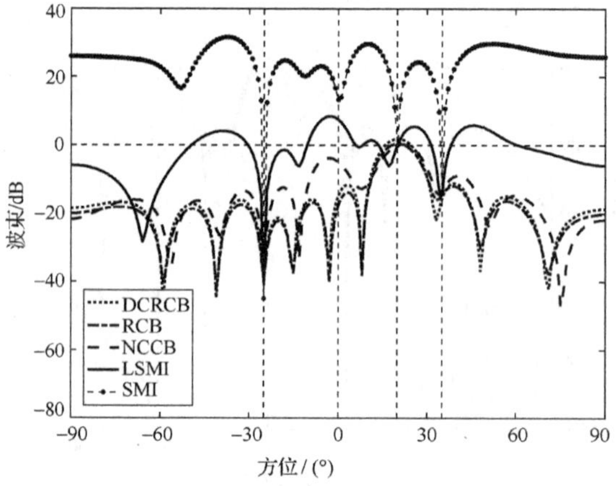

(a) $N=2M$

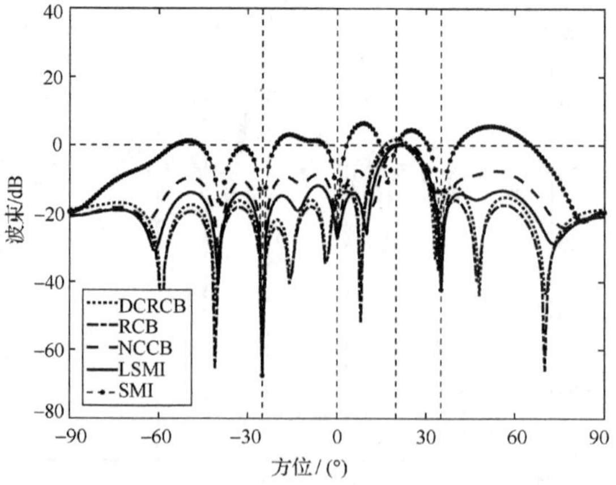

(b) $N=500M$

图 5.27　不同快拍数对应的 20°方向波束图

假设 0°方向信号为期望信号，波束观察方向存在误差，为 2°方向。此情况下可计算得 $\|\boldsymbol{p}_{\Delta}\|^2 = 3.2460$，由式(5.123)得，$\varepsilon_{\min} = 0.9773$。图 5.28 显示了数据快拍数分别为 $N = 2M$ 与 ∞ 时的五种波束形成方法单次试验波束图。由图可见，由于观察方向误差，SMI 方法中期望信号出现自消现象。其他各稳健波束形成方法波束图相比于 SMI 方法有不同程度的改善，其中 RCB 与 DCRCB 方法具有较好的波束图。

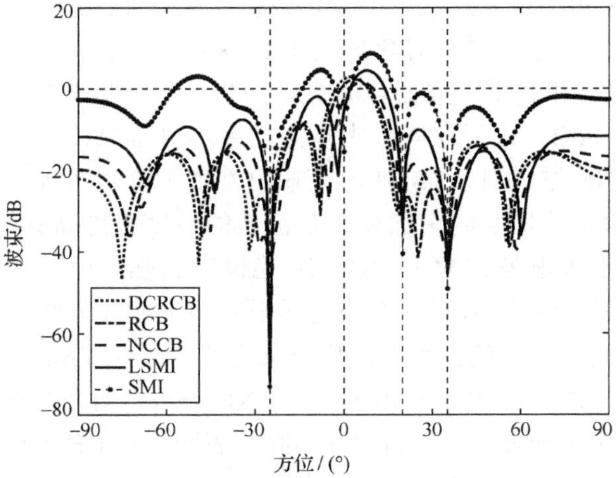

(a) $N = 2M$

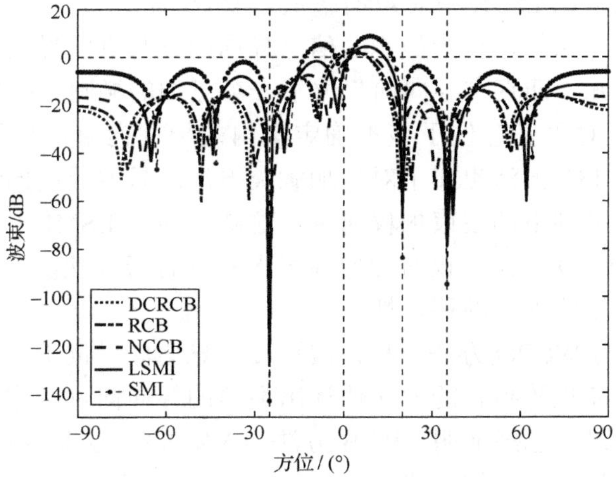

(b) $N = \infty$

图 5.28　不同快拍数对应的 2°方向波束图

5.8　本 章 小 结

本章针对 MVDR 波束形成器对波束观察方向误差与协方差矩阵估计误差敏感的缺点，介绍了对角加载(LSMI)、加权向量范数约束(NCCB)、最差性能最佳化(WCPO)、协方差矩阵拟合(RCB)与双约束(DCRCB)等 5 种稳健自适应波束形成方法。通过本章的阐述、分析与仿真验证，关于这几种波束形成器的部分结论如下。

(1)对数据样本协方差矩阵进行对角加载，可以减小协方差矩阵中噪声对应的特征值的扩散程度，进而提高波束形成器的稳健性(包括对导向向量误差与有限快拍两方面的稳健性)。对角加载量越大，LSMI 波束形成器的稳健性越强，但同时其潜在的干扰抑制能力减弱。通过调节对角加载级 LNR(加载量与噪声功率之比)，可以在 MVDR 与常规时延求和波束形成器(DAS)之间折中。经验表明，对角加载级比较合适的取值是 LNR=10dB。由于在实际中噪声功率本身难以估计，对角加载量难以确定。再者，输入 SNR 过大时，LSMI 波束输出性能下降也较大。

(2)NCCB 波束形成器从约束加权向量范数的角度来提高稳健性。加权向量范数约束值ζ_0越小(最小极限是$1/M$)，NCCB 稳健性越强。通过调节该约束值，可在 MVDR 与 DAS 之间折中。NCCB 方法也属于对角加载类方法，它通过加权向量范数约束值来确定对角加载量的大小。范数约束值越小，对角加载量越大。与 LSMI 方法不同的是，对角加载量与输入 SNR 有关。SNR 越大，对角加载量越大，这一变化趋势正好顺应了波束形成器的稳健性需求。经验表明，NCCB 方法中比较合适的取值是白噪声增益损失为$G_{\mathrm{wd0}} = 2\,\mathrm{dB}$(加权向量范数约束量为$\zeta_0 = (1/M)\cdot 10^{G_{\mathrm{wd0}}/10}$)。实际应用中，该值的选取比 LSMI 中对角加载量选取容易。

(3)在 WCPO 方法中，认为假想的信号导向向量与真实导向向量之间的误差范数存在上限，且已知，即真实导向向量位于一个已知的椭圆不确定集内。WCPO 方法的设计准则是：对于任意位于该不确定集内的导向向量，使最差情况下的输出 SINR 最大化。WCPO 方法也属于对角加载类方法。只要导向向量误差范数上限已知，就能够求出该准则下的波束加权向量，这就克服了 LSMI 方法中对角加载量难以确定的困难。WCPO 方法不仅对导向向量误差具有稳健性，而且能提高它对有限快拍引起的协方差矩阵误差的稳健性。

(4)RCB 方法与 WCPO 方法一样，假设真实导向向量位于一个已知的椭圆不确定集内，通过协方差矩阵拟合的方法估计出最佳的导向向量，进而进行信号源功率估计，求解加权向量。已经证明，RCB 方法与 WCPO 方法是等效的。由于 RCB 方法通过简单的牛顿迭代法求解最优的对角加载量，计算量与 SMI 方法的计算量为同一数量级，比基于二阶锥规划法的 WCPO 方法小很多。为了解决“比例模糊”造成的信号功率估计误差问题，可以将估计的导向向量进行归一化。不过，归一化后的导向向量不一定仍位于导向向量不确定集内。

(5)DCRCB 方法就是在 RCB 方法的基础上增加了导向向量范数约束，解决了“比例模糊”造成的信号功率估计误差问题，且保证估计出的导向向量仍位于该导向向量不确定集内。DCRCB 法与 RCB 法计算量相当。在 DCRCB 法中，导向向量被认为位于更小的椭圆不确定集内，因此在选择 ε_0 值时，它比 RCB 方法中的 ε_0 值小。总体而言，DCRCB 法的 SINR 性能略优于 RCB 法。

(6)通过比较这几种自适应波束形成方法，仿真结果表明：总体而言，RCB 与 DCRCB 方法在估计信号源功率与输出 SINR 性能方面优于其他方法，NCCB 与 LSMI 方法在不同情况下性能不同。DCRCB 法的波束图稳健性方面最优，能保持较好的波束主瓣形状，RCB 方法略次之，NCCB 与 LSMI 方法各有长短。在参数选择方面，LSMI 方法对角加载量难以确定，NCCB 方法稍好，RCB 与 DCRCB 方法具有完整的数学基础，参数确定容易些。

第 6 章　波束旁瓣设计

6.1　引　　言

第 5 章介绍的自适应波束形成器中，波束形成器能够在干扰方向自动形成凹槽来抑制干扰。对于某些突发干扰的情况，如干扰持续时间较短，自适应波束形成器来不及对干扰进行抑制。如果波束形成器的旁瓣较高，干扰就会对波束输出产生较大的影响，降低输出 SINR。因此，很多应用中需要对波束旁瓣进行抑制，以获得较低的旁瓣。

第 3 章中已经介绍，采用窗函数法可以降低均匀线列阵的旁瓣，对于半波长间隔均匀线列阵，Dolph-Chebyshev 加权在给定主瓣宽度时可以获得最低的均匀旁瓣，或者在给定旁瓣级时能获得最窄的波束主瓣宽度。但是窗函数法大多只适合于均匀线列阵，而且要求各阵元具有各向同性且阵元间不存在差异。

为了控制任意结构形状阵列波束形成器的旁瓣，Olen 等利用自适应阵在干扰方向形成凹槽的原理，于 1990 年提出了控制不同方位波束响应的静态波束图数字综合方法[136]。他通过在旁瓣区域放置若干虚拟干扰源，运用自适应阵原理，采用迭代法调节干扰的强度，达到控制波束旁瓣峰值的目的。但该方法的缺点是迭代步长难以选择，不能保证旁瓣得到严格的控制，且由于迭代过程中对主瓣宽度没有约束，容易造成主瓣较快增宽。在给定旁瓣级的条件下并不能保证获得最窄的主瓣宽度。此外，该方法没有考虑旁瓣控制产生的副作用，例如，对阵增益与稳健性造成的影响。

近来，鄢社锋等运用二阶锥规划方法的强大功能，提出了兼顾波束形成器多个性能指标的波束优化设计方法[163,164]。该方法兼顾波束旁瓣级、主瓣宽度、阵增益与稳健性等多个性能指标，在它们之间进行合理折中，以获得最佳的综合性能，这正是实际应用所需要的。更为重要的是，其他各种针对个别指标的波束优化方法所能实现的功能都可以采用该二阶锥规划方法来实现。该方法可将其他方法纳入统一的框架体系，采用规则化的求解方法，且设计精度更高。

本章重点阐述波束形成器设计中的旁瓣控制问题，具体介绍几种经典旁瓣控制波束设计方法及这方面最新的研究成果。

本章的主要内容与组织结构如下：6.2 节介绍一种旁瓣控制波束设计法——凹槽噪声设计法；6.3 节介绍一种广义的旁瓣设计——波束零点展宽技术；6.4 节与 6.5 节分别介绍基于二阶锥规划的稳健最低旁瓣波束设计与稳健旁瓣控制高增益波束设

计法，二阶锥规划法能实现前面各方法所能解决的各种波束优化问题；6.6 节介绍抗阵列流形误差的稳健低旁瓣波束设计方法；6.7 节是本章小结。

6.2　凹槽噪声法

对于非均匀线列阵，以 Dolph-Chebyshev 为代表的窗函数法旁瓣控制技术不再适用，因此需要采用其他途径设计旁瓣控制波束形成器。马远良于 1984 年提出了适用于任意结构形状传感器阵方向图的最佳化方法，并命名为"凹槽噪声场法"[135]。他通过在旁瓣区域人为放置若干虚拟干扰源，获得了主瓣宽度约束下最低旁瓣级加权向量的数值解。给出了直线阵的设计结果，并与 Dolph-Chebyshev 方法进行了比较，此外还包括随机阵、弓形阵、五臂阵等多种阵形的设计实例。

1990 年 Olen 与 Compton 基于同样的原理，增加虚拟干扰源的自适应迭代算法，构成了比较完备的旁瓣控制波束形成器设计方法，本书将此方法称为 Olen 法或凹槽噪声法。该方法同样适用于任意阵形，且可以考虑阵元方向性，即各阵元可以各向异性。下面对该方法进行详细介绍。

考虑 10 元标准线列阵，若在−30° 方向存在一平面波干扰，干扰噪声比 INR 是变化的。假设波束主轴方向为 0°，采用 MVDR 波束形成方法设计波束图。图 6.1 显示了干扰噪声比 INR = −10dB, 0dB 与 10dB 时的 MVDR 波束图。

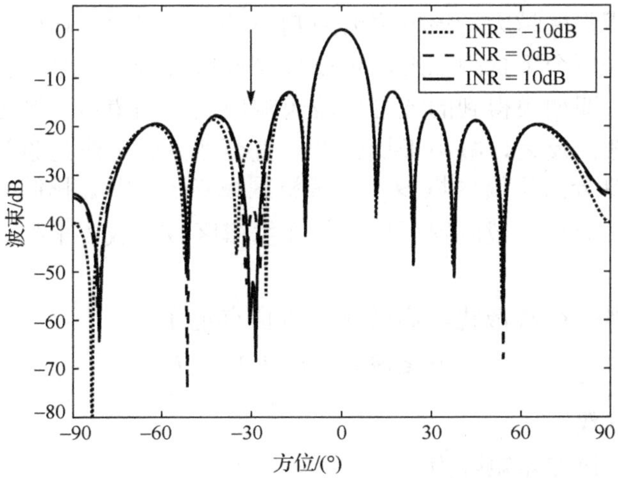

图 6.1　存在单个干扰时的 MVDR 波束图

从图中可以看出，MVDR 波束图在干扰方向形成凹槽，且随着 INR 的增大，凹槽的深度增加。

增加干扰的数量，假设在−50° ～−20° 范围内存在 16 个均匀间隔的等强度平面波干扰。图 6.2 显示了干扰噪声比 INR = −10dB 与 10dB 时的 MVDR 波束图。从图中可以看出，干扰数目大于阵元数目(阵元自由度)时，MVDR 波束图不能够对每个干扰形成零点，而是在存在干扰的扇面内形成较宽的凹槽。凹槽深度随干扰强度增加而增加。

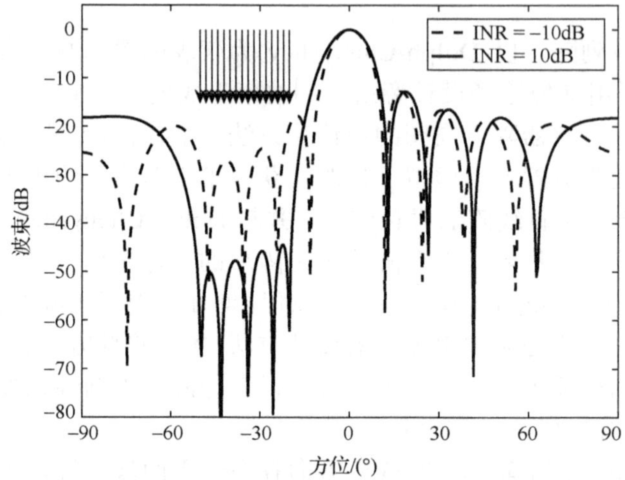

图 6.2　扇面内存在多个干扰时的 MVDR 波束图

由该现象可推知，如果在波束旁瓣区域放置若干个干扰，可以降低对应方位的波束响应，且干扰强度越大，该方位波束响应越小。因此，在旁瓣区域人为放置若干干扰，并设计好每个干扰的强度，可以控制波束旁瓣。每个干扰的强度可以采用迭代的方法得到，即如果得到的该方位波束响应高于期望值，则增加干扰的强度以使该方向响应降低；反之，减小干扰强度；直至波束旁瓣满足设计要求。

将观察视区 Θ 分为主瓣区域 Θ_{ML} 与旁瓣区域 Θ_{SL} 。由于我们只需要控制波束旁瓣幅度，因此只在旁瓣区域放置干扰源，在主瓣区域不放置干扰源，或主瓣内干扰源功率为 0。

首先将观察视区 Θ 离散化，离散化的方位点记作

$$\theta_j \in \Theta, \quad j = 1, 2, \cdots, J \tag{6.1}$$

式中，J 是方位点数。

于是基阵数据协方差矩阵为

$$\boldsymbol{R} = \sum_{j=1}^{J} \sigma_j^2 \boldsymbol{p}_j \boldsymbol{p}_j^{\mathrm{H}} + \sigma_n^2 \boldsymbol{I} \tag{6.2}$$

式中，σ_n^2 是白噪声功率；$\boldsymbol{p}_j$ 是第 j 个干扰源的响应向量 $\boldsymbol{p}_j = \boldsymbol{p}(\theta_j)$；$\sigma_j^2$ 是对应的干扰源功率，其中主瓣内干扰源功率为 0，即

$$\sigma_j^2 = 0, \quad \forall \theta_j \in \Theta_{\mathrm{ML}} \tag{6.3}$$

对式(6.2)所示数据协方差矩阵运用 MVDR 波束形成方法，可得到波束加权向量与对应的波束图。

假设基阵接收的白噪声功率为 $\sigma_{\mathrm{n}}^2 = 1$。在初始条件下将各干扰功率设置为 0，这一步称为第 $k=0$ 次迭代，第 j 个干扰源功率记作 $\sigma_j^2(k)\big|_{k=0} = 0$。

期望波束不一定是等旁瓣，即期望旁瓣幅度响应是方向的函数，用 $\xi_{\mathrm{dB}}(\theta_j)$ dB 表示，则该方向期望幅度为 $\xi_0(\theta_j) = 10^{\xi_{\mathrm{dB}}(\theta_j)/20}$。将第 k 次迭代后 θ_j 方向的波束响应记作 $B(\theta_j, k)$，假设该波束响应进行了归一化，即波束主瓣最大响应为 1(0dB)。若第 k 次迭代后，θ_j 方向波束响应幅度 $|B(\theta_j, k)|$ 大于期望幅度 $\xi_0(\theta_j)$，则增加该方向干扰功率；否则，降低该干扰功率，并且要满足功率不能为负数。干扰功率迭代公式为

$$\sigma_j^2(k+1) = \begin{cases} 0, & \theta_j \in \Theta_{\mathrm{ML}} \\ \max\{0, \sigma_j^2(k) + \kappa[\,|B(\theta_j, k)| - \xi_0(\theta_j)]\}, & \theta_j \in \Theta_{\mathrm{SL}} \end{cases} \tag{6.4}$$

式中，κ 是正的恒标量，称为迭代增益，需要靠试凑法得到。

值得注意的是，每次更新加权向量后，得到的波束主瓣宽度会发生变化，因此需要重新计算主瓣左右零点位置，更新 Θ_{SL} 与 Θ_{ML}。

采用上述迭代方法，待数据协方差矩阵 $\boldsymbol{R}$ 收敛后，可采用 MVDR 波束设计方法计算出波束加权向量为

$$\boldsymbol{w}_{\mathrm{Olen}} = \frac{\boldsymbol{R}^{-1}\boldsymbol{p}_{\mathrm{s}}}{\boldsymbol{p}_{\mathrm{s}}^{\mathrm{H}}\boldsymbol{R}^{-1}\boldsymbol{p}_{\mathrm{s}}} \tag{6.5}$$

综上所述，Olen 旁瓣控制法的设计步骤如下。

(1)将方位离散化，利用常规波束图确定旁瓣区域 Θ_{SL} 与主瓣区域 Θ_{ML}，并在旁瓣区域放置若干干扰源。

(2)第 $k=0$ 步，令 $\sigma_j^2(k)\big|_{k=0} = 0$，$\sigma_{\mathrm{n}}^2 = 1$。

(3)代入式(6.2)计算数据协方差矩阵 $\boldsymbol{R}$，并运用 MVDR 波束设计方法计算加权向量与对应的波束响应 $B(\theta, k)$；更新 Θ_{SL} 与 Θ_{ML}。

(4)第 $k+1$ 步，运用式(6.4)更新干扰功率。重复第(3)步，直到得到的波束满足设计要求，或者达到该设计问题所能达到的最佳值。

例 6.1　Olen 法旁瓣控制波束图

考虑一个 10 元标准线列阵，假设期望波束旁瓣为−30dB 等旁瓣。

采用 Olen 法设计旁瓣控制波束形成器，其中取 $\kappa = 5$，方位离散化间隔为 1°。

图 6.3 显示了在不同迭代次数时获得的波束图与对应的各方位干扰功率。从图中可以看出，随着迭代次数的增加，获得的波束响应旁瓣幅度逐渐趋近于期望旁瓣。

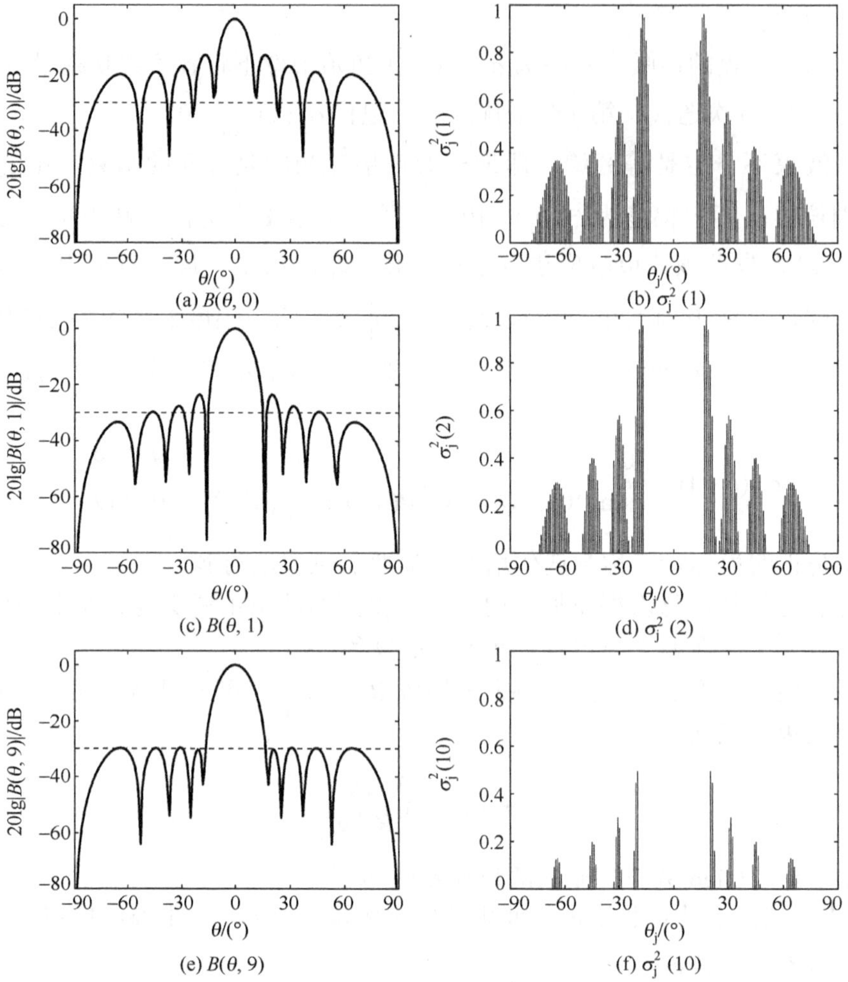

(a) $B(\theta, 0)$　(b) σ_j^2 (1)　(c) $B(\theta, 1)$　(d) σ_j^2 (2)　(e) $B(\theta, 9)$　(f) σ_j^2 (10)

图 6.3　Olen 法在不同迭代次数时获得的波束图与对应的各方位干扰功率

比较 Olen 法与 Dolph-Chebyshev 法的性能。设置旁瓣为−30dB 等旁瓣，分别采用 Olen 法与 Dolph-Chebyshev 法设计旁瓣控制波束。图 6.4 显示了这两种方法得到的波束图，其中 Olen 法迭代次数为 20 次。可见两种方法得到的波束图非常接近，几乎重合。

例 6.2　非理想阵列流形时 Olen 法波束图

在实际应用中，由于阵元位置误差及通道幅相误差的影响，实际的阵列流形与理想阵列流形间存在误差，阵列流形误差将影响波束图形状。

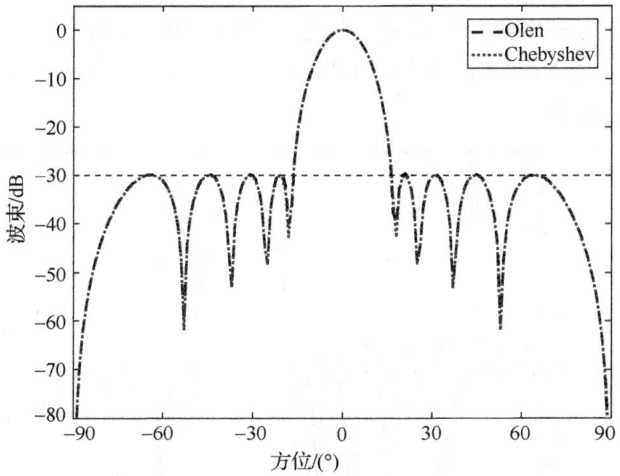

图 6.4　Olen 法与 Dolph-Chebyshev 法比较

考虑阵元位置存在误差与阵元是各向异性的情况。对于例 6.1 所述阵形，假设该 10 元线列阵各阵元位置 x 和 y 坐标与理想位置的误差是均值为 0，方差为 0.02 λ 的高斯随机变量，并假设阵元位置能正确标定，如图 6.5 所示。

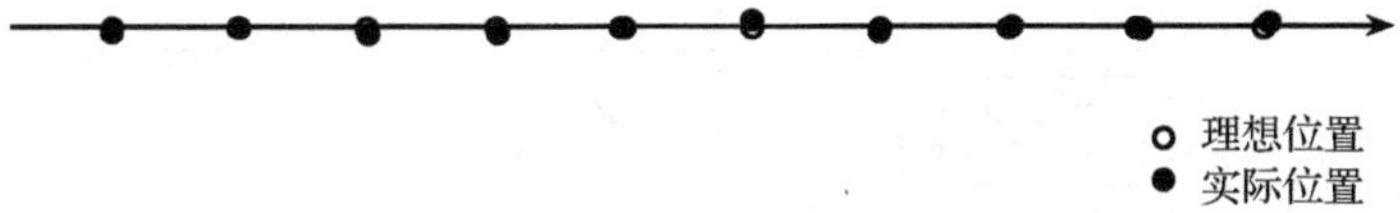

图 6.5　阵元位置存在误差的阵形

假设各阵元具有方向性，方向幅度响应为

$$|p_m(\theta)| = 0.9 + 0.1\cos\theta, \quad m = 1,\cdots,M, \ \theta \in [-90°, 90°] \tag{6.6}$$

由于 Dolph-Chebyshev 法仅适用于各向同性阵元组成的均匀线列阵，阵元各向异性的情况下采用 Dolph-Chebyshev 方法只能忽略阵元位置误差与阵元方向性。而从 Olen 法的推导过程看，它对阵形与阵元方向性没有先验假设，适用于任意不一致性阵元组成的任意形状基阵。假设波束观察方向为 10°，期望旁瓣为−30dB 等旁瓣，其他参数保持不变。图 6.6 显示了 Dolph-Chebyshev 法与 Olen 法设计的波束图。

由图 6.6 可见，得到的 Dolph-Chebyshev 法波束图旁瓣并不是等旁瓣，旁瓣较高。而 Olen 法波束旁瓣为−29.5dB，非常接近于期望值−30dB。如果各阵元的幅相响应各向异性程度及阵元间的一致性程度变得更坏，或者阵形为非均匀线列阵，则 Dolph-Chebyshev 法将失效，而 Olen 法仍适用，这正是 Olen 法的优点。

例 6.3　Olen 法非等旁瓣波束图设计

Olen 法还可以设计非等旁瓣波束图。假设波束观察方向为 10°。期望旁瓣如图 6.7 虚线所示，具体数据为：左边旁瓣在−90° 方向为−45dB，按 0.15dB/度的斜率上升；右边旁瓣为−30dB；左右两边期望旁瓣在 10° 方向交汇。采用 Olen 法，取 $\kappa=10$，迭代 100 次，得到的波束图如图 6.7 实线所示。可见，设计出的波束图旁瓣与期望旁瓣比较接近。

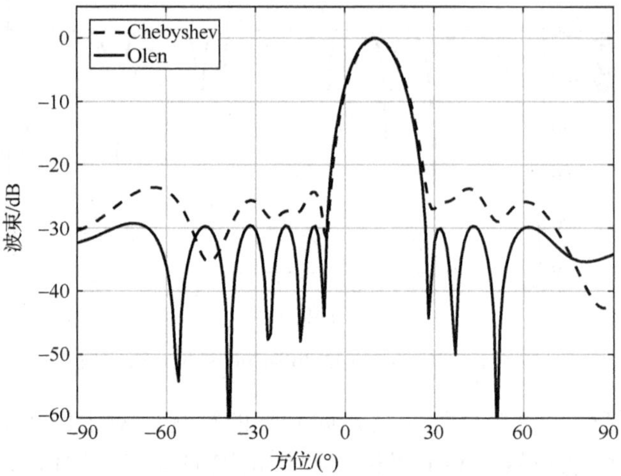

图 6.6　非理想阵列流形时波束图设计

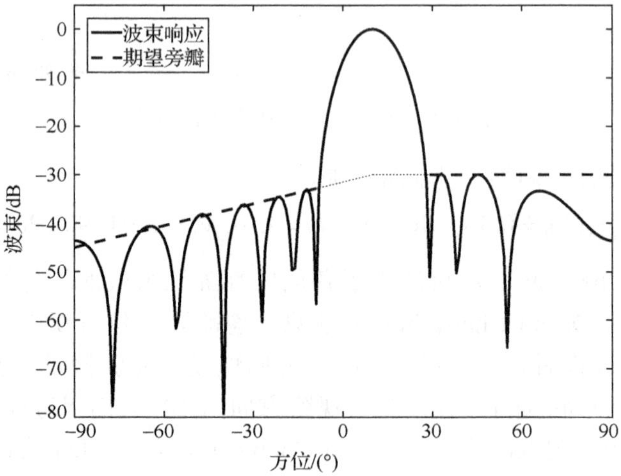

图 6.7　Olen 法非等旁瓣波束图

例 6.4　Olen 法参数选取及收敛性

考察迭代增益 κ 的取值对旁瓣收敛的影响。分别取 $\kappa=1,3,5,7$。

图 6.8 显示了期望旁瓣级分别为−30dB 与−40dB 时不同迭代次数获得的波束旁瓣级。

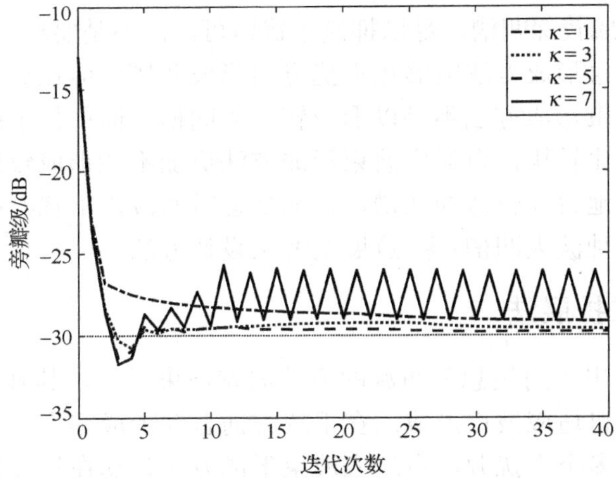

(a) 期望旁瓣-30dB

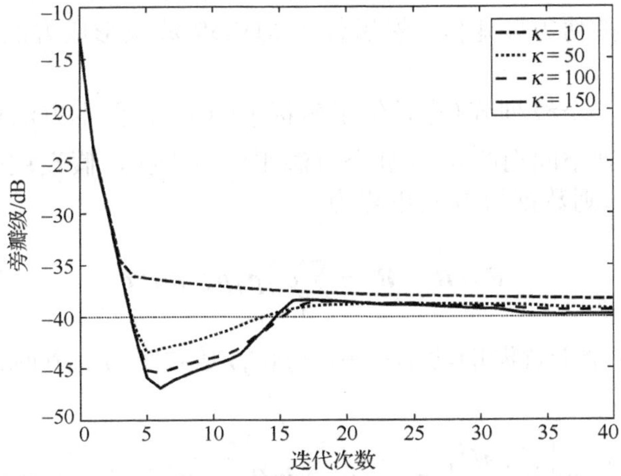

(b) 期望旁瓣-40dB

图 6.8　Olen 法旁瓣收敛曲线

从图中可以看出，如果 κ 取值太小，使得收敛速度太慢；而如果 κ 太大，导致迭代收敛过程发生振荡，甚至可能不收敛。而且，期望旁瓣级不同，最佳的 κ 值差别非常大。可见，迭代增益 κ 难以选择是 Olen 法的一个主要缺点。而且，即使迭代增益 κ 选取恰当，最后也存在一定的收敛误差。此外，在某些情况下，Olen 法得到的波束加权向量范数也可能会较大，导致波束形成器稳健性较差。

6.3　零点展宽技术

为了抑制干扰，希望波束具有很低的旁瓣。在给定主瓣宽度的情况下，波束所能获得的最低旁瓣具有极限。在某些应用中，如果已知干扰的方位，则只需要使波束形成器在干扰方向形成较深凹槽，足以抑制干扰即可，而不是要求整个旁瓣级降低。

虽然自适应波束形成方法能够在干扰方向形成凹槽，但在训练数据快拍较少的情况下，自适应波束形成方法不足以形成较好的凹槽。而如果干扰是运动的，造成干扰的入射方向变化较快，自适应波束形成方法更加不能形成较好的凹槽来抑制干扰。这就需要人为地设计较宽的凹槽，保证处理时间段内干扰始终处于该较宽的凹槽内。下面介绍几种波束凹槽(零点)展宽波束设计方法。

6.3.1 干扰方位扩展法

Mailloux[143]提出了用假想分布源的方法展宽波束零点，其基本原理仍是 6.2 节中的凹槽噪声法。自适应波束形成法在干扰方向自动形成零点，通过假想在干扰附近存在方位扩展的多个干扰源，自适应波束形成方法自动在扩展源扇面形成凹槽，故而扩展了零点宽度。Mailloux 通过推导将点源干扰改成扩展源后的协方差矩阵，用它代替点源情况的协方差矩阵，然后代入 MVDR 波束形成方法，得到的波束图具有扩展的零点宽度。

为简便，考虑一个线列阵(阵元位于坐标 y 轴上)，但本方法也适用于任意形状基阵。若基阵接收到空间白噪声与 D 个点源平面波干扰，假设这些干扰源方位分别为 θ_d，$d=1,\cdots,D$，则数据协方差矩阵为

$$\boldsymbol{R}=\boldsymbol{R}_{\mathrm{i}}+\boldsymbol{R}_{\mathrm{n}}=\sum_{d=1}^{D}\sigma_d^2\boldsymbol{p}_d\boldsymbol{p}_d^{\mathrm{H}}+\sigma_{\mathrm{n}}^2\boldsymbol{I} \tag{6.7}$$

式中，σ_d^2 表示第 d 个干扰源的功率；$\boldsymbol{p}_d=\boldsymbol{p}(\theta_{\mathrm{d}})$ 是对应的响应向量。协方差矩阵 $\boldsymbol{R}$ 的第 $(m,\breve{m})$ 项为

$$\boldsymbol{R}_{m\breve{m}}=\sum_{d=1}^{D}\sigma_d^2\exp\left[\mathrm{i}\left(\frac{2\pi f}{c}\right)(p_{ym}-p_{y\breve{m}})\sin\theta_d\right]+\sigma_{\mathrm{n}}^2\delta_{m\breve{m}},\quad m,\breve{m}=1,2,\cdots,M \tag{6.8}$$

式中，p_{ym} 表示第 m 号阵元位置，$\delta_{m\breve{m}}$ 是 Kronecker 函数。

以第 d 个干扰源为例，假设该干扰源不是点源，而是在 θ_d 方向左右按 $\sin\theta$ 均匀间隔分布的 K 个等强度干扰源。假设每个干扰的功率为 σ_d^2/K。若这些干扰源在 $\sin\theta$ 域所占的宽度为 W，则它们之间的间隔为 $\delta=W/K$。这样，这一簇干扰在协方差矩阵式(6.8)中的分量由 $\sigma_d^2\exp\left[\mathrm{i}\left(\frac{2\pi f}{c}\right)\left(p_{ym}-p_{y\breve{m}}\right)\sin\theta_d\right]$ 变成

$$\begin{aligned}&\sum_{k=1}^{K}(\sigma_d^2/K)\exp\left[\mathrm{i}\left(\frac{2\pi f}{c}\right)(p_{ym}-p_{y\breve{m}})\left[\sin\theta_d+\left(k-\frac{K+1}{2}\right)\delta\right]\right]\\&=\frac{\sin\left(K\varLambda_{m\breve{m}}\right)}{K\sin\varLambda_{m\breve{m}}}\sigma_d^2\exp\left[\mathrm{i}\left(\frac{2\pi f}{c}\right)(p_{ym}-p_{y\breve{m}})\sin\theta_d\right]\end{aligned} \tag{6.9}$$

式中，$\Lambda_{m\breve{m}} = \pi f(p_{ym} - p_{y\breve{m}})\delta / c$。

如果将式(6.8)中的每个干扰都改成一簇 K 个分布干扰的形式，且不考虑白噪声项，变化后的数据协方差矩阵 $\breve{\boldsymbol{R}}$ 的第 $(m,\breve{m})$ 项 $\breve{\boldsymbol{R}}_{m\breve{m}}$ 与原协方差矩阵对应项 $\boldsymbol{R}_{m\breve{m}}$ 的关系为

$$\breve{\boldsymbol{R}}_{m\breve{m}} = \boldsymbol{R}_{m\breve{m}} \frac{\sin\left(K\Lambda_{m\breve{m}}\right)}{K\sin\Lambda_{m\breve{m}}} \tag{6.10}$$

写成矩阵的形式为

$$\breve{\boldsymbol{R}} = \boldsymbol{R} \circ \boldsymbol{T}_{\text{Mai}} \tag{6.11}$$

式中，“$\circ$”表示 Hadamard 积，即两个矩阵的对应元素相乘；$\boldsymbol{T}_{\text{Mai}}$ 的第 $(m,\breve{m})$ 项为 $\dfrac{\sin\left(K\Lambda_{m\breve{m}}\right)}{K\sin\Lambda_{m\breve{m}}}$。

由于干扰源由点源展宽为在一定区域分布的扩展源，于是 MVDR 波束形成方法的零点也随之展宽。值得指出的是，由于将点源干扰改成扇面扩展源后，干扰簇中的单个干扰功率下降，故零点展宽的同时凹槽深度变浅。

6.3.2 频带扩展法

Zatman[144]提出了另一种波束零点展宽方法。他用具有矩形窗频谱的带通干扰来代替式(6.8)中的窄带干扰，带通干扰中心频率与原干扰频率相同(这里用 f_0 表示)，带宽为 b_{w}。与式(6.9)类似，若只考虑存在单个干扰源的情况(但很容易可以推广到多干扰源情况)，对于从 θ_d 方向入射的干扰源，用带通干扰代替窄带干扰后的基阵协方差矩阵 $\breve{\boldsymbol{R}}$ 的第 $(m,\breve{m})$ 项为

$$\begin{aligned}\breve{\boldsymbol{R}}_{m\breve{m}} &= \frac{1}{b_{\text{w}}} \int_{f_0-b_{\text{w}}/2}^{f_0+b_{\text{w}}/2} \boldsymbol{R}_{m\breve{m}}(f)\text{d}f \\ &= \frac{\sin\left(\pi b_{\text{w}}\tau_{m\breve{m}}\right)}{\pi b_{\text{w}}\tau_{m\breve{m}}} \boldsymbol{R}_{m\breve{m}}(f_0)\end{aligned} \tag{6.12}$$

式中，$\boldsymbol{R}_{m\breve{m}}(f) = \exp(\text{i}2\pi f\tau_{m\breve{m}})$；$\tau_{m\breve{m}} = (p_{ym} - p_{y\breve{m}})\sin\theta_d / c$。

比较式(6.12)与式(6.10)发现，它们有很多相似之处，唯一的不同是式(6.10)中分母取正弦，而式(6.12)中没有。当 $K \to \infty$ 时，$\delta \to 0$，式(6.10)中 $\sin\Lambda_{m\breve{m}} = \Lambda_{m\breve{m}}$。此时 Mailloux 方法与 Zatman 方法具有完全相同的形式。

若令 $K\Lambda_{m\breve{m}} = \pi b_{\text{w}}\tau_{m\breve{m}}$，可得

$$W = b_{\text{w}}\sin\theta_d / f_0 \tag{6.13}$$

因此，如果要设计宽度为 W 的凹槽，由式(6.13)可以计算出所需要的参数 b_{w}。

若基阵为半波长间隔均匀线列阵，式(6.12)成为

$$\breve{\boldsymbol{R}}_{m\breve{m}}=\frac{\sin\left[\pi W(m-\breve{m})/2\right]}{\pi W(m-\breve{m})/2}\boldsymbol{R}_{m\breve{m}}(f_0)=\operatorname{sinc}\left[\frac{\pi W(m-\breve{m})}{2}\right]\boldsymbol{R}_{m\breve{m}}(f_0) \tag{6.14}$$

写成矩阵的形式为

$$\breve{\boldsymbol{R}}=\boldsymbol{R}\circ\boldsymbol{T}_{\text{Zat}} \tag{6.15}$$

式中，$\boldsymbol{T}_{\text{Zat}}$ 的第 $(m-\breve{m})$ 项为 $\operatorname{sinc}\left[\pi W(m-\breve{m})/2\right]$。

例 6.5　零点展宽波束图

考虑一个 10 元标准线列阵，假设一个干噪比为 $\text{INR}=30\text{dB}$ 的平面波干扰从 θ_1 方向入射到基阵，$\sin\theta_1=0.55$。

分别采用 Mailloux 法与 Zatman 法设计零点展宽波束，假设期望凹槽范围为 $\sin\theta=0.5\sim0.6$，其中 Mailloux 法中取 $K=7$。设计结果如图 6.9 所示，作为比较，图中还显示了 MVDR 波束图。

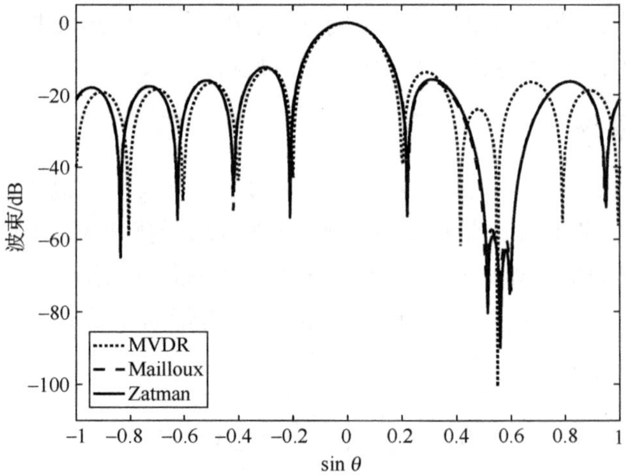

图 6.9　零点展宽波束图

从图中可以看出，MVDR 波束图在 $\sin\theta=0.55$ 方向有非常深的零点，Mailloux 法与 Zatman 法都展宽了零点，凹槽范围正好位于 $\sin\theta=0.5\sim0.6$。两种方法得到的波束形状比较相似。

我们还看到，Mailloux 法与 Zatman 法得到的凹槽在宽度展宽的同时，其深度比 MVDR 波束图中零点深度变浅了。

6.3.3　协方差矩阵锥化法

Guerci[147]将以上两种零点展宽方法统一为协方差矩阵锥化(covariance matrix tapers, CMT)的形式。

回顾前面介绍的MVDR波束形成器优化问题，可以将优化问题改写成

$$\min_{\boldsymbol{w}} E\left\{\left|\boldsymbol{w}^{\mathrm{H}}\boldsymbol{x}\right|^2\right\}, \quad \text{subject to} \quad \boldsymbol{w}^{\mathrm{H}}\boldsymbol{p}_{\mathrm{s}}=1 \tag{6.16}$$

式中，$\boldsymbol{x}$是仅含有干扰加噪声(不包含期望信号)的$M\times 1$维列向量，假设它是零均值，广义平稳的。前面已经知道，该优化问题的解具有如下形式

$$\boldsymbol{w}=(\boldsymbol{p}_{\mathrm{s}}^{\mathrm{H}}\boldsymbol{R}^{-1}\boldsymbol{p}_{\mathrm{s}})^{-1}\boldsymbol{R}^{-1}\boldsymbol{p}_{\mathrm{s}} \tag{6.17}$$

式中，$\boldsymbol{R}$是干扰加噪声协方差矩阵，且$\boldsymbol{R}=\mathrm{cov}(\boldsymbol{x})=E\{\boldsymbol{x}\boldsymbol{x}^{\mathrm{H}}\}$，这里$\mathrm{cov}(\cdot)$表示协方差矩阵。

假设由于存在随机扰动向量$\boldsymbol{z}$，干扰加噪声向量由$\boldsymbol{x}$变成了$\boldsymbol{y}$，即

$$\boldsymbol{y}=\boldsymbol{x}\circ\boldsymbol{z} \tag{6.18}$$

式中，$\boldsymbol{z}$是非相关零均值、广义平稳的向量随机过程，且满足$\mathrm{cov}(\boldsymbol{z})=\boldsymbol{T}$。

Guerci证明[147]，将式(6.16)中的$\boldsymbol{x}$用$\boldsymbol{y}$代替后的优化问题的解$\boldsymbol{w}_{\mathrm{T}}$具有如下形式

$$\begin{aligned}\boldsymbol{w}_{\mathrm{T}}&=[\boldsymbol{p}_{\mathrm{s}}^{\mathrm{H}}(\boldsymbol{R}\circ\boldsymbol{T})^{-1}\boldsymbol{p}_{\mathrm{s}}]^{-1}(\boldsymbol{R}\circ\boldsymbol{T})^{-1}\boldsymbol{p}_{\mathrm{s}}\\&=[\boldsymbol{p}_{\mathrm{s}}^{\mathrm{H}}\boldsymbol{R}_{\mathrm{T}}^{-1}\boldsymbol{p}_{\mathrm{s}}]^{-1}\boldsymbol{R}_{\mathrm{T}}^{-1}\boldsymbol{p}_{\mathrm{s}}\end{aligned} \tag{6.19}$$

式中

$$\boldsymbol{R}_{\mathrm{T}}=\boldsymbol{R}\circ\boldsymbol{T} \tag{6.20}$$

比较式(6.17)与式(6.19)可见，相当于将原来的协方差矩阵$\boldsymbol{R}$用$\boldsymbol{R}_{\mathrm{T}}$代替即可。

假设基阵接收的干扰存在一定的方向扰动，造成基阵响应向量产生相位扰动。为简便，考虑一个均匀线列阵。该相位扰动向量为

$$\boldsymbol{z}=\tilde{\boldsymbol{e}}\triangleq[1,\cdots\mathrm{e}^{\mathrm{i}m\tilde{\omega}},\cdots\mathrm{e}^{\mathrm{i}(M-1)\tilde{\omega}}]^{\mathrm{T}} \tag{6.21}$$

这里假设$\tilde{\omega}$是零均值均匀分布随机变量，满足$-\varDelta\leqslant\tilde{\omega}\leqslant\varDelta$。于是$\tilde{\boldsymbol{e}}$的协方差矩阵为

$$\begin{aligned}\boldsymbol{T}_{\mathrm{MZ}}&\triangleq\mathrm{cov}(\boldsymbol{z})=\mathrm{cov}(\tilde{\boldsymbol{e}})=\mathrm{E}\{\tilde{\boldsymbol{e}}\tilde{\boldsymbol{e}}^{\mathrm{H}}\}\\&=\left\{\mathrm{sinc}\left[(m-\breve{m})\varDelta\right]\right\}_{m=1\,\breve{m}=1}^{M\quad M}\end{aligned} \tag{6.22}$$

式中，$\left\{\mathrm{sinc}\left[(m-\breve{m})\varDelta\right]\right\}_{m=1\,\breve{m}=1}^{M\quad M}$表示一个$M\times M$维矩阵，其第$(m,\breve{m})$项为$\mathrm{sinc}\left[(m-\breve{m})\varDelta\right]$。

可见，式(6.22)中的$\boldsymbol{T}_{\mathrm{MZ}}$与式(6.15)中的$\boldsymbol{T}_{\mathrm{Zat}}$具有相同的形式，与式(6.11)中的$\boldsymbol{T}_{\mathrm{Mai}}$也非常相似。

如果干扰除了相位扰动之外还存在幅度扰动，即式(6.21)中扰动向量变为

$$\boldsymbol{z}=\tilde{\boldsymbol{e}}+\tilde{\boldsymbol{n}} \tag{6.23}$$

式中，$\tilde{\boldsymbol{n}}$ 是 $M\times1$ 维零均值白噪声随机复向量过程，并且与 $\tilde{\boldsymbol{e}}$ 不相关。其协方差矩阵是一个对角阵 $\boldsymbol{D}\triangleq\operatorname{cov}(\tilde{\boldsymbol{n}})$。于是

$$\begin{aligned}\operatorname{cov}(z)&=E[(\tilde{\boldsymbol{e}}+\tilde{\boldsymbol{n}})(\tilde{\boldsymbol{e}}+\tilde{\boldsymbol{n}})^{\mathrm{H}}]=E(\tilde{\boldsymbol{e}}\tilde{\boldsymbol{e}}^{\mathrm{H}})+E(\tilde{\boldsymbol{n}}\tilde{\boldsymbol{n}}^{\mathrm{H}})\\&=\left\{\operatorname{sinc}\left[(m-\breve{m})\Delta\right]\right\}_{m=1\,\breve{m}=1}^{M\ \ M}+\boldsymbol{D}\triangleq\boldsymbol{T}_{\mathrm{DLMZ}}\end{aligned}\tag{6.24}$$

用 $\boldsymbol{T}_{\mathrm{DLMZ}}$ 代替式(6.20)中的 $\boldsymbol{T}$，得到

$$\boldsymbol{R}_{\mathrm{DLMZ}}=\boldsymbol{R}\circ\boldsymbol{T}_{\mathrm{DLMZ}}\tag{6.25}$$

显然，当 $\boldsymbol{D}=\boldsymbol{0}$ 时，$\boldsymbol{T}_{\mathrm{DLMZ}}$ 退化为 $\boldsymbol{T}_{\mathrm{MZ}}$。

当 $\Delta=0$ 时，$\boldsymbol{T}_{\mathrm{DLMZ}}$ 退化成为

$$\boldsymbol{1}_{M\times M}+\boldsymbol{D}\triangleq\boldsymbol{T}_{\mathrm{DL}}\tag{6.26}$$

式中，$\boldsymbol{1}_{M\times M}$ 表示 $M\times M$ 维元素全为 1 的矩阵。此时 $\boldsymbol{R}_{\mathrm{DLMZ}}$ 退化为 $\boldsymbol{R}_{\mathrm{DL}}$

$$\boldsymbol{R}_{\mathrm{DL}}=\boldsymbol{R}\circ\boldsymbol{T}_{\mathrm{DL}}=\boldsymbol{R}\circ(\boldsymbol{1}_{M\times M}+\boldsymbol{D})=\boldsymbol{R}+\boldsymbol{R}\circ\boldsymbol{D}\tag{6.27}$$

可见，该协方差矩阵其实就是对角加载矩阵。

因此，式(6.25)所示协方差矩阵锥化法将协方差矩阵对角加载方法、Mailloux 零点展宽法与 Zatman 零点展宽法等三种方法纳入了统一的框架，这三种方法都是协方差矩阵锥化法的一个特例。

Zatman 等还证明[148,149]，其他用于展宽干扰方向零点宽度的多约束方法[141,142,145,146]也可以纳入协方差矩阵锥化法框架之内。

例 6.6　协方差矩阵锥化法性能

考虑一个 10 元标准线列阵，考察协方差矩阵锥化法的性能。

假设一个干扰从 40° 方向入射到基阵，干噪比 INR = 50dB。采用旁瓣级为−30dB 指向 0° 方向的 Dolph-Chebyshev 波束作为静态波束(关于静态波束请参阅 6.5.1 节)。

首先采用理想的协方差矩阵，运用 6.5.1 节自适应波束形成方法，得到的波束图如图 6.10(a)所示。可见波束旁瓣接近−30dB，在干扰方向形成了一个很深的零点。

用接收数据估计协方差矩阵，假设快拍数为 $2M$。用估计的协方差矩阵代替理想协方差矩阵，其他参数不变，得到的波束图如图 6.10(b)所示。由图可见，虽然波束在干扰方向形成了凹槽，但波束旁瓣升高。这正是第 4 章中所介绍的 SMI 自适应波束形成法的缺点。

对估计的协方差矩阵进行 10dB 对角加载，得到的波束图如图 6.10(c)所示。可以明显看到波束旁瓣相比于图 6.10(b)有所下降。

采用式(6.24)的协方差矩阵锥化法，其中取 $\Delta=0.05$，对角加载量取 10dB。得到的波束图显示于图 6.10(d)中。由图可见，该波束图不仅保持了较低的旁瓣，而且干扰方向的凹槽展宽了。

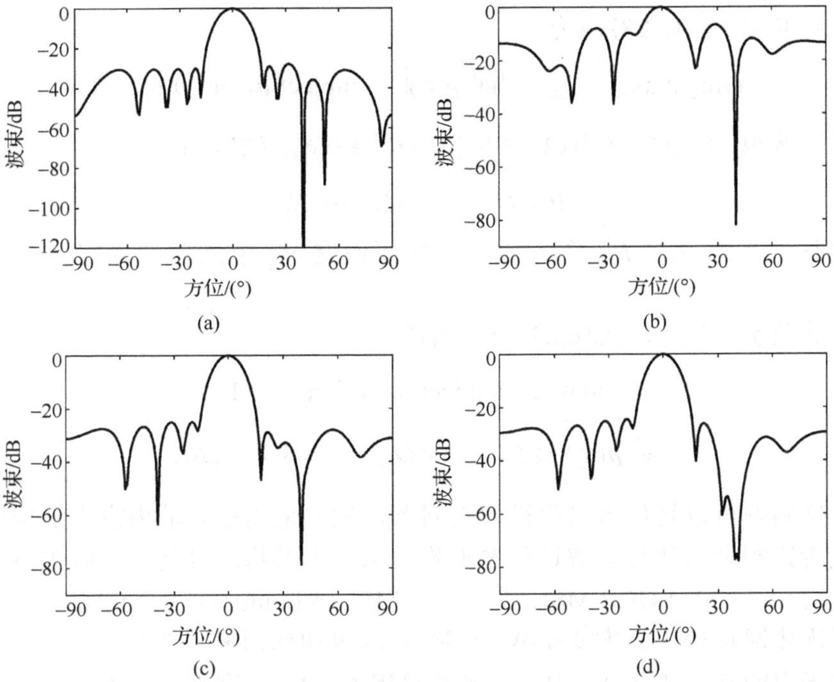

图 6.10　协方差矩阵锥化法波束形成

6.4　最低旁瓣波束形成器

6.4.1　最低旁瓣波束设计

通过前面的介绍我们已经知道，波束形成器的主瓣宽度与旁瓣级是互相冲突的。采用波束优化方法，可以在主瓣宽度与旁瓣级之间进行折中。本节所说的最低旁瓣波束形成器，就是指该波束形成器在主瓣宽度一定的条件下，具有最低的旁瓣级。作者提出了基于二阶锥规划的最低旁瓣波束形成器优化设计方法[163,164]。最低旁瓣波束形成器设计问题可写成如下约束优化问题

$$\min_{w}\max_{|\theta-\theta_{\mathrm{o}}|\geqslant \mathrm{BW_{SL}}/2}\left|\boldsymbol{w}^{\mathrm{H}}\boldsymbol{p}(\theta)\right|,\quad \text{subject to}\quad \left|\boldsymbol{w}^{\mathrm{H}}\boldsymbol{p}(\theta_{\mathrm{o}})\right|=1 \tag{6.28}$$

式中，θ_{o} 是波束观察方向，理想情况下它等于期望信号方向，即 $\theta_{\mathrm{o}}=\theta_{\mathrm{s}}$；$\mathrm{BW_{SL}}$ 是用户指定的旁瓣级束宽，即波束主瓣功率下降到与旁瓣级相等时的两方位间夹角。

可以发现，当将 $\boldsymbol{w}$ 附加任意的相位旋转时，式(6.28)的代价函数不发生变化。于是，假如 $\boldsymbol{w}_{\mathrm{opt}}$ 是式(6.28)的一个最优解，我们总可以将 $\boldsymbol{w}_{\mathrm{opt}}$ 进行旋转，而不改变其代价函数的值，直到 $\boldsymbol{w}^{\mathrm{H}}\boldsymbol{p}(\theta_{\mathrm{o}})$ 是实数。基于该事实，不失一般性，我们可以假设

$\boldsymbol{w}^{\mathrm{H}}\boldsymbol{p}(\theta_{\mathrm{o}})$ 是实数，式(6.28)成为

$$\min_{w}\max_{|\theta-\theta_{\mathrm{o}}|\geqslant \mathrm{BW}_{\mathrm{SL}}/2}\left|\boldsymbol{w}^{\mathrm{H}}\boldsymbol{p}(\theta)\right|,\quad \text{subject to}\quad \boldsymbol{w}^{\mathrm{H}}\boldsymbol{p}(\theta_{\mathrm{o}})=1 \tag{6.29}$$

旁瓣区域 Θ_{SL} 可以定义为 $\Theta_{\mathrm{SL}} \triangleq \left\{\theta \mid |\theta-\theta_{\mathrm{o}}| \geqslant \mathrm{BW}_{\mathrm{SL}}/2\right\}$，令

$$\theta_i \in \Theta_{\mathrm{SL}},\quad i=1,2,\cdots,N_{\mathrm{SL}} \tag{6.30}$$

表示旁瓣区域离散化的 N_{SL} 个方向，不妨假设这 N_{SL} 个离散方位在旁瓣区域均匀分布。

引入非负实变量 ξ，式(6.29)可以写成

$$\begin{gathered}\min_{w}\xi,\ \text{subject to}\quad \boldsymbol{w}^{\mathrm{H}}\boldsymbol{p}(\theta_{\mathrm{o}})=1\\ \left|\boldsymbol{w}^{\mathrm{H}}\boldsymbol{p}(\theta_i)\right|\leqslant \xi,\quad \theta_i\in\Theta_{\mathrm{SL}},\quad i=1,2,\cdots,N_{\mathrm{SL}}\end{gathered} \tag{6.31}$$

该优化问题可以转化为二阶锥规划问题，然后采用已有的内点算法求解。优化问题的二阶锥规划表述与求解过程参见附录 A。本书将这种基于二阶锥规划的最低旁瓣波束设计法称为 SOCP-MSL 法，简称 MSL(minimum sidelobe)法。

求解优化问题(6.31)得到的 SOCP-MSL 波束加权向量记作 $\boldsymbol{w}_{\mathrm{MSL}}$。

值得指出的是，式(6.29)中目标函数采用 Minimax 准则，即 Chebyshev 准则，其实该方法就是任意阵形波束设计问题的 Chebyshev 方法。该方法也可以理解为将均匀线列阵 Chebyshev 法(包括 Dolph-Chebyshev 法[72]与 Riblet-Chebyshev 法[129]) 扩展到了适用于任意阵形，应用范围更广。

例 6.7　最低旁瓣波束图(MSL 法与 Dolph-Chebyshev 法比较)

考虑一个 10 元均匀线列阵。用 SOCP-MSL 方法设计最低旁瓣波束，并与 Dolph-Chebyshev 波束图相比较。

假设波束观察方向为 0°。分两种情况进行比较：$d=\lambda/2$ 与 $d=\lambda/4$，这里 d 为阵元间距，λ 为信号波长。

考虑 $d=\lambda/2$ 的情况。设定 Dolph-Chebyshev 波束旁瓣级为−30dB，计算出该 Dolph-Chebyshev 波束图的旁瓣级半束宽约为 $\mathrm{BW}_{\mathrm{SL}}/2=16.46^\circ$。然后用 SOCP-MSL 法设计波束图，使它与 Dolph-Chebyshev 波束图具有近似相等的旁瓣级束宽。两种方法得到的波束图如图 6.11(a)所示。由图可见，SOCP-MSL 法与 Dolph-Chebyshev 法几乎具有相同的波束图。

考虑 $d=\lambda/4$ 的情况。Dolph-Chebyshev 方法得到的波束图的旁瓣级半束宽约为 $\mathrm{BW}_{\mathrm{SL}}/2=34.54^\circ$。然后用 SOCP-MSL 法设计具有同样旁瓣级束宽的波束图。两种方法设计结果如图 6.11(b)所示。由图可见，SOCP-MSL 法得到的波束旁瓣更低。

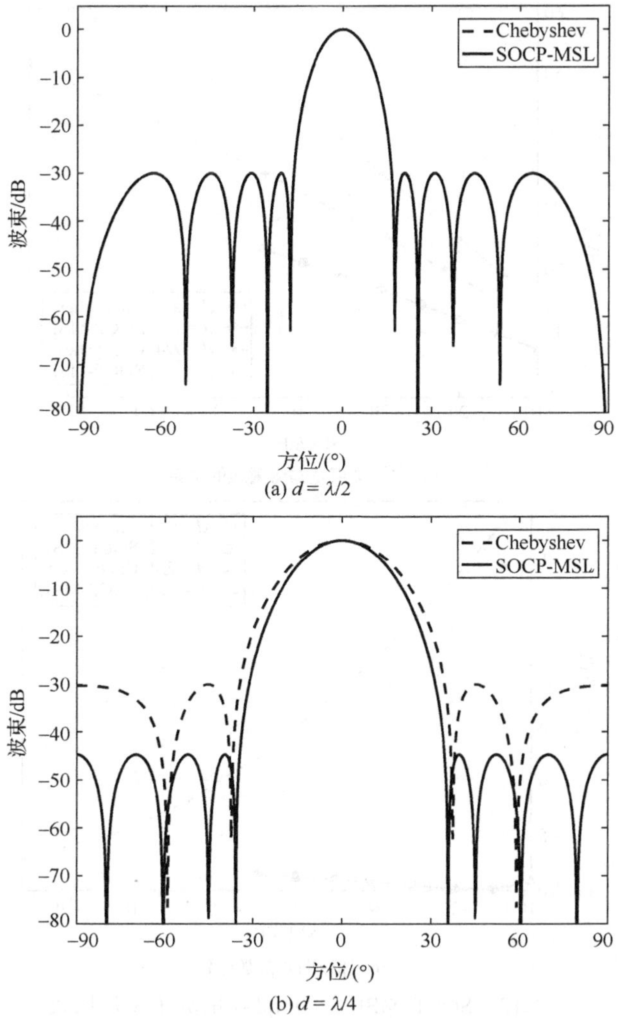

图 6.11　SOCP-MSL 与 Dolph-Chebyshev 法波束图

假设 Dolph-Chebyshev 波束期望旁瓣级在−45～−10dB 范围内变化，重复前面各过程。图 6.12(a)显示了两种阵元间距情况下，用两种方法设计波束的旁瓣级与主瓣半束宽 $BW_{SL}/2$ 的关系。由图可见，当 $d=\lambda/2$ 时，两种方法得到的结果几乎重合。当 $d=\lambda/4$ 时，在同等主瓣宽度情况下，SOCP-MSL 波束具有更低的旁瓣。换言之，在同等旁瓣级条件下，SOCP-MSL 波束主瓣更窄。

图 6.12(b)显示了各种情况下对应的波束加权向量范数 $10\lg\left(\|\boldsymbol{w}\|^2\right)$。由图可见，$d=\lambda/4$ 时，SOCP-MSL 法加权向量范数很大，即稳健性较差。其他三种波束的加权向量范数相当，且稳健性较好。

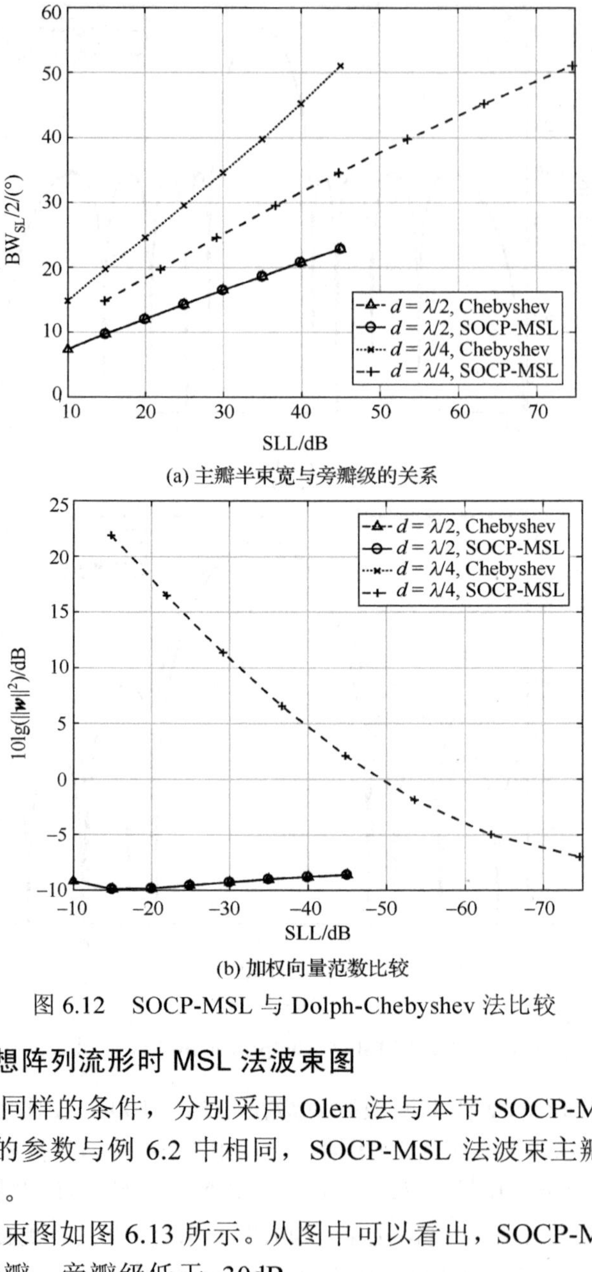

图 6.12　SOCP-MSL 与 Dolph-Chebyshev 法比较

例 6.8　非理想阵列流形时 MSL 法波束图

考虑与例 6.2 同样的条件，分别采用 Olen 法与本节 SOCP-MSL 方法设计波束图，其中 Olen 法的参数与例 6.2 中相同，SOCP-MSL 法波束主瓣宽度设定与 Olen 波束主瓣宽度相同。

得到的两种波束图如图 6.13 所示。从图中可以看出，SOCP-MSL 法设计的波束图具有均匀的低旁瓣，旁瓣级低于−30dB。

从图 6.13 中还可以看出，在主瓣宽度相等的情况下，SOCP-MSL 法比 Olen 法得到的波束旁瓣更低。由于 Olen 法中迭代增益 κ 难以选择，无法保证收敛，而 SOCP-MSL 法不存在这种问题，设计精度高，可以保证获得给定束宽情况下的最低旁瓣级。

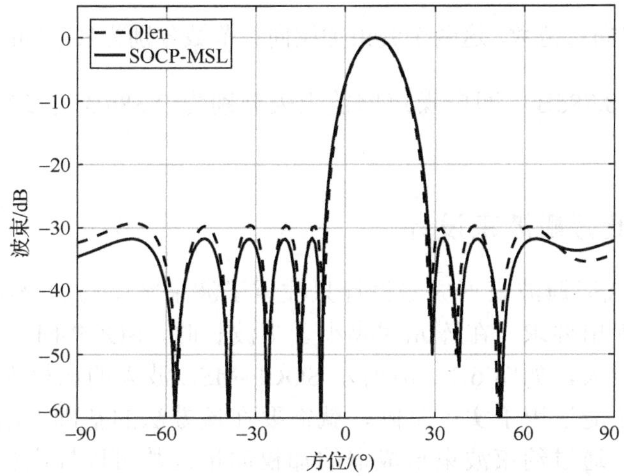

图 6.13 阵列流形存在误差时最低旁瓣波束图设计

例 6.9 非线阵最低旁瓣波束图(MSL 法与 Olen 法比较)

考虑一个均匀圆环阵，$M=24$ 个阵元均匀分布在直径为 1.5λ（λ 为信号波长）的圆周上。要求在与该圆环共面的平面上设计波束图，将某两阵元之间夹角的角平分线方向定义为 0°。

采用 Olen 法与 SOCP-MSL 法设计 0° 方向波束图。在 Olen 法中，假设期望旁瓣级为−30dB，迭代增益取 $\kappa=1$。在 SOCP-MSL 法中，设置其旁瓣级束宽 BW_{SL} 与 Olen 法相同。两种方法设计得到的波束图如图 6.14 所示。由图可见，SOCP-MSL 法设计的波束图的旁瓣远低于 Olen 波束旁瓣。

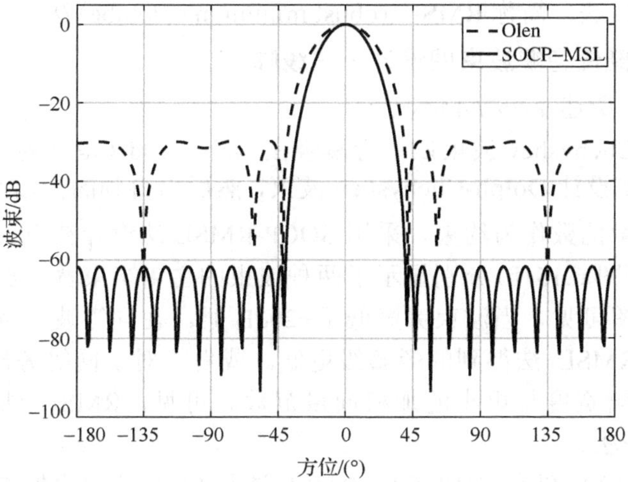

图 6.14 Olen 与 SOCP-MSL 法最低旁瓣波束图比较

考察波束加权向量范数，这两个波束加权向量范数分别为 $10\lg\left(\left\|\boldsymbol{w}_{\text{Olen}}\right\|^2\right)=-11.43\text{dB}$ 与 $10\lg\left(\left\|\boldsymbol{w}_{\text{MSL}}\right\|^2\right)=8.78\text{dB}$，即白噪声增益损失分别为 2.38dB 与 22.58dB，后者稳健性较差。

6.4.2 稳健最低旁瓣波束设计

6.4.1 节中的低旁瓣波束形成器设计只注重了波束宽度与旁瓣级，而对波束形成器的稳健性没有提出要求。在阵元间隔小于半波长时，SOCP-MSL 方法得到的加权向量范数有可能较大，如图 6.12(b)所示 SOCP-MSL 波束的加权向量范数。

为了使该方法能运用于实际基阵，就需要在该方法的基础上附加稳健性约束。第 5 章已经指出，通过约束波束形成器的加权向量范数可以提高稳健性，即对加权向量施加如下约束

$$\|\boldsymbol{w}\|^2 \leqslant \zeta_0 \tag{6.32}$$

式中，ζ_0 是用户设定的约束值，它可以根据期望波束稳健性强弱来确定。ζ_0 越小，波束形成器的稳健性越高，具体可参阅第 5 章相关部分阐述。

稳健最低旁瓣波束形成器优化设计问题表述为

$$\begin{gathered}\min_{\boldsymbol{w}} \max_{|\theta-\theta_{\text{o}}|\geqslant \text{BW}_{\text{SL}}/2}\left|\boldsymbol{w}^{\text{H}}\boldsymbol{p}(\theta)\right|, \quad \text{subject to} \quad \boldsymbol{w}^{\text{H}}\boldsymbol{p}(\theta_{\text{o}})=1 \\ \|\boldsymbol{w}\| \leqslant \sqrt{\zeta_0}\end{gathered} \tag{6.33}$$

该优化问题可以转化为二阶锥规划问题求解，具体求解过程不再赘述。该方法称为 SOCP-RMSL 法，简称 RMSL(robust minimum sidelobe)法。

例 6.10 稳健低旁瓣波束图设计——线阵

考虑例 6.7 中所述 $d=\lambda/4$ 情况。

假设 Dolph-Chebyshev 波束期望旁瓣级在−45～−10dB 范围内变化，对于每个设定的旁瓣级，首先设计 Dolph-Chebyshev 波束，然后用得到的旁瓣级束宽 BW_{SL} 与得到的波束加权向量范数作为约束，采用 SOCP-RMSL 法设计波束。

图 6.15(a)与图 6.15(b)分别显示了两种波束的主瓣半束宽、加权向量范数与旁瓣级的关系。由图可见，当波束旁瓣低于−20dB 时，在同等波束宽度与加权向量范数约束条件下，RMSL 法得到的旁瓣级更低。或者，对于同等旁瓣级波束，RMSL 法具有更窄的主瓣宽度与更小的加权向量范数。可见，RMSL 法的综合性能优于 Dolph-Chebyshev 法。

比较图 6.12(b)与图 6.15(b)可见，RMSL 法与 MSL 法相比加权向量范数大幅减小，即稳健性大大提高。

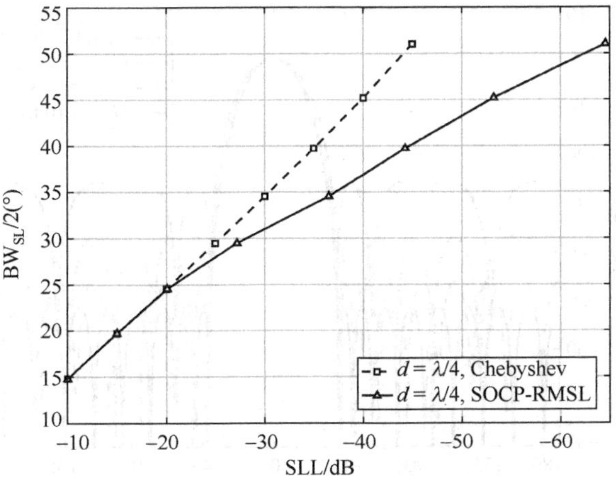

(a) 主瓣宽度与旁瓣级的关系

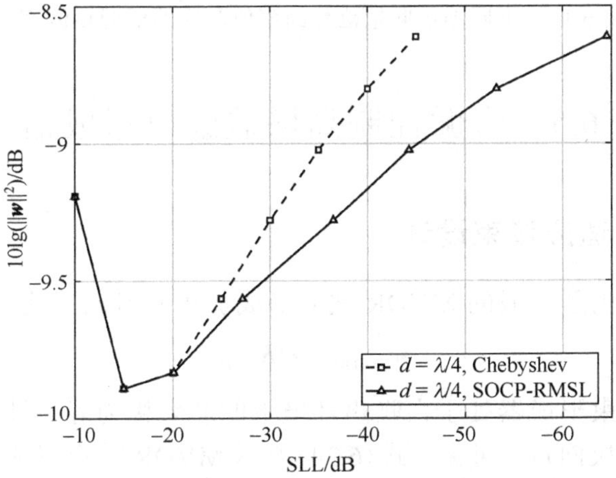

(b) 加权向量范数比较

图 6.15　$d = \lambda / 4$ 时 SOCP-RMSL 与 Dolph-Chebyshev 法比较

例 6.11　稳健低旁瓣波束图设计——非线阵

考虑例 6.9 所述仿真条件，设定波束旁瓣级束宽 BW_{SL} 与图 6.14 中 SOCP-MSL 波束的旁瓣级束宽相同，设定不同的波束加权向量范数约束值，采用 SOCP-RMSL 方法设计低旁瓣波束。

设定白噪声增益损失分别为 $G_{wd0} = 2$, 3, 6, 10dB，即加权向量范数约束量为 $\zeta_0 = (1/M)\cdot 10^{G_{wd0}/10}$。图 6.16 显示了对应的低旁瓣波束图。

通过具体计算，设计出的 4 个波束的白噪声增益损失 G_{wd} 都恰好等于设定值 G_{wd0}，即范数约束是激活的。白噪声增益损失 G_{wd} 越小，即加权向量范数越小，波束稳健性越强，同等旁瓣级束宽条件下所能得到的最低旁瓣越高。

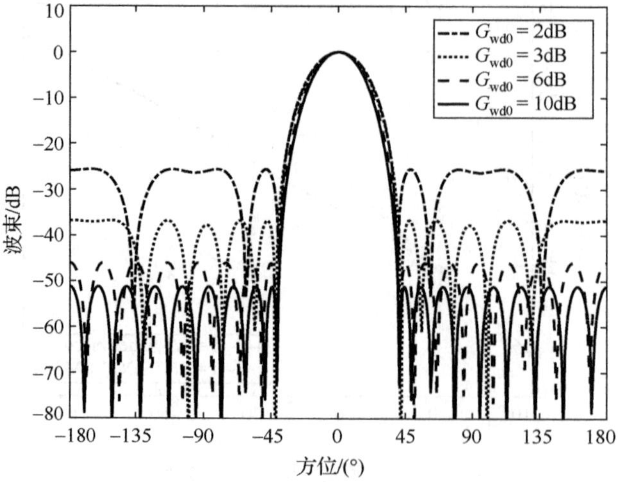

图 6.16　不同加权向量范数约束值对应的低旁瓣波束图

6.5　旁瓣控制高增益波束形成器

6.5.1　低旁瓣自适应波束设计

在第 2 章中给出了一般的 MVDR 波束形成加权向量的形式

$$\boldsymbol{w}_{\mathrm{MVDR}} = \alpha \boldsymbol{R}^{-1} \boldsymbol{p}_{\mathrm{s}} \tag{6.34}$$

一个自适应波束形成器处于白噪声环境下的波束称为静态波束，对应的加权向量称为静态波束加权向量。可见，式(6.34)所示 MVDR 波束形成器对应的静态波束为常规波束，如果将其静态波束用某低旁瓣波束代替，例如，用 Dolph-Chebyshev 波束代替，则得到的对应的自适应波束加权向量可以写成

$$\boldsymbol{w} = \alpha \boldsymbol{R}^{-1} (\boldsymbol{w}_{\mathrm{d}} \circ \boldsymbol{p}_{\mathrm{s}}) \tag{6.35}$$

式中，$\boldsymbol{w}_{\mathrm{d}}$ 为窗函数。

令 $\boldsymbol{R} = \boldsymbol{I}$，得到对应的静态波束加权向量为

$$\boldsymbol{w}_{\mathrm{q}} = \alpha (\boldsymbol{w}_{\mathrm{d}} \circ \boldsymbol{p}_{\mathrm{s}}) \tag{6.36}$$

例 6.12　低旁瓣自适应波束形成

考虑一个 10 元半波长间隔均匀线列阵，两个干扰分别从 30° 与 50° 方向入射到基阵，干噪比分别为 INR = 25dB 与 30dB。要求采用式(6.35)所示方法设计指向 0° 方向、旁瓣大约在−30dB 的自适应波束形成器。

采用式(6.35)所示方法，其中静态波束取旁瓣级为−30dB 的 Dolph-Chebyshev

波束。为简便，本例中假设采用理想的数据协方差矩阵。得到的波束图显示于图 6.17 中。静态波束图也显示在该图中。

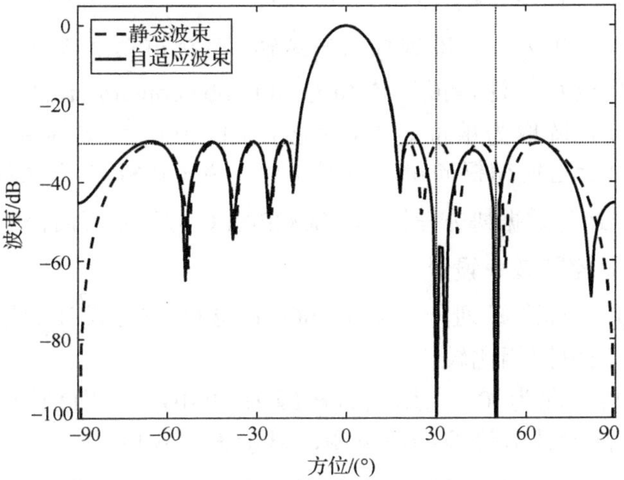

图 6.17　低旁瓣自适应波束图

从图中可见，自适应波束在干扰方向形成了较深的凹槽，但旁瓣与静态波束旁瓣相比略有升高。

这种设计低旁瓣自适应波束形成器的方法比较简便，但它依赖于首先设计低旁瓣的静态波束。另外，这种自适应波束的旁瓣并不能保证完全控制在期望值(本例中是−30dB)以下。

6.5.2 旁瓣控制高增益波束设计

第 2 章已经介绍，MVDR 波束形成器具有最高的阵增益。要对高增益波束形成器的旁瓣进行控制，可以在 MVDR 波束设计问题中增加旁瓣约束。即让旁瓣区域各离散方位的波束响应幅度小于某一设定值

$$\left|\boldsymbol{w}^{\mathrm{H}}\boldsymbol{p}(\theta_i)\right| \leqslant \xi_{0i}, \quad \theta_i \in \Theta_{\mathrm{SL}}, \quad i=1,\cdots,N_{\mathrm{SL}} \tag{6.37}$$

式中，ξ_{0i} 是用户设定的期望波束旁瓣，最高波束旁瓣即为旁瓣级，即 $\max\xi_{0i}$。当所有的 ξ_{0i} 值相等时，即 $\xi_{0i}=\xi_0$，波束图具有均匀旁瓣。

旁瓣控制高增益波束形成可以写成下面的约束优化问题

$$\min_{w} \boldsymbol{w}^{\mathrm{H}}\boldsymbol{R}\boldsymbol{w}, \quad \text{subject to} \quad \boldsymbol{w}^{\mathrm{H}}\boldsymbol{p}(\theta_{\mathrm{s}})=1$$

$$\left|\boldsymbol{w}^{\mathrm{H}}\boldsymbol{p}(\theta_i)\right| \leqslant \xi_{0i}, \quad \theta_i \in \Theta_{\mathrm{SL}}, \quad i=1,2,\cdots,N_{\mathrm{SL}} \tag{6.38}$$

对协方差矩阵 $\boldsymbol{R}$ 进行 Cholesky 分解，得到 $\boldsymbol{R}=\boldsymbol{V}^{\mathrm{H}}\boldsymbol{V}$，因此式(6.38)转化为

$$\min_{w}\|Vw\|,\quad \text{subject to}\ \ w^{\mathrm{H}}p(\theta_{\mathrm{s}})=1$$

$$\left|w^{\mathrm{H}}p(\theta_{\mathrm{s}})\right|\leqslant\xi_{0i},\quad \theta_i\in\Theta_{\mathrm{SL}},\quad i=1,2,\cdots,N_{\mathrm{SL}} \tag{6.39}$$

该优化问题可转化为二阶锥规划问题求解，具体可参考附录 A，此处不再赘述。此方法称为 SOCP-SLC 方法，或简称 SLC(sidelobe constraint)法。

如果将协方差矩阵取为单位矩阵(对应于空间白噪声)，$\boldsymbol{R}=\boldsymbol{I}$，此时目标函数成为 $\min_{w}\|w\|$。由于它使加权向量范数最小化，SOCP-SLC 方法成为稳健旁瓣控制波束设计法。如果 $\boldsymbol{R}$ 为数据协方差矩阵，SOCP-SLC 方法是旁瓣控制自适应波束设计。

例 6.13　旁瓣控制波束设计

考虑一个 10 元标准线列阵。采用 SOCP-SLC 方法设计旁瓣控制波束，并与 Dolph-Chebyshev 波束图相比较。

假设波束观察方向为 0°，期望旁瓣级为−30dB。分别采用 SOCP-SLC 法与 Dolph-Chebyshev 法设计旁瓣控制波束图，显示于图 6.18 中。

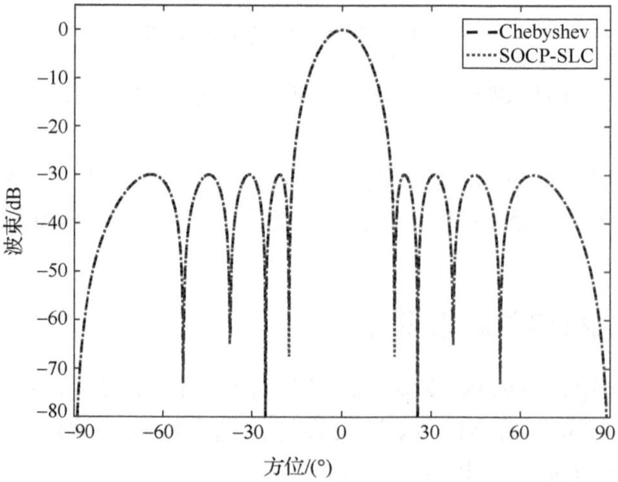

图 6.18　SOCP-SLC 与 Dolph-Chebyshev 法旁瓣控制波束图比较

由图可见，SOCP-SLC 法波束图与 Dolph-Chebyshev 波束图几乎重合，其逼近精度高于图 6.4 中的 Olen 波束图。

例 6.14　非理想阵列流形时的波束图

考虑与例 6.2 同样的条件，假设期望旁瓣为−30dB，比较 SOCP-SLC 法与 Olen 法设计的旁瓣控制波束图。

图 6.19 显示了两种方法设计出的波束图。两种方法波束图比较接近，Olen 法波束旁瓣约为−29.5dB，略高于期望值；而 SOCP-SLC 法将波束旁瓣严格控制在−30dB。可见 SOCP-SLC 法比 Olen 法设计精度高，而且克服了 Olen 法迭代增益 κ 难以确定的缺点。

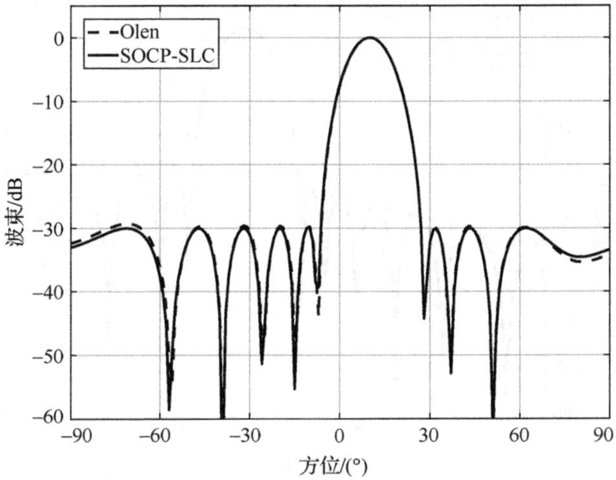

图 6.19　非理想阵列流形时 SOCP-SLC 与 Olen 法旁瓣控制波束图比较

6.5.3　稳健旁瓣控制波束设计

与 6.4.2 节类似，为了提高波束形成器的稳健性，需要对加权向量范数施加约束。在式(6.39)中增加该约束，得到稳健旁瓣控制波束形成器优化设计表达式为

$$\min_w \boldsymbol{w}^{\mathrm{H}}\boldsymbol{R}\boldsymbol{w}, \quad \text{subject to} \quad \boldsymbol{w}^{\mathrm{H}}\boldsymbol{p}(\theta_{\mathrm{s}})=1$$

$$\left|\boldsymbol{w}^{\mathrm{H}}\boldsymbol{p}(\theta_i)\right| \leqslant \xi_{0i}, \quad \theta_i \in \Theta_{\mathrm{SL}}, \quad i=1,2,\cdots,N_{\mathrm{SL}}, \quad \|\boldsymbol{w}\| \leqslant \sqrt{\zeta_0} \tag{6.40}$$

该方法称为 SOCP-RSLC 方法，简称 RSLC 法。

如果取协方差矩阵为单位矩阵 $\boldsymbol{R}=\boldsymbol{I}$（对应于空间白噪声），该 SOCP-RSLC 方法简单地控制旁瓣，并不像自适应波束形成器那样抑制干扰。此时可以省略加权向量范数约束项 $\|\boldsymbol{w}\| \leqslant \sqrt{\zeta_0}$，因为它与目标函数重复，于是它简化为

$$\min_w \boldsymbol{w}^{\mathrm{H}}\boldsymbol{w}, \quad \text{subject to} \quad \boldsymbol{w}^{\mathrm{H}}\boldsymbol{p}(\theta_{\mathrm{s}})=1$$

$$\left|\boldsymbol{w}^{\mathrm{H}}\boldsymbol{p}(\theta_i)\right| \leqslant \xi_{0i}, \quad \theta_i \in \Theta_{\mathrm{SL}}, \quad i=1,2,\cdots,N_{\mathrm{SL}} \tag{6.41}$$

如果 $\boldsymbol{R}$ 取数据协方差矩阵，则 SOCP-RSLC 方法是旁瓣控制自适应波束设计。

例 6.15　非等旁瓣波束图设计

考虑例 6.3 仿真条件。用 SOCP-RSLC 法设计非等旁瓣波束，结果显示于图 6.20 中。作为比较，图 6.7 中 Olen 波束图也显示在该图中。

由图可见，SOCP-RSLC 法设计出的波束旁瓣严格控制在期望旁瓣以下，SOCP-RSLC 法比 Olen 法的旁瓣控制得更精确。而且该方法能够约束加权向量范数，提高波束形成器稳健性。更重要的是，SOCP-RSLC 方法不存在 Olen 方法中难以选择参数的问题。因此，SOCP-RSLC 法优于 Olen 法。

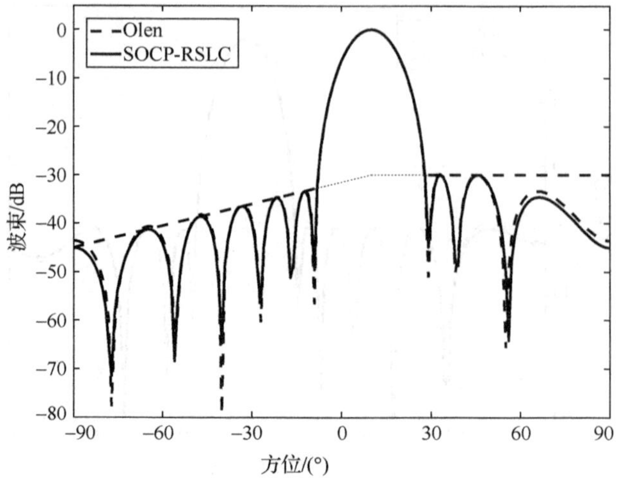

图 6.20　SOCP-RSLC 法非等旁瓣波束设计

例 6.16　凹槽波束形成器设计

自适应波束形成需要估计数据协方差矩阵。由于计算量的原因，有些实际应用中只能采用预成波束形成，而不能采用自适应波束形成。如果干扰的方位大致已知，可以设计在干扰方向具有凹槽的预成波束形成器来抑制干扰。

对于 10 元半波长间隔均匀线列阵，假设波束指向 0° 方向，要求设计波束在 45° 方位附近形成宽度为 5°，深度为−60dB 的凹槽，其他方位旁瓣为−30dB 以下。

设置白噪声增益损失为 2dB，协方差矩阵取 $\boldsymbol{R}=\boldsymbol{I}$，根据设定要求构造波束期望旁瓣(凹槽可以认为是特定方位的旁瓣值)，采用 SOCP-RSLC 方法得到的波束图如图 6.21 所示。由图可见，在指定方位形成了指定宽度与深度的凹槽。这是 Olen 方法与协方差矩阵锥化法无法精确实现的。

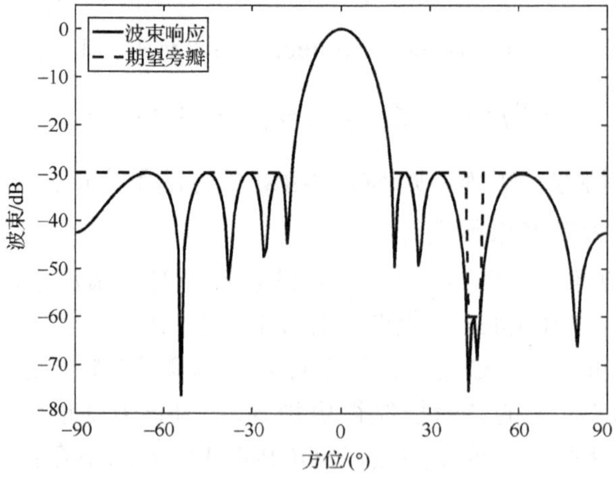

图 6.21　凹槽波束形成

例 6.17　旁瓣控制自适应波束形成

考虑与例 6.12 相同的条件。要求设计指向 0° 方向、旁瓣控制在−30dB 以下的自适应波束形成器。

假设采用理想的数据协方差矩阵，设置白噪声增益损失为 2dB，采用 SOCP-RSLC 方法得到的波束图如图 6.22 所示。

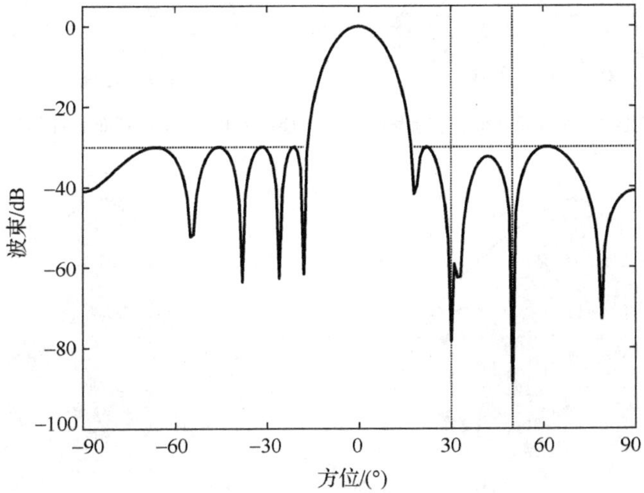

图 6.22　旁瓣控制自适应波束形成

由图可见，该方法得到的波束在干扰方向形成了较深的零点。与图 6.17 相比较可见，本方法设计的波束旁瓣严格控制在−30dB 以下。

例 6.18　曲面阵波束优化

前面只介绍了对线阵或平面阵(圆环阵)的波束进行优化的例子，事实上，本章介绍的基于二阶锥规划的方法对基阵形状没有任何要求，也能对曲面阵波束进行优化。

假设一个近半球面(球冠)水听器阵，121 个阵元近似均匀分布在球冠表面，如图 6.23(a)所示。球半径为 0.25m，球冠张角(球冠边沿与球心连线的最大夹角)为 168.5°。信号频率为 19kHz，水中声速为 1500m/s。假设各水听器接收灵敏度相同，且具有各向同性。

采用第 2 章介绍的坐标系统，假设波束观察方向为 $\Omega_0=(\theta_0,\phi_0)=(0°,0°)$。采用常规波束形成方法，得到的球坐标显示的波束三维图如图 6.23(c)所示。图中是从视角 (37.5°,60°) 观察到的波束图形状，波束主瓣方向功率归一化为 0dB，球心处表示−50dB，波束功率同时用灰度表示。经计算，波束旁瓣级大约为−13.8dB。

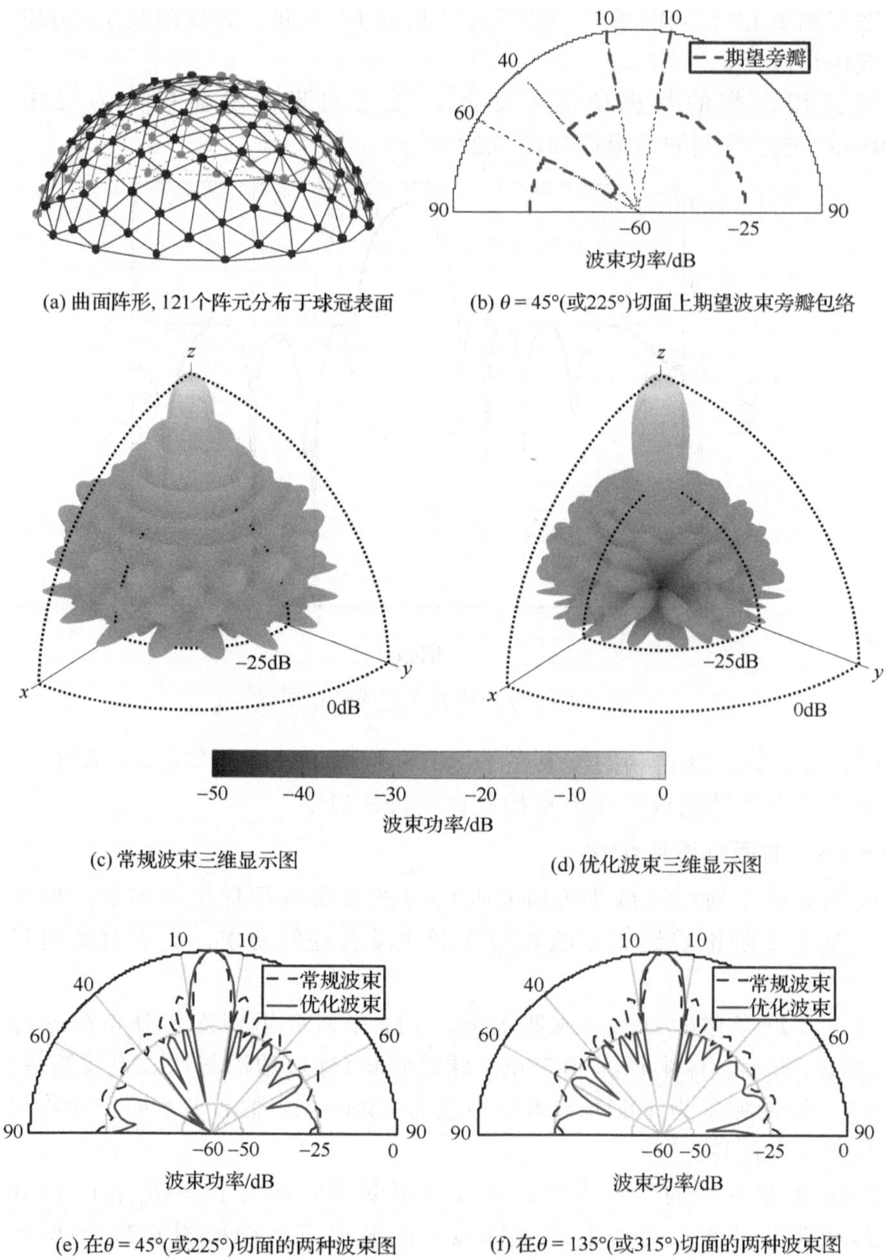

(a) 曲面阵形, 121个阵元分布于球冠表面

(b) $\theta = 45°$(或225°)切面上期望波束旁瓣包络

(c) 常规波束三维显示图

(d) 优化波束三维显示图

(e) 在$\theta = 45°$(或225°)切面的两种波束图

(f) 在$\theta = 135°$(或315°)切面的两种波束图

图 6.23 曲面阵波束优化

假设采用式(6.41)所示稳健旁瓣控制波束设计法，其中设计参数如下：波束指向$(0°,0°)$，波束主瓣的旁瓣级束宽$\mathrm{BW_{SL}} = 20°$，旁瓣控制在−25dB 以下。要求在

$(\theta,\phi)=(45°,50°)$ 方向设计一个凹槽，凹槽深度为−50dB，凹槽宽度为 20°，即凹槽圆周与 $(45°,50°)$ 方向的夹角为 10°。图 6.23(b)显示了在 $\theta=45°$ 与 225° 切面上的期望旁瓣包络。图中圆弧上仅标注了垂直角 ϕ，左半扇面对应 $\theta=45°$，右半扇面对应 $\theta=225°$，在左半扇面 $\phi=40°\sim60°$ 方位区间期望凹槽深度为−50dB。

采用式(6.41)所示优化波束设计法得到的波束图如图 6.23(d)所示，观察视角与图 6.23(c)相同。从图中可以看出，波束旁瓣相比于图 6.23(c)所示的常规波束大幅度下降，在 $(45°,50°)$ 方位附近形成了一个凹槽。经计算，所有方位旁瓣都低于−25dB，凹槽深度恰好为−50dB，白噪声增益损失仅为 $G_{\text{wd}}=1.23\text{dB}$。可见设计出的优化波束形成器的各项性能均满足设计要求。

图 6.23(e)与图 6.23(f)分别显示了在 $\theta=45°$ (或 225°)与 $\theta=135°$ (或 315°)两个相互垂直的切面上两个波束形成器的波束图。从图中可以明显观察到常规波束与优化波束的旁瓣级。从图 6.23(e)中能够清晰地观察到优化波束在 $\theta=45°$，$\phi=40°\sim60°$ 方位区间的凹槽，其中优化波束的旁瓣包络满足图 6.23(b)所示的期望值。

6.6　抗阵列流形误差的稳健低旁瓣波束形成

6.6.1　问题描述

前面各节介绍的低旁瓣波束形成方法中，无一例外，全部假设精确知道基阵的阵列流形向量。但是在实际中，一般无法知道精确的阵列流形向量。当阵列流形向量存在误差时，采用理想方法设计出来的波束图就会出现畸变，一般会使波束旁瓣升高。对加权向量范数进行约束可以提高波束形成器的稳健性，例如，在式(6.28)所示低旁瓣设计优化表达式中通过增加约束 $\|\boldsymbol{w}\|\leqslant\sqrt{\zeta_0}$，得到式(6.33)所示的稳健设计方法。但是，这种方法的主要缺点是无法根据阵列流形的不确定范围来计算最优的加权向量约束值 ζ_0。作者提出了抗阵列流形误差的旁瓣控制波束设计方法[171]，下面对该方法进行介绍。

用 $\tilde{\boldsymbol{p}}(\theta)=\left[\tilde{p}_1(\theta),\tilde{p}_2(\theta),\cdots,\tilde{p}_M(\theta)\right]^{\mathrm{T}}$ 与 $\overline{\boldsymbol{p}}(\theta)=\left[\overline{p}_1(\theta),\overline{p}_2(\theta),\cdots,\overline{p}_M(\theta)\right]^{\mathrm{T}}$ 分别表示真实的与假想的阵列流形向量，真实的阵列流形向量与假想值之间总存在误差。

用 $\overline{\boldsymbol{p}}(\theta)$ 代替式(6.28)中的 $\boldsymbol{p}(\theta)$，并将方位离散化，式(6.28)所示最低旁瓣波束优化问题可以重写为

$$\min_{\boldsymbol{w}} B,\quad \text{subject to } \left|\boldsymbol{w}^{\mathrm{H}}\overline{\boldsymbol{p}}(\theta_{\mathrm{s}})\right|=1 \tag{6.42}$$

式中，$B=\max_{\theta_i\in\Theta_{\mathrm{SL}}}\left|\boldsymbol{w}^{\mathrm{H}}\overline{\boldsymbol{p}}(\theta_i)\right|$ 表示波束旁瓣级；θ_{s} 表示期望信号方向，它与波束观察方向相等，即 $\theta_{\mathrm{s}}=\theta_{\mathrm{o}}$。写成式(6.29)的形式为

$$\min_{\boldsymbol{w}} B, \text{ subject to } \ \boldsymbol{w}^{\mathrm{H}}\bar{\boldsymbol{p}}(\theta_{\mathrm{s}})=1 \tag{6.43}$$

该波束形成器称为理论最低旁瓣波束形成器。

实际中，我们真正的希望是：在保证波束主瓣响应不小于 1 的条件下，使真实的波束旁瓣最低，即

$$\min_{\boldsymbol{w}} \max_{\theta_i\in\Theta_{\mathrm{SL}}}\left|\boldsymbol{w}^{\mathrm{H}}\tilde{\boldsymbol{p}}(\theta_i)\right|,\quad i=1,2,\cdots,N_{\mathrm{SL}},\quad \text{subject to } \left|\boldsymbol{w}^{\mathrm{H}}\tilde{\boldsymbol{p}}(\theta_{\mathrm{s}})\right|\geqslant 1 \tag{6.44}$$

在实际中，真实的阵列流形向量 $\tilde{\boldsymbol{p}}(\theta)$ 是未知的，它与假想的阵列流形向量 $\bar{\boldsymbol{p}}(\theta)$ 之间存在误差，且误差是一个未知的复向量。这意味着 $\tilde{\boldsymbol{p}}(\theta)$ 可以表述为它属于一个不确定集合， $\tilde{\boldsymbol{p}}(\theta)\in S(\theta)$ 。不确定集合 $S(\theta)$ 将在后面分两种情况进行介绍。

于是，需要将式(6.44)中的约束替换成

$$\left|\boldsymbol{w}^{\mathrm{H}}\boldsymbol{p}(\theta_{\mathrm{s}})\right|\geqslant 1,\quad \forall \boldsymbol{p}(\theta_{\mathrm{s}})\in S(\theta_{\mathrm{s}}) \tag{6.45}$$

对应地，最差情况旁瓣级为

$$B_{\mathrm{wc}}(\boldsymbol{w})=\max_{\theta_i\in\Theta_{\mathrm{SL}}}\max_{\boldsymbol{p}(\theta_i)\in S(\theta_i)}\left|\boldsymbol{w}^{\mathrm{H}}\boldsymbol{p}(\theta_i)\right|,\quad i=1,2,\cdots,N_{\mathrm{SL}} \tag{6.46}$$

于是，运用最差情况最佳化准则，稳健低旁瓣波束设计问题可以表示为

$$\min_{\boldsymbol{w}} B_{\mathrm{wc}}(\boldsymbol{w}),\quad \text{subject to}\quad \min_{\boldsymbol{p}(\theta_{\mathrm{s}})\in S(\theta_{\mathrm{s}})}\left|\boldsymbol{w}^{\mathrm{H}}\boldsymbol{p}(\theta_{\mathrm{s}})\right|\geqslant 1 \tag{6.47}$$

6.6.2 ℓ_2 范数准则

假设阵列流形向量误差的范数有上界，即

$$\left\|\tilde{\boldsymbol{p}}(\theta)-\bar{\boldsymbol{p}}(\theta)\right\|^2\leqslant\varepsilon(\theta),\quad \theta\in\Theta \tag{6.48}$$

假设式中 $\varepsilon(\theta)$ 已知。

于是，真实的阵列流形向量不确定集 $S(\theta)$ 成为如下椭圆不确定集 $S_2(\theta)$

$$S_2(\theta)\triangleq\left\{\boldsymbol{p}(\theta)\mid \boldsymbol{p}(\theta)=\bar{\boldsymbol{p}}(\theta)+\boldsymbol{p}_{\Delta}(\theta),\ \left\|\boldsymbol{p}_{\Delta}(\theta)\right\|\leqslant\varepsilon(\theta)\right\},\qquad \theta\in\Theta \tag{6.49}$$

考虑到对于任意 $\boldsymbol{p}(\theta_{\mathrm{s}})\in S_2(\theta_{\mathrm{s}})$ ，我们有

$$\begin{aligned}\left|\boldsymbol{w}^{\mathrm{H}}\boldsymbol{p}(\theta_{\mathrm{s}})\right|&=\left|\boldsymbol{w}^{\mathrm{H}}\bar{\boldsymbol{p}}(\theta_{\mathrm{s}})+\boldsymbol{w}^{\mathrm{H}}\boldsymbol{p}_{\Delta}(\theta_{\mathrm{s}})\right|\\&\geqslant\left|\boldsymbol{w}^{\mathrm{H}}\bar{\boldsymbol{p}}(\theta_{\mathrm{s}})\right|-\left|\boldsymbol{w}^{\mathrm{H}}\boldsymbol{p}_{\Delta}(\theta_{\mathrm{s}})\right|\\&\geqslant\left|\boldsymbol{w}^{\mathrm{H}}\bar{\boldsymbol{p}}(\theta_{\mathrm{s}})\right|-\left\|\boldsymbol{p}_{\Delta}(\theta_{\mathrm{s}})\right\|\cdot\left\|\boldsymbol{w}\right\|\\&\geqslant\left|\boldsymbol{w}^{\mathrm{H}}\bar{\boldsymbol{p}}(\theta_{\mathrm{s}})\right|-\varepsilon(\theta_{\mathrm{s}})\left\|\boldsymbol{w}\right\|\end{aligned} \tag{6.50}$$

其中上式要求 $\left|\boldsymbol{w}^{\mathrm{H}}\bar{\boldsymbol{p}}(\theta_{\mathrm{s}})\right|\geqslant\varepsilon(\theta_{\mathrm{s}})\left\|\boldsymbol{w}\right\|$ ，而且上式中取等号的条件是

$$\boldsymbol{p}_{\Delta}(\theta_{\mathrm{s}})=-\varepsilon(\theta_{\mathrm{s}})(\boldsymbol{w}/\left\|\boldsymbol{w}\right\|)\exp\left\{\mathrm{i}\angle\left[\boldsymbol{w}^{\mathrm{H}}\bar{\boldsymbol{p}}(\theta_{\mathrm{s}})\right]\right\} \tag{6.51}$$

因此

$$\min_{\boldsymbol{p}(\theta_s)\in S_2(\theta_s)} \left|\boldsymbol{w}^{\mathrm{H}} \boldsymbol{p}(\theta_s)\right| = \left|\boldsymbol{w}^{\mathrm{H}} \overline{\boldsymbol{p}}(\theta_s)\right| - \varepsilon(\theta_s)\|\boldsymbol{w}\| \tag{6.52}$$

类似地，可知

$$\max_{\boldsymbol{p}(\theta_i)\in S_2(\theta_i)} \left|\boldsymbol{w}^{\mathrm{H}} \boldsymbol{p}(\theta_i)\right| = \left|\boldsymbol{w}^{\mathrm{H}} \overline{\boldsymbol{p}}(\theta_i)\right| + \varepsilon(\theta_i)\|\boldsymbol{w}\|, \quad i=1,2,\cdots,N_{\mathrm{SL}} \tag{6.53}$$

其中取等号的条件是

$$\boldsymbol{p}_{\Delta}(\theta_i) = \varepsilon(\theta_i)\left(\boldsymbol{w}/\|\boldsymbol{w}\|\right)\exp\left\{\mathrm{i}\angle\left[\boldsymbol{w}^{\mathrm{H}}\overline{\boldsymbol{p}}(\theta_i)\right]\right\} \tag{6.54}$$

将式(6.53)代入式(6.46)得

$$B_{\mathrm{wc}}(\boldsymbol{w}) = \max_{\theta_i\in\Theta_{\mathrm{SL}}}\left[\left|\boldsymbol{w}^{\mathrm{H}}\overline{\boldsymbol{p}}(\theta_i)\right| + \varepsilon(\theta_i)\|\boldsymbol{w}\|\right], \quad i=1,2,\cdots,N_{\mathrm{SL}} \tag{6.55}$$

将式(6.52)与式(6.55)代入式(6.47)得

$$\begin{aligned}&\min_{\boldsymbol{w}} \max_{\theta_i\in\Theta_{\mathrm{SL}}}\left[\left|\boldsymbol{w}^{\mathrm{H}}\overline{\boldsymbol{p}}(\theta_i)\right| + \varepsilon(\theta_i)\|\boldsymbol{w}\|\right], \quad i=1,2,\cdots N_{\mathrm{SL}}\\&\text{subject to}\ \left|\boldsymbol{w}^{\mathrm{H}}\overline{\boldsymbol{p}}(\theta_s)\right| - \varepsilon(\theta_s)\|\boldsymbol{w}\| \geqslant 1\end{aligned} \tag{6.56}$$

该优化问题是非凸的，但可以将其转化为凸优化问题。考虑到当对 $\boldsymbol{w}$ 附加任意的相位旋转时，式(6.56)的代价函数的值不发生变化，因此假设 $\boldsymbol{w}_{\mathrm{opt}}$ 是式(6.56)的一个解，我们总可以将其相位进行旋转，直到 $\boldsymbol{w}^{\mathrm{H}}\overline{\boldsymbol{p}}(\theta_s)$ 为实数，而不影响代价函数的值。于是式(6.56)的一个解可以写成

$$\begin{aligned}&\min_{\boldsymbol{w}} \max_{\theta_i\in\Theta_{\mathrm{SL}}}\left[\left|\boldsymbol{w}^{\mathrm{H}}\overline{\boldsymbol{p}}(\theta_i)\right| + \varepsilon(\theta_i)\|\boldsymbol{w}\|\right], \quad i=1,2,\cdots,N_{\mathrm{SL}}\\&\text{subject to}\ \boldsymbol{w}^{\mathrm{H}}\overline{\boldsymbol{p}}(\theta_s) \geqslant 1 + \varepsilon(\theta_s)\|\boldsymbol{w}\|\end{aligned} \tag{6.57}$$

该优化问题是一个凸优化问题，很容易将其写成二阶锥规划的形式。转化步骤不再赘述。由于在优化问题中有 $\boldsymbol{w}$ 的 ℓ_2 范数项，所以该方法称为 ℓ_2 范数准则法。

6.6.3　ℓ_1 范数准则

在 6.6.2 节中，假设阵列流形向量误差的范数上界已知。这里我们假设阵列流形向量误差的每个元素的上界已知。即假设真实的阵列流形向量属于如下不确定集 $S_1(\theta)$

$$S_1(\theta) \triangleq \left\{\boldsymbol{p}(\theta) \mid \boldsymbol{p}(\theta) = \overline{\boldsymbol{p}}(\theta) + \boldsymbol{p}_{\Delta}(\theta),\ \ \left|p_{\Delta m}(\theta)\right| \leqslant \delta_m(\theta)\right\}, \quad \theta\in\Theta \tag{6.58}$$

式中，$\delta_m(\theta)$ 是假设已知的误差上界；$p_{\Delta m}(\theta)$ 是阵列流形误差 $\boldsymbol{p}_{\Delta}(\theta)$ 的第 m 个元素

$$\boldsymbol{p}_{\Delta}(\theta) = \left[p_{\Delta 1}(\theta),\cdots,p_{\Delta m}(\theta),\cdots,p_{\Delta M}(\theta)\right]^{\mathrm{T}} \tag{6.59}$$

对于式(6.47)所述最差性能最佳化准则，类似于式(6.50)，对于任意 $\boldsymbol{p}(\theta_s)\in S_1(\theta_s)$，有

$$\begin{aligned}\left|\boldsymbol{w}^{\mathrm{H}}\boldsymbol{p}(\theta_s)\right| &= \left|\boldsymbol{w}^{\mathrm{H}}\overline{\boldsymbol{p}}(\theta_s)+\boldsymbol{w}^{\mathrm{H}}\boldsymbol{p}_{\Delta}(\theta_s)\right| \\ &\geqslant \left|\boldsymbol{w}^{\mathrm{H}}\overline{\boldsymbol{p}}(\theta_s)\right|-\left|\boldsymbol{w}^{\mathrm{H}}\boldsymbol{p}_{\Delta}(\theta_s)\right| \\ &\geqslant \left|\boldsymbol{w}^{\mathrm{H}}\overline{\boldsymbol{p}}(\theta_s)\right|-\sum_{m=1}^{M}\left[\left|w_m^*\right|\cdot\left|p_{\Delta m}(\theta_s)\right|\right] \\ &\geqslant \left|\boldsymbol{w}^{\mathrm{H}}\overline{\boldsymbol{p}}(\theta_s)\right|-\sum_{m=1}^{M}\left[\delta_m(\theta_s)\left|w_m\right|\right]\end{aligned} \tag{6.60}$$

而且上式中取等号的条件是

$$p_{\Delta m}(\theta_s)=-\delta_m(\theta_s)\left(w_m/\left|w_m\right|\right)\exp\left\{\mathrm{i}\angle\left[\boldsymbol{w}^{\mathrm{H}}\overline{\boldsymbol{p}}(\theta_s)\right]\right\} \tag{6.61}$$

因此

$$\min_{\boldsymbol{p}(\theta_s)\in S_1(\theta_s)}\left|\boldsymbol{w}^{\mathrm{H}}\boldsymbol{p}(\theta_s)\right|=\left|\boldsymbol{w}^{\mathrm{H}}\overline{\boldsymbol{p}}(\theta_s)\right|-\sum_{m=1}^{M}\left[\delta_m(\theta_s)\left|w_m\right|\right] \tag{6.62}$$

类似地，可知

$$\max_{\boldsymbol{p}(\theta_i)\in S_1(\theta_i)}\left|\boldsymbol{w}^{\mathrm{H}}\boldsymbol{p}(\theta_i)\right|=\left|\boldsymbol{w}^{\mathrm{H}}\overline{\boldsymbol{p}}(\theta_i)\right|+\sum_{m=1}^{M}\left[\delta_m(\theta_i)\left|w_m\right|\right],\quad i=1,2,\cdots,N_{\mathrm{SL}} \tag{6.63}$$

其中取等号的条件是

$$p_{\Delta m}(\theta_i)=\delta_m(\theta_i)\left(w_m/\left|w_m\right|\right)\exp\left\{\mathrm{i}\angle\left[\boldsymbol{w}^{\mathrm{H}}\overline{\boldsymbol{p}}(\theta_i)\right]\right\} \tag{6.64}$$

将式(6.62)与式(6.63)代入式(6.47)得

$$\begin{aligned}&\min_{\boldsymbol{w}}\max_{\theta_i\in\Theta_{\mathrm{SL}}}\left\{\left|\boldsymbol{w}^{\mathrm{H}}\overline{\boldsymbol{p}}(\theta_i)\right|+\sum_{m=1}^{M}\left[\delta_m(\theta_i)\left|w_m\right|\right]\right\},\ i=1,2,\cdots,N_{\mathrm{SL}} \\ &\text{subject to}\ \ \left|\boldsymbol{w}^{\mathrm{H}}\overline{\boldsymbol{p}}(\theta_s)\right|-\sum_{m=1}^{M}\left[\delta_m(\theta_s)\left|w_m\right|\right]\geqslant 1\end{aligned} \tag{6.65}$$

该优化问题是非凸的，考虑到当对 $\boldsymbol{w}$ 附加任意的相位旋转时，式(6.65)的代价函数的值不发生变化，因此可以假设 $\boldsymbol{w}^{\mathrm{H}}\overline{\boldsymbol{p}}(\theta_s)$ 为实数，于是式(6.65)可以写成

$$\begin{aligned}&\min_{\boldsymbol{w}}\max_{\theta_i\in\Theta_{\mathrm{SL}}}\left\{\left|\boldsymbol{w}^{\mathrm{H}}\overline{\boldsymbol{p}}(\theta_i)\right|+\sum_{m=1}^{M}\left[\delta_m(\theta_i)\left|w_m\right|\right]\right\},\quad i=1,2,\cdots,N_{\mathrm{SL}} \\ &\text{subject to}\ \ \boldsymbol{w}^{\mathrm{H}}\overline{\boldsymbol{p}}(\theta_s)\geqslant 1+\sum_{m=1}^{M}\left[\delta_m(\theta_s)\left|w_m\right|\right]\end{aligned} \tag{6.66}$$

该优化问题是一个凸优化问题，很容易将其写成二阶锥规划的形式。转化步骤不再赘述。由于在优化问题中有 $\boldsymbol{w}$ 的 ℓ_1 范数项，所以该方法称为 ℓ_1 范数准则法。

6.6.4 最差旁瓣下界

下面推导本节两种稳健波束设计方法的最差旁瓣的下界。

对于 ℓ_2 范数准则法，假设各方位阵列流形误差范数上界相等，即对于所有的 θ，$\varepsilon(\theta)=\varepsilon$。

用 $\boldsymbol{w}_{\text{nom}}$ 表示优化问题(6.43)的解，用 B_{nom} 表示优化问题(6.43)得到的最高旁瓣。即

$$B_{\text{nom}}=\max_{\theta_i\in\Theta_{\text{SL}}}\left|\boldsymbol{w}_{\text{nom}}^{\text{H}}\overline{\boldsymbol{p}}(\theta_i)\right|,\quad i=1,2,\cdots,N_{\text{SL}} \tag{6.67}$$

注意到优化问题(6.43)中等式约束可以等效于不等式约束，即

$$\min_{\boldsymbol{w}} B\text{, subject to }\ \boldsymbol{w}^{\text{H}}\overline{\boldsymbol{p}}(\theta_{\text{s}})\geqslant 1 \tag{6.68}$$

这可以很容易证明。因为假如当 $\breve{B}\triangleq\boldsymbol{w}^{\text{H}}\overline{\boldsymbol{p}}(\theta_{\text{s}})>1$ 时式(6.68)中目标函数获得最小值，将 $\boldsymbol{w}$ 用 $\boldsymbol{w}/\breve{B}$ 代替，在约束仍旧满足的条件下可以使目标函数值更小，与假设相矛盾。因此，目标函数最佳值在 $\boldsymbol{w}^{\text{H}}\overline{\boldsymbol{p}}(\theta_{\text{s}})=1$ 时获得。于是得证两优化问题等效。

假设求解优化问题(6.57)得到的波束加权向量为 $\boldsymbol{w}_{\text{rob2}}$，显然 $\boldsymbol{w}_{\text{rob2}}$ 满足式(6.68)中约束条件，因此

$$\max_{\theta_i\in\Theta_{\text{SL}}}\left|\boldsymbol{w}_{\text{rob2}}^{\text{H}}\overline{\boldsymbol{p}}(\theta_i)\right|\geqslant\max_{\theta_i\in\Theta_{\text{SL}}}\left|\boldsymbol{w}_{\text{nom}}^{\text{H}}\overline{\boldsymbol{p}}(\theta_i)\right| \tag{6.69}$$

用 B_{rob2} 表示 ℓ_2 范数准则法最差旁瓣，将 $\boldsymbol{w}_{\text{rob2}}$ 代入式(6.55)得

$$B_{\text{rob2}}\triangleq B_{\text{wc}}\left(\boldsymbol{w}_{\text{rob2}}\right)=\max_{\theta_i\in\Theta_{\text{SL}}}\left[\left|\boldsymbol{w}_{\text{rob2}}^{\text{H}}\overline{\boldsymbol{p}}(\theta_i)\right|+\varepsilon\left\|\boldsymbol{w}_{\text{rob2}}\right\|\right] \tag{6.70}$$

由式(6.67)、式(6.69)与式(6.70)可知

$$B_{\text{rob2}}-B_{\text{nom}}\geqslant\varepsilon\cdot\left\|\boldsymbol{w}_{\text{rob2}}\right\| \tag{6.71}$$

由式(6.57)的约束条件可知

$$\varepsilon\left\|\boldsymbol{w}_{\text{rob2}}\right\|+1\leqslant\boldsymbol{w}_{\text{rob2}}^{\text{H}}\overline{\boldsymbol{p}}(\theta_{\text{s}})=\left\|\boldsymbol{w}_{\text{rob2}}\right\|\cdot\left\|\overline{\boldsymbol{p}}(\theta_{\text{s}})\right\| \tag{6.72}$$

注意式(6.72)最右边的等式是因为 $\boldsymbol{w}_{\text{rob2}}^{\text{H}}\overline{\boldsymbol{p}}(\theta_{\text{s}})$ 为正实数。于是可以得到 $\left\|\boldsymbol{w}_{\text{rob2}}\right\|$ 的下界为

$$\left\|\boldsymbol{w}_{\text{rob2}}\right\|\geqslant 1/\left[\left\|\overline{\boldsymbol{p}}(\theta_{\text{s}})\right\|-\varepsilon\right] \tag{6.73}$$

将式(6.73)代入(6.71)可得

$$B_{\text{rob2}}-B_{\text{nom}}\geqslant\varepsilon/\left[\left\|\overline{\boldsymbol{p}}(\theta_{\text{s}})\right\|-\varepsilon\right] \tag{6.74}$$

例如，假设阵列流形向量误差级为 5%，即 $\varepsilon=0.05\left\|\overline{\boldsymbol{p}}(\theta_{\text{s}})\right\|$，可得

$$B_{\text{rob2}} - B_{\text{nom}} \geqslant 0.0526 \tag{6.75}$$

由于 $B_{\text{nom}} > 0$，所以

$$B_{\text{rob2}} > 0.0526 \tag{6.76}$$

这意味着无论什么阵形，无论阵元数目是多少，在 5%阵列流形误差条件下，得到的最差旁瓣级不可能低于 $20\lg 0.0526 = -25.6\text{dB}$。

值得指出的是，这里是说最差旁瓣 B_{rob2} 不能低于 -25.6dB，并不是说实际的旁瓣 $\max_{\theta\in\Theta_{\text{SL}}} \left|\boldsymbol{w}_{\text{rob2}}^{\text{H}} \tilde{\boldsymbol{p}}(\theta)\right|$ 不能低于 -25.6dB。

对于 ℓ_1 范数准则法，假设各方位各阵元响应误差上界相等，即对于所有的 θ，假设 $\delta_m(\theta) = \delta_m$，$m = 1,\cdots,M$。

假设 $\boldsymbol{w}_{\text{rob1}} = \left[w_{\text{rob1},1},\cdots,w_{\text{rob1},m},\cdots,w_{\text{rob1},M}\right]^{\text{T}}$ 是优化问题(6.66)的解，类似于式(6.70)，定义 ℓ_1 范数准则法最差旁瓣为

$$B_{\text{rob1}} \triangleq B_{\text{wc}}(\boldsymbol{w}_{\text{rob1}}) = \max_{\theta_i\in\Theta_{\text{SL}}} \left\{\left|\boldsymbol{w}_{\text{rob1}}^{\text{H}} \bar{\boldsymbol{p}}(\theta_i)\right| + \sum_{m=1}^{M}\left[\delta_m \left|w_{\text{rob1},m}\right|\right]\right\} \tag{6.77}$$

类似于式(6.69)，有 $\max_{\theta_i\in\Theta_{\text{SL}}} \left|\boldsymbol{w}_{\text{rob1}}^{\text{H}} \bar{\boldsymbol{p}}(\theta_i)\right| \geqslant \max_{\theta_i\in\Theta_{\text{SL}}} \left|\boldsymbol{w}_{\text{nom}}^{\text{H}} \bar{\boldsymbol{p}}(\theta_i)\right|$，于是可知

$$B_{\text{rob1}} - B_{\text{nom}} \geqslant B_{\text{aux}} \tag{6.78}$$

式中，B_{aux} 是如下优化问题的最小代价函数

$$\begin{aligned} &\min_{\boldsymbol{w}} \max_{\theta_i\in\Theta_{\text{SL}}} \sum_{m=1}^{M}\left[\delta_m \left|w_m\right|\right], \quad i = 1,2,\cdots,N_{\text{SL}} \\ &\text{subject to} \quad \boldsymbol{w}^{\text{H}} \bar{\boldsymbol{p}}(\theta_{\text{s}}) \geqslant 1 + \sum_{m=1}^{M}\left[\delta_m \left|w_m\right|\right] \end{aligned} \tag{6.79}$$

因为将 $\boldsymbol{w}$ 的每个元素 w_m 的相位进行旋转时，式(6.79)的代价函数值不发生变化，因此可以假设 w_m 为正实数。由于 w_m 旋转角度可以被纳入 $\bar{p}_m(\theta_{\text{s}})$，所以可以进行旋转，直到 $\bar{p}_m(\theta_{\text{s}}) = \left|\bar{p}_m(\theta_{\text{s}})\right|$，于是式(6.79)可以写成如下等同的优化问题[82]

$$\begin{aligned} &\min_{\boldsymbol{w}} \max_{\theta_i\in\Theta_{\text{SL}}} \sum_{m=1}^{M}[\delta_m w_m], \quad i = 1,2,\cdots,N_{\text{SL}} \\ &\text{subject to} \quad \sum_{m=1}^{M}\left|\bar{p}_m(\theta_{\text{s}})\right| w_m \geqslant 1 + \sum_{m=1}^{M}[\delta_m w_m] \end{aligned} \tag{6.80}$$

这是一个线性规划问题。理想情况下 $\left|\bar{p}_m(\theta_{\text{s}})\right| = 1$。若对于 $m = 1,\cdots,M$，假设 $\delta_m = \delta$，于是可计算出式(6.80)的最优代价函数为

$$B_{\text{aux}} = \delta / (1-\delta) \tag{6.81}$$

假设 $\delta = 0.05$，即阵列流形向量误差为 5%，则 $B_{aux} = 0.0526$，将其代入(6.78)可得

$$B_{rob1} - B_{nom} \geqslant 0.0526 \tag{6.82}$$

比较式(6.82)与式(6.75)可见，B_{rob1} 与 B_{rob2} 具有相同的最差旁瓣下界。而且该下界与文献[82]中所述加权向量不确定情况(阵列流形向量精确已知，加权向量具有5%的误差)产生的最差旁瓣下界相等。

例 6.19　抗阵列流形向量误差波束形成

考虑一个均匀圆环阵，$M = 24$ 个阵元均匀分布在直径为 0.96λ（λ 为信号波长）的圆周上，在与该圆环共面的平面设计波束图，将某两个阵元之间夹角的角平分线方向定义为 0°。

分别采用式(6.42)、式(6.66)与式(6.57)所示三种方法设计波束形成器。其中在式(6.66)所示 ℓ_1 准则方法中，假设取 $\delta_m(\theta_i) = 0.05$，在式(6.57)所示 ℓ_2 准则方法中，取 $\varepsilon(\theta_i) = 0.05\sqrt{M}$。假设波束期望方向为 $\theta_o = \theta_s = 0°$，旁瓣区域为 $\Theta_{SL} = [-180°, -25°] \cup [25°, 180°]$，以 1° 间隔进行离散化。

首先假设阵列流形向量不存在误差，采用这三种方法设计出的理想波束图如图 6.24 所示。常规波束图也显示在该图中。

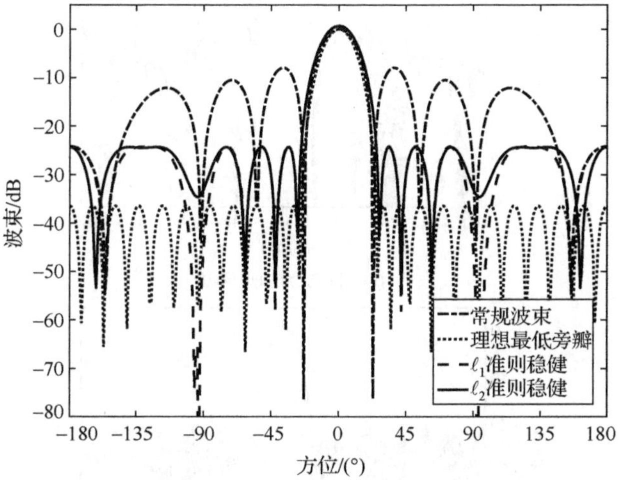

图 6.24　几种方法理想波束图

由图 6.24 可见，常规波束旁瓣较高。由式(6.42)所示最低旁瓣方法得到的理想最低旁瓣较低，大约为−37dB。两种稳健波束设计方法得到的旁瓣大致相当，大约为−24dB。

将以上计算的波束加权向量固定。考虑阵列流形向量存在误差的情况，假设在各方向理想的阵列流形上叠加一个零均值圆对称复高斯随机变量，假设每个高斯随机变量都

是相互独立的，并且将阵列流形误差的每个元素都归一化为$|\tilde{p}_m(\theta)-\bar{p}_m(\theta)|=0.05$，对应地可知$|\tilde{\boldsymbol{p}}(\theta)-\bar{\boldsymbol{p}}(\theta)|=0.05\sqrt{M}$。

进行 100 次独立的蒙特卡罗仿真，分别考察理想低旁瓣方法(6.42)、两种稳健低旁瓣方法(6.66)与式(6.57)等三种方法的波束图。这三种波束形成方法的 100 个波束图分别显示于图 6.25(a)、图 6.25(b)与图 6.25(c)中。

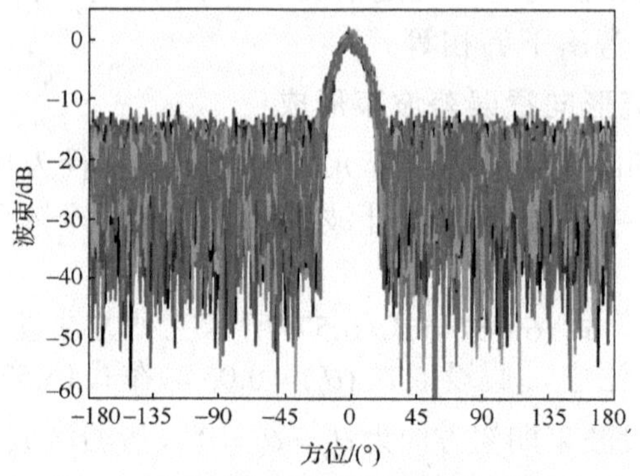

(a) 忽略阵列流形误差的最低旁瓣方法

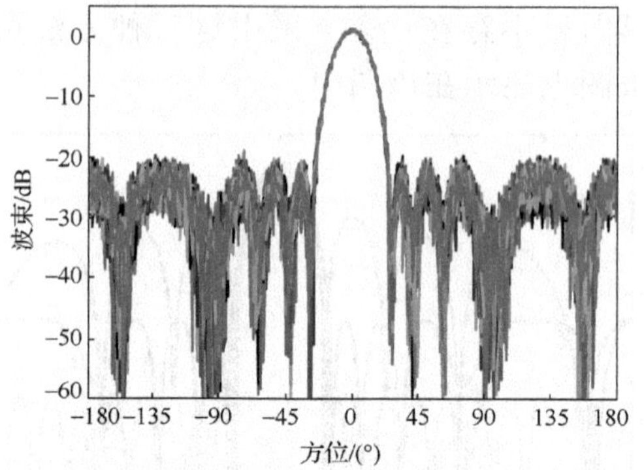

(b) ℓ_1准则稳健低旁瓣法

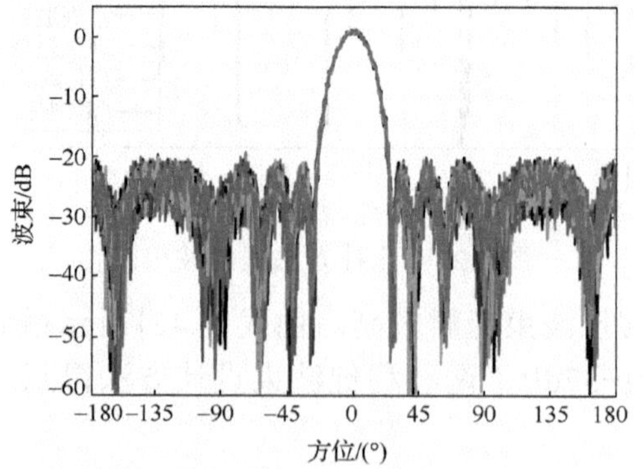

(c) ℓ_2准则稳健低旁瓣法

图 6.25　存在阵列流形误差时三种方法 100 次试验波束图

观察图 6.24 与图 6.25 可以看出，理想化(忽略阵列流形误差)最低旁瓣方法虽然在不存在阵列流形误差时具有很低的旁瓣，但阵列流形出现误差时旁瓣升高较多，主瓣形状也发生畸变。可见该方法对阵列流形误差的稳健性较差。两种稳健低旁瓣方法得到的波束图性能大致相当，它们在阵列流形向量存在误差时主瓣形状与旁瓣保持得比较好，旁瓣相比于不存在误差时只是稍有上升。可见，两种稳健低旁瓣方法对阵列流形误差具有足够的稳健性。

图 6.26 显示了以上三种波束形成方法得到的波束旁瓣级。两种稳健方法的最差旁瓣($20\lg B_{\text{rob1}}$ 与 $20\lg B_{\text{rob2}}$)也显示在该图中。

由图可见，ℓ_2 准则稳健低旁瓣法的最差旁瓣 $20\lg B_{\text{rob2}}$ 比 ℓ_1 准则方法最差旁瓣 $20\lg B_{\text{rob1}}$ 略高，大约高出 0.6dB。两种方法的真实旁瓣级大致相当，大约为 −21dB。

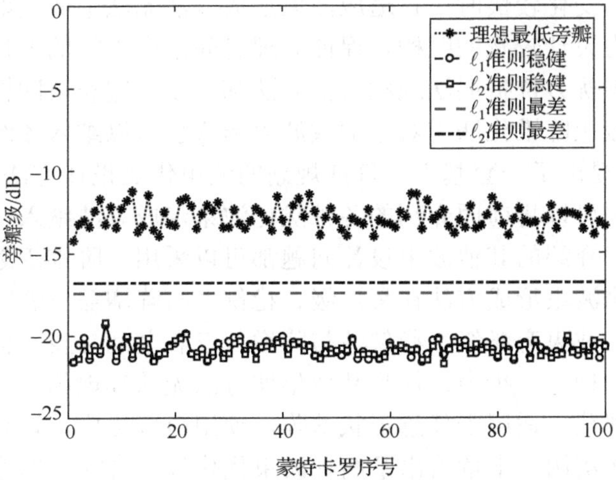

图 6.26　几种波束形成器的旁瓣级

从图中还可看到，理想化最低旁瓣方法在阵列流形存在误差时的实际旁瓣较高，高于两种稳健方法的最差旁瓣。另外，在 100 次试验中，理想化最低旁瓣法的实际旁瓣值变化的方差较两稳健方法旁瓣变化方差大。从这两个方面都可以看出，本节的两种设计方法都显著地提高了低旁瓣波束形成器的稳健性。

6.7　本 章 小 结

本章介绍了几种旁瓣控制波束形成器设计方法，包括凹槽噪声法、协方差矩阵锥化法、二阶锥规划法等。通过本章的阐述、分析与仿真验证，关于这几种旁瓣控制波束设计法的部分结论如下。

(1)马远良和 Olen 等分别提出的凹槽噪声法，适用于任意阵形，且能够考虑阵元间差异与阵元方向性。凹槽噪声法的设计思想是：根据自适应阵原理，自适应波束图在干扰方向形成凹槽，干扰强度越大，凹槽越深。Olen 法通过在旁瓣区域人为放置若干虚拟干扰源，并自适应地调整噪声源的强度，就可以获得控制了旁瓣的优化波束图。不过，由于 Olen 法采用迭代方法实现，迭代步长难以选择，且不能保证完全收敛，因此误差比较大。而且 Olen 方法在迭代过程中对主瓣宽度没有约束，容易造成主瓣较快增宽。换言之，在给定旁瓣级条件下，该方法并不能保证获得最窄的主瓣宽度。

(2) 为了抑制干扰，希望波束具有很低的旁瓣。在给定主瓣宽度的情况下，波束所能获得的最低旁瓣具有极限。在某些应用中，如果已知干扰的方位，则只需要使波束形成器在干扰方向形成较深凹槽，足以抑制干扰即可，而并不要求整个旁瓣级降低。当干扰方向变化较快时，自适应波束形成方法无法形成较好的凹槽来抑制干扰。这就需要人为设计较宽的凹槽，保证处理时间段内干扰的方位始终处于该较宽的凹槽内。采用干扰方位扩展法或频带扩展法都可以展宽波束凹槽宽度。Guerci 将它们统一为协方差矩阵锥化法，对角加载波束形成也可以纳入该统一框架。

(3) 本书作者提出了一套基于二阶锥规划的波束优化设计方法。通过构造不同的优化准则，该方法可以将前面介绍的各种优化波束形成方法纳入一个统一的框架体系。换言之，本章介绍的其他波束设计问题都可以采用二阶锥规划方法实现。该方法克服了其他优化波束形成方法在旁瓣级、稳健性与阵增益三者之间无法全面兼顾的缺点，它能够在波束旁瓣级、稳健性与阵增益三者之间寻找最佳折中点，达到工程上真正需要的一种合理折中，这是其他早期方法无法实现的。该二阶锥规划方法设计灵活、求解规范，适用于任意形状基阵，使用范围更广，设计精度也更高。

作为具体设计实例，本章给出了两种波束优化设计方法，即稳健最低旁瓣波束形成与稳健旁瓣控制高增益波束形成。这两种优化波束形成方法是对其他早期自适应旁瓣控制波束形成方法的明显改进。

(4) 以上方法在设计波束形成器时都假设基阵的阵列流形向量精确已知，在实际中，我们往往不能精确知道阵列流形向量，真实的阵列流形向量与假想值之间存在一定的误差。阵列流形误差导致设计出的波束的真实旁瓣升高。虽然加权向量范数约束可以提高波束形成器的稳健性，但其具体约束值难以根据阵列流形误差范围与程度来确定。针对这一问题，本书作者提出了基于 ℓ_1 准则与 ℓ_2 准则的两种稳健低旁瓣波束设计方法。该方法能够根据阵列流形误差程度计算最优参数，保证波束形成器对阵列流形误差具有足够的稳健性。

第 7 章　波束主瓣设计

7.1　引　　言

第 6 章已经介绍了波束图设计中的旁瓣控制问题，本章主要探讨波束主瓣设计问题。期望响应波束设计问题称为波束图综合(array pattern synthesis)问题，其任务就是设计加权向量，使设计出的波束响应逼近于期望响应。

早期的波束图综合方法，一般将期望响应波束设计问题表述成一个二次规划(quadratic programming)问题[150-153]，其设计准则是使合成波束响应与期望波束响应之间的误差平方和最小化。由于这些方法往往采用自适应或迭代算法来实现，收敛性难以得到保证。更重要的是，这些方法使合成波束响应在全方位(包括主瓣区域与旁瓣区域)逼近于期望波束，而事实上，我们真正感兴趣的只是波束主瓣区域，这些方法相当于在旁瓣区域增加了冗余的等式约束，造成合成波束与期望波束主瓣区域拟合误差增大。

鄢社锋等提出了旁瓣控制期望主瓣响应波束设计方法[165,166]。该方法采用混合范数逼近准则，这一设计准则更合理，因为它消除了冗余约束。在控制波束旁瓣电平的条件下，仅仅让合成波束主瓣逼近于期望波束，主瓣逼近精度更高。而且可以很方便地通过加权向量范数约束提高波束形成器的稳健性。该方法适用于任意形状基阵，且可以考虑阵元的方向性。

期望主瓣响应波束设计的一个重要应用是恒定主瓣响应波束形成，即波束形成器的主瓣响应恒定，不随频率发生变化。将前面介绍的期望主瓣响应波束设计方法用于设计工作频带内各子带波束形成器，即得到恒定主瓣响应波束形成器。

在某些应用中，例如，发射波束设计问题中，只考虑波束形成器的幅度响应，对相位响应并不作要求。Wang 等[167]提出了两种基于半定规划的期望幅度响应波束设计迭代算法。将该方法进行适当改进，仅对主瓣进行幅度逼近，并控制旁瓣，可以进一步提高主瓣幅度逼近精度[170]。

本章的主要内容与组织结构如下：7.2 节介绍期望响应波束设计的最小误差逼近法；7.3 节介绍旁瓣控制期望主瓣响应波束设计法；7.4 节介绍将期望主瓣响应波束设计法用于设计恒定主瓣响应宽带波束形成器；7.5 节介绍期望主瓣幅度响应波束设计法；7.6 节是本章小结。

7.2　最小误差逼近法

7.2.1　误差范数表述

首先定义向量的范数表达式，范数与该向量是行向量还是列向量无关，这里不妨假设一个长度为 N 的行向量 $\boldsymbol{z}=\left[z_1,\cdots,z_n,\cdots,z_N\right]$，其 ℓ_q 范数定义为

$$\|\boldsymbol{z}\|_q=\left(\sum_{n=1}^{N}|z_n|^q\right)^{1/q} \tag{7.1}$$

比较典型的是 $q=1,2$ 或 ∞。ℓ_2 范数又称为 Euclidean 范数，ℓ_∞ 范数又称为 Chebyshev 范数。ℓ_2 范数 $\|\boldsymbol{z}\|_2$ 可以省略下标，简写为 $\|\boldsymbol{z}\|$。$q=\infty$ 时对应的 ℓ_∞ 范数为

$$\|\boldsymbol{z}\|_q=\max_n|z_n| \tag{7.2}$$

波束图综合问题就是求取波束形成加权向量 $\boldsymbol{w}$，使得设计出的波束响应逼近于期望波束响应，即

$$B(\theta)\approx B_{\mathrm{d}}(\theta),\quad \forall\theta\in\Theta \tag{7.3}$$

式中，$B(\theta)=\boldsymbol{w}^{\mathrm{H}}\boldsymbol{p}(\theta)$ 与 $B_{\mathrm{d}}(\theta)$ 分别表示 θ 方向的设计波束(或称合成波束)响应与期望波束响应；Θ 表示需要进行逼近处理的方位区域。

设计波束响应与期望波束响应之间的误差大小可以用加权误差范数来度量，波束图综合就是使设计的波束响应与期望响应之间的误差范数最小。加权误差范数可以表示为

$$\delta_q=\left(\int_{\Theta}\lambda(\theta)\left|B(\theta)-B_{\mathrm{d}}(\theta)\right|^q\mathrm{d}\theta\right)^{1/q} \tag{7.4}$$

式中，$q=\infty,1,2$；$\lambda(\theta)$ 是非负的误差加权函数，用于调节不同方位的拟合紧密程度。

在实际应用中，一般需要将方位离散化，然后用在离散化方位处的误差范数来代替式(7.4)中的误差范数。假设 $\theta_j\in\Theta$（$j=1,\cdots,J$）是方位区域 Θ 内离散化的方位点，J 是方位点数目。离散化点数越多，设计精度越高，不过运算量也越大，因此在离散点数和计算量之间要折中考虑。离散化的误差范数为

$$\delta_q=\left(\sum_{j=1}^{J}\lambda_j\left|B\left(\theta_j\right)-B_{\mathrm{d}}\left(\theta_j\right)\right|^q\right)^{1/q},\quad \theta_j\in\Theta,\quad j=1,\cdots,J \tag{7.5}$$

当 $q=2$ 与 $q=\infty$ 时该误差范数分别表示均方误差与峰值误差。

定义设计波束响应向量 $\boldsymbol{B}(\Theta)$ 与期望波束响应向量 $\boldsymbol{B}_{\mathrm{d}}(\Theta)$ 分别为

$$\boldsymbol{B}(\Theta)=\left[B(\theta_1),\cdots,B(\theta_j),\cdots,B(\theta_J)\right],\quad \theta_j\in\Theta \tag{7.6}$$

$$\boldsymbol{B}_{\rm d}(\Theta)=\left[B_{\rm d}(\theta_1),\cdots,B_{\rm d}(\theta_j),\cdots,B_{\rm d}(\theta_J)\right],\quad \theta_j\in\Theta \tag{7.7}$$

可将式(7.5)表示成类似于式(7.1)所示矩阵的形式为

$$\delta_q=\left\|\boldsymbol{\lambda}^{1/q}\circ\left[\boldsymbol{B}(\Theta)-\boldsymbol{B}_{\rm d}(\Theta)\right]\right\|_q \tag{7.8}$$

式中，运算符“$\circ$”表示点乘，即两个向量对应元素相乘；$\boldsymbol{\lambda}=\left[\lambda_1,\cdots,\lambda_j,\cdots,\lambda_J\right]$是非负加权因子向量，$\boldsymbol{\lambda}^{1/q}=\left[\lambda_1^{1/q},\cdots,\lambda_j^{1/q},\cdots,\lambda_J^{1/q}\right]$。

构造阵列流形矩阵

$$\boldsymbol{P}(\Theta)=\left[\boldsymbol{p}(\theta_1),\cdots,\boldsymbol{p}(\theta_j),\cdots,\boldsymbol{p}(\theta_J)\right],\quad \theta_j\in\Theta \tag{7.9}$$

于是，式(7.6)可以表示成

$$\boldsymbol{B}(\Theta)=\boldsymbol{w}^{\rm H}\boldsymbol{P}(\Theta) \tag{7.10}$$

7.2.2　最小均方准则法

如果取 $q=2$，式(7.8)成为(省略宗量 Θ)

$$\delta_2=\left\|\boldsymbol{\lambda}^{1/2}\circ(\boldsymbol{B}-\boldsymbol{B}_{\rm d})\right\|_2=\left(\left\|\boldsymbol{\lambda}^{1/2}\circ(\boldsymbol{w}^{\rm H}\boldsymbol{P}-\boldsymbol{B}_{\rm d})\right\|^2\right)^{1/2} \tag{7.11}$$

于是，最小均方准则期望响应波束设计问题可以表述为

$$\min_{\boldsymbol{w}}\left\|\boldsymbol{\lambda}^{1/2}\circ(\boldsymbol{w}^{\rm H}\boldsymbol{P})-\boldsymbol{\lambda}^{1/2}\circ\boldsymbol{B}_{\rm d}\right\|^2 \tag{7.12}$$

令

$$\breve{\boldsymbol{P}}=(\boldsymbol{1}_{M\times1}\boldsymbol{\lambda}^{1/2})\circ\boldsymbol{P} \tag{7.13}$$

$$\breve{\boldsymbol{B}}_{\rm d}=\boldsymbol{\lambda}^{1/2}\circ\boldsymbol{B}_{\rm d} \tag{7.14}$$

式中，$\boldsymbol{1}_{M\times1}$表示元素全为 1 的 $M\times1$ 维列向量。优化问题(7.12)的最优解为

$$\boldsymbol{w}_{\rm opt}=(\breve{\boldsymbol{P}}\breve{\boldsymbol{P}}^{\rm H})^{-1}\breve{\boldsymbol{P}}\breve{\boldsymbol{B}}_{\rm d}^{\rm H} \tag{7.15}$$

当误差加权系数为单位加权时，即

$$\boldsymbol{\lambda}=\boldsymbol{1}_{1\times J} \tag{7.16}$$

波束形成最优解为

$$\boldsymbol{w}_{\rm opt}=(\boldsymbol{P}\boldsymbol{P}^{\rm H})^{-1}\boldsymbol{P}\boldsymbol{B}_{\rm d}^{\rm H} \tag{7.17}$$

例 7.1　低旁瓣波束图设计

采用最小均方期望波束设计方法，通过选取一定的期望响应，可以设计出低旁瓣波束图。

考虑一个 12 元标准线阵，假设期望波束响应如下：在 $\theta_s = 0^\circ$ 方向期望波束响应为 1，在 $\Theta_{SL} = [-90^\circ, -\theta_p] \cup [\theta_p, 90^\circ]$ 方位区域的期望响应为 0，如图 7.1(a)所示。

采用本节最小均方准则法设计期望波束图。取 $\Theta = \theta_s \cup \Theta_{SL}$，并用 1° 间隔离散化该方位区域。假设 $\theta_p = 15^\circ$，误差加权系数为单位加权。设计出的波束如图 7.1(b)所示。

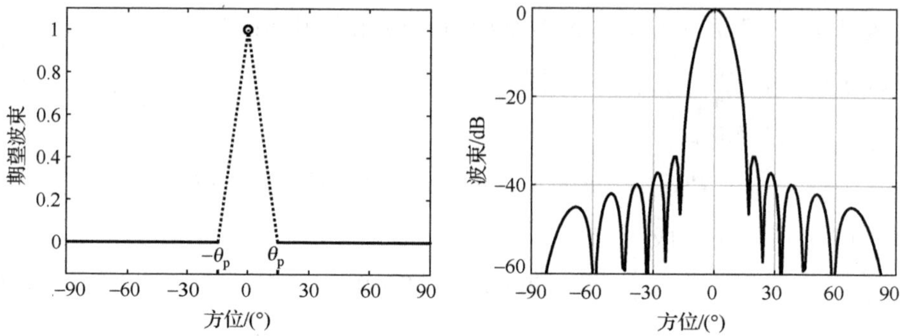

(a) 期望响应　　(b) 设计波束

图 7.1　最小均方期望波束设计

可以预见，调节 θ_p 值可以获得不同的逼近精度。图 7.2 显示了 θ_p 取不同值时得到的设计波束图。

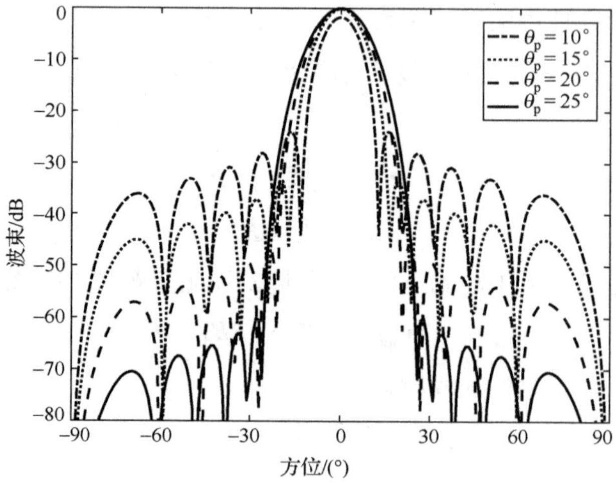

图 7.2　θ_p 对波束设计精度的影响

从图 7.2 中可以看出，随着 θ_p 取值的增大，设计波束与期望波束的逼近误差减小。还可以看到，θ_p 逐渐变小时，在波束旁瓣增高的同时，主瓣峰值降低，即在主瓣方向与旁瓣区域的设计波束与期望波束之间的逼近误差同时增大。

可以预见，如果调节误差加权系数$\boldsymbol{\lambda}$，可以在不同的方位获得不同的逼近精度。令$\boldsymbol{\lambda}=[\lambda_s, \boldsymbol{\lambda}_{NL}]$，其中$\lambda_s$与$\boldsymbol{\lambda}_{NL}$分别是$\theta_s$方向与$\Theta_{SL}$方位区域的加权系数。假设误差加权向量$\boldsymbol{\lambda}_{NL}$中各元素都相等，不妨用$\lambda_{NL}$表示各元素。

图 7.3 显示了当$\theta_s=15°$，$\Theta_{SL}=[-90°,0°]\cup[30°,90°]$，$\lambda_s=1$，$\lambda_{NL}$取不同值时得到的设计波束图。由图可见，当某方位误差加权系数相对增加时，该方位设计波束与期望波束之间的误差减小；反之增大。

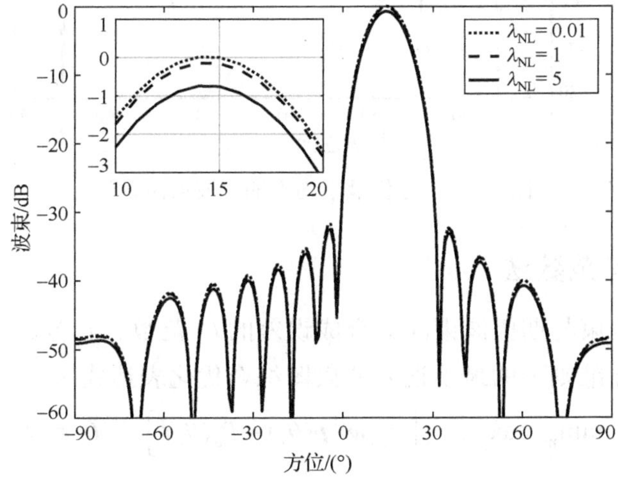

图 7.3　误差加权系数对设计精度的影响

我们注意到，设计波束的旁瓣是非均匀旁瓣。如果采用类似于 6.2 节中 Olen 方法自适应调节误差加权系数，可望获得具有大致等旁瓣的设计波束。不过，由于收敛误差的影响，最终也难以严格控制波束旁瓣级。本书不对此进行具体阐述。

例 7.2　全方位最小均方期望波束图设计

考虑一个 12 元均匀线列阵，阵元间隔为f_0频率对应的半波长。假设采用 6.5.2 节中的旁瓣控制波束设计方法设计对应于频率为$f=f_0/2$、期望信号方向为$\theta_s=10°$的旁瓣控制波束图，其中取$\Theta_{SL}=[-90°,-15°]\cup[35°,90°]$，波束旁瓣级设定为−30dB，协方差矩阵取单位矩阵。以此设计出的波束图作为期望波束，如图 7.4 中虚线所示。

采用本节方法设计对应于f_0频率的波束图，要求设计波束逼近于期望波束。采用 1° 间隔离散化全方位区域，误差加权系数取单位加权。图 7.4 中实线显示了设计出的波束图。

从图 7.4 可以看出，设计波束在全方位逼近于期望波束，但存在逼近误差。另外，还可以明显看到设计波束旁瓣相对于期望波束有所升高。

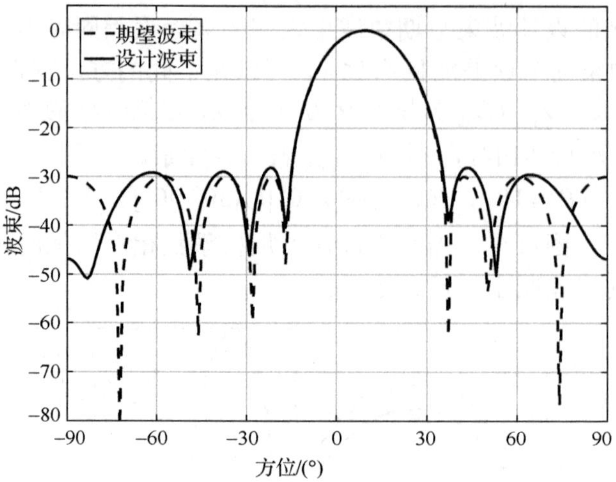

图 7.4　全方位最小均方期望波束图设计

7.2.3　最小误差范数法

分别令设计波束与期望波束间的合成误差的 ℓ_∞ 范数、ℓ_1 范数与 ℓ_2 范数最小化，可以构造三种设计准则下的最小误差波束图综合优化表达式

$$\min_{\boldsymbol{w}} \max_{j=1,\cdots,J}\left[\lambda_j\left|\boldsymbol{w}^{\mathrm{H}}\boldsymbol{p}(\theta_j)-B_{\mathrm{d}}(\theta_j)\right|\right],\quad \theta_j\in\Theta \tag{7.18}$$

$$\min_{\boldsymbol{w}} \sum_{j=1}^{J}\left[\lambda_j\left|\boldsymbol{w}^{\mathrm{H}}\boldsymbol{p}(\theta_j)-B_{\mathrm{d}}(\theta_j)\right|\right],\quad \theta_j\in\Theta \tag{7.19}$$

$$\min_{\boldsymbol{w}} \sum_{j=1}^{J}\left[\lambda_j\left|\boldsymbol{w}^{\mathrm{H}}\boldsymbol{p}(\theta_j)-B_{\mathrm{d}}(\theta_j)\right|^2\right],\quad \theta_j\in\Theta \tag{7.20}$$

其中 ℓ_∞ 范数准则也称 Minimax 准则或 Chebyshev 准则，ℓ_2 范数准则也称为最小均方准则。

对于优化问题(7.18)，引入新变量 δ，它可以转化为

$$\min_{\boldsymbol{w}} \delta,\quad \lambda_j\left|\boldsymbol{w}^{\mathrm{H}}\boldsymbol{p}\left(\theta_j\right)-B_{\mathrm{d}}\left(\theta_j\right)\right|\leqslant\delta,\quad \theta_j\in\Theta,\quad j=1,\cdots,J \tag{7.21}$$

对于优化问题(7.19)，引入新变量 δ_j，$j=1,\cdots,J$，它可以转化为

$$\min_{\boldsymbol{w}} \sum_{j=1}^{J}\delta_j,\quad \lambda_j\left|\boldsymbol{w}^{\mathrm{H}}\boldsymbol{p}\left(\theta_j\right)-B_{\mathrm{d}}\left(\theta_j\right)\right|\leqslant\delta_i,\quad \theta_j\in\Theta,\quad j=1,\ldots,J \tag{7.22}$$

对于优化问题(7.20)，引入新变量 δ，它可以转化为

$$\min_w \delta^2,\quad \left(\sum_{j=1}^{J}\left|\lambda_j^{1/2}\boldsymbol{w}^{\mathrm{H}}\boldsymbol{p}(\theta_j)-\lambda_j^{1/2}B_{\mathrm{d}}(\theta_j)\right|^2\right)^{1/2}\leqslant\delta,\quad \theta_j\in\Theta \tag{7.23}$$

它等效于如下二阶锥约束优化问题

$$\min_w \delta,\left\|\begin{matrix}\lambda_1^{1/2}\boldsymbol{w}^{\mathrm{H}}\boldsymbol{p}(\theta_1)-\lambda_1^{1/2}B_{\mathrm{d}}(\theta_1)\\ \lambda_2^{1/2}\boldsymbol{w}^{\mathrm{H}}\boldsymbol{p}(\theta_2)-\lambda_2^{1/2}B_{\mathrm{d}}(\theta_2)\\ \vdots\\ \lambda_J^{1/2}\boldsymbol{w}^{\mathrm{H}}\boldsymbol{p}(\theta_J)-\lambda_J^{1/2}B_{\mathrm{d}}(\theta_J)\end{matrix}\right\|\leqslant\delta,\quad \theta_j\in\Theta \tag{7.24}$$

另外，优化问题(7.20)也可以采用如下方法转化为二阶锥规划问题。引入新变量δ_j^2， $j=1,\cdots,J$，式(7.20)可以写成

$$\min_w \sum_{j=1}^{J}\left(\lambda_j\delta_j^2\right),\ \text{subject to}\ \left|\boldsymbol{w}^{\mathrm{H}}\boldsymbol{p}(\theta_j)-B_{\mathrm{d}}(\theta_j)\right|^2\leqslant\delta_j^2,\quad \theta_j\in\Theta \tag{7.25}$$

由于

$$\begin{aligned}
&\left|\boldsymbol{w}^{\mathrm{H}}\boldsymbol{p}(\theta_j)-B_{\mathrm{d}}(\theta_j)\right|^2\leqslant\delta_j^2\\
\Leftrightarrow&\left|2B_{\mathrm{d}}(\theta_j)-2\boldsymbol{w}^{\mathrm{H}}\boldsymbol{p}(\theta_j)\right|^2\leqslant4\delta_j^2\\
\Leftrightarrow&\left|2B_{\mathrm{d}}(\theta_j)-2\boldsymbol{w}^{\mathrm{H}}\boldsymbol{p}(\theta_j)\right|^2+1+\delta_j^4-2\delta_j^2\leqslant1+\delta_j^4+2\delta_j^2\\
\Leftrightarrow&\left\|\begin{matrix}2B_{\mathrm{d}}(\theta_j)-2\boldsymbol{w}^{\mathrm{H}}\boldsymbol{p}(\theta_j)\\ \delta_j^2-1\end{matrix}\right\|^2\leqslant(\delta_j^2+1)^2\\
\Leftrightarrow&\left\|\begin{matrix}2B_{\mathrm{d}}(\theta_j)-2\boldsymbol{w}^{\mathrm{H}}\boldsymbol{p}(\theta_j)\\ \delta_j^2-1\end{matrix}\right\|\leqslant\delta_j^2+1
\end{aligned} \tag{7.26}$$

式(7.20)成为

$$\min_w \sum_{j=1}^{J}\lambda_j\delta_j^2,\quad \text{subject to}\ \left\|\begin{matrix}2B_{\mathrm{d}}(\theta_j)-2\boldsymbol{w}^{\mathrm{H}}\boldsymbol{p}(\theta_j)\\ \delta_j^2-1\end{matrix}\right\|\leqslant\delta_j^2+1,\quad \theta_j\in\Theta \tag{7.27}$$

优化问题式(7.21)、式(7.22)、式(7.24)与式(7.27)都可以很容易转化为二阶锥规划问题求解，参阅附录 A。

优化问题式(7.20)可以采用式(7.24)与式(7.27)两种表述的二阶锥规划形式求解，计算精度相当。若采用附录 A 中的计算量估算方法，前者计算量小于后者；但在实际运算时，有时后者计算时间甚至小于前者，两种方法可以任意选择使用。

同前面各章一样，通过约束加权向量范数来提高波束形成器的稳健性。在波束设计优化表达式中增加如下约束

$$\left\|w^2\right\| \leqslant \zeta_0 \tag{7.28}$$

该约束同样可以很方便地增加到二阶锥规划约束表达式中。这是 7.2.2 节中最小均方方法无法实现的。

例 7.3　全方位最小误差范数期望波束图设计

考虑与例 7.2 相同的情况，分别采用本节三种准则设计期望响应波束图。假设误差加权 $\boldsymbol{\lambda}$ 为均匀加权，暂时不对波束加权向量范数 $\|\boldsymbol{w}\|$ 进行约束，按 1° 间隔离散化方位。设计结果如图 7.5 所示。

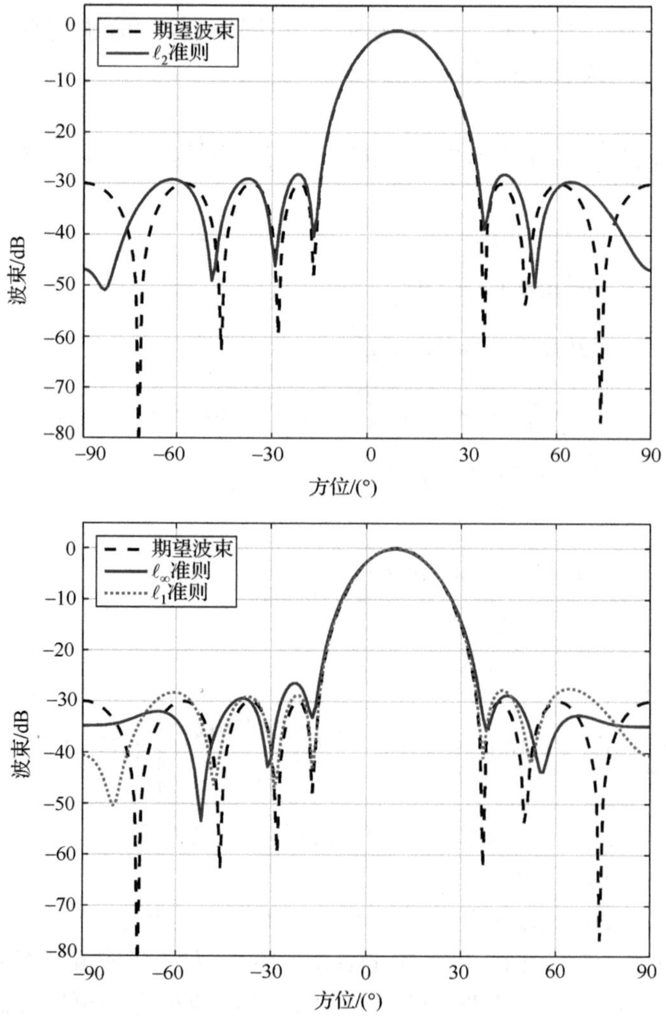

图 7.5　全方位最小误差范数期望波束图设计

从图 7.5 中可以看出，三种准则方法以各不相同的拟合程度逼近期望波束。其

中 ℓ_2 准则方法设计结果与图 7.4 中显示的最小均方准则设计结果完全相同。可见采用二阶锥规划方法实现的 ℓ_2 准则设计结果与解析表达式直接计算结果的精度几乎相同，这也验证了二阶锥规划方法是一个高精度方法。

图 7.6 显示了三种准则方法设计出的波束响应与期望波束响应之间的误差大小，即 $\left|B(\theta_j)-B_{\mathrm{d}}(\theta_j)\right|$，$\theta_j \in \Theta$。

采用式(7.5)计算这三种准则设计的波束响应与期望波束响应间的 3 种误差范数，结果显示于表 7.1 中。表中 δ_2 除以 $\sqrt{J}$ 是为了将误差 ℓ_2 范数转化为均方根误差。δ_1 除以 J 是为了将误差绝对值和转化为平均误差绝对值。

观察表 7.1 可以看出：ℓ_∞ 准则方法设计结果的 δ_∞ 误差最小，ℓ_1 准则方法设计结果的 δ_1 误差最小，ℓ_2 准则方法设计结果的 δ_2 误差最小。这与设计目标吻合。

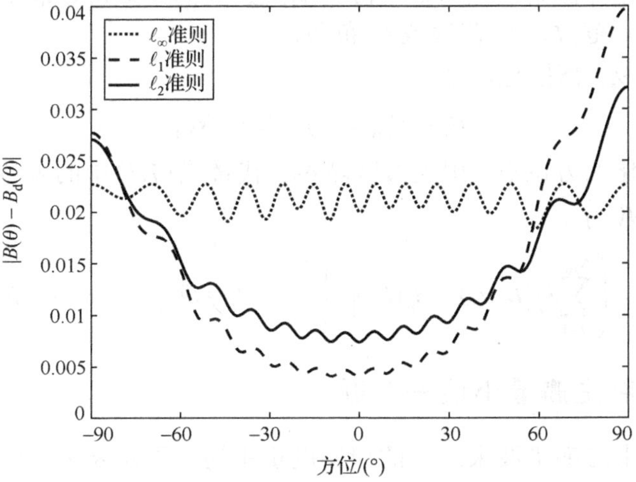

图 7.6　三种准则设计波束响应与期望响应间的误差

表 7.1　三种准则波束设计结果误差的三种范数比较

准则	δ_∞	δ_1 / J	$\delta_2 / \sqrt{J}$
ℓ_∞ 准则	**0.0227**	0.0213	0.0213
ℓ_1 准则	0.0398	**0.0138**	0.0171
ℓ_2 准则	0.0321	0.0145	**0.0160**

7.3　期望主瓣响应波束设计

7.3.1　问题描述

在实际中，我们真正感兴趣的只是波束主瓣区域。因此，我们只需要设计波束

的主瓣响应逼近于期望主瓣响应即可

$$B(\theta) \approx B_{\mathrm{d}}(\theta), \quad \forall \theta \in \Theta_{\mathrm{ML}} \tag{7.29}$$

式中，Θ_{ML} 表示主瓣区域。

与式(7.3)相比较，式(7.29)中用主瓣区域Θ_{ML}代替了全方位区域Θ。从这个意义上讲，前面的全方位逼近法相当于在旁瓣区域增加了多余的约束，必然造成设计波束与参考波束主瓣区域拟合误差增大。而且，全方位逼近法难以严格控制波束旁瓣级，这一点从图 7.5 可以看出来。

可见，比较合理的期望主瓣响应波束设计准则应该为：在保证波束旁瓣低于设定值的条件下，让设计波束主瓣响应与期望波束主瓣响应之间的误差最小化；或者在保证设计波束主瓣响应与期望波束主瓣响应误差小于某给定值的条件下使旁瓣级最小化。这里的设计波束响应与期望波束响应之间的误差可以取主瓣离散化的方位波束响应误差的ℓ_1范数、ℓ_2范数或ℓ_∞范数。

将主瓣区域Θ_{ML}离散化，令

$$\theta_j \in \Theta_{\mathrm{ML}}, \quad j = 1, \cdots, N_{\mathrm{ML}} \tag{7.30}$$

是主瓣区域离散化的方位点。用主瓣区域Θ_{ML}代替式(7.5)中的观察视区Θ，对应的主瓣区域误差范数为

$$\delta_q = \left(\sum_{j=1}^{N_{\mathrm{ML}}} \lambda_j \left| B(\theta_j) - B_{\mathrm{d}}(\theta_j) \right|^q \right)^{1/q}, \quad \theta_j \in \Theta_{\mathrm{ML}}, \quad j = 1, \cdots, N_{\mathrm{ML}} \tag{7.31}$$

7.3.2 旁瓣控制主瓣最小误差逼近

假设设计波束与期望波束之间的误差度量用均方误差表示，旁瓣控制最小均方主瓣逼近准则下波束图综合问题表述为

$$\begin{aligned} \min_{\boldsymbol{w}} \sum_{j=1}^{N_{\mathrm{ML}}} \left[\lambda_j \left| \boldsymbol{w}^{\mathrm{H}} \boldsymbol{p}(\theta_j) - B_{\mathrm{d}}(\theta_j) \right|^2 \right], \quad & \theta_j \in \Theta_{\mathrm{ML}}, \quad j = 1, \cdots, N_{\mathrm{ML}} \\ \text{subject to} \quad \left| \boldsymbol{w}^{\mathrm{H}} \boldsymbol{p}(\theta_j) \right| \leqslant \xi_{0i}, \quad & \theta_i \in \Theta_{\mathrm{SL}}, \quad i = 1, \cdots, N_{\mathrm{SL}} \\ \left\| \boldsymbol{w}^2 \right\| \leqslant \zeta_0 & \end{aligned} \tag{7.32}$$

式中，ξ_{0i} ($i = 1, \cdots, N_{\mathrm{SL}}$)为设定的旁瓣值，不同的方位可以设定不同的旁瓣值。误差加权系数一般取$\{\lambda_j\}_{j=1}^{N_{\mathrm{ML}}} = 1$。本书将此方法称为旁瓣约束最小均方主瓣法。

从式(7.32)可以看出，设计波束在主瓣内以最小均方准则逼近期望波束，同时控制波束旁瓣与 0 电平的峰值误差。因此，式(7.32)所示波束设计方法相比于全方位逼近法(7.20)而言，其优点就是采用“混合范数”设计法代替了单一范数设计法，具有更好的设计效果。

利用 7.2.3 节的结果，该优化问题很容易转化为二阶锥规划问题求解，求解过程可参阅附录 A，也可参阅文献[165]，[166]。

如果误差度量取主瓣内峰值误差（误差的 ℓ_∞ 范数），则旁瓣控制期望主瓣 Minimax 准则逼近波束设计问题可以描述为

$$\begin{aligned}&\min_{\boldsymbol{w}} \max_{j=1,\cdots,N_{\mathrm{ML}}} \left|\boldsymbol{w}^{\mathrm{H}} \boldsymbol{p}(\theta_j) - B_{\mathrm{d}}(\theta_j)\right|, \quad \theta_j \in \Theta_{\mathrm{ML}} \\ &\text{subject to } \left|\boldsymbol{w}^{\mathrm{H}} \boldsymbol{p}\left(\theta_j\right)\right| \leqslant \xi_{0i}, \quad \theta_i \in \Theta_{\mathrm{SL}}, \quad i=1,\cdots,N_{\mathrm{SL}} \\ &\|\boldsymbol{w}\| \leqslant \sqrt{\zeta_0}\end{aligned} \tag{7.33}$$

其他范数优化设计准则可以根据需要选用，在此不再一一列出。

7.3.3　主瓣精度约束最低旁瓣波束设计

主瓣均方误差约束条件下的低旁瓣波束设计优化问题可以表述为

$$\begin{aligned}&\min_{\boldsymbol{w}} \max_{j=1,\cdots,N_{\mathrm{SL}}} \boldsymbol{w}^{\mathrm{H}} \boldsymbol{p}(\theta_i), \quad \theta_i \in \Theta_{\mathrm{SL}} \\ &\text{subject to } \sum_{j=1}^{N_{\mathrm{ML}}} \left[\lambda_j \left|\boldsymbol{w}^{\mathrm{H}} \boldsymbol{p}(\theta_j) - B_{\mathrm{d}}(\theta_j)\right|^2\right] \leqslant \delta_0^2, \quad \theta_j \in \Theta_{\mathrm{ML}}, \quad j=1,\cdots,N_{\mathrm{ML}} \\ &\|\boldsymbol{w}\| \leqslant \sqrt{\zeta_0}\end{aligned} \tag{7.34}$$

式中，δ_0^2 为设定的通带误差平方和上限。本书将此方法称为均方主瓣约束最低旁瓣法。

采用类似的变换，该优化问题可以转化为二阶锥规划问题求解，具体参阅文献[165]，[166]。

其他混合范数优化设计准则可以根据需要选用，在此不再一一列出。这些优化问题都可以转化为二阶锥规划问题求解，本书不再赘述。

例 7.4　期望主瓣响应波束设计

考虑与例 7.2 中相同的基阵与参考波束。采用旁瓣控制最小主瓣误差设计法设计对应于 f_0 频率的波束图，要求设计波束的主瓣逼近于期望波束。

假设要求期望旁瓣控制在−30dB。采用 1° 间隔离散化全方位，并假设主瓣区域为 $\Theta_{\mathrm{ML}}=[-13°,33°]$，旁瓣区域为 $\Theta_{\mathrm{SL}}=[-90°,-15°]\cup[35°,90°]$。暂时不对波束加权向量范数 $\|\boldsymbol{w}\|$ 进行约束。图 7.7 显示了主瓣分别采用 ℓ_1、ℓ_2 与 ℓ_∞ 三种逼近准则时获得的波束图设计结果。

从图 7.7 中可见，三种准则设计波束主瓣逼近于期望波束主瓣，且旁瓣严格控制在−30dB，满足设计要求。

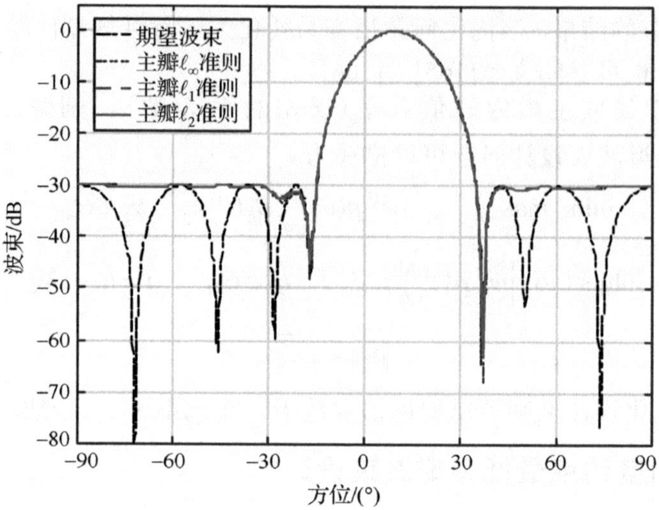

图 7.7　旁瓣控制最小主瓣逼近误差波束设计

图 7.8 显示了三种准则方法设计出的波束主瓣响应与期望波束主瓣响应间的误差大小，即$\left|B(\theta_j)-B_{\mathrm{d}}(\theta_j)\right|, \theta_j\in\Theta_{\mathrm{ML}}$。

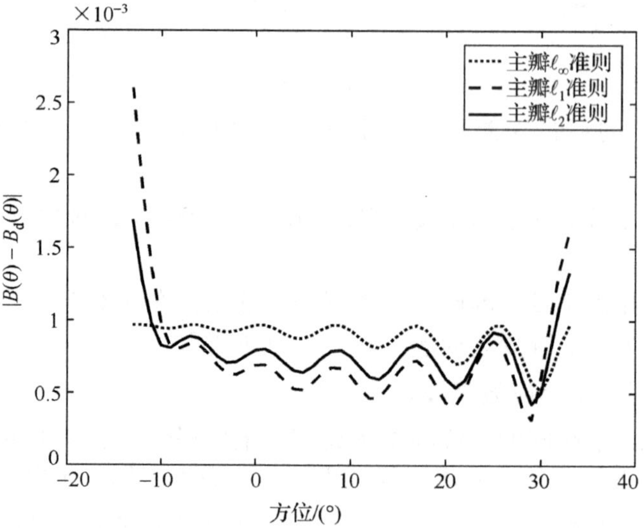

图 7.8　三种准则设计波束主瓣响应与期望主瓣响应间的误差

比较图 7.8 与图 7.6 可见，主瓣逼近法获得的主瓣逼近误差远小于全方位逼近法的逼近误差。换言之，相比于全方位逼近法而言，主瓣逼近法不仅能够严格控制波束旁瓣，而且能获得更高的主瓣设计精度，这也可以从表 7.2 所列的三种主瓣逼近准则设计结果误差范数大小看出来。

表 7.2　三种主瓣逼近准则设计结果误差的三种范数比较

准则	δ_∞（$\times10^{-3}$）	δ_1/N_{ML}（$\times10^{-3}$）	$\delta_2/\sqrt{N_{ML}}$（$\times10^{-3}$）
主瓣 ℓ_∞ 准则	**0.9668**	0.8839	0.8903
主瓣 ℓ_1 准则	2.6037	**0.7708**	0.8697
主瓣 ℓ_2 准则	1.6945	0.7919	**0.8201**

查表 7.2 知，在所述条件下，采用最小均方主瓣逼近准则时，设计出的波束主瓣逼近误差为 $\delta_2=0.8201\times10^{-3}$，用对数表示为 $20\lg\delta_2=-61.7230\text{dB}$。

下面采用式(7.34)所示的主瓣精度约束最低旁瓣方法设计逼近于期望主瓣响应的波束形成器加权向量。令设定主瓣精度约束方法中精度约束值分别为 $10\lg\delta_0^2=-61.7230\text{dB}$、$-41.7230\text{dB}$ 与-21.7230dB，用式(7.34)方法设计出的波束如图 7.9 所示。由图可以看出，主瓣允许的精度越差，所能获得的旁瓣级越低。其中当主瓣精度为−61.7230dB 时，所获得的波束旁瓣级刚好为−30dB。

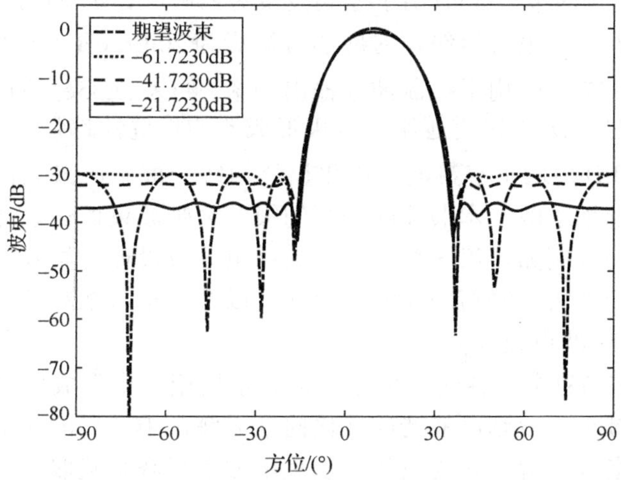

图 7.9　主瓣精度约束最低旁瓣波束设计

由例 7.4 的设计结果可知，这两种期望主瓣波束设计方法(旁瓣控制最小主瓣误差方法与主瓣精度约束最低旁瓣设计方法)都获得了满意的效果。期望波束旁瓣越低，主瓣逼近精度越差；反之亦然。将这两种方法结合使用，可使得设计手段更灵活。

7.3.4　窄带波束优化统一形式

综合本章期望主瓣响应波束设计与第 6 章旁瓣控制波束设计，可以构造如下多约束波束设计问题

$$\min_w \mu_p, \quad p\in\{1,2,3,4\} \tag{7.35a}$$

$$\text{subject to} \left\|\boldsymbol{B}(\Theta_{\text{ML}})-\boldsymbol{B}_{\text{d}}(\Theta_{\text{ML}})\right\|_{q_1} \leqslant \mu_1 \tag{7.35b}$$

$$\left\|\boldsymbol{B}(\Theta_{\text{SL}})\right\|_{q_2} \leqslant \mu_2 \tag{7.35c}$$

$$\boldsymbol{w}^{\text{H}}\boldsymbol{R}\boldsymbol{w} \leqslant \mu_3 \tag{7.35d}$$

$$\|\boldsymbol{w}\| \leqslant \mu_4 \tag{7.35e}$$

式中，$\boldsymbol{R}$ 为数据协方差矩阵；$\boldsymbol{B}(\Theta_{\text{ML}})$ 与 $\boldsymbol{B}(\Theta_{\text{SL}})$ 的定义与式(7.10)相似；μ_p，$p=1,2,3,4$ 中任意三个是用户设定约束值，另外一个是优化目标，其中各约束值不能取得过小，否则可能造成优化问题无解。约束(7.35b)用于控制波束主瓣响应，$q_1=1,2$ 或 ∞，但最常见的是取 $q_1=2$，表示设计波束响应 $\boldsymbol{B}(\Theta_{\text{ML}})$ 以最小均方准则逼近期望波束响应 $\boldsymbol{B}_{\text{d}}(\Theta_{\text{ML}})$。若 $\mu_1=0$，则约束(7.35b)转化为等式约束 $\boldsymbol{B}(\Theta_{\text{ML}})=\boldsymbol{B}_{\text{d}}(\Theta_{\text{ML}})$。约束(7.35c)用于控制波束旁瓣响应，$q_2=1,2$ 或 ∞，但比较常见的是取 $q_2=\infty$，表示约束旁瓣级，对应的旁瓣级为 $20\lg\mu_2\text{dB}$。若取 $q_2=2$ 则表示约束均方旁瓣。约束(7.35d)用于控制波束输出功率。约束(7.35e)通过控制波束加权向量范数提高稳健性，μ_4 设定得越小，波束形成器的稳健性越强。

优化问题(7.35)构造了窄带波束优化设计的统一框架，该优化问题可以很方便地转化为二阶锥规划求解。本书前面介绍的很多窄带波束优化设计问题成为该统一框架下的一个特例，例如，第 5 章中的范数约束波束设计、第 6 章中的稳健最低旁瓣波束设计、稳健旁瓣控制高增益波束设计，以及本章 7.2.3 节最小误差范数法、7.3 节期望主瓣响应波束设计等。

在优化问题(7.35)中，各约束值越小，表示期望波束形成器的性能越好。但是这些值不能取得过小，否则可能造成优化问题无解，用户只能在多个性能之间进行折中。为了避免造成无解，各约束值可以采用如下步骤来选取。

(1)首先考虑在两个性能之间进行优化的问题，即只有两个约束的情况，如(7.35e)与(7.35c)。

(2)根据第 2 章介绍的结果，由于 $\|\boldsymbol{w}\|\leqslant 1/M$，所以 $\mu_4\geqslant 1/M$，用户选取一个合适的 μ_4，记作 $\mu_{4\text{opt}}$。

(3)求解两约束优化问题，求解出 μ_2 的最小值，记作 $\mu_{2\min}$，考察 $\mu_{2\min}$ 的满意程度。若满意，则选定 $\mu_{2\text{opt}}=\mu_{2\min}$；若不满意，则选取一个较满意值 $\mu_{2\text{opt}}$，求解 μ_4 的最小值，记作 $\mu_{4\min}$。再考察对 $\mu_{4\min}$ 的满意程度。重复该过程，直到得到一组满意的折中解，记作 $\hat{\mu}_{4\text{opt}}$ 与 $\hat{\mu}_{2\text{opt}}$。

(4)增加一个约束，如(7.35b)。根据选取的 $\hat{\mu}_{4\text{opt}}$ 与 $\hat{\mu}_{2\text{opt}}$ 求解 μ_1 的最小值，记作

$\mu_{1\min}$，考察其满意程度。若满意，则选定 $\mu_{1\mathrm{opt}}=\mu_{1\min}$；若不满意，则选取一个较满意值 $\mu_{1\mathrm{opt}}$，固定 $\hat{\mu}_{4\mathrm{opt}}$ 与 $\hat{\mu}_{2\mathrm{opt}}$ 中的一个值，求另一个值的最小值，再考察对新的优化解的满意程度(在这个过程中，有可能造成无解的情况，若无解，则增大这三个约束值中的一个或两个，再计算)。重复该过程，直到得到一组满意的折中解，记作 $\hat{\mu}_{4\mathrm{opt}}$、$\hat{\mu}_{2\mathrm{opt}}$ 与 $\hat{\mu}_{1\mathrm{opt}}$。

(5) 再增加一个约束，重复该过程，直到得到四个性能之间的最佳折中解。

以上求解步骤看起来比较复杂，在实际中，往往只需要调整两三次就能得到较满意的折中解。

该窄带波束优化统一方法的设计性能参见例 7.7。

7.4　恒定主瓣响应波束设计

7.4.1　宽带波束图

前面介绍的都是窄带波束图，本节分析宽带波束响应图。

第 2 章已经给出了波束响应表达式，下面考察宽带波束图，考察波束形成器在工作频带内若干频率的波束图。对于二维平面情况，宽带波束响应为

$$B(\omega,\theta)=\boldsymbol{w}^{\mathrm{H}}(\omega)\,\boldsymbol{p}(\omega,\theta) \tag{7.36}$$

由该表达式可知，信号频率不同时，阵列流形向量 $\boldsymbol{p}$ 不同。在不同频率一般采用不同的加权向量 $\boldsymbol{w}$，各频率的波束响应 B 一般也各不相同。

例 7.5　常规宽带波束响应

考虑一个 12 元均匀线列阵，阵元间隔为 f_0 频率对应的半波长。假设该基阵工作频带为 $[f_1,f_u]=[f_0/2,f_0]$。采用常规(时延求和)波束形成方法，假设波束指向 10° 方向，计算工作频带内的波束响应。

将工作频带均匀离散化为 33 个子带，容易证明如此划分的各子带宽度满足第 2 章给出的窄带条件。计算出各子带波束图并显示于图 7.10 中。

从图 7.10 中可以看出，宽带常规波束形成器在各频率波束旁瓣级大约为−13dB。随着频率的增加，波束主瓣宽度逐渐变窄。由于常规波束形成器的这种主瓣宽度变化性质，当信号从主瓣区域非主轴方向入射时，随着频率的升高，该方向波束幅度响应逐渐减小。因此，宽带信号通过常规波束形成器后，相当于进行了低通滤波，从而使入射信号发生了畸变。

为了克服常规波束形成器这种使宽带信号发生畸变的缺点，要求宽带波束形成器具有不随频率发生变化的主瓣响应。这种波束形成器称为恒定主瓣响应波束形成器。

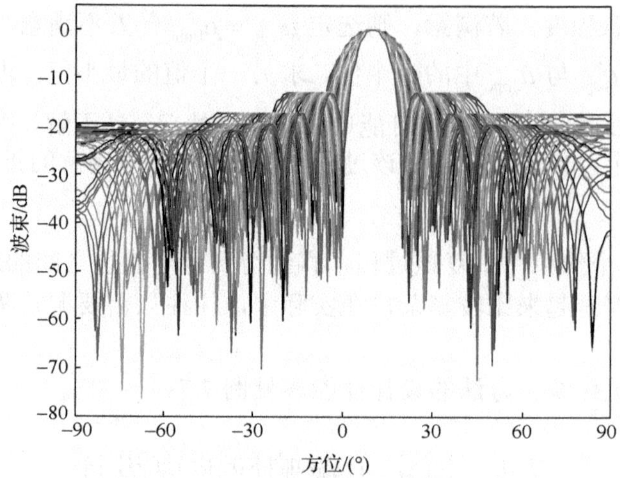

(a) 重叠显示

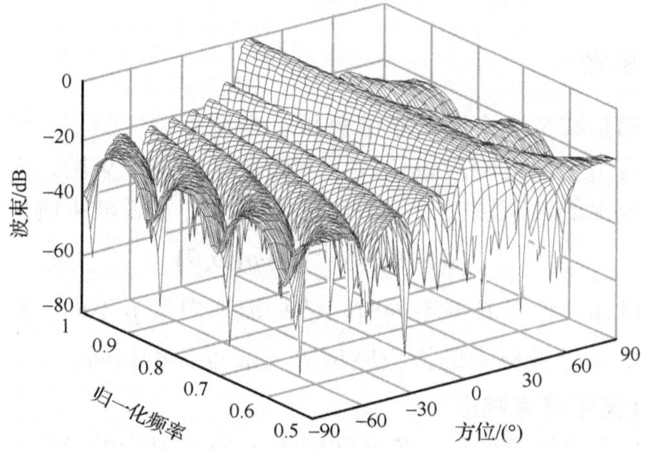

(b) 三维显示

图 7.10　常规宽带波束图

7.4.2　恒定主瓣响应波束图

7.3 节介绍的期望主瓣响应波束设计方法可以用来设计恒定主瓣响应宽带波束形成器。其设计步骤如下。

(1)将基阵工作频带划分成 K 个子带，子带中心频率为 $f_k \in [f_l, f_u]$，$k=1,\cdots,K$ 。保证每个子带满足第 2 章中介绍的窄带条件。

(2)构造一个期望波束响应 $B_d(\theta)$ 。该期望波束既可以是某参考频率的常规波束响应，也可以是通过某种优化准则构造的优化波束响应(例如，运用第 6 章介绍的波束优化设计方法产生)。值得说明的是，该参考频率不一定是这 K 个子带中的某个频率。

(3)针对每个子带，采用 7.3 节中的方法设计子带加权向量 $\boldsymbol{w}(f_k)$，使得到的波束主瓣响应 $B(f_k,\theta)$, $\theta\in\Theta_{\mathrm{ML}}$ 逼近于期望主瓣响应 $B_{\mathrm{d}}(\theta),\theta\in\Theta_{\mathrm{ML}}$。由此设计出的各子带波束形成器具有恒定的主瓣响应。

(4)根据各子带加权向量进行宽带波束形成。宽带波束形成器实现方法见第 8 章。

例 7.6　恒定主瓣响应波束设计

考虑与例 7.5 相同的条件，要求设计具有恒定主瓣响应的宽带波束形成器在各子带的加权向量。

将工作频带 $[f_{\mathrm{l}},f_{\mathrm{u}}]=[f_0/2,f_0]$ 均匀划分为 33 个窄带。针对最低工作频率 $f_0/2$ 计算常规波束图，如图 7.11 虚线所示。设定主瓣区域为 $\Theta_{\mathrm{ML}}=[-8°,28°]$，旁瓣区域为 $\Theta_{\mathrm{SL}}=[-90°,-12°]\cup[32°,90°]$，采用 2° 间隔离散化方位。将常规波束在主瓣区域内的响应设定为期望波束响应，如图 7.11 圆点所示。假设期望旁瓣级为−25dB，如图 7.11 实线所示。波束加权向量范数约束值取 $\zeta_0=10^{-7.5/10}$。

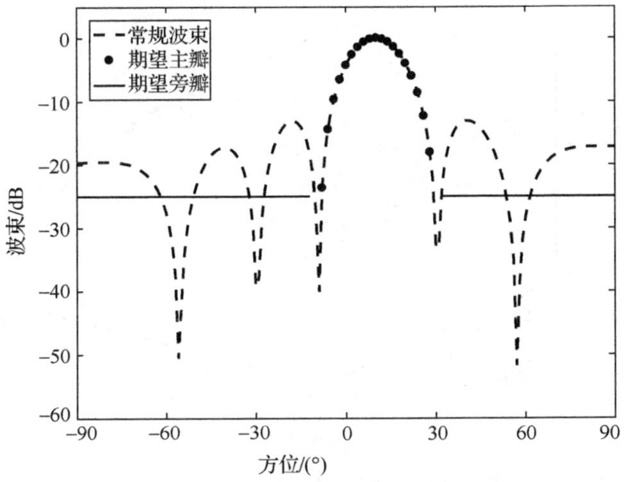

图 7.11　期望波束

针对工作频带内各窄带，采用式(7.32)所示方法设计波束加权向量，使设计波束主瓣响应逼近于期望响应，设计结果如图 7.12 所示。图 7.12(a)是这 33 个波束重叠显示图，图 7.12(b)是三维显示图。

从图 7.12 可以看出，设计频带内波束主瓣响应基本上保持恒定。设计出的 33 个频率波束旁瓣严格控制在−25dB 以下。经考察，这些波束加权向量范数亦满足设计要求 $\left\|\boldsymbol{w}(f_k)\right\|\leqslant 10^{-7.5/20}=0.4217$， $k=1,\cdots,33$。

假设在设计旁瓣控制恒定主瓣响应波束图的同时，要求在[−50°,−44°]扇面形成一个深度为−50dB 的凹槽。

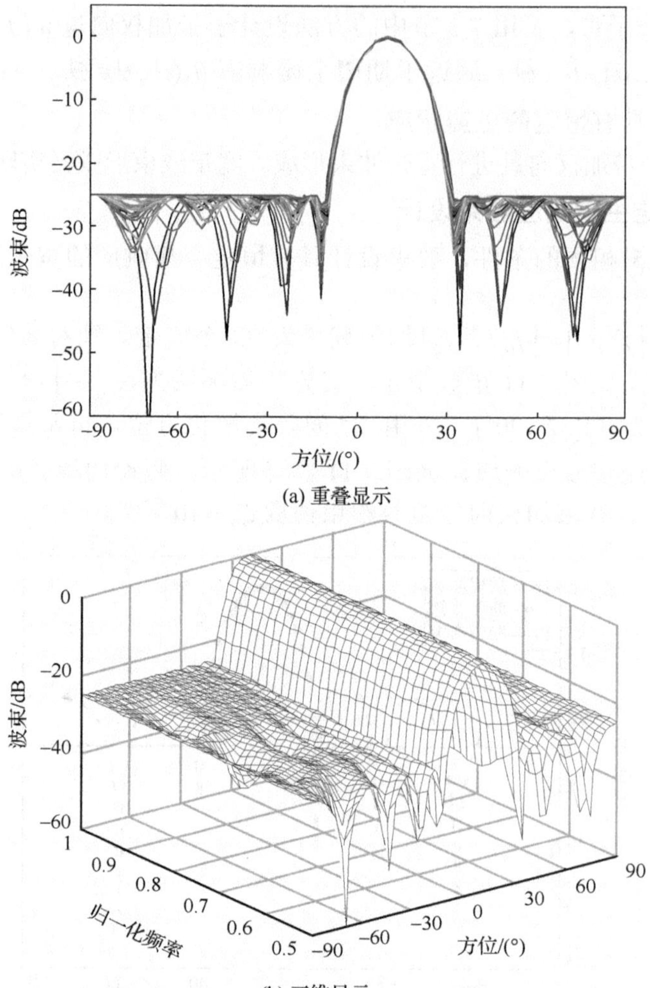

(a) 重叠显示

(b) 三维显示

图 7.12　恒定主瓣响应宽带波束图

保持其他参数不变，将[−50°,−44°]扇面的期望旁瓣级设定为−50dB，采用同样的方法设计恒定主瓣响应波束图，设计结果如图 7.13 所示。由图可见，设计结果完全满足设计要求。

值得指出的是，虽然采用 7.2 节的方法也可以设计恒定响应波束形成器。但其设计原理是使设计出的各子带波束响应在全方位(包括主瓣与旁瓣方位)逼近于期望波束，难以控制波束旁瓣，更加无法设计出具有凹槽的宽带恒定主瓣响应波束图。

运用式(7.31)，取 q=2，且误差加权为均匀加权，分别计算图 7.12 与图 7.13 所示各子带波束主瓣响应与期望响应间的误差范数，并换算为均方根误差，显示于图 7.14 中。图中显示的是用对数表示的结果，即 $20\lg\delta_2-10\lg N_{\mathrm{ML}}$ dB 。

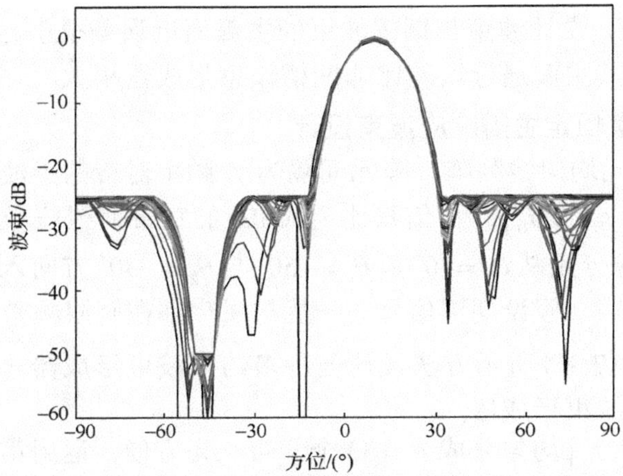

(a) 重叠显示

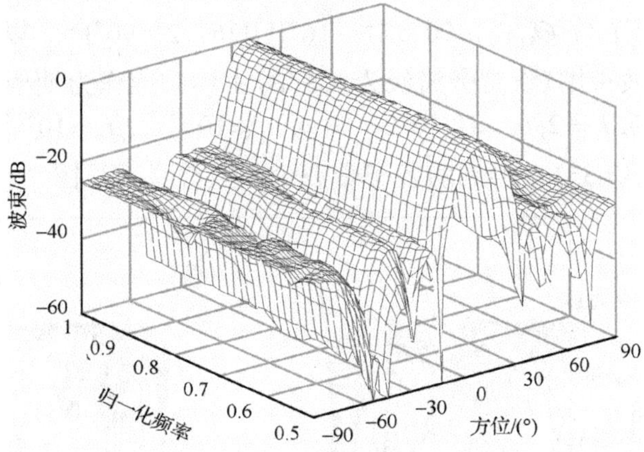

(b) 三维显示

图 7.13　具有凹槽的恒定主瓣响应宽带波束图

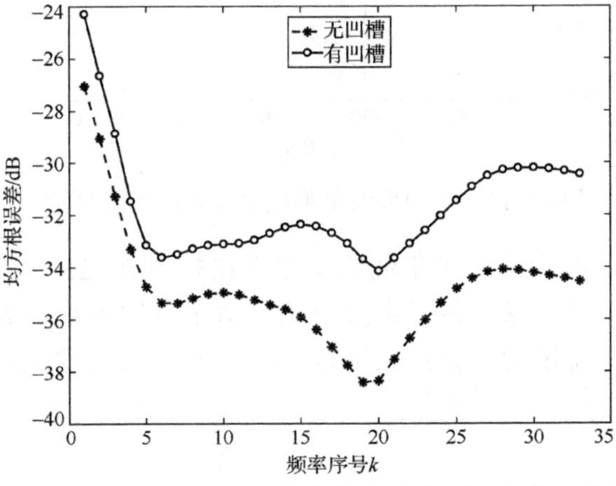

图 7.14　各子带设计波束与期望波束的主瓣逼近均方根误差

由图 7.14 可见，设计波束与期望波束的主瓣逼近误差很小。凹槽波束形成器的约束更加强，致使其主瓣逼近误差比非凹槽波束形成器稍大。

例 7.7　多约束恒定主瓣响应波束设计

考虑一个 12 元均匀线列阵，阵元间隔为 f_0 频率对应的半波长。假设该基阵工作频带为 $[f_1, f_u] = [f_0/2, f_0]$。一信噪比为 0dB 的宽带期望信号与两个干噪比都为 30dB 的宽带干扰源分别从 $\theta_0 = 10°$、$\theta_1 = -50°$ 与 $\theta_2 = -30°$ 方向入射到基阵，背景为带通高斯空间白噪声。假设期望信号、干扰与噪声都在有限频带 $[f_1, f_u]$ 内具有均匀频谱。要求采用式(7.35)所示方法设计一种多约束波束形成器——稳健旁瓣控制恒定主瓣响应自适应波束形成器。

将工作频带 $[f_1, f_u]$ 均匀分成 $K = 33$ 个子带。为方便，运用第 2 章介绍的理论协方差矩阵。按 2° 间隔离散化全方位 [−90°, 90°]，主瓣与旁瓣区域分别取 $\Theta_{ML} = [-12°:2°:32°]$ 与 $\Theta_{SL} = [-90°:2°:-16°] \cup [36°:2°:90°]$。以 f_1 频率对应的 Dolph-Chebyshev 波束图(设定旁瓣级为−25dB)主瓣响应作为期望波束响应。其他参数设置如下：$p = 3, q_1 = 2, \mu_1 = 10^{-15/20}, q_2 = \infty, \mu_2 = 10^{-25/20}, \mu_4 = 10^{-7.5/20}$。

求解优化问题(7.35)，得到的各子带波束图重叠显示于图 7.15 中。

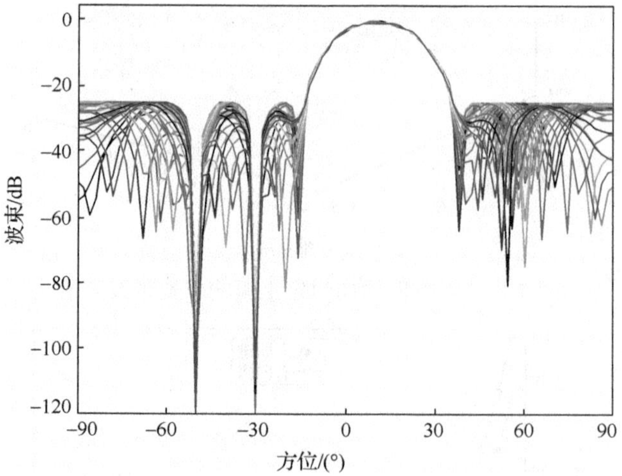

图 7.15　多约束波束形成器波束图重叠显示

由图 7.15 可见，得到的各子带波束旁瓣严格控制在−25dB 以下，在两干扰方向形成了很深的凹槽。经计算，各子带波束输出信干噪比平均为 8.34dB。经检验，所有约束都得到满足。通过设计该波束形成器，多约束设计法的设计能力得到了充分的展现。

7.5　期望主瓣幅度响应波束设计

7.5.1　问题描述

7.3 节中采用二阶锥规划方法设计出了期望主瓣响应(包括幅度响应与相位响应)波束。另外一种情况是，在某些应用中，如辐射波束图设计，我们更关心的是波束幅度响应，即希望设计的波束幅度响应趋近于期望波束幅度，而对相位响应并不作要求。对于期望主瓣幅度响应波束设计问题而言，前面介绍的期望主瓣响应波束设计仅是它的一个次优解。在对波束相位响应不作要求的情况下，设计波束应该能够获得更高的幅度逼近精度。

假设逼近准则为：在保证波束旁瓣低于某设定值的条件下，使设计波束主瓣幅度与期望波束幅度峰值误差最小，并且通过加权向量范数约束提高其稳健性。该期望主瓣幅度响应波束优化设计问题描述为

$$
\begin{aligned}
&\min_{w} \max_{j=1,\cdots,N_{\mathrm{ML}}} \left\| \boldsymbol{w}^{\mathrm{H}} \boldsymbol{p}(\theta_j) \right| - \left| B_{\mathrm{d}}(\theta_j) \right\|, \quad \theta_j \in \Theta_{\mathrm{ML}} \\
&\text{subject to } \left| \boldsymbol{w}^{\mathrm{H}} \boldsymbol{p}(\theta_i) \right| \leqslant \xi_0, \quad \theta_i \in \Theta_{\mathrm{SL}}, \ i = 1, \cdots, N_{\mathrm{SL}} \\
&\qquad\qquad \|\boldsymbol{w}\| \leqslant \sqrt{\zeta_0}
\end{aligned} \tag{7.37}
$$

该优化问题是非凸优化问题，存在很多局部优化解。例如，优化问题(7.33)的最优解就是该问题的一个局部优化解或称次优解。非凸优化问题全局最优解的求解比较复杂，但我们可以将其转化为凸优化循环迭代的方法求解。通过反复迭代二阶锥规划方法，直至获得满意的期望主瓣幅度响应波束。文献[167]提出了期望幅度响应波束形成器优化设计的两种迭代方法，唯一的缺点是没有对波束旁瓣进行控制，下面介绍对该文献中方法进行适当改进的迭代方法。

7.5.2　相位迭代法

根据期望主瓣幅度响应，不断调整期望主瓣相位响应，并采用式(7.33)所示期望主瓣响应波束设计方法设计波束，直至获得满意的主瓣幅度响应波束。其迭代过程如下。

(1) 对于主瓣区域，选择初始波束相位响应(如零相位或线性相位)，根据期望主瓣幅度响应 $\left|B_{\mathrm{d}}(\theta_j)\right|$ 构造初始期望主瓣波束响应。再根据给定旁瓣与加权向量约束值求解约束优化问题(7.33)，即可获得优化加权向量 $\hat{\boldsymbol{w}}$ 与对应的设计波束响应 $\hat{B}(\theta_j) = \hat{\boldsymbol{w}}^{\mathrm{H}} \boldsymbol{p}(\theta_j)$。

(2) 取出设计出的波束主瓣内相位响应 $\angle\hat{B}(\theta_j)$，联合期望主瓣幅度响应 $\left|B_{\mathrm{d}}(\theta_j)\right|$，构造新的期望主瓣波束响应为 $\hat{B}_{\mathrm{d}}(\theta_j)=B_{\mathrm{d}}(\theta_j)\exp\left[\mathrm{i}\angle\hat{B}(\theta_j)\right]$。此时由于 $\hat{B}(\theta_j)$ 与 $\hat{B}_{\mathrm{d}}(\theta_j)$ 同相位，可知 $\max_{\Theta_{\mathrm{ML}}}\left\|\hat{B}(\theta_j)\right|-\left|B_{\mathrm{d}}(\theta_j)\right\|=\max_{\Theta_{\mathrm{ML}}}\left|\hat{B}(\theta_j)-\hat{B}_{\mathrm{d}}(\theta_j)\right|$。求解约束优化问题(7.33)，得到新的加权向量 $\breve{\boldsymbol{w}}$ 与对应的设计波束响应 $\breve{B}(\theta_j)=\breve{\boldsymbol{w}}^{\mathrm{H}}\boldsymbol{p}(\theta_j)$。获得凸优化问题(7.33)的优化解后，有 $\max_{\Theta_{\mathrm{ML}}}\left|\breve{B}(\theta_j)-\hat{B}_{\mathrm{d}}(\theta_j)\right|\leqslant\max_{\Theta_{\mathrm{ML}}}\left|\hat{B}(\theta_j)-\hat{B}_{\mathrm{d}}(\theta_j)\right|$。

(3) 重复第(2)步，直至收敛或获得满意的波束。

对于该迭代过程，我们有

$$
\begin{aligned}
\max_{\Theta_{\mathrm{ML}}}\left\|\breve{B}(\theta_j)\right|-\left|B_{\mathrm{d}}(\theta_j)\right\| &= \max_{\Theta_{\mathrm{ML}}}\left\|\breve{B}\left(\theta_j\right)\right|-\left|\hat{B}_{\mathrm{d}}\left(\theta_j\right)\right\| \\
&\leqslant \max_{\Theta_{\mathrm{ML}}}\left|\breve{B}(\theta_j)-\hat{B}_{\mathrm{d}}(\theta_j)\right| \\
&\leqslant \max_{\Theta_{\mathrm{ML}}}\left|\hat{B}(\theta_j)-\hat{B}_{\mathrm{d}}(\theta_j)\right| \\
&= \max_{\Theta_{\mathrm{ML}}}\left\|\hat{B}(\theta_j)\right|-\left|B_{\mathrm{d}}(\theta_j)\right\|
\end{aligned}
\tag{7.38}
$$

式中，第一个等式成立是由于 $\left|B(\theta_j)\right|=\left|\hat{B}_{\mathrm{d}}(\theta_j)\right|$；第二个不等式成立是由于不等式定理；第三个不等式成立是由于式(7.33)优化问题一致收敛；第四个等式成立是由于 $\hat{B}(\theta_j)$ 与 $\hat{B}_{\mathrm{d}}(\theta_j)$ 同相位。

取式(7.38)前后两个表达式，为

$$
\max_{\Theta_{\mathrm{ML}}}\left\|\breve{B}(\theta_j)\right|-\left|B_{\mathrm{d}}(\theta_j)\right\|\leqslant\max_{\Theta_{\mathrm{ML}}}\left\|\hat{B}(\theta_j)\right|-\left|B_{\mathrm{d}}(\theta_j)\right\| \tag{7.39}
$$

可见，该迭代方法的第(2)步使约束优化问题(7.37)中的目标函数逐渐减小，因此该迭代算法是收敛的。

7.5.3 分解迭代法

引入一新非负变量 δ，约束问题(7.37)可以表示为

$$
\min_{\boldsymbol{w}}\delta \tag{7.40a}
$$

$$
\text{subject to}\left|B(\theta_j)\right|\leqslant\left|B_{\mathrm{d}}(\theta_j)\right|+\delta \tag{7.40b}
$$

$$
\left|B(\theta_j)\right|\geqslant\left|B_{\mathrm{d}}(\theta_j)\right|-\delta \tag{7.40c}
$$

$$
\left|B\left(\theta_i\right)\right|\leqslant\xi_0 \tag{7.40d}
$$

$$
\|\boldsymbol{w}\|\leqslant\sqrt{\zeta_0} \tag{7.40e}
$$

对于约束(7.40c)，它可以表示为

$$|B(\theta_j)| \geqslant \left[\max\left(|B_{\mathrm{d}}(\theta_j)| - \delta, 0\right)\right]^2 \tag{7.41}$$

令 $\boldsymbol{w} = \boldsymbol{w}_1 + \boldsymbol{w}_2$，有

$$\begin{aligned}|B(\theta_j)|^2 &= B^*(\theta_j)B(\theta_j)\\ &= \left[\boldsymbol{p}^{\mathrm{T}}(\theta_j)(\boldsymbol{w}_1 + \boldsymbol{w}_2)^*\right]^* \cdot \left[\boldsymbol{p}^{\mathrm{T}}(\theta_j)(\boldsymbol{w}_1 + \boldsymbol{w}_2)^*\right]\\ &= \left[\boldsymbol{p}^{\mathrm{T}}(\theta_j)\boldsymbol{w}_1^* + \boldsymbol{p}^{\mathrm{T}}(\theta_j)\boldsymbol{w}_2^*\right]^* \cdot \left[\boldsymbol{p}^{\mathrm{T}}(\theta_j)\boldsymbol{w}_1^* + \boldsymbol{p}^{\mathrm{T}}(\theta_j)\boldsymbol{w}_2^*\right]\\ &\geqslant 4\mathrm{Re}\left\{\left[\boldsymbol{p}^{\mathrm{T}}(\theta_j)\boldsymbol{w}_1^*\right]^* \cdot \left[\boldsymbol{p}^{\mathrm{T}}(\theta_j)\boldsymbol{w}_2^*\right]\right\}\end{aligned} \tag{7.42}$$

当 $\boldsymbol{w}_1 = \boldsymbol{w}_2$ 时，式(7.42)取等号。可见，如果能将式(7.41)所示约束改成式(7.42)所示约束，则有

$$4\mathrm{Re}\left\{\left[\boldsymbol{p}^{\mathrm{T}}(\theta_j)\boldsymbol{w}_1^*\right]^* \boldsymbol{p}^{\mathrm{T}}(\theta_j)\boldsymbol{w}_2^*\right\} \geqslant \left[\max\left(|B_{\mathrm{d}}(\theta_j)| - \delta, 0\right)\right]^2 \tag{7.43}$$

当式(7.43)成立时，式(7.41)必然成立，而且当 $\boldsymbol{w}_1 = \boldsymbol{w}_2$ 时，它们成为等效的约束。利用式(7.43)代替约束(7.40c)，并将 $\boldsymbol{w} = \boldsymbol{w}_1 + \boldsymbol{w}_2$ 代入式(7.40)，则式(7.40)所示优化问题成为

$$\min_{\boldsymbol{w}} \delta \tag{7.44a}$$

$$\text{subject to} \quad \left|\boldsymbol{p}^{\mathrm{T}}(\theta_j)\boldsymbol{w}_1^* + \boldsymbol{p}^{\mathrm{T}}(\theta_j)\boldsymbol{w}_2^*\right| \leqslant |B_{\mathrm{d}}(\theta_j)| + \delta \tag{7.44b}$$

$$4\mathrm{Re}\left\{\left[\boldsymbol{p}^{\mathrm{T}}(\theta_j)\boldsymbol{w}_1^*\right]^* \boldsymbol{p}^{\mathrm{T}}(\theta_j)\boldsymbol{w}_2^*\right\} \geqslant \left[\max\left(|B_{\mathrm{d}}(\theta_j)| - \delta, 0\right)\right]^2 \tag{7.44c}$$

$$\left|\boldsymbol{p}^{\mathrm{T}}(\theta_i)\boldsymbol{w}_1^* + \boldsymbol{p}^{\mathrm{T}}(\theta_i)\boldsymbol{w}_2^*\right| \leqslant \xi_0 \tag{7.44d}$$

$$\left\|\boldsymbol{w}_1^* + \boldsymbol{w}_2^*\right\| \leqslant \sqrt{\zeta_0} \tag{7.44e}$$

下面将要推导，如果 $\boldsymbol{w}_1^*$ 已知，$\boldsymbol{w}_2^*$ 为优化变量，则优化问题(7.44)是一个凸优化问题，它可以转化为二阶锥规划的形式求取 $\boldsymbol{w}_2^*$ 的最优解。如果不断更新 $\boldsymbol{w}_1^*$ 的初始值，反复迭代求解优化问题(7.44)获得最优的 $\boldsymbol{w}_2^*$，直到 $\boldsymbol{w}_1 \approx \boldsymbol{w}_2$ 时收敛，则 $\boldsymbol{w} = \boldsymbol{w}_1 + \boldsymbol{w}_2$ 是优化问题(7.40)的全局最优解。

令 $\acute{\boldsymbol{p}} = \left[\mathrm{Re}\{\boldsymbol{p}^{\mathrm{T}}\}, -\mathrm{Im}\{\boldsymbol{p}^{\mathrm{T}}\}\right]^{\mathrm{T}}$，$\grave{\boldsymbol{p}} = \left[\mathrm{Im}\{\boldsymbol{p}^{\mathrm{T}}\}, \mathrm{Re}\{\boldsymbol{p}^{\mathrm{T}}\}\right]^{\mathrm{T}}$，$\boldsymbol{u}(\theta_j) = \left[\boldsymbol{p}^{\mathrm{T}}(\theta_j)\boldsymbol{w}_1^*\right]^* \boldsymbol{p}(\theta_j)$，$\acute{\boldsymbol{u}} = \left[\mathrm{Re}\{\boldsymbol{u}^{\mathrm{T}}\}, -\mathrm{Im}\{\boldsymbol{u}^{\mathrm{T}}\}\right]^{\mathrm{T}}$ 和 $\acute{\boldsymbol{w}}_2 = \left[\mathrm{Re}\{\boldsymbol{w}_2^{\mathrm{T}}\}, -\mathrm{Im}\{\boldsymbol{w}_2^{\mathrm{T}}\}\right]^{\mathrm{T}}$，并定义 $\boldsymbol{y} = \left[\delta, \acute{\boldsymbol{w}}_2^{\mathrm{T}}\right]^{\mathrm{T}}$ 与

$\boldsymbol{b}=\left[1,\boldsymbol{0}_{1\times 2M}\right]^{\mathrm{T}}$，使$\delta=\boldsymbol{b}^{\mathrm{T}}\boldsymbol{y}$,这里$\boldsymbol{0}_{1\times 2M}$表示$1\times 2M$维的零向量，约束(7.44b)可以表示成

$$\left\|\begin{bmatrix}\mathrm{Re}\left\{\boldsymbol{p}^{\mathrm{T}}(\theta_j)\boldsymbol{w}_1^*\right\}\\ \mathrm{Im}\left\{\boldsymbol{p}^{\mathrm{T}}(\theta_j)\boldsymbol{w}_1^*\right\}\end{bmatrix}+\begin{bmatrix}0 & \acute{\boldsymbol{p}}\\ 0 & \grave{\boldsymbol{p}}\end{bmatrix}\boldsymbol{y}\right\|\leqslant\left|B_{\mathrm{d}}(\theta_j)\right|+\begin{bmatrix}1 & \boldsymbol{0}_{1\times 2M}\end{bmatrix}\boldsymbol{y} \tag{7.45}$$

对于约束(7.44c)，当$\left|B_{\mathrm{d}}(\theta_j)\right|\leqslant\delta$时，该约束可以表示成式(7.46)所示线性约束，线性约束是二阶锥约束的一个特例

$$4\mathrm{Re}\left\{\left[\boldsymbol{p}^{\mathrm{T}}(\theta_j)\boldsymbol{w}_1^*\right]^*\boldsymbol{p}^{\mathrm{T}}(\theta_j)\boldsymbol{w}_2^*\right\}\geqslant 0 \tag{7.46}$$

上式左边可写成

$$4\mathrm{Re}\left\{\left[\boldsymbol{p}^{\mathrm{T}}(\theta_j)\boldsymbol{w}_1^*\right]^*\boldsymbol{p}^{\mathrm{T}}(\theta_j)\boldsymbol{w}_2^*\right\}=4\mathrm{Re}\left\{\boldsymbol{u}^{\mathrm{T}}(\theta_j)\boldsymbol{w}_2^*\right\}=4\acute{\boldsymbol{u}}^{\mathrm{T}}(\theta_j)\acute{\boldsymbol{w}}_2 \tag{7.47}$$

当$\left|B_{\mathrm{d}}(\theta_j)\right|>\delta$时，约束(7.44c)可以写成如下二阶锥约束

$$\begin{aligned}
&\left[\left|B_{\mathrm{d}}(\theta_j)\right|-\delta\right]^2\leqslant 4\acute{\boldsymbol{u}}^{\mathrm{T}}(\theta_j)\acute{\boldsymbol{w}}_2\\
\Leftrightarrow&\left[\left|B_{\mathrm{d}}(\theta_j)\right|-\delta\right]^2+1+\left[\acute{\boldsymbol{u}}^{\mathrm{T}}(\theta_j)\acute{\boldsymbol{w}}_2\right]^2-2\acute{\boldsymbol{u}}^{\mathrm{T}}(\theta_j)\acute{\boldsymbol{w}}_2\\
&\leqslant 2\acute{\boldsymbol{u}}^{\mathrm{T}}(\theta_j)\acute{\boldsymbol{w}}_2+1+\left[\acute{\boldsymbol{u}}^{\mathrm{T}}(\theta_j)\acute{\boldsymbol{w}}_2\right]^2\\
\Leftrightarrow&\left\|\begin{matrix}\left|B_{\mathrm{d}}(\theta_j)\right|-\delta\\ \acute{\boldsymbol{u}}^{\mathrm{T}}(\theta_j)\acute{\boldsymbol{w}}_2-1\end{matrix}\right\|^2\leqslant\left[\acute{\boldsymbol{u}}^{\mathrm{T}}(\theta_j)\acute{\boldsymbol{w}}_2+1\right]^2\\
\Leftrightarrow&\left\|\begin{matrix}\left|B_{\mathrm{d}}(\theta_j)\right|-\delta\\ \acute{\boldsymbol{u}}^{\mathrm{T}}(\theta_j)\acute{\boldsymbol{w}}_2-1\end{matrix}\right\|\leqslant\left[\acute{\boldsymbol{u}}^{\mathrm{T}}(\theta_j)\acute{\boldsymbol{w}}_2+1\right]\\
\Leftrightarrow&\left\|\begin{bmatrix}\left|B_{\mathrm{d}}(\theta_j)\right|\\ -1\end{bmatrix}-\begin{bmatrix}1 & \boldsymbol{0}_{1\times 2M}\\ 0 & -\acute{\boldsymbol{u}}^{\mathrm{T}}(\theta_j)\end{bmatrix}\boldsymbol{y}\right\|\leqslant 1+\begin{bmatrix}0 & \acute{\boldsymbol{u}}^{\mathrm{T}}(\theta_j)\end{bmatrix}\boldsymbol{y}
\end{aligned} \tag{7.48}$$

约束(7.44d)可以表示为

$$\left\|\begin{bmatrix}\mathrm{Re}\left\{\boldsymbol{p}^{\mathrm{T}}(\theta_i)\boldsymbol{w}_1^*\right\}\\ \mathrm{Im}\left\{\boldsymbol{p}^{\mathrm{T}}(\theta_i)\boldsymbol{w}_1^*\right\}\end{bmatrix}+\begin{bmatrix}0 & \acute{\boldsymbol{p}}\\ 0 & \grave{\boldsymbol{p}}\end{bmatrix}\boldsymbol{y}\right\|\leqslant\xi_0 \tag{7.49}$$

约束(7.44e)可以表示为

$$\left\|\begin{bmatrix}\mathrm{Re}\{\boldsymbol{w}_1\}\\ -\mathrm{Im}\{\boldsymbol{w}_1\}\end{bmatrix}+\acute{\boldsymbol{w}}_2^*\right\|\leqslant\sqrt{\zeta_0}\Leftrightarrow\left\|\begin{bmatrix}\mathrm{Re}\{\boldsymbol{w}_1\}\\ -\mathrm{Im}\{\boldsymbol{w}_1\}\end{bmatrix}+\begin{bmatrix}\boldsymbol{0}_{2M\times 1} & \boldsymbol{I}_{2M\times 2M}\end{bmatrix}\boldsymbol{y}\right\|\leqslant\sqrt{\zeta_0} \tag{7.50}$$

综上所述，约束优化问题(7.44)可以表示成二阶锥规划的形式

$$
\min_{y} \boldsymbol{b}^{\mathrm{T}}\boldsymbol{y} \quad \text{subject to} \quad \left\| \begin{bmatrix} \mathrm{Re}\left\{\boldsymbol{p}^{\mathrm{T}}(\theta_j)\boldsymbol{w}_1^*\right\} \\ \mathrm{Im}\left\{\boldsymbol{p}^{\mathrm{T}}(\theta_j)\boldsymbol{w}_1^*\right\} \end{bmatrix} + \begin{bmatrix} 0 & \acute{\boldsymbol{p}} \\ 0 & \grave{\boldsymbol{p}} \end{bmatrix} \boldsymbol{y} \right\| \leqslant \left|B_{\mathrm{d}}(\theta_j)\right| + \begin{bmatrix} 1 & \boldsymbol{0}_{1\times 2M} \end{bmatrix} \boldsymbol{y}
$$

$$
\begin{cases} \acute{\boldsymbol{u}}^{\mathrm{T}}(\theta_j)\acute{\boldsymbol{w}}_2 \geqslant 0, & \left|B_{\mathrm{d}}(\theta_j)\right| \leqslant \delta \\ \left\| \begin{bmatrix} \left|B_{\mathrm{d}}(\theta_j)\right| \\ -1 \end{bmatrix} - \begin{bmatrix} 1 & \boldsymbol{0}_{1\times 2M} \\ 0 & -\acute{\boldsymbol{u}}^{\mathrm{T}}(\theta_j) \end{bmatrix} \boldsymbol{y} \right\| \leqslant 1 + \begin{bmatrix} 0 & \boldsymbol{u}^{\mathrm{T}}(\theta_j) \end{bmatrix} \boldsymbol{y}, & \left|B_{\mathrm{d}}(\theta_j)\right| > \delta \end{cases}
$$

$$
\left\| \begin{bmatrix} \mathrm{Re}\left\{\boldsymbol{p}^{\mathrm{T}}(\theta_i)\boldsymbol{w}_1^*\right\} \\ \mathrm{Im}\left\{\boldsymbol{p}^{\mathrm{T}}(\theta_i)\boldsymbol{w}_1^*\right\} \end{bmatrix} + \begin{bmatrix} 0 & \acute{\boldsymbol{p}} \\ 0 & \grave{\boldsymbol{p}} \end{bmatrix} \boldsymbol{y} \right\| \leqslant \xi_0
$$

$$
\left\| \begin{bmatrix} \mathrm{Re}\{\boldsymbol{w}_1\} \\ -\mathrm{Im}\{\boldsymbol{w}_1\} \end{bmatrix} + \begin{bmatrix} \boldsymbol{0}_{2M\times 1} & \boldsymbol{I}_{2M\times 2M} \end{bmatrix} \boldsymbol{y} \right\| \leqslant \sqrt{\zeta_0} \tag{7.51}
$$

这样就将约束优化问题(7.40)表示成了二阶锥规划的形式。利用 SeDuMi 求解得到向量 $\boldsymbol{y}$ 的最优解之后，取出对应分量便可构造出 $\boldsymbol{w}_2$，进而得到波束形成复数加权向量 $\boldsymbol{w} = \boldsymbol{w}_1 + \boldsymbol{w}_2$。

综上所述，该期望主瓣幅度响应波束设计问题的迭代过程如下。

(1) 采用其他方法(如式(7.33)介绍的期望主瓣响应波束设计方法)设计出波束形成加权向量 $\hat{\boldsymbol{w}}$。

(2) 取 $\hat{\boldsymbol{w}}_1 = \hat{\boldsymbol{w}}/2$，采用二阶锥规划方法求解优化问题(7.51)，得到 $\boldsymbol{w}_2^*$ 的最优解 $\hat{\boldsymbol{w}}_2^*$，此时式(7.37)中目标函数单调减小。令 $\breve{\boldsymbol{w}} = \hat{\boldsymbol{w}}_1 + \hat{\boldsymbol{w}}_2$ 为新的波束加权向量。

(3) 采用新的波束加权向量，即赋值 $\hat{\boldsymbol{w}} = \breve{\boldsymbol{w}}$，重复第(2)步，直至收敛或获得满意的波束。

值得指出的是，7.5.2 节与 7.5.3 节介绍的两种期望主瓣幅度响应波束设计迭代算法可以交互使用。即采用相位迭代法得到优化波束加权向量后，马上转入分解迭代法，然后采用相位迭代法。如此反复，直至获得满意的期望主瓣幅度响应波束。

例 7.8　期望主瓣幅度响应波束设计

考虑一个 41 元均匀线列阵，工作频率为 f_0，阵元间距为 $(3/8)\lambda_0$，这里 λ_0 是信号波长。期望波束在主瓣区域 $\Theta_{\mathrm{ML}} = [-20°, 20°]$ 具有平顶幅度响应，期望旁瓣控制在 −30dB，如图 7.16 所示。

分别采用式(7.33)所示方法、7.5.2 节所述相位迭代法及 7.5.3 节分解迭代法等三种方法来设计该期望波束。这三种方法中，第一种方法是主瓣响应逼近法，后两种方法是主瓣幅度响应逼近法。采用 1° 间隔离散化全方位，暂不对加权向量范数进行约束。

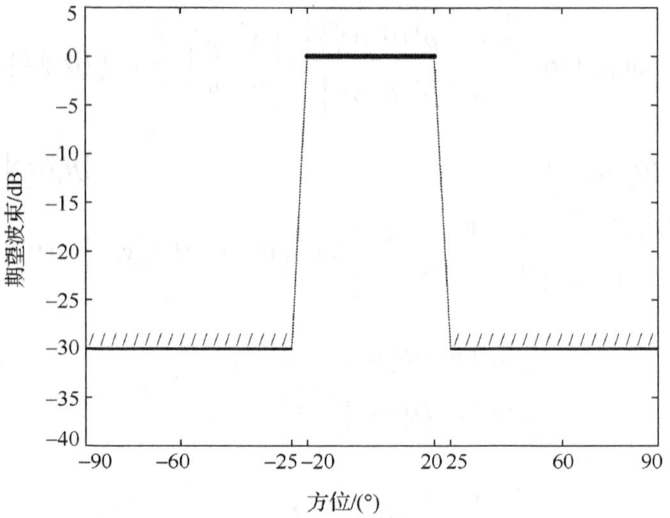

图 7.16　期望波束

对于式(7.33)所示期望主瓣响应波束设计方法，假设主瓣区域期望波束相位响应为 0 相位。设计结果如图 7.17 中虚线(标注为“响应逼近”)所示。由图可见，该方法设计波束旁瓣严格控制在−30dB，但主瓣响应逼近精度较差。

采用 7.5.2 节所述相位迭代法设计该期望波束。经过 50 次迭代后设计结果如图 7.17 实线所示。由图可见，该方法设计波束旁瓣同样严格控制在−30dB，而且其主瓣幅度响应逼近精度较“响应逼近法”高。

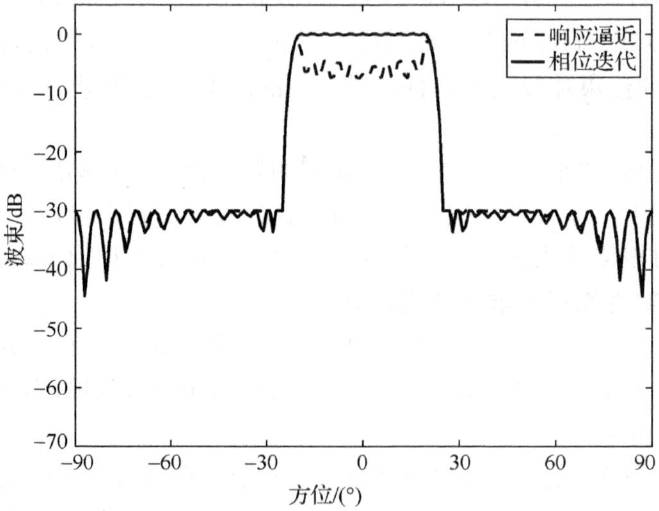

图 7.17　响应逼近法与相位迭代法设计结果

采用 7.5.3 节所述分解迭代法设计该期望波束。经过 50 次迭代后设计波束响应如图 7.18 实线所示，其中图 7.18(a)显示的是幅度响应，图 7.18(b)是相位响应。

由图 7.18(a)可见，分解迭代法设计波束旁瓣也严格控制在−30dB。比较图 7.18(a)与图 7.17 可知，相比于相位迭代法，采用分解迭代法得到的设计波束主瓣幅度响应与期望响应间的逼近精度更高。

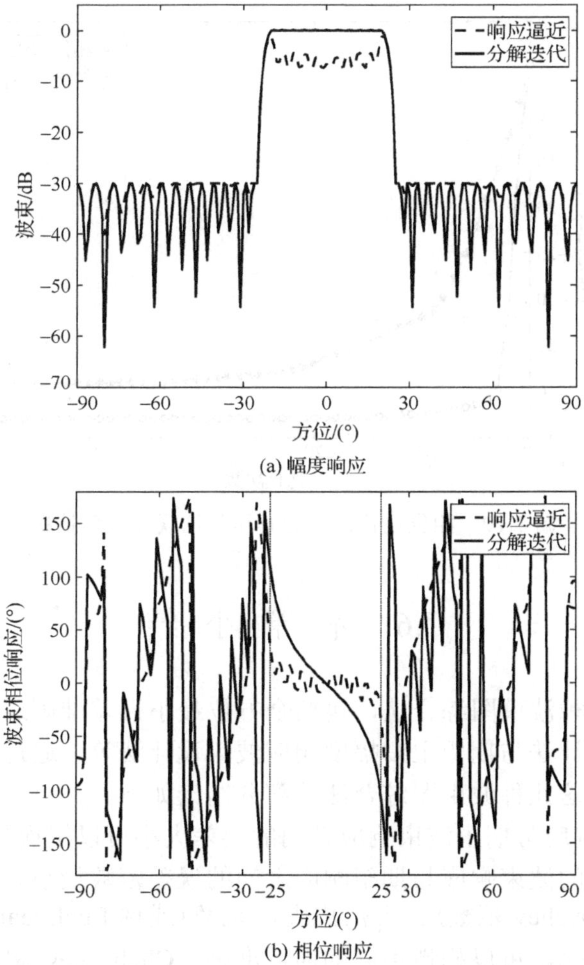

(a) 幅度响应

(b) 相位响应

图 7.18　响应逼近法与分解迭代法设计得到的波束响应

比较图 7.18(b)所示两种方法(响应逼近法与分解迭代法)设计波束的相位响应，可以看出，由于响应逼近法中人为假设期望波束主瓣相位响应为 0，所以设计波束响应在主瓣区域相位逼近于 0 相位；而分解迭代法在主瓣区域对相位没有要求，所以该方法自动收敛到一个较好的相位，以保证设计波束主瓣幅度响应最大限度地逼近于期望波束幅度。

图 7.19 显示了相位迭代法与分解迭代法两种算法的设计波束主瓣响应与期望响应间的误差（$20\lg \max_{\Theta_{\mathrm{ML}}} \left\| |B(\theta_j)| - |B_{\mathrm{d}}(\theta_j)| \right\|$）随着迭代次数增加时的变化趋势。其中初始迭代称为第 0 次迭代，即响应逼近法设计结果。

从图中可以看出，分解迭代法的收敛速度快于相位迭代法的收敛速度，而且这两种迭代算法收敛后的主瓣逼近误差都远小于响应逼近法。

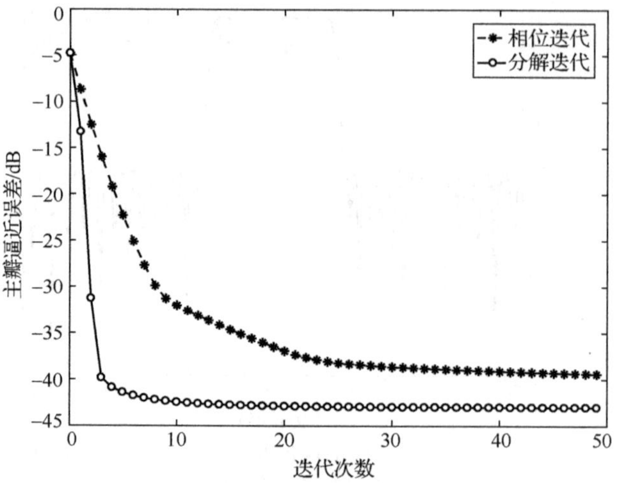

图 7.19　相位迭代法与分解迭代法误差收敛情况

7.6　本 章 小 结

本章介绍了几种波束图综合法，包括全方位最小误差准则逼近法、期望主瓣响应波束混合范数设计法与期望主瓣幅度响应波束设计法等。通过本章的阐述、分析与仿真验证，关于这几种波束图综合法的部分结论如下。

(1) 设计波束响应与期望波束响应之间的误差大小可以用误差范数来度量，波束图综合就是使设计的波束响应与期望响应之间的误差范数最小。典型的误差范数取 ℓ_∞ 范数(或称 Chebyshev 范数)、ℓ_1 范数或 ℓ_2 范数(或称 Euclidean 范数)。分别使这几种误差范数最小化，可以构造不同的逼近准则：Chebyshev 逼近、ℓ_1 范数逼近与最小均方逼近。

(2) 全方位最小误差准则逼近法就是使全方位(包括主瓣区域与旁瓣区域)设计波束与期望波束响应间的误差范数(上述三种范数)最小。其中对于最小均方准则，可以推导出直观的求解表达式。三种准则优化问题都可以转化为二阶锥规划问题求解。仿真结果表明：Chebyshev 准则(亦称 Minimax 准则)方法设计结果的最大误差最小，ℓ_1 准则方法设计结果的误差绝对值和最小，最小均方准则方法设计结果的均方误差最小，这与设计目标吻合。

(3) 在实际应用中，我们真正感兴趣的只是波束主瓣区域。我们只需要设计波束的主瓣响应逼近于期望主瓣响应，且旁瓣能够得到控制即可，并不需要设计波束旁瓣也逼近于期望波束旁瓣。从这个意义上讲，前面的全方位逼近法相当于在旁瓣区域增加了冗余的等式约束，必然造成设计波束与参考波束主瓣区域拟合误差增大。而且，由于不可避免的设计误差的原因，全方位逼近法难以严格控制波束旁瓣级。因此，更合理的波束图综合准则应该是采用混合范数准则。例如，波束主瓣区域采用最小均方准则，在旁瓣区域采用 Chebyshev 准则，采用二者优化折中的方法获得约束优化解。同时，通过增加对波束加权向量范数的约束可提高波束形成器的稳健性。

该混合范数准则方法在旁瓣级、主瓣响应逼近精度、稳健性等指标间进行合理折中。只需要设计波束主瓣响应逼近于期望波束，消除了冗余约束，提高了三指标(旁瓣级、稳健性、主瓣响应逼近精度)综合性能，这正是实际应用所需要的。

(4) 上述期望主瓣响应波束设计方法可以用于设计恒定主瓣响应宽带波束形成器。其方法是：首先将工作频带划分成若干子带，保证每个子带满足窄带条件；然后指定期望主瓣响应，例如，某参考频率的常规波束或采用第 6 章方法设计出的参考波束；最后针对每个子带设计波束加权向量，使对应的波束主瓣响应逼近于期望主瓣响应，同时控制波束旁瓣与加权向量范数。

(5) 归纳出了一种统一的窄带波束优化设计方法——多约束优化设计法，该方法将大多数现有窄带波束设计方法(如第 5～7 章中提到的很多窄带波束优化设计方法)纳入统一框架体系，使它们成为该统一优化法的一个特例。该统一优化法可以提供非常灵活的设计准则，满足多样化的设计需求，且设计精度高。通过设计稳健旁瓣控制恒定主瓣响应自适应波束形成器，充分展现了该多约束优化设计法的优越性能。

(6) 在某些应用中，我们更关心的是波束幅度响应，即希望设计的波束幅度响应趋近于期望波束幅度，而对相位响应并不作要求。对于期望主瓣幅度响应波束设计问题而言，前面介绍的期望主瓣响应波束设计仅是它的一个次优解。在对波束相位响应不作要求的情况下，设计波束应该能够获得更高的幅度逼近精度。仿真结果验证了这一结论。

第 8 章　宽带波束形成

8.1　引　　言

信号带宽根据信号能否被等同于单频信号看待而分为窄带与宽带，对应地，波束形成处理方法也分为窄带处理与宽带处理。在窄带波束形成器中，各通道数据进行复数加权求和。对于宽带处理，根据某种性能准则得到的波束形成器的权值应该是频率的函数。要将窄带波束形成扩展到宽带，各通道的加权处理需要用具有一定频域传输函数的线性处理器代替。第 2 章已经给出了宽带波束形成的原理性框图。

在具体操作中，波束形成可以分别在频域或时域实现。宽带波束形成器包括基于离散傅里叶变换(discrete Fourier transform, DFT)的频域实现方法与基于有限冲激响应(finite impulse response, FIR)滤波器的时域实现方法。频域 DFT 波束形成是分块处理，首先将接收数据采用 DFT 离散化为许多窄带频谱分量，然后对每个频率分量的窄带数据进行子带波束形成，再进行宽带综合。其中在子带波束形成过程中，可以直接运用前面各章介绍的窄带波束形成方法。时域 FIR 波束形成器是让每个传感器通道通过一个延迟线滤波器(FIR 滤波器)，然后对各滤波器输出求和得到宽带波束输出时间序列。其中各通道的 FIR 滤波器实现对接收数据不同频率成分进行特定幅度及相位加权的功能。

如果允许 DFT 波束形成器各子带波束是耦合的，而 FIR 波束形成器矩阵不具有稀疏块结构，同时令 DFT 波束形成器子带数目与 FIR 滤波器的延时节数相等，两种实现方法得到的性能大致相当[184,185]。Godara 等[185,186]提出了基于 FFT 的 FIR 波束形成器设计技术，从一定程度上节省了计算量。

张保嵩等[187]将 FIR 宽带波束形成器设计分解为子带波束设计与 FIR 滤波器设计两部分实现。鄢社锋等[165,166,200]采用优化方法分别设计子带波束形成器与 FIR 滤波器，且对各通道预延迟量进行了具体推导，整数节拍预延迟与后续 FIR 滤波器相结合的方法更适合数字实现，设计精度更高。

本章对频域DFT波束形成器与时域FIR波束形成器等两种宽带波束形成器的具体设计与实现方法进行详细介绍。主要内容与组织结构如下：8.2 节介绍宽带波束形成器的频域实现法——DFT 波束形成，介绍 DFT 波束形成的具体步骤，并给出了它的另一种解释；8.3 节介绍宽带波束形成器的时域实现法——FIR 波束形成；8.4 节介绍基于 FFT 的 FIR 波束形成器设计法；8.5 节介绍能运用于 FIR 波束形成器的

FIR 滤波器优化设计方法；8.6 节介绍 FIR 波束形成器的分步设计法——子带波束优化设计及相应的 FIR 滤波器优化设计；8.7 节是本章小结。

8.2 频域 DFT 波束形成器

8.2.1 DFT 波束形成

基于 DFT 的频域波束形成方法比较简单，它是窄带波束形成的简单推广。DFT 宽带波束形成器实现框图如图 8.1 所示。

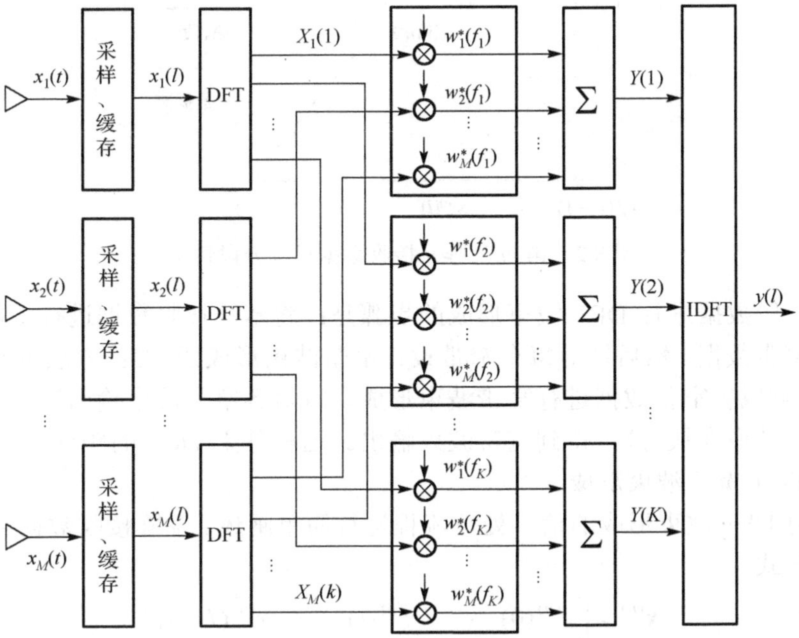

图 8.1　DFT 宽带波束形成器实现结构

对于一个 M 元基阵，首先将各阵元接收的原始模拟数据进行采样，得到数字信号，于是有

$$\boldsymbol{x}(i) = \boldsymbol{x}(t)\big|_{t=iT_s}, \quad i = 1, 2, \cdots \tag{8.1}$$

式中，T_s 是采样周期，对应地，采样频率为 $f_s = 1/T_s$。

对应地，假设 m 号阵元接收的长序列样本数据用 $x_m(1), \cdots, x_m(i), \cdots$ 表示。

然后将各阵元数据送入缓存，再对缓存数据块进行 DFT 波束形成。假设缓存长度为 L。这种分块处理方法可以理解为对阵元长序列样本数据进行了分段，每次处理其中的一段数据。

数据分段可分为如下 3 种情形。

(1)如果在缓存数据块处理完毕后全部更新，这相当于将长序列阵元数据无重叠分成彼此相连、长度为 L 的若干段。

(2)如果每次数据部分更新，相当于长序列阵元数据按部分重叠分段。

(3)如果每次处理时，数据块中只有一个数据进入缓存进行更新，这种处理称为平滑窗处理。

假设将各段编号为 $n=1,2,\cdots,N$ ，n 即处理批次序号。以第 m 号阵元为例，该阵元接收数据样本分段情况如图 8.2 所示。

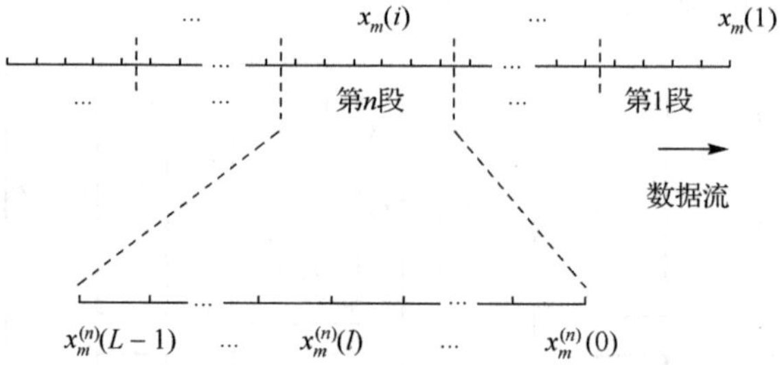

图 8.2　第 m 号阵元接收数据样本分段情况

对某一段数据进行 DFT 波束形成的步骤是：将基阵接收数据进行 DFT 变换，得到频域窄带数据。然后针对每个窄带设计窄带波束形成器(设计方法可参阅第 5～7 章)，对频域各窄带数据进行窄带波束形成。再对各窄带波束输出进行综合(功率相加或傅里叶逆变换等)，得到宽带波束输出。这种基于 DFT 的频域宽带波束形成方法称为 DFT 宽带波束形成。

下面对 DFT 波束形成的信号处理流程进行简单阐述。基阵接收数据第 n 段可表示为矩阵形式

$$\boldsymbol{x}^{(n)}=\left[x^{(n)}(0)\ \cdots\ x^{(n)}(l)\ \cdots\ x^{(n)}(L-1)\right]$$
$$=\begin{bmatrix} x_1^{(n)}(0) & \cdots & x_1^{(n)}(l) & \cdots & x_1^{(n)}(L-1) \\ \vdots & \ddots & \vdots & & \vdots \\ x_m^{(n)}(0) & \cdots & x_m^{(n)}(l) & \cdots & x_m^{(n)}(L-1) \\ \vdots & & \vdots & \ddots & \vdots \\ x_M^{(n)}(0) & \cdots & x_M^{(n)}(l) & \cdots & x_M^{(n)}(L-1) \end{bmatrix} \tag{8.2}$$

式中，该长度为 L 的样本中，序号 $L-1$ 对应于最近(晚)的时间样本。

第 m 号阵元接收数据表示为

$$\boldsymbol{x}_m^{(n)}=\left[x_m^{(n)}(0)\ \cdots\ x_m^{(n)}(l)\ \cdots\ x_m^{(n)}(L-1)\right] \tag{8.3}$$

对各阵元数据进行 L 点 DFT，将阵元数据转换到频域

$$X_m^{(n)}(k),(k=0,\cdots,L-1)=\mathrm{DFT}\left[x_m^{(n)}(l),(l=0,\cdots,L-1)\right] \tag{8.4}$$

即

$$X_m^{(n)}(k)=\sum_{l=0}^{L-1}x_m^{(n)}(l)\exp(-\mathrm{i}2\pi kl/L),\quad k=0,\cdots,L-1 \tag{8.5}$$

式中，$k(k=0,\cdots,L-1)$ 是各频域子带序号，对应的频率为

$$f_k=\begin{cases}f_{\mathrm{s}}k/L, & k=0,\cdots,L/2-1\\ f_{\mathrm{s}}(k-L)/L, & k=L/2,\cdots,L-1\end{cases} \tag{8.6}$$

将各阵元在某子带的频域数据写成向量的形式

$$\boldsymbol{X}^{(n)}(k)=\left[X_1^{(n)}(k),\cdots,X_m^{(n)}(k),\cdots,X_M^{(n)}(k)\right]^{\mathrm{T}},\quad k=0,\cdots,L-1 \tag{8.7}$$

接下来对频域各子带数据进行复数加权求和。假设第 m 号阵元在频率 f_k 的复数加权值为 $w_m(f_k)$（$m=1,2,\cdots,M$，$k=0,\cdots,L-1$），该窄带加权向量可表示为

$$\boldsymbol{w}(f_k)=\left[w_1(f_k),w_2(f_k),\cdots,w_M(f_k)\right]^{\mathrm{T}},\quad k=0,\cdots,L-1 \tag{8.8}$$

各子带波束输出为

$$Y^{(n)}(k)=\boldsymbol{w}^{\mathrm{H}}(f_k)\boldsymbol{X}^{(n)}(k)=\sum_{m=1}^{M}w_m^*(f_k)X_m^{(n)}(k),\quad k=0,\cdots,L-1 \tag{8.9}$$

值得指出的是，由于接收数据是实数，DFT 得到的数据存在对称性，因此感兴趣的频域数据只需要取前面的一半即可。又因为设计频段往往为有限频段，所以波束形成所需要的频域数据只需要取出其中的对应频段数据即可。

对各子带波束输出进行离散傅里叶逆变换(inverse discrete Fourier transform, IDFT)得到 L 点时域输出

$$y^{(n)}(l),(l=0,\cdots,L-1)=\mathrm{IDFT}[Y^{(n)}(k),(k=0,\cdots,L-1)] \tag{8.10}$$

即

$$y^{(n)}(l)=\frac{1}{L}\sum_{k=0}^{L-1}Y^{(n)}(k)\exp(\mathrm{i}2\pi kl/L),\quad l=0,\cdots,L-1 \tag{8.11}$$

式中，$l=L-1$ 表示最近的波束输出样本

$$y^{(n)}(l)\big|_{l=L-1}=\frac{1}{L}\sum_{k=0}^{L-1}Y^{(n)}(k)\exp(\mathrm{i}2\pi k(L-1)/L) \tag{8.12}$$

该结果与文献[184]中的结果有些区别。在文献[184]中，阵列接收数据按逆序排列，即序号 $l=1$ 对应于最近的时间样本数据。造成该文献中最近波束输出样本与式(8.12)有些区别，为

$$\hat{y}^{(n)}(l)\Big|_{l=1} = \frac{1}{L}\sum_{k=0}^{L-1}\hat{Y}^{(n)}(k) \tag{8.13}$$

式中，$\hat{Y}^{(n)}(k)$ 是对逆序排列阵列数据进行加权求和得到的子带波束输出样本。

由于式(8.13)是简单的求和处理，避免了复杂的 IDFT 计算，这比较适合采用平滑窗处理技术。每次进行 DFT 时，数据块中只有一个数据进入缓存进行更新，每次只需要运用式(8.13)计算最近波束时域输出。通过移动平滑窗，便可以得到波束时域输出序列。

值得指出的是，式(8.13)的计算量小于式(8.12)的计算量，但本书为了后续推导方便与结果直观，并没有采用该文献中的表述。

计算出各段波束输出数据后，将各段数据连接起来，可以构成长时间波束输出序列。

综上所述，结合图 8.1，频域 DFT 宽带波束形成实现步骤如下。

(1)将基阵接收的各阵元数据采样得到 $x_m(i)$，$m=1,\cdots,M$，再分别进行分段，各段数据长度为 L。各段数据可以是连续的，也可以是部分重叠的。在实时处理系统中，该步是通过缓存来实现的。

(2)对于某一段数据，如第 n 段，对各阵元数据 $x_m^{(n)}(l)$，$l=0,\cdots,L-1$ 分别进行 L 点 DFT，得到频域窄带数据 $X_m^{(n)}(k)$，如式(8.4)所示。

(3)提取出各阵元各窄带频域数据矩阵 $\boldsymbol{X}^{(n)}(k)$，如式(8.7)所示。由于工作频带一般是有限的，所以往往只需要取出位于工作频带内的窄带数据即可。

(4)采用第 5～7 章中的方法设计对应窄带波束加权向量 $\boldsymbol{w}(f_k)$。

(5)对各窄带数据进行加权求和，得到各子带波束数据 $Y^{(n)}(k)$，如式(8.9)所示。

(6)对各子带波束输出进行 IDFT，得到时域输出序列 $y^{(n)}(l)$，如式(8.10)所示。

(7)与第(1)步相对应，将各段波束输出数据时间序列连接起来，构成波束长时间输出序列 $y(i)$。

8.2.2　另一种解释

设想宽带波束形成采用如下方法实现。

(1)将宽带数据分解为很多窄带数据，分别取出各窄带数据。

(2)对各窄带数据进行加权求和波束形成。

(3)由各窄带波束输出合成宽带波束输出时间序列。

本节将要证明，该实现途径可以理解为 8.2.1 节所述 DFT 波束形成的另一种解释。

对于第(1)步，以第 m 号阵元接收数据为例，假设需要将整个宽频带等间隔分成 L 个窄带，定义第 k 个窄带中心频率为 $f_k = f_s\cdot(k/L)$。如果要取出中心频率为 f_k

的窄带数据，可以采用如下方法实现：将阵元数据进行频谱搬移，即将 f_k 频率搬移到基带，然后进行低通滤波。假设长度为 L 的 FIR 低通滤波器系数为 $\hat{h}(l)$（$l=1,\cdots,L$），在某时刻(假设为 i 时刻)的滤波器输出依赖于当前输入及在此之后的 $L-1$ 个输入，则第 k 个窄带分量的基带数据可以表示为

$$\hat{X}_{m,k}^{(i)}=\sum_{l=1}^{L-1}\hat{h}(L-l)x_m(i+l)\exp(-\mathrm{i}2\pi l f_k/f_{\mathrm{s}}) \tag{8.14}$$

经过低通滤波之后，该基带数据的带宽相对于原宽带数据减小很多，因此可以对该基带数据通过再采样以降低数据量。若再采样率为 L，可定义 $i=i'L$，则降采样的输出基带数据可以表示为

$$\begin{aligned}X_{m,k}^{(i')}&\triangleq\hat{X}_{m,k}^{(i)}\Big|_{i=i'L}=\hat{X}_{m,k}^{(i'L)}\\&=\sum_{l=0}^{L-1}\hat{h}(L-l)x_m(i'L+l)\exp(-\mathrm{i}2\pi lk/L)\end{aligned} \tag{8.15}$$

式(8.15)可以理解为：中心频率为 f_k 的窄带数据复基带可以由阵元接收的长度为 L 的数据段进行窗函数为 $\hat{h}(l)$，长度为 L 的离散傅里叶变换后得到。这里 i 可以理解为处理批次序号。如果阵元数据长度恰好为 L，则只有一个输出，即处理批次数为 1，也就是只有在当前时刻 $i=i'=0$ 时具有一个输出。如果窗函数取矩形窗，即 $\left[\hat{h}(l)\right]_{l=1}^{L}=1$。令式(8.15)中 $i=0$ 可得

$$X_{m,k}^{(i=0)}=\sum_{l=0}^{L-1}x_m(l)\exp(-\mathrm{i}2\pi lk/L) \tag{8.16}$$

它与式(8.5)具有相同的形式，因此上式可以利用 L 点 FFT 实现。

对于第(2)步，将当前时刻各阵元在第 k 个子带的频域基带数据写成 $M\times1$ 维列向量

$$\boldsymbol{X}_k^{(i=0)}=\left[X_{1,k}^{(i=0)},X_{2,k}^{(i=0)},\cdots,X_{M,k}^{(i=0)}\right]^{\mathrm{T}} \tag{8.17}$$

对各子带基带数据进行相应的加权求和，则第 k 个窄带分量基带数据波束输出为

$$Y_k^{(i=0)}=\boldsymbol{w}^{\mathrm{H}}\left(f_k\right)\boldsymbol{X}_k^{(i=0)}=\sum_{m=1}^{M}w_m^*\left(f_k\right)X_{m,k}^{(i=0)} \tag{8.18}$$

它与式(8.9)具有相同的形式。

对于第(3)步，将该波束输出再次调制到 f_k 频率附近，并将采样频率升高 L 倍，只需要一个频域快拍就可以得到 L 个时域输出

$$y^{(i=0)}(l)=\frac{1}{L}\sum_{k=0}^{L-1}Y_k^{(i=0)}\exp(\mathrm{i}2\pi lk/L),\quad l=0,\cdots,L-1 \tag{8.19}$$

与式(8.11)相比较可以看出，式(8.19)可以利用式(8.10)所示傅里叶逆变换实现。

比较式(8.19)与式(8.11)可以看出：当数据长度刚好为 L 时，DFT 波束形成后如果仅选取最近时刻的一个输出样本数据，则该输出样本数据与本节所述途径计算的输出数据相等，即

$$y^{(n=0)}(l)\Big|_{l=L-1}=y^{(i=0)}(l)\Big|_{l=L-1} \tag{8.20}$$

可见，本节实现途径可以理解为 DFT 波束形成的另一种解释。

8.2.3 分析与讨论

对于每段数据，对各阵元接收数据进行 DFT 之前采用时域矩形窗对数据进行截断。我们已经知道，通过 DFT 到频域时，该有限长度数据对应的实际频谱应该是无限宽的。而我们只取了其中的有限频带进行子带窄带波束形成，然后进行傅里叶逆变换，即相当于在频域使用了矩形窗滤波。这表现为我们获得的波束输出时间序列事实上是理想的输出与某滤波器的卷积输出，使得获得的该块波束输出时间序列与理想输出间存在畸变。由于卷积处理建立时间的影响，在该块数据的前后两部分畸变比较严重。

这样就造成了分段 DFT 波束形成器输出时间序列在各段之间出现不连续的现象，这正是频域 DFT 波束形成器的缺点之一。这一点通过后面的仿真可以看得比较直观。

关于建立时间，这里进行简单解释：长度为 N 的数据与长度为 L 的滤波器进行卷积时，输出数据长度为 $N+L-1$。对于输出数据的前后各 $L-1$ 个点，它是由有效数据和部分 0 数据组合的数据与滤波器进行卷积的输出结果。如果取滤波器输出与输入长度相同，实际上只是剔除了卷积输出的后面 $L-1$ 个点，而滤波输出的前面有 $L-1$ 个数据点是存在误差的，这段时间称为滤波器建立时间。

下面分析 DFT 波束形成的计算量。

在对数据进行傅里叶变换阶段，假设 FFT 长度为 ℓ，不妨假设该长度是 2 的整数次幂。则对 M 个阵元数据进行 FFT 需要的计算量为 $M\times\ell\times\log_2\ell$ 次复乘运算。

在进行加权求和阶段，假设波束形成加权向量已预先求出。若处于工作频带内的子带数量为 K，$K<\ell$，则对这些子带进行复数加权需要的计算量为 $M\times K$ 次复数乘运算。

将波束输出频域数据进行逆 FFT 到时域，需要 $\ell\times\log_2\ell$ 次复数乘运算。

在频域波束形成中，数据分段往往需要进行重叠分段(数据交迭)。假设交迭率为 α，则长度为 ℓ 的数据进行频域波束形成需要的总复数乘运算量为

$$\left[(M+1)\times\ell\times\log_2\ell+MK\right]/(1-\alpha) \tag{8.21}$$

如果采用平滑窗处理技术，则需要的复数乘运算量为

$$\left[(M+1)\times\ell\times\log_2\ell+MK\right]\ell \tag{8.22}$$

注意，每次复数乘运算相当于 4 次实数乘运算。

例 8.1　DFT 波束形成

考虑一个 12 元均匀线列阵，阵元间隔为对应于频率 f_0 的半波长。假设一线性调频信号源从−30° 方向入射到基阵，不考虑噪声。

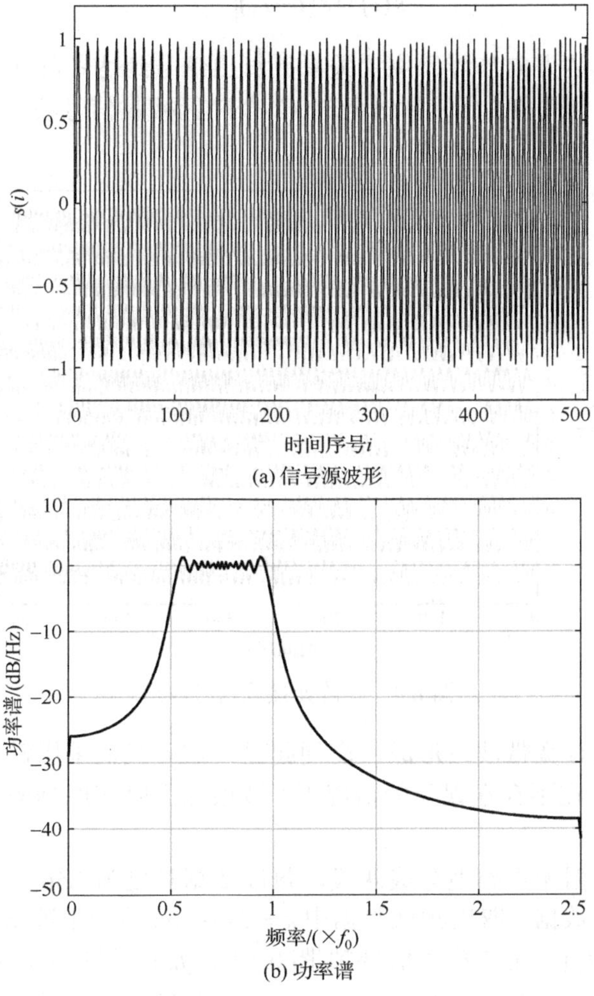

图 8.3　线性调频信号源

假设线性调频信号源波形为

$$s(i)=s(t)\Big|_{t=i/f_s}=\begin{cases}\sin\left[2\pi\left(f_1+\dfrac{f_u-f_1}{2T}t\right)t\right]\Bigg|_{t=i/f_s}, & 0\leqslant t\leqslant T\\ 0, & 其他\end{cases}\tag{8.23}$$

式中，f_1与f_u分别是调频信号源的下边界与上边界频率；T是信号持续时间。令$f_1=f_0/2$，$f_u=f_0$，采样频率$f_s=5f_0$。假设信号源时间序列长度为$T\cdot f_s=512$点。信号源波形如图 8.3(a)所示，其功率谱如图 8.3(b)所示。

该调频信号经过时间延迟t_0后的波形为

$$\hat{s}(i)=s(t-t_0)\Big|_{t=i/f_s}\tag{8.24}$$

根据信号源到达方向与阵元位置关系计算出信号到达各阵元的相对时延，然后可以利用式(8.23)与式(8.24)计算出全部 12 个阵元接收信号波形，如图 8.4 所示。每个阵元上有效信号持续长度都为 512 点。

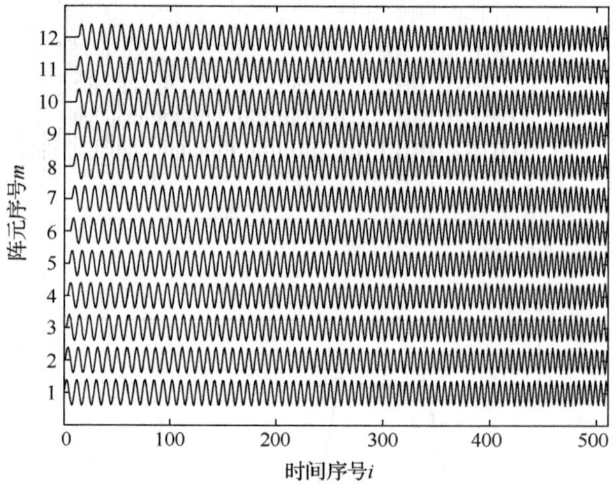

图 8.4　各阵元接收信号波形

对基阵数据进行宽带波束形成，简便起见，这里我们采用常规波束形成方法，波束方向为−30°。在不存在误差的情况下，波束输出时间序列应该与信号源波形完全相同。

假设将阵元数据无重叠地分成两段，每段数据长度为 256 点，即每次进行 256 点 DFT。对于每段数据，取出频域数据中$k=21,\cdots,56$的子带数据，对应频带范围为[$0.4102f_0$，$1.0938f_0$]，完全覆盖信号频带[$0.5f_0$，f_0]。然后对取出的各子带频域数据进行常规波束加权求和，得到的两段波束输出频域数据幅度如图 8.5(a)所示。

对两段波束输出频域数据进行 IDFT，得到时域输出。为了使波束输出为实数，进行 IDFT 之前可以将处理子带对应的负频率子带赋值，其值与对应正频率数据共轭。其他未进行波束形成的子带输出置为 0。将两段 IDFT 输出数据连接起来，如图 8.5(b)所示。

假设将阵元数据按 50%重叠，每段数据长度为 256 点，可分成 3 段。保持处理频带相同，得到的 3 段波束输出频域数据如图 8.5(c)所示。

将 3 段波束输出频域数据进行 IDFT，得到时域输出，然后按照相同的重叠率将各段数据连起来，得到的时域输出序列如图 8.5(d)所示。

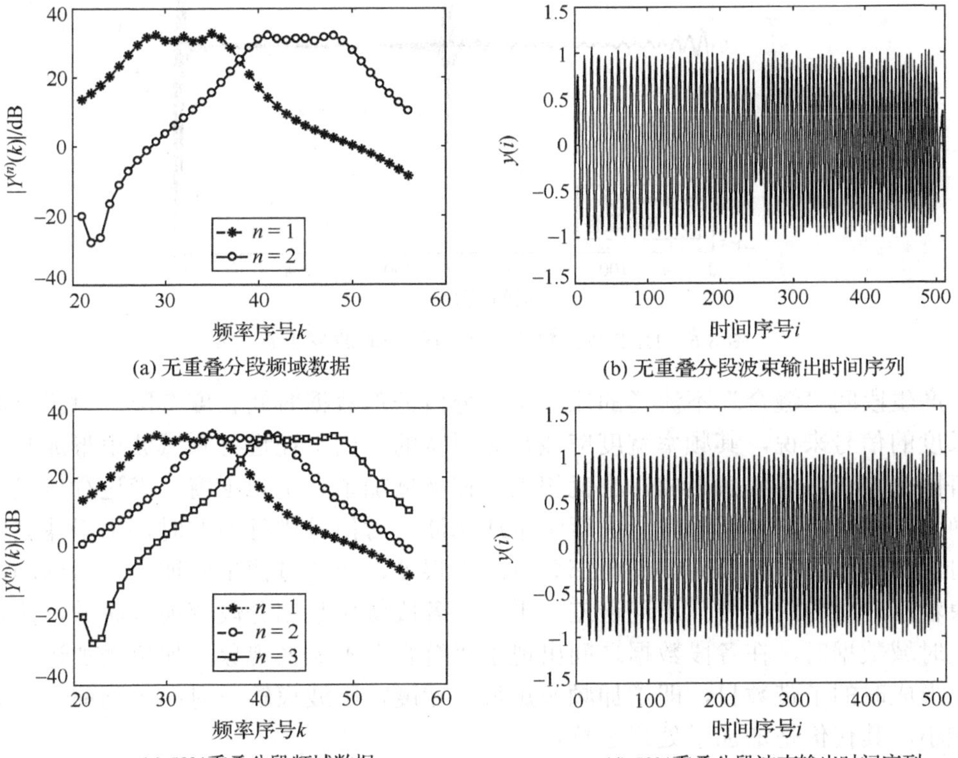

(a) 无重叠分段频域数据　　(b) 无重叠分段波束输出时间序列

(c) 50%重叠分段频域数据　　(d) 50%重叠分段波束输出时间序列

图 8.5　DFT 波束输出结果

考察非重叠与 50%重叠两种处理波束形成器对原始信号的保真程度。分别将两种处理波束输出时间序列与原始信号波形相比较，图 8.6 显示了两种处理波束输出时间序列与原始信号之差，即 $y(i)-s(i)$。

非重叠处理在每段数据的前后部分出现较大失真，将分段波束输出结果进行连接时，段间连接处出现较大失真，即波束输出时间序列在段间“缝合”不流畅。对于重叠处理，由于得到的每段波束输出数据仅取中间误差较小的部分，抛弃了段前后部误差较大的部分，所以可以克服段间“缝合”不流畅的缺点。这一点从图 8.6 中间段部分($i=192,\cdots,320$)可以非常明显地观察到。当然，重叠处理方法中，由于

第 1 段前部与第 3 段后部若干点没有前续与后续处理结果可供重叠“缝合”，仍具有较大的失真。

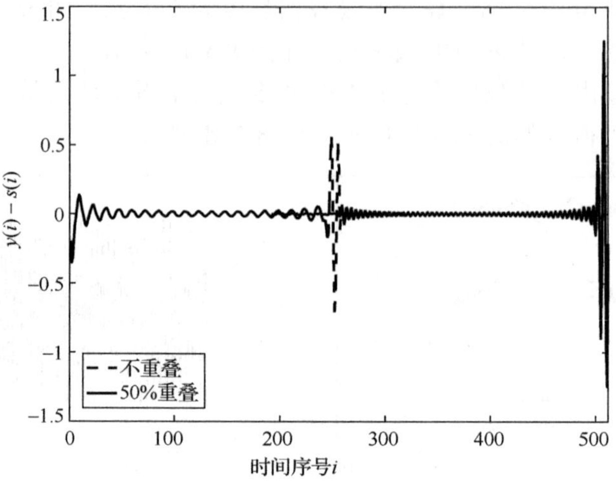

图 8.6　DFT 波束输出序列与信号源波形失真大小

产生段间“缝合”不流畅的原因是：分段处理数据时间长度有限，对于有限时间长度的信号来说，其频率宽度应该是无限宽的。由于在进行频域波束形成时只取了有限个子带进行波束形成，也就相当于在频域加了一个矩形窗。当进行傅里叶逆变换到时域时，相当于原信号进行了带通滤波。对信号进行滤波时，由于滤波器建立时间的原因，时域信号的前面部分点产生误差，故通过傅里叶逆变换得到的时域波束输出在前面的部分点出现误差。于是，各段频域数据分段变换到时域，然后组合成时域数据时，在各段数据之间出现了“缝合”不流畅现象。如果增加进行频域波束形成时的子带数目，即增加频域矩形窗宽度，则波束输出时间序列前后部分失真减小，其代价是增加了处理运算量。

这也是我们在工程实现中碰到的对波束输出时域数据进行监听时出现周期性干扰的原因。

DFT 波束输出与源信号失真的另外一个原因是，当信号源从非正横方向入射时，各阵元接收信号存在相对延迟。DFT 波束形成属于分块处理，这造成单次处理数据块中各阵元数据频谱特性存在(细微)差别，因而使波束形成产生误差。

8.3　时域 FIR 波束形成器

Frost[75]于 1972 年提出了基于 FIR 滤波器的时域宽带波束形成方法，该波束形成器的结构如图 8.7 所示。

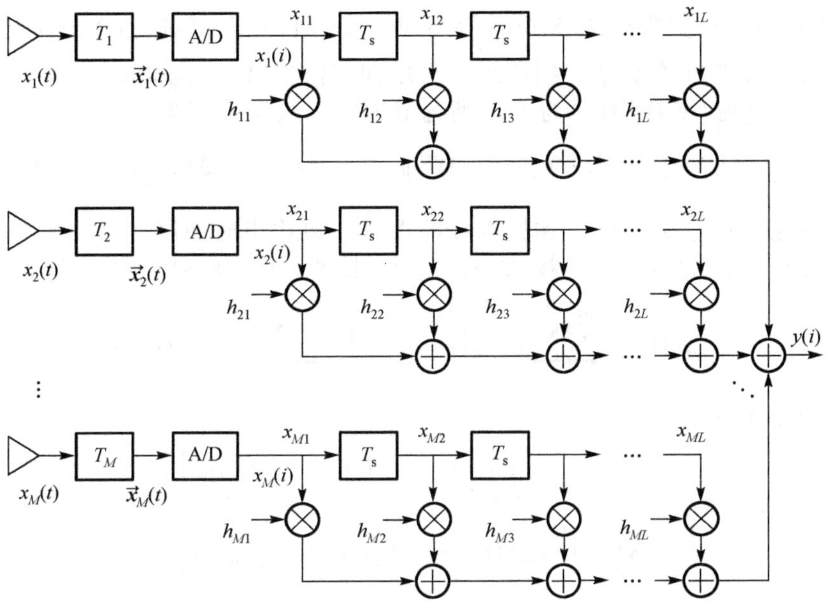

图 8.7　时域 FIR 波束形成器

第2章已经介绍了基阵接收数据模型，下面重写宽带数据模型。假设有 $D+1<M$ 个远场宽带点源平面波从 $D+1$ 个方向 $\theta_0,\theta_1,\cdots,\theta_d,\cdots,\theta_D$ 入射到一个 M 元基阵。该基阵第 m 号阵元接收时间序列为

$$x_m(t)=\beta s_0\left[t-\tau_m(\theta_0)\right]+\sum_{d=1}^{D}s_d\left[t-\tau_m(\theta_d)\right]+n_m(t),\quad m=1,\cdots,M \tag{8.25}$$

式中，$\{s_d(t)\}_{d=0}^{D}$ 为在空间某任意参考点测量的 $D+1$ 个信号波形；$\tau_m(\theta_d)$ 为第 d 个源信号传播到第 m 号阵元相对于参考点的传播时延；$n_m(t)$ 是第 m 号阵元接收的背景噪声。假设式(8.25)中第 1 项对应于期望信号，第二项对应于 D 个干扰。$\beta=0$ 或 1，表示在波束设计时期望信号是否包含在训练数据中。

在常规 Frost 波束形成中，假设波束观察方向 θ_o 刚好指向期望信号方向 θ_0，即 $\theta_o=\theta_0$，各阵元预扫描延迟为

$$T_m=-\tau_m\left(\theta_0\right) \tag{8.26}$$

该预延迟使期望方向信号到达各阵元时具有相同的相位。由于在实际中该预延迟通常不是采样周期的整数倍，所以往往采用模拟预延迟(如机械扫描或电子扫描)，然后进行采样得到数字信号。于是，第 m 号阵元的预延迟样本数据为

$$x_m(i)=\vec{x}_m(t)\big|_{t=iT_s}=x_m(t-T_m)\big|_{t=iT_s} \tag{8.27}$$

注意，这里数字信号 $x_m(i)$ 是将阵元模拟信号 $x_m(t)$ 延迟 T_m 后再采样得到的，这

与 DFT 波束形成数据模型式(8.1)有所不同，式(8.1)是直接对 $x_m(t)$ 采样得到 $x_m(i)$。

然后各阵元的样本数据分别通过一个横向滤波器(FIR 滤波器)。假设滤波器长度为 L，节拍延迟(采样周期)为 T_s。则各节拍输入数据分别为

$$x_{ml}(i)=x_m\left[i-(l-1)\right]=x_m\left[t-T_m-(l-1)T_s\right]\Big|_{t=iT_s},\quad m=1,\cdots,M,\quad l=1,\cdots,L \tag{8.28}$$

对所有延迟样本数据进行加权求和即得到波束输出时间序列。假设对应于第 m 号阵元第 l 个节拍的可调节的权值是 h_{ml}，波束输出时间序列可表示为

$$y(i)=\sum_{m=1}^{M}\sum_{l=1}^{L}h_{ml}x_m\left[i-(l-1)\right]=\sum_{m=1}^{M}\sum_{l=1}^{L}h_{ml}x_{ml}(i) \tag{8.29}$$

定义两个 $M\times L$ 维矩阵

$$\boldsymbol{X}(i)=\begin{bmatrix} x_{11}(i) & \cdots & x_{1l}(i) & \cdots & x_{1L}(i) \\ \vdots & \ddots & \vdots & & \vdots \\ x_{m1}(i) & \cdots & x_{ml}(i) & \cdots & x_{mL}(i) \\ \vdots & & \vdots & \ddots & \vdots \\ x_{M1}(i) & \cdots & x_{Ml}(i) & \cdots & x_{ML}(i) \end{bmatrix} \tag{8.30}$$

与

$$\boldsymbol{H}=\begin{bmatrix} h_{11} & \cdots & h_{1l} & \cdots & h_{1L} \\ \vdots & \ddots & \vdots & & \vdots \\ h_{m1} & \cdots & h_{ml} & \cdots & h_{mL} \\ \vdots & & \vdots & \ddots & \vdots \\ h_{M1} & \cdots & h_{Ml} & \cdots & h_{ML} \end{bmatrix} \tag{8.31}$$

引入操作

$$\boldsymbol{x}(i)=\mathrm{vec}\left\{\boldsymbol{X}(i)\right\} \tag{8.32}$$

$$\boldsymbol{h}=\mathrm{vec}\left\{\boldsymbol{H}\right\} \tag{8.33}$$

式中，$\mathrm{vec}\{\cdot\}$ 表示向量化操作，该操作将矩阵的各列从上到下组合起来构成一个长列向量。本书将矩阵数据向量化后得到的向量称为堆积向量。$\boldsymbol{x}(i)$ 表示时刻 i 对应的数据。

于是，式(8.29)可以写成

$$y(i)=\boldsymbol{h}^{\mathrm{T}}\boldsymbol{x}(i) \tag{8.34}$$

这便是时域波束形成器输出表达式。

下面分析 FIR 波束形成的计算量。

在所有滤波器系数预知的情况下，假设滤波器系数为实数，对长度为 l 的数据进行 FIR 波束形成的计算量为 $M\times l\times L$ 次实数乘运算。

与频域 DFT 波束形成计算量式(8.21)相比较可知，在一般参数选取情况下(如取 $l=256$，$\alpha=0.5$，$L=64$)，DFT 波束形成与 FIR 波束形成的计算量相当。

8.4　基于 FFT 的 FIR 波束形成

假设 DFT 波束形成器与 Frost FIR 波束形成器的输入样本数据都是预扫描延迟后的数据。不妨假设 DFT 波束形成中输入数据块长度 L [见式(8.2)]与 FIR 波束形成中滤波器长度 L [见式(8.30)]相等(这也是两个表达式中都特地选用同一符号 L 的原因)，且两种方法波束形成输入数据完全相同。由于式(8.2)中序号 $L-1$ 对应于最近的时间样本，而式(8.30)中序号 $l=1$ 对应于最近时间样本，且假设数据长度也为 L (只有一段数据)。因此，式(8.2)中的 $x_m^{(n)}(l)$ 与式(8.30)中的 $x_{ml}(i)$ 具有如下关系

$$x_m^{(n=0)}(l)=x_{m(L-l)}(i=0),\quad l=0,\ldots,L-1 \tag{8.35}$$

将式(8.35)代入式(8.5)可得

$$\begin{aligned}X_m^{(n=0)}(k)&=\sum_{l=0}^{L-1}x_{m(L-l)}(i=0)\exp(-\mathrm{i}2\pi kl/L)\\&\overset{l'=L-l}{\Rightarrow}\sum_{l'=1}^{L}x_{ml'}(i=0)\exp(-\mathrm{i}2\pi k(L-l')/L)\\&\overset{l=l'}{\Rightarrow}\sum_{l=1}^{L}x_{ml}(i=0)\exp(-\mathrm{i}2\pi k(L-l)/L),\quad k=0,\cdots,L-1\end{aligned} \tag{8.36}$$

如果令 DFT 波束形成器最近波束输出数据与 FIR 波束形成器最近输出样本相等，则令式(8.12)中 $n=0$，$l=L-1$，及式(8.29)中 $i=0$，有

$$y^{(n=0)}(l)\,|_{l=L-1}=y(i)\,|_{i=0} \tag{8.37}$$

由式(8.12)、式(8.29)与式(8.37)可得

$$\frac{1}{L}\sum_{k=0}^{L-1}Y^{(n=0)}(k)\exp\left[\frac{\mathrm{i}2\pi k(L-1)}{L}\right]=\sum_{m=1}^{M}\sum_{l=1}^{L}h_{ml}x_{ml}(i=0) \tag{8.38}$$

将式(8.9)与式(8.36)依次代入式(8.38)左边可得

$$\begin{aligned}&\sum_{m=1}^{M}\sum_{l=1}^{L}h_{ml}x_{ml}(i=0)\\&=\frac{1}{L}\sum_{k=0}^{L-1}Y^{(n=0)}(k)\exp\left[\mathrm{i}2\pi k(L-1)/L\right]\\&=\frac{1}{L}\sum_{k=0}^{L-1}\left\{\left[\left(\sum_{m=1}^{M}w_m^*(f_k)X_m^{(n=0)}(k)\right)\right]\exp\left[\mathrm{i}2\pi k(L-1)/L\right]\right\}\end{aligned}$$

$$= \frac{1}{L}\sum_{k=0}^{L-1}\left\{\left[\left(\sum_{m=1}^{M} w_m^*(f_k)\left(\sum_{l=1}^{L} x_{ml}(i=0)\exp\left[\frac{-\text{i}2\pi k(L-l)}{L}\right]\right)\right)\right]\exp\left[\frac{\text{i}2\pi k(L-1)}{L}\right]\right\}$$

$$= \frac{1}{L}\sum_{k=0}^{L-1}\sum_{m=1}^{M}\left\{w_m^*(f_k)\left[\sum_{l=1}^{L} x_{ml}(i=0)\exp\left[\frac{-\text{i}2\pi k(L-l)}{L}\right]\exp\left[\frac{\text{i}2\pi k(L-1)}{L}\right]\right]\right\}$$

$$= \frac{1}{L}\sum_{k=0}^{L-1}\sum_{m=1}^{M}\left\{w_m^*(f_k)\left[\sum_{l=1}^{L} x_{ml}(i=0)\exp\left[\frac{\text{i}2\pi k(l-1)}{L}\right]\right]\right\}$$

$$= \sum_{m=1}^{M}\sum_{l=1}^{L}\left\{x_{ml}(i=0)\left[\frac{1}{L}\sum_{k=0}^{L-1} w_m^*(f_k)\exp\left[\frac{\text{i}2\pi k(l-1)}{L}\right]\right]\right\} \tag{8.39}$$

可见，如果式(8.40)满足，则式(8.39)亦成立，于是

$$h_{ml} = \frac{1}{L}\sum_{k=1}^{L-1} w_m^*(f_k)\exp\left[\frac{\text{i}2\pi k(l-1)}{L}\right],\quad l=1,\cdots,L,\quad k=0,1,\cdots,L-1 \tag{8.40}$$

即

$$h_{ml}(l=1,2,\cdots,L) = \text{IDFT}\left\{\frac{w_m^*(f_k)}{L},(k=0,1,\cdots,L-1)\right\} \tag{8.41}$$

或者

$$w_m^*(f_k),(k=0,1,\cdots,L-1) = \text{DFT}\{h_{ml},(l=1,2,\cdots,L)\} \tag{8.42}$$

该关系式表明，对各阵元频域加权值求傅里叶逆变换便可以得到时域波束形成FIR 滤波器系数，这与文献[185]推导的结果类似。唯一的区别是，在文献[185]中，频域加权向量求傅里叶变换(而不是傅里叶逆变换)得到 FIR 滤波器系数，这是由该文献中输入数据逆序排列引起的。

由式(8.41)与式(8.42)所示频域加权值与 FIR 滤波器系数的傅里叶对关系可知：在 FIR 波束形成器中，某阵元在某频率的等效频域加权值等于该阵元对应的 FIR 滤波器在该频率的响应。该关系非常直观，比文献[185]中的关系式更便于理解。

鉴于频域加权向量与 FIR 滤波器的对应关系，Godara 提出了基于 FFT 的时域 FIR 宽带波束形成器设计法[185]，其设计方法的处理框图如图 8.8 所示。

该基于 FFT 的 FIR 宽带波束形成实现步骤如下。

(1)根据基阵接收的时域宽带数据估计出各子带数据协方差矩阵。

(2)采用第 5～7 章中的窄带波束形成方法设计出各子带对应的加权向量 $\boldsymbol{w}^{\text{H}}(f_k)$。如果子带波束设计中不需要运用子带数据协方差矩阵，则第(1)步可省略。

(3)根据频域加权值与 FIR 滤波器系数的傅里叶对关系，计算出各阵元对应的 FIR 滤波器系数。

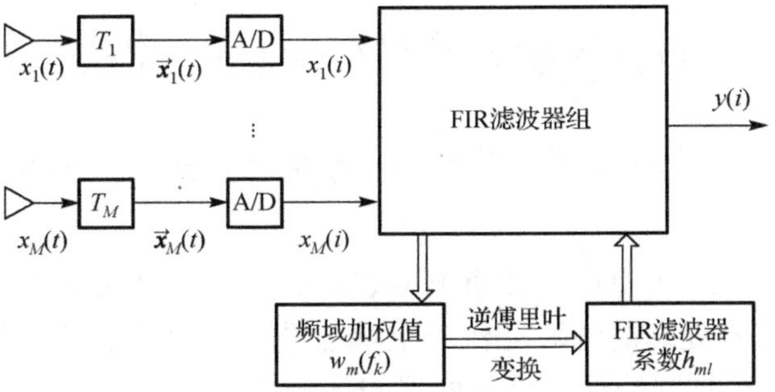

图 8.8　基于 FFT 的 FIR 宽带波束形成

(4) 各阵元时域数据通过对应的 FIR 滤波器，然后相加得到波束输出时间序列。

该方法避免了 Frost 波束形成中所需要的 $ML \times ML$ 维矩阵求逆的复杂计算过程，计算量较小。但同时注意到在该方法中，FIR 滤波器的长度必须与 DFT 的长度相等。如果要提高波束形成器的精度，子带就需要划分得比较密集，即加大 DFT 的长度，这样滤波器长度随之增加，会增加处理运算量。

此外，根据该 FIR 波束形成器中滤波器系数与频域加权值的傅里叶对关系，我们可以进一步作如下理解：从频域加权值计算 FIR 滤波器系数其实就是设计一组期望频率响应为频域加权值的 FIR 滤波器。从该概念看，该 FIR 滤波器中所使用的 FIR 滤波器设计是简单地根据滤波器期望响应求傅里叶逆变换得到的，即采用的是最简单的窗函数设计法，设计效果并不会太理想。

另外，从式 (8.37) 可知，这种 FIR 波束形成器最近输出样本与 DFT 波束形成器最近波束输出数据相等。而由 8.2.3 节分析已经知道，DFT 波束形成器的最近输出数据处于该段的段前，是失真较大的部位，因此，这种基于 FFT 的 FIR 波束形成器输出存在较大信号失真。

8.5　FIR 波束形成器中的滤波器设计

8.4 节中已经指出，FIR 波束形成器设计问题其实就相当于设计一组 FIR 滤波器，使其频率响应在对应的频率点与该频率 DFT 波束形成加权值相等。可见，设计具有期望频率响应的 FIR 滤波器是 FIR 波束形成器设计的关键部分。本节重点阐述期望频率响应 FIR 滤波器设计方法。

假设长度为 L 的 FIR 滤波器具有冲激响应

$$\boldsymbol{h} = \left[h(1), \cdots, h(l), \cdots, h(L)\right]^{\mathrm{T}} \tag{8.43}$$

该滤波器的复频率响应可以表示为

$$H(f)=\sum_{l=1}^{L}h(l)\mathrm{e}^{-\mathrm{i}2\pi(l-1)f/f_s}=\boldsymbol{e}^{\mathrm{T}}(f)\boldsymbol{h}=\boldsymbol{h}^{\mathrm{T}}\boldsymbol{e}(f) \tag{8.44}$$

式中，$\boldsymbol{e}(f)=\left[1,\mathrm{e}^{-\mathrm{i}2\pi f/f_s},\cdots,\mathrm{e}^{-\mathrm{i}2\pi(L-1)f/f_s}\right]^{\mathrm{T}}$；$f_s$ 是采样频率。对应地，采样周期为 $T_s=1/f_s$。

比较式(8.44)与第 2 章中的波束响应表达式可知，这两个表达式非常相似。事实上，作为时域信号处理的滤波与作为空域信号处理的波束形成有很多相似的对应关系。表 8.1 列出了时域处理与空域处理的部分对应关系。

表 8.1　时域处理与空域处理的相似对应关系

时域处理	空域处理
处理时域采样数据	处理阵列(空间采样)数据
FIR 滤波器	波束形成器
时域滤波	波束形成(空域滤波)
频率响应 $H(f)$	波束响应 $B(\theta)$
滤波器系数 $\boldsymbol{h}$	波束形成器加权向量 $\boldsymbol{w}$
频率响应向量 $\boldsymbol{e}(f)$	基阵响应向量 $\boldsymbol{p}(\theta)$
滤波器设计	波束形成器设计
谱估计	方位(谱)估计

FIR 滤波器除了与波束形成器具有很多相似之处外，也存在一些区别：波束形成器加权向量是复数，而 FIR 滤波器的系数虽然可以是复数，但大多数情况下是实数。

鉴于 FIR 滤波器与波束形成器的类似关系，期望频率响应 FIR 滤波器的设计问题可以采用与期望响应波束形成器设计问题类似的方法。第 7 章已经介绍了基于二阶锥规划的期望响应波束形成器设计方法，包括单一范数准则方法与混合范数准则方法，这些方法可以借鉴用于 FIR 滤波器设计。

8.5.1　最小加权误差准则

通过使设计的 FIR 滤波器频率响应与期望频率响应之间的误差范数最小，便可以得到满足期望频率响应的最优解。

类似于第 7 章，假设 FIR 滤波器在频率 f 处的期望频率响应为 $H_{\mathrm{d}}(f)$，设计滤波器与期望滤波器之间的误差范数可以表示为

$$\delta_q=\left(\int_F \lambda(f)\,|\,\boldsymbol{e}^{\mathrm{T}}(f)\boldsymbol{h}-H_{\mathrm{d}}(f)|^q\,\mathrm{d}f\right)^{1/q} \tag{8.45}$$

式中，$F=[0,f_s/2]$ 表示全频带；$\lambda(f)$ 是非负的误差加权函数，用于调节不同频率的拟合紧密程度，相对权值越大，最后得到滤波器在该频率的精度越高。典型地，$q=\infty,1,2$ 时，对应的误差范数分别为 ℓ_∞ 范数、ℓ_1 范数与 ℓ_2 范数。

将滤波器的连续频率响应离散化，假设频率上的采样点分别为 $f_1,\cdots,f_k,\cdots,f_K$（$f_k\in F$，$k=1,2,\cdots,K$）。假设滤波器在频率 f_k 的期望响应为 $H_{\mathrm{d}}(f_k)$。与式(7.8)类似，期望滤波器与设计出的滤波器频率响应误差的范数可以表示为

$$\delta_q=\left\|\boldsymbol{\lambda}^{1/q}\circ(\boldsymbol{H}-\boldsymbol{H}_{\mathrm{d}})\right\|_q \tag{8.46}$$

式中，$\boldsymbol{\lambda}=[\lambda_1,\cdots,\lambda_k,\cdots,\lambda_K]$ 是非负误差加权因子；$\boldsymbol{H}=[H(f_1),H(f_2),\cdots,H(f_K)]$ 与 $\boldsymbol{H}_{\mathrm{d}}=[H_{\mathrm{d}}(f_1),H_{\mathrm{d}}(f_2),\ldots,H_{\mathrm{d}}(f_K)]$ 分别为设计滤波器频率响应与期望频率响应。

使用不同的范数最小化可以得到不同逼近准则的最优滤波器。与第 7 章波束加权向量设计类似，分别使加权 ℓ_∞ 范数、ℓ_1 范数与 ℓ_2 范数最小，得到 FIR 滤波器设计的三种单一范数准则分别为

$$\min_{\boldsymbol{h}}\max_{k=1,\ldots,K}\left[\lambda_k\left|\boldsymbol{e}^{\mathrm{T}}(f_k)\boldsymbol{h}-H_{\mathrm{d}}(f_k)\right|\right],\quad f_k\in F \tag{8.47}$$

$$\min_{\boldsymbol{h}}\sum_{k=1}^{K}\left[\lambda_k\left|\boldsymbol{e}^{\mathrm{T}}(f_k)\boldsymbol{h}-H_{\mathrm{d}}(f_k)\right|\right],\quad f_k\in F \tag{8.48}$$

$$\min_{\boldsymbol{h}}\sum_{k=1}^{K}\left[\lambda_k\left|\boldsymbol{e}^{\mathrm{T}}(f_k)\boldsymbol{h}-H_{\mathrm{d}}(f_k)\right|^2\right],\quad f_k\in F \tag{8.49}$$

显然这三个优化问题可以采用与第 7 章波束加权向量设计类似的方法求解。具体推导与求解方法可以参阅文献[199]。

例 8.2　小数时延 FIR 滤波器设计

在信号没有确定解析表达式的情况下，为了得到该信号经过非整节拍(采样周期)延迟的样本，可以采用小数时延 FIR 滤波器来实现。换言之，小数时延滤波器就是指当运用该滤波器对宽带数据进行滤波后，滤波输出相当于输入数据进行了某小数节拍延迟。由于数字信号整数节拍延迟可以直接通过数字延迟线来实现，所以小数时延滤波器的延迟量只需处于 $[-0.5T_{\mathrm{s}},0.5T_{\mathrm{s}})$ 范围即可。

假设滤波器系数为实数，由于一个长度为 L 的 FIR 滤波器的故有群延迟为 $(L-1)T_{\mathrm{s}}/2$（复数系数滤波器不存在固有群延迟)，当期望滤波器延迟接近于该延迟时，设计精度较高。于是，小数延迟 FIR 滤波器的期望频率响应为

$$H_{\mathrm{d}}(f_{\mathrm{d}})=\mathrm{e}^{-\mathrm{i}2\pi f(DT_{\mathrm{s}}+\tau)}=\mathrm{e}^{-\mathrm{i}2\pi f_{\mathrm{d}}(D+\tau/T_{\mathrm{s}})},\quad f_{\mathrm{d}}\in F_{\mathrm{PB}} \tag{8.50}$$

式中，$f_{\mathrm{d}}=f/f_{\mathrm{s}}$ 表示数字频率，或称归一化频率；F_{PB} 表示延迟滤波器的通带，由于采用数字频率，$F_{\mathrm{PB}}\subset[0,0.5]$；$\tau\in[-0.5T_{\mathrm{s}},0.5T_{\mathrm{s}})$ 为期望延迟量；D 为如下整数

$$D=\begin{cases}(L-1)/2, & L\text{为奇数}, \quad \tau\in[-0.5T_{\mathrm{s}},0.5T_{\mathrm{s}})\\ L/2-1, & L\text{为偶数}, \quad \tau\in[0,0.5T_{\mathrm{s}})\\ L/2+1, & L\text{为偶数}, \quad \tau\in[-0.5T_{\mathrm{s}},0)\end{cases} \tag{8.51}$$

由式(8.50)知，滤波器实际延迟量为 $DT_s+\tau$。可见，宽带数据经过滤波器后，需要反向延迟(即超前) D 个节拍，才能刚好满足期望小数延迟 τ。在实际应用中，我们其实并没有必要进行反向延迟，因为绝大多数情况下系统输出与输入间存在一定的整数节拍延迟并不影响其性能。

假设要求设计的小数时延滤波器各参数如下：滤波器长度 $L=15$，期望延迟量 $\tau=0.12345T_s$，通带截止频率取 $0.4f_s$，即 $F_{PB}=[0,0.4]$。

将数字频带[0,0.5)均匀离散化为 100 个频率点。通过式(8.50)计算该滤波器的期望频率响应，如图 8.9 中圆点所示。假设在频带[0,0.4]内误差加权系数都取 1，其他区域误差加权系数都为 0。分别采用三种单一范数优化准则设计小数时延滤波器，设计出的小数时延 FIR 滤波器的幅度与相位响应如图 8.9(a)所示。图 8.9(b)显示了三种准则设计 FIR 滤波器与期望滤波器响应之间的误差。

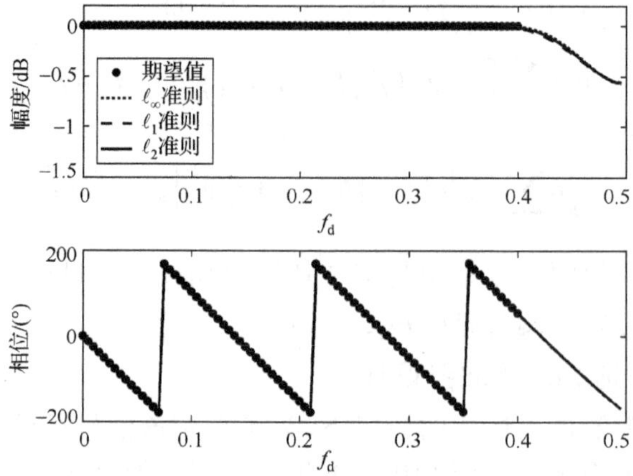

(a) 滤波器频率响应

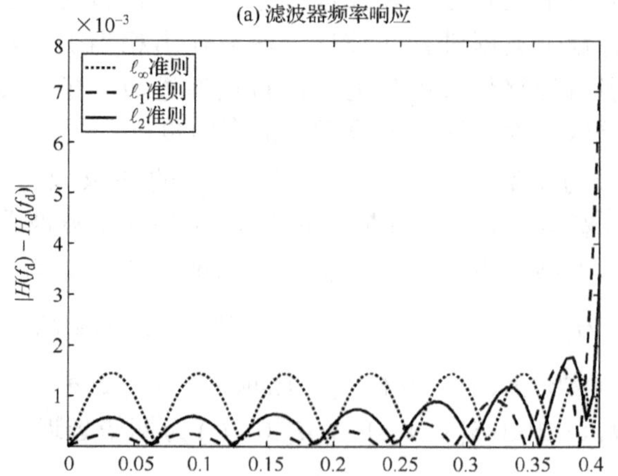

(b) 设计误差

图 8.9　小数延迟 FIR 滤波器设计结果

从图中可以看出，三种准则设计的滤波器的频率响应都能较好地拟合期望频率响应，只是各种准则设计的滤波器的各种误差范数大小各不相同。这三个滤波器是期望滤波器的三种误差最小意义上的最优解。

验证设计出的小数延迟滤波器的性能。假设某调频信号由式(8.23)给出，波形如图 8.3(a)所示。根据式(8.23)与式(8.24)可以计算出该信号延迟 $t=0.12345T_s$ 后的解析表达式，画出其波形如图 8.10(a)所示。该波形是原始信号理想时延波形。

如果运用图 8.9(a)所示滤波器中的 ℓ_2 准则小数时延滤波器来对图 8.3(a)所示的原始信号进行滤波，并反向延迟 $D=7$ 个节拍，得到的波形如图 8.10(b)所示。

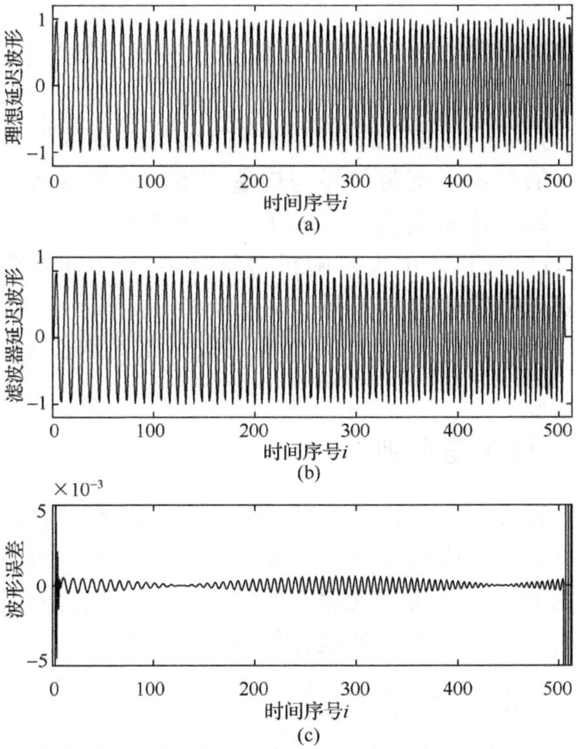

图 8.10　小数延迟 FIR 滤波器效果

图 8.10(c)显示了通过滤波器进行延时得到的波形与理想时延波形之间的误差。由图可见，只有最前面与最后面部分点存在较大误差，前面的部分点存在的误差是由于滤波器存在建立时间与源信号突变(源信号由0时刻之前的0电平突变到出现信号)引起的,后面部分点误差是由于对波形进行反向延迟(后面没数据时补0)引起的，在实际应用中这些点可以直接剔除。除了最前面与最后面部分点之外，滤波器实现的时延波形与理想时延之间误差非常小，为10^{-3}量级，从而验证了所设计的小数时延 FIR 滤波器具有非常高的精度。

例 8.3 基阵宽带阵列数据仿真

由于小数时延滤波器能将宽带信号进行较为精确的非整节拍时间延迟，我们可以利用小数时延滤波器进行宽带阵列数据仿真，其步骤如下。

(1)选定基阵空间参考原点，按照第 2 章介绍的方法，根据信号到达方向 θ 计算出信号到达各阵元位置的相对时间延迟 $\tau_m(\theta)$，$m=1,\cdots,M$。

(2)仿真在参考点接收的宽带信号。该宽带信号可以是确定性信号，也可以是有限频带宽带随机噪声。如果是后者，可以用宽带随机噪声通过带通滤波器得到。

(3)根据各阵元位置时间延迟量 $\tau_m(\theta)$，$m=1,\cdots,M$，分别设计出小数时延滤波器。

(4)将参考点宽带信号通过相应的小数时延滤波器，即得到对应阵元接收到的宽带阵列信号。不妨将此信号称作期望信号。

(5)采用同样的方法可以仿真出从其他方向入射的宽带阵列信号，不妨称作干扰。若用于构造干扰的参考点宽带信号与构造期望信号的参考点宽带信号采用的是同一随机宽带数据，则干扰与期望信号相干。否则非相关。

(6)仿真出基阵各阵元接收的宽带随机背景噪声。可以将宽带随机数据经过带通滤波器得到。一般要求背景噪声与信号(干扰)不相关。

(7)将仿真出的期望信号、干扰与背景噪声按一定比例叠加，得到基阵接收的宽带阵列数据。

8.5.2 约束最小加权误差准则

与期望主瓣响应波束形成器设计类似，在某些情况下，仅使用 8.5.1 节所述三种单一范数准则并不总能满足应用要求，需要另外附加某种约束条件。让滤波器在某些频带的某种误差范数小于某设定误差上界的条件下，使另外某些频带的某种误差范数最小化，该约束优化 FIR 滤波器设计问题可表示为

$$\min_{f\in F_1}\delta_{q_1},\quad \text{subject to}\quad \delta_{q_2}\leqslant\xi_0,\quad f\in F_2 \tag{8.52}$$

式中，q_1，$q_2=\infty,1,2$；F_1，$F_2\subset F$；ξ_0 是非负的误差约束上界；频率集 F_1 包含了所有需要使误差最小化的频率，F_2 包含所有需要施加最大误差上界约束的频率，并且频率集 F_1 与集 F_2 可以有重叠区域，即设计频带内同时满足两种约束。

将 8.5.1 节中的三种误差范数进行不同的组合，构造不同的目标函数与约束函数，可以得到不同的约束优化 FIR 滤波器设计方法。例如，阻带峰值误差约束通带加权最小均方误差优化设计问题表述为

$$\min_h\sum_{k=1}^{K}\left[\lambda_k\left|\boldsymbol{e}^{\mathrm{T}}(f_k)\boldsymbol{h}-H_{\mathrm{d}}(f_k)\right|^2\right],\quad f_k\in F_{\mathrm{PB}}$$

$$\text{subject to}\quad \max_{p=1,\cdots,P}\left[\lambda_p\left|\boldsymbol{e}^{\mathrm{T}}\left(f_p\right)\boldsymbol{h}-H_{\mathrm{d}}\left(f_p\right)\right|\right]\leqslant \xi_0,\quad f_p\in F_{\mathrm{SB}} \tag{8.53}$$

式中，$f_k \in F_{\mathrm{PB}}$（$k=1,\cdots,K$）为通带离散化频率；$f_p \in F_{\mathrm{SB}}$（$p=1,\cdots,P$）是阻带离散频率。此时相当于在式(8.52)中令 $q_1=2$，$q_2=\infty$。

如果 F_{PB} 与 F_{SB} 是相同的频带，则该滤波器成为峰值约束加权最小均方(peak constrained weighted least square error, PCWLSE)滤波器设计问题。

通带加权均方误差约束下使阻带最大误差最小的优化设计问题可以表述为

$$\min_{\boldsymbol{h}} \max_{p=1,\cdots,P}\left[\lambda_p\left|\boldsymbol{e}^{\mathrm{T}}\left(f_p\right)\boldsymbol{h}-H_{\mathrm{d}}\left(f_p\right)\right|\right],\quad f_p\in F_{\mathrm{SB}}$$

$$\text{subject to}\quad \sum_{k=1}^{K}\left[\lambda_k\left|\boldsymbol{e}^{\mathrm{T}}\left(f_k\right)\boldsymbol{h}-H_{\mathrm{d}}\left(f_k\right)\right|^2\right]\leqslant \delta_0^2,\quad f_k\in F_{\mathrm{PB}} \tag{8.54}$$

式中，δ_0^2 是用户设定的通带误差平方和上界。此时相当于在式(8.52)中 $q_1=\infty$，$q_2=2$。

均方阻带约束通带最小均方滤波器设计问题表述为

$$\min_{h} \sum_{k=1}^{K}\left[\lambda_k\left|\boldsymbol{e}^{\mathrm{T}}\left(f_k\right)\boldsymbol{h}-H_{\mathrm{d}}\left(f_k\right)\right|^2\right],\quad f_k\in F_{\mathrm{PB}}$$

$$\text{subject to}\quad \sum_{p=1}^{P}\left[\lambda_p\left|\boldsymbol{e}^{\mathrm{T}}\left(f_p\right)\boldsymbol{h}-H_{\mathrm{d}}\left(f_p\right)\right|^2\right]\leqslant \delta_0^2,\quad f_p\in F_{\mathrm{SB}} \tag{8.55}$$

其他各种误差范数组合约束最优化方法在此不再赘述。与期望响应波束设计方法一样，这些优化问题都可以转化为二阶锥规划问题求解。具体转化方法可以参阅文献[199]。FIR 滤波器设计问题与期望响应波束形成器设计问题的区别是，前者一般指定滤波器系数是实数，而后者总是指定加权向量为复数。

例 8.4　混合范数准则 FIR 滤波器设计

假设所要设计的 FIR 滤波器的通带期望频率响应如图 8.11 中圆点所示，阻带期望频率响应为 $H_{\mathrm{d}}\left(f_p\right)=0$。此时通带归一化频率集 $F_{\mathrm{PB}}=[0.15,0.3]$，通带内频率间隔为 0.005，因此通带共有 $K=31$ 个离散频率点。阻带频率集取 $F_{\mathrm{SB}}=[0,0.1275]\cup[0.3225,0.4975]$，离散化频率间隔取 0.0025，则阻带共有 $P=123$ 个离散频率点。通带与阻带中间频率部分为过渡带。滤波器长度为 $L=80$。要求分别采用式(8.53)与式(8.54)所列方法设计该滤波器。

首先采用式(8.53)所示阻带峰值约束最小均方通带方法设计该滤波器。假设阻带设定衰减为−40dB，即阻带最大绝对值误差约束 $\xi_0=0.01$。通带与阻带加权系数选为 $\lambda_k=1$（$k=1,\cdots,K$），$\lambda_p=1$（$p=1,\cdots,P$）。设计出的 FIR 滤波器幅度与相位响应如图 8.11(a)所示。

从图中可以看出，阻带恰好可达到−40dB，而通带内得到的滤波器幅度和相位响应与期望值非常接近。经计算，得到的最小均方根误差为 0.0202。由此可见该方法得到的滤波器完全可以满足设计要求。

接下来采用式(8.54)所示通带均方误差约束最低阻带方法设计该滤波器。设置通带均方根误差约束为 0.0210，其他参数保持不变。得到的 FIR 滤波器幅度与相位响应如图 8.11(b)所示。

从图中可以看出，在保证通带最大平方和误差约束的条件下，得到的最大阻带衰减为−53.7dB，满足设计要求。这也意味着在设计滤波器通带精度略低于图 8.11(a)中通带精度的条件下，能得到更大的阻带衰减。

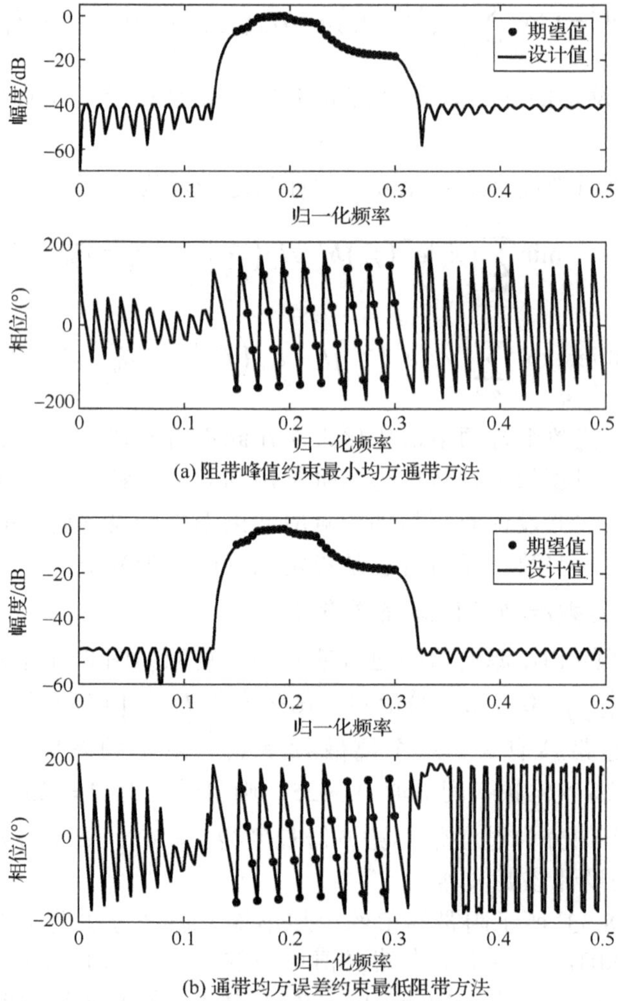

(a) 阻带峰值约束最小均方通带方法

(b) 通带均方误差约束最低阻带方法

图 8.11　混合范数准则 FIR 滤波器设计结果

例 8.5　阻带均方误差约束最小通带均方误差滤波器

文献[198]中采用二次规划方法设计阻带均方误差约束通带最小均方误差滤波器，在此将该方法与式(8.55)所示方法的设计效果进行比较。

假设所设计的 FIR 滤波器是低通滤波器，通带为[0,0.2]，阻带为[0.25,0.5]，阻带均方误差约束为 $\varepsilon = 10^{-5}$。以 0.0025 为间隔将频带[0,0.5]离散化。实系数滤波器长度为 $L = 25$。文献[198]中的方法与本书方法得到的滤波器频率响应如图 8.12 所示。

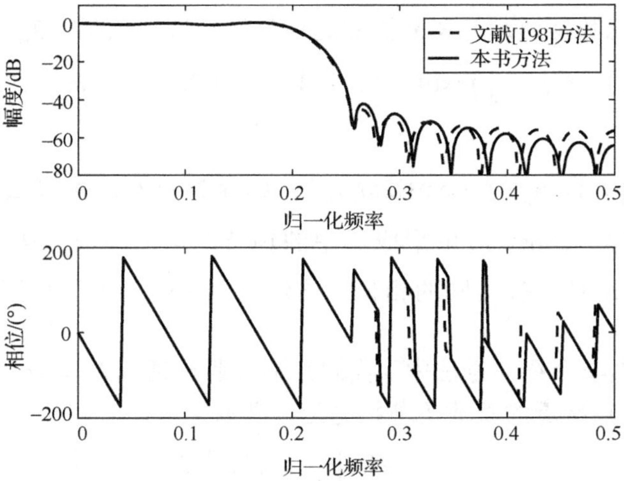

图 8.12　阻带均方误差约束最小通带均方误差滤波器设计

文献[198]中方法得到的滤波器通带均方误差为 0.0042，阻带均方误差为 6.54×10^{-6}，小于设定值。本书方法得到的滤波器通带均方误差为 0.0034，阻带均方误差为 1.00×10^{-5}，刚好等于设定值。由此可见，本书方法在保证满足约束的条件下，能够获得更小的通带均方误差，其设计精度高于文献[198]中的方法。

8.6　FIR 波束形成器分步设计法

8.6.1　设计原理

8.4 节先设计频域子带波束形成加权向量，然后根据频域加权向量与时域波束形成器中 FIR 滤波器系数之间的关系设计 FIR 波束形成器。将该概念进一步推广可以发现，时域波束形成的 FIR 滤波器的设计问题其实相当于设计一组频率响应等于对应子带波束形成加权值的 FIR 滤波器。从这种意义上来说，Godara 的方法中仅仅采用傅里叶变换来设计 FIR 滤波器，其设计性能较差。于是，FIR 波束形成器可以分解为窄带子带波束形成器设计与 FIR 滤波器设计两步来进行。本书将这种方法称为“分步设计法”。

FIR 波束形成器中某阵元对应的滤波器的期望频率响应就是该阵元在该频率的复加权值。以第 m 号阵元为例，假设该通道期望 FIR 滤波器系数为 $\boldsymbol{h}_m$，期望频率响应为 $H_{\mathrm{d},m}(f_k)$，则有

$$H_{\mathrm{d},m}(f_k)=w_m^*(f_k),\quad k=1,\cdots,K,\quad m=1,\cdots,M \tag{8.56}$$

式中，f_k（$k=1,2,\cdots,K$）表示工作频带内的各离散窄带中心频率；$w_m^*(f_k)$ 是 m 号阵元在频率 f_k 处的加权值。

如果在各阵元数据通过 FIR 滤波器之前已经经过了预延迟 T_m（图 8.7），则

$$w_m^*(f_k)=H_{\mathrm{d},m}(f_k)\exp(-\mathrm{i}2\pi f_k T_m),\quad k=1,2,\cdots,K,\quad m=1,2,\cdots,M \tag{8.57}$$

或

$$H_{\mathrm{d},m}(f_k)=w_m^*(f_k)\exp(\mathrm{i}2\pi f_k T_m),\quad k=1,2,\cdots,K,\quad m=1,2,\cdots,M \tag{8.58}$$

式(8.26)已经指出，Frost 波束形成器中的预延迟取 $T_m=-\tau_m(\theta_0)$，正好使期望方向信号到达各阵元时具有相同的相位。该延迟一般为小数，采用机械或电子扫描实现。

事实上，在本节介绍的方法中，我们并不需要预延迟 $T_m=-\tau_m(\theta_0)$，而可以将预延迟取与 $-\tau_m(\theta_0)$ 较接近的整数倍节拍延迟，即取

$$T_m=-\mathrm{int}\left[\tau_m(\theta_0)/T_\mathrm{s}\right]\cdot T_\mathrm{s} \tag{8.59}$$

式中，$\mathrm{int}(\cdot)$ 表示按四舍五入取整。这样做的好处是，该整数倍采样周期的延迟可以采用数字延迟线实现。

因此，在该方法中，预延迟可以在采样环节之后进行，这就避免了在 Frost 方法中所使用的昂贵的机械或电子延迟器件。该方法处理框图如图 8.13 所示。

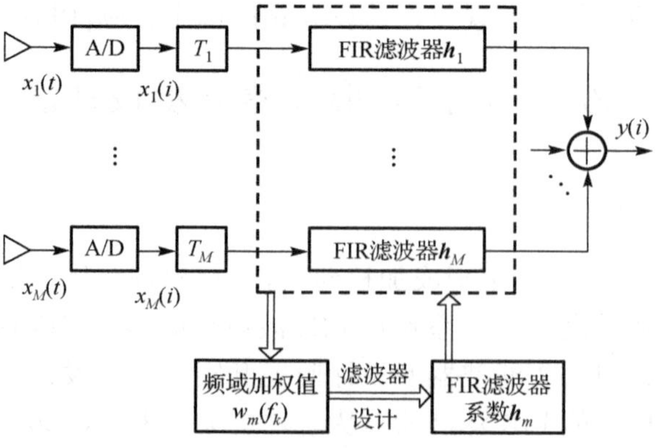

图 8.13　FIR 宽带波束形成器分步设计框图

注意，在该 FIR 波束形成器中，阵元模拟信号 $x_m(t)$ 采样得到的数字信号用 $x_m(i)$

表示，与式(8.1)相同，但与图 8.7 所示 FIR 波束形成器数据模型有所不同。图 8.7 中的数字信号 $x_m(i)$ 是将阵元模拟信号 $x_m(t)$ 延迟 T_m 后再采样得到的。

如果假设每个阵元对应的 FIR 滤波器的系数是实数，由于一个长度为 L 的 FIR 滤波器其固有的群延迟为 $(L-1)T_s/2$，期望滤波器的延迟量越接近该值，滤波器的设计精度越高。因此，当 FIR 滤波器系数为实数时，可以对所需要的整数节拍预延迟进行适当的修正

$$T_m = -\text{int}\left[\tau_m(\theta_o)/T_s + (L-1)/2\right]\cdot T_s, \quad m=1,\cdots,M \tag{8.60}$$

式中，θ_o 是波束指向方位，理想情况下 $\theta_o=\theta_0$。

注意到 T_m 并不总是正值，当 T_m 为负时，表示数据要进行超前处理，这在工程实现中是不可能的。可以将各通道的延迟量统一加上某正整数倍采样周期，使所有延迟都为正值。此操作使波束输出相对于期望信号产生一定延迟，好在该延迟很小，并不会影响波束图及波束的其他性能。

如果 FIR 滤波器的系数是复数，由于它没有故有群延迟，对应的预延迟可取

$$T_m = -\text{int}\left[\tau_m(\theta_o)/T_s\right]\cdot T_s, \quad m=1,\cdots,M \tag{8.61}$$

假设对应于第 m 号阵元的 FIR 滤波器系数为

$$\boldsymbol{h}_m = \left[h_{m1},\cdots,h_{ml},\cdots,h_{mL}\right]^{\mathrm{T}} \tag{8.62}$$

在后面的叙述中，如无特别说明，一般假设 FIR 滤波器系数为实数。

综上所述，FIR 波束形成器分步设计法的设计步骤如下。

(1) 将工作频段 F_{PB} 分为若干窄带频率区间 $f_k\in F_{\mathrm{PB}}$，$k=1,2,\cdots,K$，针对每个子带频率运用第 5～7 章方法设计满足要求的窄带波束形成器加权向量 $\boldsymbol{w}(f_k)=\left[w_1(f_k),\cdots,w_m(f_k),\cdots,w_M(f_k)\right]$，$k=1,2,\cdots,K$。

(2) 根据每个传感器在该频段内各频率点的波束形成复加权 $w_m(f_k)$，由式(8.58)构造该传感器对应的 FIR 滤波器期望频率响应 $H_{\mathrm{d},m}(f_k)$。

(3) 运用 8.5 节方法设计 M 个具有期望频率响应 $H_{\mathrm{d},m}(f_k)$，$m=1,2,\cdots,M$ 的 FIR 滤波器 $\boldsymbol{h}_m$。

(4) 将每个传感器输出先经过整数节拍延迟 T_m，再通过一个对应的 FIR 滤波器，各滤波器输出相加即得到宽带波束输出时间序列，如式(8.34)所示。

8.6.2 时域宽带常规波束形成

运用 8.6.1 节介绍的分步设计法设计时域宽带常规波束形成器。

按照前面介绍的设计步骤，将工作频带 F_{PB} 分为若干窄带频率区间 $f_k\in F_{\mathrm{PB}}$，$k=1,2,\cdots,K$。

信号模型如式(8.25)所示，假设存在单一信号，到达方向为θ_0，源信号传播到第m号阵元相对于参考点的传播时延为$\tau_m(\theta_0)$。由第2章知，信号到达方向响应向量为

$$\boldsymbol{p}(f_k,\theta_0)=\left[p_1(f_k,\theta_0),\cdots,p_m(f_k,\theta_0),\cdots,p_M(f_k,\theta_0)\right]^{\mathrm{T}} \tag{8.63}$$

式中

$$p_m(f_k,\theta_0)=\exp\left[-\mathrm{i}2\pi f_k\tau_m(\theta_0)\right] \tag{8.64}$$

指向θ_0方向的常规波束形成器加权向量为

$$\boldsymbol{w}_{\mathrm{c}}(f_k)=\boldsymbol{p}(f_k,\theta_0)/N \tag{8.65}$$

则第m号阵元的加权系数为

$$\boldsymbol{w}_{\mathrm{c},m}(f_k)=\exp\left[-\mathrm{i}2\pi f_k\tau_m(\theta_0)\right]/N \tag{8.66}$$

将式(8.60)代入式(8.58)可得(省略θ_0)

$$\begin{aligned}H_{\mathrm{d},m}(f_k)&=\boldsymbol{w}_{\mathrm{c},m}^{*}(f_k)\exp\left\{-\mathrm{i}2\pi f_k\mathrm{int}\left[\tau_m/T_{\mathrm{s}}+(L-1)/2\right]\cdot T_{\mathrm{s}}\right\}\\&=(1/N)\exp\left\{(-\mathrm{i}2\pi f_k/f_{\mathrm{s}})\left[-\tau_m/T_{\mathrm{s}}+\mathrm{int}\left(\tau_m/T_{\mathrm{s}}+(L-1)/2\right)\right]\right\}\\&\qquad k=1,2,\cdots,K,\quad m=1,2,\cdots,M\end{aligned} \tag{8.67}$$

当L为奇数时(L为偶数时结论类似)，令$D=(L-1)/2$，上式成为

$$H_{\mathrm{d},m}(f_k)=(1/N)\exp\left\{(-\mathrm{i}2\pi f_k/f_{\mathrm{s}})\left[-\left(\tau_m/T_{\mathrm{s}}-\mathrm{int}(\tau_m/T_{\mathrm{s}})\right)+D\right]\right\} \tag{8.68}$$

与式(8.50)相比较可知，该期望滤波器正好为一个小数时延滤波器，时延为$-(\tau_m/T_{\mathrm{s}}-\mathrm{int}(\tau_m/T_{\mathrm{s}}))T_{\mathrm{s}}+DT_{\mathrm{s}}$，且$-(\tau_m/T_{\mathrm{s}}-\mathrm{int}(\tau_m/T_{\mathrm{s}}))T_{\mathrm{s}}\in\left[-0.5T_{\mathrm{s}},0.5T_{\mathrm{s}}\right]$。

观察图8.13可知，第m号阵元数据经过预延迟与小数延迟两部分延迟产生的总延迟为

$$T_m-\left[\tau_m/T_{\mathrm{s}}-\mathrm{int}(\tau_m/T_{\mathrm{s}})\right]T_{\mathrm{s}}+DT_{\mathrm{s}}=-\tau_m \tag{8.69}$$

它正好是该阵元相对于参考点的传播时延的相反数。

由此可见，采用分步设计法设计的时域宽带常规波束形成正好是时延求和波束形成器，这也验证了分步设计法的正确性。

例 8.6　时域宽带常规波束形成

考虑例8.1所述阵列信号，采用分步设计法设计时域宽带常规波束形成器。

由前面分析可知，各通道的期望滤波器是小数时延滤波器。采用例8.2中的ℓ_2准则设计各期望滤波器，其中滤波器长度为$L=15$，数字频带[0.0.5)均匀离散化为160个频率点，工作频带$[f_{\mathrm{l}},f_{\mathrm{u}}]$共包括33个点。图8.14(a)显示了第2号阵元对应的期望滤波器响应与设计出的滤波器响应。

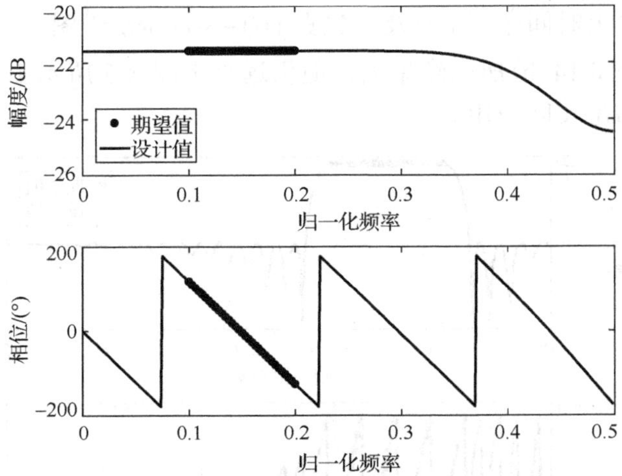

(a) 第2号阵元对应FIR滤波器期望与设计频率响应

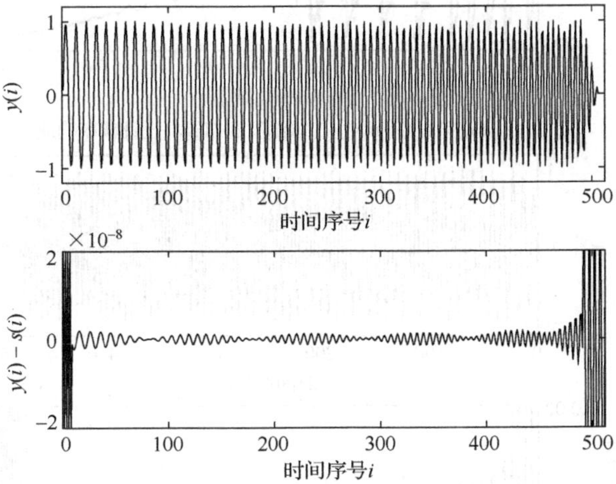

(b) FIR波束输出序列及其与信号源波形失真大小

图 8.14　时域宽带常规波束形成器设计

然后计算波束输出时间序列 $y(i)$，显示于图 8.14(b)上图。计算波束输出序列与源信号间的误差 $y(i)-s(i)$，显示于图 8.14(b)下图。由图可见，除了前后部分点由于滤波器建立时间与反向延迟存在误差外，波束输出与源信号波形之间的误差非常小，达到10^{-8}量级。

观察图 8.14(a)，可以看出设计滤波器在很宽的频率范围内的幅度响应大约为 0dB。如果我们要求滤波器在对工作频带信号产生时延的同时，抑制非工作频带成分，可采用混合范数准则来设计。假设滤波器长度为 $L=64$，滤波器阻带控制在 −40dB，设计阻带峰值约束最小均方通带滤波器。图 8.15(a)显示了第 2 号阵元对应的期望滤波器响应与设计出的滤波器响应。

对应的波束输出时间序列 $y(i)$ 及其失真 $y(i)-s(i)$ 显示于图 8.15(b)。由图可见，波束输出失真比图 8.14(b)所示结果大，但仍远小于图 8.6 所示 DFT 波束形成方法的失真值，足以满足实际应用。

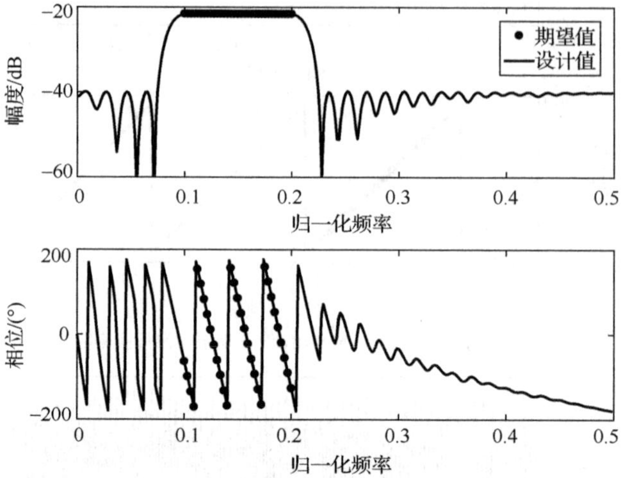

(a) 第2号阵元对应FIR滤波器期望与设计频率响应

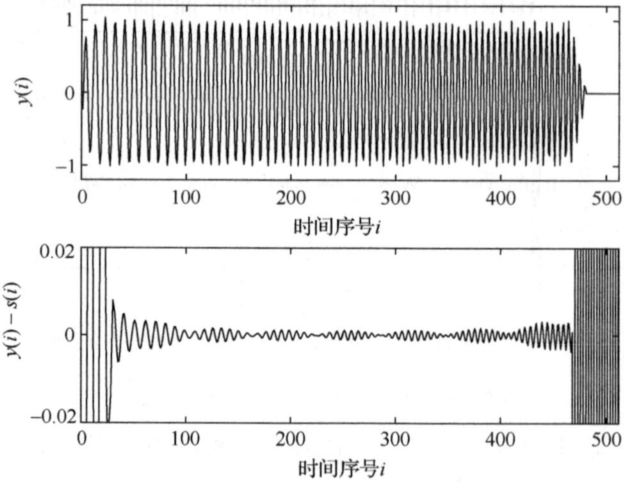

(b) FIR波束输出序列及其与信号源波形失真大小

图 8.15　阻带约束时域宽带常规波束形成器设计

8.6.3　恒定主瓣响应 FIR 波束形成器

采用分步设计法设计具有恒定主瓣响应的 FIR 波束形成器。

例 8.7　恒定主瓣响应 FIR 波束形成

考虑与例 7.6 相同的条件，假设采样频率为 $f_s = 3.125 f_0$，即归一化工作频带为

$[f_l/f_s, f_u/f_s]=[0.16,0.32]$。假设频率离散间隔为 0.005，即工作频带有 33 个子带。要求采用分步设计法设计具有恒定主瓣响应、指向 10° 方向的 FIR 波束形成器，假设各阵元对应 FIR 滤波器长度为 $L=64$，滤波器阻带控制在−40dB。

采用例 7.6 中的频域设计方法设计工作频带内各子带波束图如图 7.12 所示。

构造 FIR 滤波器期望响应后，采用阻带峰值约束最小均方通带法设计对应于各通道的 FIR 滤波器。图 8.16 显示了第 2 号阵元对应的期望滤波器响应与设计出的滤波器响应。

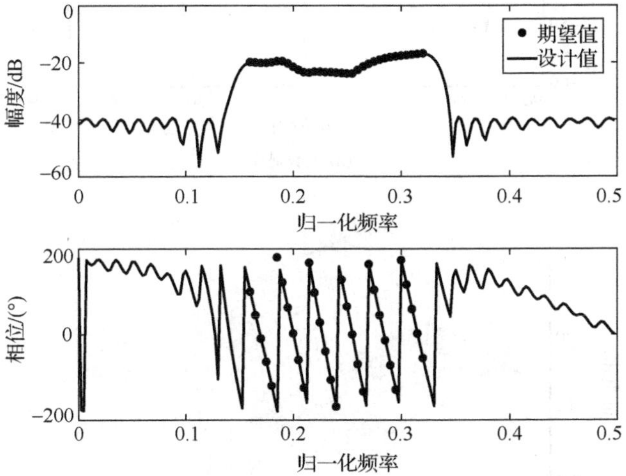

图 8.16　第 2 号阵元对应 FIR 滤波器期望与设计频率响应

设计出各通道 FIR 滤波器之后，可以计算 FIR 波束形成器在工作频带内各子带的等效加权向量，用 $\hat{\boldsymbol{w}}(f_k)$ 表示。

若设计出的对应于第 m 号阵元的滤波器为 $\boldsymbol{h}_m$。由式(8.44)知，该滤波器频率响应为

$$H_m(f_k)=\boldsymbol{h}_m^{\mathrm{T}}\boldsymbol{e}(f_k) \tag{8.70}$$

用 $H_m(f_k)$ 代替式(8.57)中的 $H_{\mathrm{d},m}(f_k)$，得到 FIR 波束形成器在频率 f_k 处的加权值为

$$\hat{w}_m^*(f_k)=\boldsymbol{h}_m^{\mathrm{T}}\boldsymbol{e}(f_k)\exp(-\mathrm{i}2\pi f_k T_m),\quad k=1,2,\cdots,K,\quad m=1,2,\cdots,M \tag{8.71}$$

则可以构造 FIR 波束形成器的等效加权向量

$$\hat{\boldsymbol{w}}(f_k)=\left[\hat{w}_1(f_k),\cdots,\hat{w}_m(f_k),\cdots,\hat{w}_M(f_k)\right]^{\mathrm{T}} \tag{8.72}$$

运用该等效加权向量计算 FIR 波束形成器在各子带的波束响应，显示于图 8.17 中。

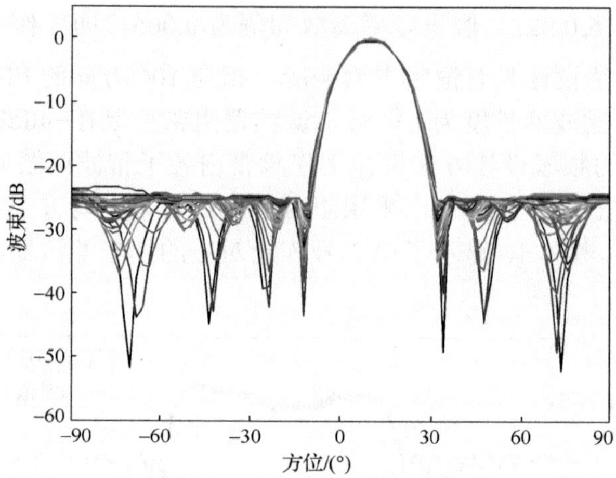

(a) 重叠显示

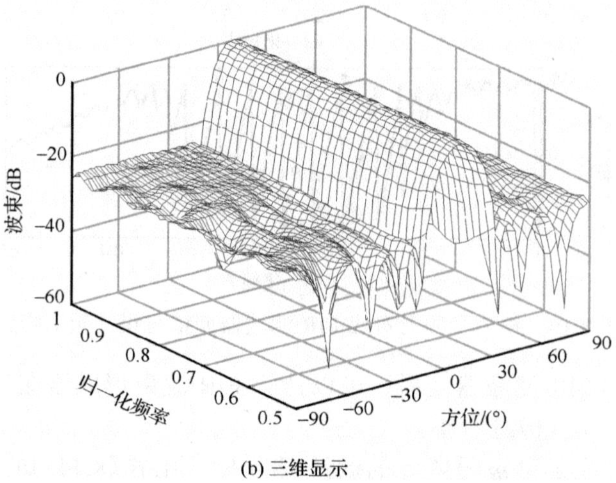

(b) 三维显示

图 8.17　恒定主瓣响应 FIR 波束形成器波束图

比较图 8.17 与图 7.12 可知，相比于子带设计结果，FIR 波束形成器波束图旁瓣有所升高，达到−23dB。经计算，子带设计波束主瓣响应与期望响应之间的均方根误差为 0.0197，而 FIR 波束形成器在这些子带频率的主瓣响应与期望响应间均方根误差为 0.0199，即主瓣逼近误差略有增大。FIR 波束形成器的旁瓣升高与主瓣误差增大是由于 FIR 滤波器设计误差引起的，不过总体而言，得到的 FIR 波束形成器波束图精度还是比较高的，大多数情况下可以接受。

8.6.4　旁瓣控制高增益 FIR 波束形成器

例 8.8　旁瓣控制高增益 FIR 波束形成

考虑与例 8.7 相同的条件，假设波束指向为 0° 方向，在 50° 方向存在一干噪比为 30dB 的干扰。要求采用分步设计法设计旁瓣控制高增益 FIR 波束形成器。

采用 6.5.3 节的稳健旁瓣控制高增益波束形成方法设计各子带波束，其中假设期望旁瓣级为−25dB，白噪声增益损失取 2dB。设定波束主瓣宽度随频率升高而线性变窄，在低频端与高频端分别取 50°与 30°。设计的工作频带内 33 个子带的波束重叠显示于图 8.18(a)中。从图中可以看出，波束旁瓣都满足设计要求，在干扰方向形成了较深的凹槽，凹槽深度为−100～−92dB。

采用与例 8.7 相同的滤波器参数与设计方法设计对应于各阵元的 FIR 滤波器。根据设计出的 FIR 滤波器计算出各子带等效加权向量，然后计算出工作频带内 33 个子带波束响应，重叠显示于图 8.18(b)中。

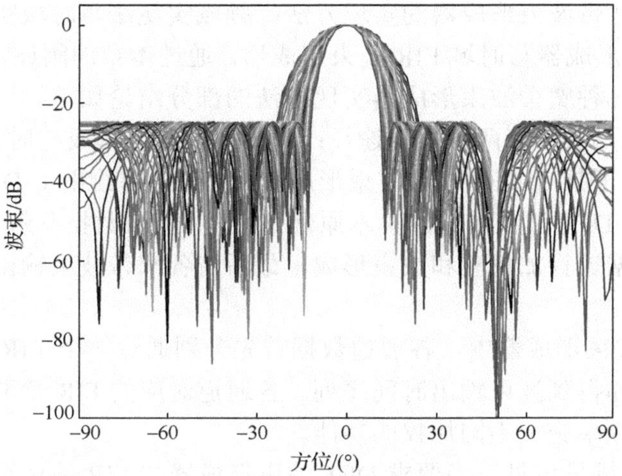

(a) 频域设计各子带波束图

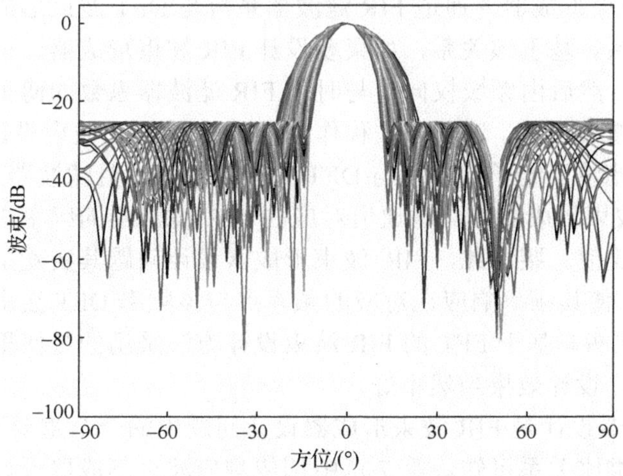

(b) FIR波束形成器各子带波束图

图 8.18　旁瓣控制高增益波束重叠显示图

由图可见，FIR 波束图与子带设计波束图主瓣形状相似。但是，FIR 波束图旁瓣级稍有升高，大约为−24.5dB。FIR 波束图在干扰方向凹槽的深度在−79～−55dB 范围内，相对于子带设计值升高较大。这些都是由于 FIR 滤波器设计误差造成的。可见在波束旁瓣响应很低(凹槽可以理解为局部很低的旁瓣)时，即使 FIR 滤波器较小的设计误差也会造成用 dB 表示的旁瓣响应升高较大。这也是分步设计法的缺点之一。

8.7　本 章 小 结

本章介绍了宽带波束形成器的实现方法：频域实现法与时域实现法。具体介绍了频域 DFT 波束形成器与时域 FIR 波束形成器。通过本章的阐述、推导、分析与仿真验证，关于这几种宽带波束形成器实现方法的部分结论如下。

(1)宽带波束形成器有两种实现途径：频域 DFT 波束形成与时域 FIR 波束形成。

(2)具体介绍了频域 DFT 宽带波束形成实现步骤，并给出了 DFT 波束形成的另外一种直观解释。DFT 波束形成的基本原理是：先将宽带数据分解为若干窄带数据，然后对各窄带数据进行加权求和波束形成，最后将各窄带波束输出合成宽带波束输出时间序列。

(3)在 FIR 波束形成器中，各通道数据首先分别通过一个 FIR 滤波器，然后对各滤波器输出相加得到波束输出时间序列。各通道对应的 FIR 滤波器实现了对该阵元宽带数据不同频率施加不同加权的功能。

(4)通过具体推导可见，当要求 DFT 波束形成器与 FIR 波束形成器最近输出样本相等时，FIR 波束形成器各通道 FIR 滤波器系数与 DFT 波束形成器加权系数具有傅里叶变换对关系。基于该关系，如果要设计 FIR 波束形成器，可以先在频域计算各子带加权向量，然后由频域权向量与时域 FIR 滤波器系数的傅里叶变换对关系计算各通道 FIR 滤波器系数。这种方法称作基于 FFT 的 FIR 波束设计。不过，这种方法设计出的 FIR 滤波器的长度必须与 DFT 的长度相等，且滤波器系数一般为复数。

(5)在 FIR 波束形成器中，各通道对应的 FIR 滤波器的频率响应其实就是阵元在对应频率的加权值。鉴于此，FIR 波束形成器设计问题其实就是相当于要求设计一组 FIR 滤波器，使其频率响应在对应的频率点与该频率 DFT 波束形成器加权值相等。从这个意义上说，基于 FFT 的 FIR 波束设计方法采用的是傅里叶逆变换的方法设计 FIR 滤波器，设计效果当然不好。

(6)FIR 滤波器设计是 FIR 波束形成器设计问题中的一个重要环节。根据时域处理与空域处理的类比关系可知，第 7 章中期望响应波束形成器设计方法同样可以用于设计期望响应 FIR 滤波器。因此，可以采用基于二阶锥规划的最小误差范数准则或混合范数准则来设计 FIR 滤波器，设计方法非常灵活。唯一的区别是，波束设计问题中，加权向量一般是复数；而 FIR 滤波器设计问题中，滤波器系数一般是实数。

(7) 基于前面的分析，FIR 波束形成器设计问题可以分解为两步进行，即子带波束形成器优化设计与 FIR 滤波器优化设计，该方法称作 FIR 波束形成器“分步设计法”。其设计思路是：先将处理频带划分成多个窄带子带，针对每个窄带进行波束优化设计。再针对每个阵元设计出 FIR 滤波器，使该 FIR 滤波器的频率响应逼近于该阵元各频率复加权值，从而可获得 FIR 波束形成器。各阵元接收的数据通过对应的 FIR 滤波器滤波后相加，即得到波束时域输出序列。

在分步设计法中，各通道预延迟是采样周期的整数倍，可以采用数字延迟实现。这样就避免了在 Frost 波束形成器中为了实现小数延迟所需要采用的昂贵的机械或电子延迟器件。

分步设计法的优点是设计简便，计算量小。但也存在缺点：FIR 滤波器阻带衰减量难以确定，在阻带与过渡带的波束旁瓣难以控制，FIR 滤波器不可避免的设计误差导致波束凹槽深度变浅。第 9 章将对此进行详细阐述。

(8) 采用仿真实例，对频域 DFT 波束形成器与时域 FIR 波束形成器的性能进行了比较与分析。频域 DFT 波束形成是分段处理，数据变换到频域后，只取出有限个子带进行波束形成，这相当于在频域进行了加窗处理，或者相当于在时域进行了带通滤波。滤波器建立时间导致 DFT 波束输出时间序列的前面部分点产生误差。于是，各段波束输出序列组合成时域数据时，在各段数据之间出现了“缝合”不流畅现象，就好像引入了周期性干扰。采用重叠分段或平滑窗处理可以部分克服该缺点。

FIR 时域波束形成方法是连续处理，不存在这种波束输出不流畅的现象，波束输出时域波形比 DFT 波束形成器的保真度高。此外，FIR 波束形成器相比于 DFT 波束形成器减少了缓存量。

第 9 章　宽带优化波束设计

9.1 引　　言

第 5～7 章探讨了窄带波束优化问题。与窄带波束优化一样，宽带波束优化问题同样是对其阵增益、旁瓣级、主瓣响应逼近精度与稳健性等方面性能进行综合优化与折中。

第 8 章将 FIR 波束形成器分解为子带波束优化设计与 FIR 滤波器优化设计两部分，称为“分步设计法”。该方法的优点是设计简便，计算量小。但它存在一定的缺点，虽然两个步骤都能获得单独设计问题的最优解，但不能保证最后综合的结果是全局最优的。例如，FIR 滤波器阻带衰减量难以确定，在阻带与过渡带的波束旁瓣难以控制，FIR 滤波器不可避免的设计误差导致波束对干扰的凹槽深度变浅。

针对恒定主瓣响应波束设计问题，鄢社锋提出了 FIR 波束形成器全局优化设计方法[200]。其原理是将 FIR 波束形成器的宽带波束响应表述成滤波器系数的函数，通过构造优化问题，直接针对优化问题求解滤波器系数，设计问题也是凸优化问题，可以保证获得满足约束条件下的全局最优解。该方法能够严格控制波束形成器的空域与频域旁瓣。计算量也高于“分步设计法”。

基于类似的设计思想，可以设计旁瓣控制 FIR 波束形成器[201]。该方法可以严格控制波束旁瓣，能够克服“分步设计法”中波束在干扰方向的凹槽深度变浅的缺点。

为了进一步提高恒定主瓣响应 FIR 波束形成器设计精度，鄢社锋等还提出了基于主瓣响应差异最小化的设计方法[202]。该方法避开了前面介绍的几种方法中需要预先指定参考波束却难以选择最优参考波束的难题。它直接让各频率波束主瓣响应间的误差最小化，设计准则更合理，主瓣逼近精度也更高。通过适当调节设计准则，可以在一定程度上降低计算量。

本章的主要内容与组织结构如下：9.2 节介绍恒定主瓣响应 FIR 波束形成器的全局优化设计法；9.3 节介绍宽带自适应 FIR 波束形成法，给出了其旁瓣控制法；9.4 节介绍另一种恒定主瓣响应宽带 FIR 波束形成器设计法——主瓣响应差异最小化法；9.5 节对几种宽带 FIR 波束形成器进行了比较；9.6 节是本章小结。

9.2　最小合成误差全局优化恒定主瓣响应 FIR 波束形成

9.2.1　分步设计法的局限性

定义全频带为 $F \triangleq [0, f_s/2)$，全观察视区方位为 Θ。假设基阵工作频带为 $F_{PB} \triangleq [f_l, f_u] \subset F$，阻带为 $F_{SB} \subset F$，阻带与工作频带之间的频带为过渡频带，定义为 $F_{TB} \subset F$，则 $F = F_{PB} \cup F_{SB} \cup F_{TB}$。用 $\Theta_{SL} \subset \Theta$ 与 $\Theta_{ML} \subset \Theta$ 分别表示旁瓣区域与主瓣区域。方位与频率划分关系如图 9.1 所示。

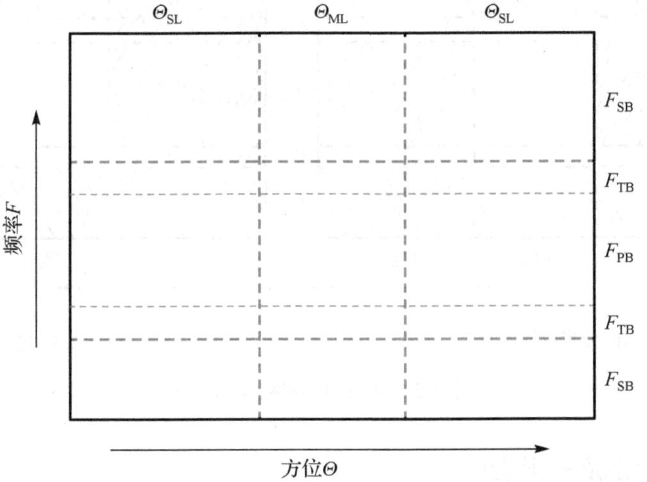

图 9.1　方位与频率划分情况

回顾第 8 章恒定主瓣响应 FIR 波束形成器分步设计法。该方法将恒定主瓣响应 FIR 波束形成器分解为子带恒定主瓣响应波束设计(这一步简称“子带波束设计”)与期望 FIR 滤波器设计两步来进行。两个步骤的设计问题都是凸优化问题，两步都能保证获得最优解。最终的 FIR 波束形成器的精度比较高，满足大多数实际应用。

分步设计法存在一些缺点，具体如下。

在子带波束设计阶段，对工作频带内波束旁瓣进行了控制；在 FIR 滤波器设计阶段，对滤波器阻带响应进行了控制。FIR 滤波器阻带从一定程度上抑制了波束形成器在阻带区域的响应。我们将方位旁瓣区域 Θ_{SL} 的旁瓣称为空域旁瓣，将阻带区域 F_{SB} 的波束响应称为频域旁瓣。图 9.2(a)阴影部分显示了分步设计法的空、频域旁瓣抑制区域。从图中可以看出，该方法对过渡带区域 F_{TB} 的旁瓣没有进行任何约束，有可能造成该区域旁瓣较高。而真正的旁瓣控制区域是图 9.2(b)的阴影部分，这正是后面将要介绍的“最小合成误差全局优化法”的旁瓣控制区域。

而且，分步设计法无法根据宽带波束图的时域旁瓣期望值确定 FIR 滤波器的期望阻带衰减级。

此外，分步设计法虽然能够保证两个步骤都获得最优解，但毕竟设计出的 FIR 滤波器存在误差(虽然该误差很小)，但还是会造成最终获得的工作频带内波束旁瓣略有升高，主瓣精度略有降低。

可见，分步优化法并不能保证最后综合的结果是全局最优的，因此有必要研究时域宽带恒定主瓣响应波束形成器的全局最优求解问题。

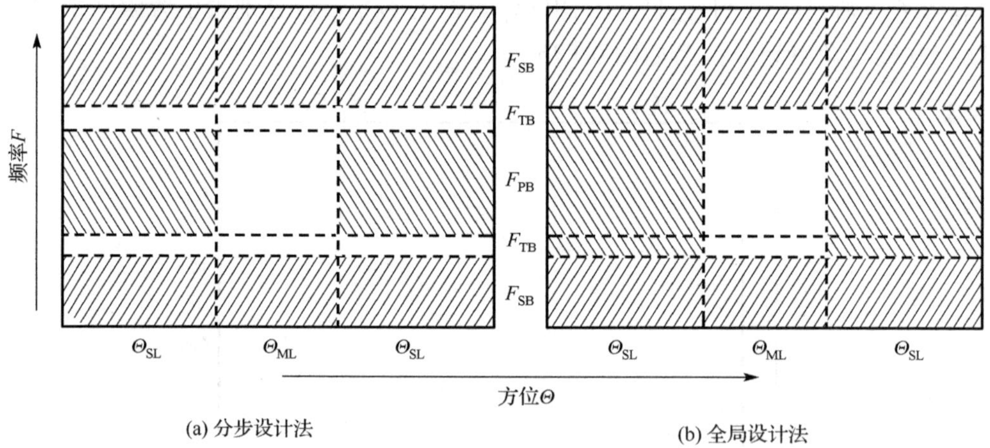

图 9.2　旁瓣抑制区域示意图

9.2.2　FIR 宽带波束响应

根据第 8 章介绍，FIR 波束形成器框图如图 9.3 所示。它与常规的 Frost 波束形成器的区别是此处的预延迟是整数节拍延迟，可以放在 A/D（模数转换）之后。

对应于第 m 号阵元的 FIR 滤波器系数为

$$\boldsymbol{h}_m = \left[h_{m1}, h_{m2}, \cdots, h_{mL}\right]^{\mathrm{T}} \tag{9.1}$$

由式(8.71)可知 FIR 波束形成器在频率 f 的等效加权向量（用 $\hat{\boldsymbol{w}}(f)$ 表示）为

$$\hat{\boldsymbol{w}}(f) = \left[\hat{w}_1(f), \cdots, \hat{w}_m(f), \cdots, \hat{w}_M(f)\right]^{\mathrm{T}} \tag{9.2}$$

式中

$$\hat{w}_m(f) = \operatorname{conj}\left[\boldsymbol{h}_m^{\mathrm{T}}\boldsymbol{e}(f)\exp\left(-\mathrm{i}2\pi f T_m\right)\right], \quad m = 1, 2, \cdots, M \tag{9.3}$$

$$\boldsymbol{e}(f) = \left[1, \exp\left(-\mathrm{i}2\pi f T_{\mathrm{s}}\right), \cdots, \exp\left(-\mathrm{i}(L-1)2\pi f T_{\mathrm{s}}\right)\right]^{\mathrm{T}}$$

令 $\kappa_m(f) = \exp\left(-\mathrm{i}2\pi f T_m\right)$，则

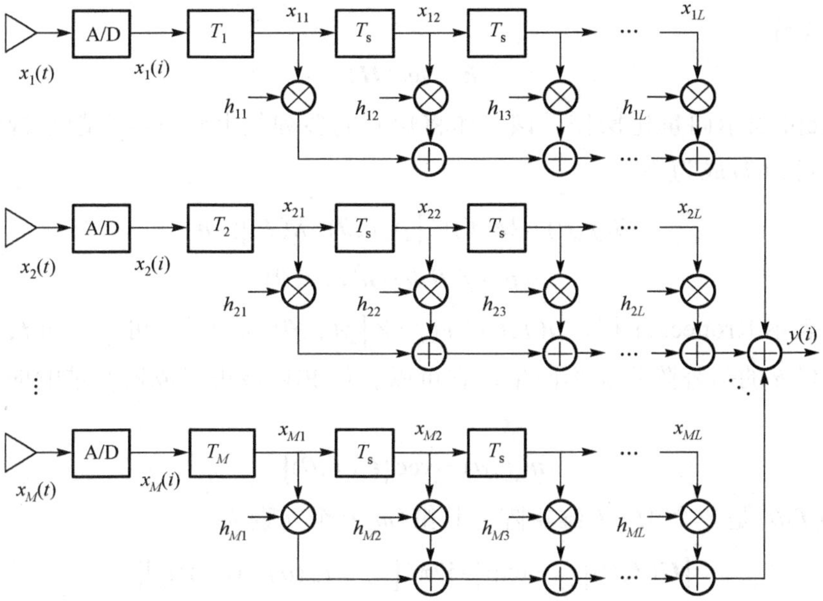

图 9.3　FIR 宽带波束形成

$$\begin{aligned}\hat{\boldsymbol{w}}^*(f)&=\left[\hat{w}_1^*(f),\cdots,\hat{w}_m^*(f),\cdots,\hat{w}_M^*(f)\right]^{\mathrm{T}}\\&=\left[\boldsymbol{h}_1^{\mathrm{T}}\boldsymbol{e}(f)\kappa_1(f),\cdots,\boldsymbol{h}_m^{\mathrm{T}}\boldsymbol{e}(f)\kappa_m(f),\cdots,\boldsymbol{h}_M^{\mathrm{T}}\boldsymbol{e}(f)\kappa_M(f)\right]^{\mathrm{T}}\\&=\left\{\left[\boldsymbol{h}_1,\cdots,\boldsymbol{h}_m,\cdots,\boldsymbol{h}_M\right]^{\mathrm{T}}\boldsymbol{e}(f)\right\}\circ\boldsymbol{\kappa}(f)\\&=\left[\boldsymbol{He}(f)\right]\circ\boldsymbol{\kappa}(f)\end{aligned}\tag{9.4}$$

式中，运算符“∘”表示两个向量的 Hadamard 积，即向量对应元素相乘，且

$$\boldsymbol{H}=\left[\boldsymbol{h}_1,\cdots,\boldsymbol{h}_m,\cdots,\boldsymbol{h}_M\right]^{\mathrm{T}}=\begin{bmatrix}h_{11}&\cdots&h_{1l}&\cdots&h_{1L}\\\vdots&\ddots&\vdots&&\vdots\\h_{m1}&\cdots&h_{ml}&\cdots&h_{mL}\\\vdots&&\vdots&\ddots&\vdots\\h_{M1}&\cdots&h_{Ml}&\cdots&h_{ML}\end{bmatrix}\tag{9.5}$$

$$\boldsymbol{\kappa}(f)=\left[\kappa_1(f),\cdots,\kappa_m(f),\cdots,\kappa_M(f)\right]^{\mathrm{T}}\tag{9.6}$$

因此，FIR 波束形成器的波束响应为

$$\begin{aligned}B(f,\theta)&=\hat{\boldsymbol{w}}^{\mathrm{H}}(f)\boldsymbol{p}(f,\theta)\\&=\boldsymbol{p}^{\mathrm{T}}(f,\theta)\hat{\boldsymbol{w}}^*(f)\\&=\left[\boldsymbol{p}(f,\theta)\circ\boldsymbol{\kappa}(f)\right]^{\mathrm{T}}\boldsymbol{He}(f)\end{aligned}\tag{9.7}$$

引入操作

$$\boldsymbol{h} = \text{vec}\{\boldsymbol{H}\} \tag{9.8}$$

式中，vec{·}表示向量化操作，该操作将矩阵的各列从上到下组合起来构成一个长列向量。式(9.7)成为

$$\begin{aligned} B(f,\theta) &= \left\{\boldsymbol{e}(f) \otimes \left[\boldsymbol{p}(f,\theta) \circ \boldsymbol{\kappa}(f)\right]\right\}^{\mathrm{T}} \boldsymbol{h} \\ &= \boldsymbol{u}^{\mathrm{T}}(f,\theta)\boldsymbol{h} = \boldsymbol{h}^{\mathrm{T}}\boldsymbol{u}(f,\theta) \end{aligned} \tag{9.9}$$

式中，$\otimes$表示 Kronecker 积，$\boldsymbol{u}(f,\theta) = \boldsymbol{e}(f) \otimes \left[\boldsymbol{p}(f,\theta) \circ \boldsymbol{\kappa}(f)\right]$。可见，$\boldsymbol{u}(f,\theta)$是对应于堆积向量$\boldsymbol{h}$的基阵阵列流形向量，它可以看作 FIR 波束形成器宽带响应向量，可以写成

$$\boldsymbol{u}(f,\theta) = \text{vec}\left\{\boldsymbol{U}(f,\theta)\right\} \tag{9.10}$$

式中，$\boldsymbol{U}(f,\theta)$是一个$M \times L$维矩阵，其第(m, l)个元素为

$$\left[\boldsymbol{U}(f,\theta)\right]_{m,l} = \exp\left\{-\mathrm{i}2\pi f\left[T_m + \tau_m(\theta) + (l-1)T_{\mathrm{s}}\right]\right\} \tag{9.11}$$

观察式(9.9)可见，该波束响应表达式在形式上与式(2.83)所示窄带波束响应及式(8.44)所示 FIR 滤波器响应表达式非常相似。因此，可以借鉴 7.2 节与 7.3 节中的窄带波束设计方法及 8.5 节中的 FIR 滤波器设计方法来设计 FIR 宽带波束形成器。

9.2.3 恒定主瓣响应 FIR 波束形成器

将频率与方位离散化，离散化间距不必完全均匀。

假设工作频带范围内离散化频率点为$f_k \in F_{\mathrm{PB}}$，$k = 1,2,\cdots,K$，阻带离散化为$f_p \in F_{\mathrm{SB}}$，$p = 1,2,\cdots,P$，过渡频带离散化为

$$f_t \in F_{\mathrm{TB}}, \quad t = 1,2,\cdots,T \tag{9.12}$$

式中，F_{TB}表示过渡频带。

将视区方位$\mathit{\Theta}$离散化为

$$\theta_q \in \mathit{\Theta}, \quad q = 1,2,\cdots,N_{\mathrm{FOV}} \tag{9.13}$$

式中，N_{FOV}是离散化的方位数目。分别在旁瓣区域和主瓣区域选取离散方位点$\theta_i \in \mathit{\Theta}_{\mathrm{SL}}$，$i = 1,2,\cdots,N_{\mathrm{SL}}$与$\theta_j \in \mathit{\Theta}_{\mathrm{ML}}$，$j = 1,2,\cdots,N_{\mathrm{ML}}$。

控制波束空、频域旁瓣，使工作频带内波束主瓣响应逼近于期望响应，Minimax 准则全局优化的恒定主瓣响应 FIR 波束形成器设计可以表示为如下优化问题

$$\min_{\boldsymbol{h}} \max_{k,j} \left|B(f_k,\theta_j) - B_{\mathrm{d}}(\theta_j)\right|, \quad f_k \in F_{\mathrm{PB}}, \quad \theta_j \in \mathit{\Theta}_{\mathrm{ML}}$$

$$\text{subject to} \quad \left|B(f_k,\theta_i)\right| \leqslant \xi_{0ki}, \quad f_k \in F_{\mathrm{PB}}, \quad \theta_i \in \mathit{\Theta}_{\mathrm{SL}}$$

$$|B(f_t,\theta_i)| \leqslant \xi_{0ti}, \quad f_t \in F_{\text{TB}}, \quad \theta_i \in \Theta_{\text{SL}}$$

$$|B(f_p,\theta_q)| \leqslant \xi_{0pq}, \quad f_p \in F_{\text{SB}}, \quad \theta_q \in \Theta \tag{9.14}$$

式中，$B_{\text{d}}(\theta_j)$，$\theta_j \in \Theta_{\text{ML}}$ 表示工作频带内主瓣内 θ_j 方向期望波束响应，$B(f,\theta)=\boldsymbol{u}^{\text{T}}(f,\theta)\boldsymbol{h}$ 为设计波束在频率 f、方位 θ 的波束响应；ξ_{0ki}、ξ_{0ti} 与 ξ_{0pq} 分别是设定的工作频带期望旁瓣、过渡带期望旁瓣与频域旁瓣期望值，并且不同的频率与不同方位可以设定不同的期望值。

显然该约束优化问题可以转化成二阶锥规划问题求解。

由于将波束图设计与滤波器设计联合求解，并且它是一个凸优化问题，可以计算得到全局最优解。因此，相比于分步设计法，全局优化法可以严格控制空、频域旁瓣，提高设计精度。

第 5 章已经指出，对于窄带波束形成器，通过约束加权向量范数可以提高波束形成器的稳健性。将该概念推广到 FIR 时域宽带波束形成，要提高宽带波束形成器的稳健性，可以对滤波器系数的范数进行约束，使其低于某一给定值 $\varDelta_0>0$，即

$$\sum_{m=1}^{M}\sum_{l=1}^{L}\|h_{ml}\|^2 \leqslant \varDelta_0^2 \tag{9.15}$$

或

$$\|\boldsymbol{h}\| \leqslant \varDelta_0 \tag{9.16}$$

滤波器范数控制值 $\varDelta_0$ 越小，稳健性越高。将该约束增加到式(9.14)中，同样可以采用二阶锥规划求解。

如果采用最小均方准则，使通带内设计波束以最小均方准则逼近期望波束，则优化问题成为

$$\begin{aligned}
&\min_{\boldsymbol{h}} \sum_{j=1}^{N_{\text{ML}}}\sum_{k=1}^{K}\left|B(f_k,\theta_j)-B_{\text{d}}(\theta_j)\right|^2, \quad f_k \in F_{\text{PB}}, \quad \theta_j \in \Theta_{\text{ML}} \\
&\text{subject to } \ |B(f_k,\theta_i)| \leqslant \xi_{0ki}, \quad f_k \in F_{\text{PB}}, \quad \theta_i \in \Theta_{\text{SL}} \\
&|B(f_t,\theta_i)| \leqslant \xi_{0ti}, \quad f_t \in F_{\text{TB}}, \quad \theta_i \in \Theta_{\text{SL}} \\
&|B(f_p,\theta_q)| \leqslant \xi_{0pq}, \quad f_p \in F_{\text{SB}}, \quad \theta_q \in \Theta
\end{aligned} \tag{9.17}$$

类似于式(7.24)，优化问题(9.17)中的目标函数可以转化成如下形式

$$\sum_{j=1}^{N_{\text{ML}}}\sum_{k=1}^{K}\left|B(f_k,\theta_j)-B_{\text{d}}(\theta_j)\right|^2=\sum_{j=1}^{N_{\text{ML}}}\sum_{k=1}^{K}\left|\boldsymbol{u}^{\text{T}}(f_k,\theta_j)\boldsymbol{h}-B_{\text{d}}(\theta_j)\right|^2$$

$$
=\left\|\begin{matrix} \boldsymbol{u}^{\mathrm{T}}(f_1,\theta_1)\boldsymbol{h}-B_{\mathrm{d}}(\theta_1) \\ \vdots \\ \boldsymbol{u}^{\mathrm{T}}(f_1,\theta_j)\boldsymbol{h}-B_{\mathrm{d}}(\theta_j) \\ \vdots \\ \boldsymbol{u}^{\mathrm{T}}(f_1,\theta_{N_{\mathrm{ML}}})\boldsymbol{h}-B_{\mathrm{d}}(\theta_{N_{\mathrm{ML}}}) \\ \vdots \\ \boldsymbol{u}^{\mathrm{T}}(f_k,\theta_j)\boldsymbol{h}-B_{\mathrm{d}}(\theta_j) \\ \vdots \\ \boldsymbol{u}^{\mathrm{T}}(f_K,\theta_{N_{\mathrm{ML}}})\boldsymbol{h}-B_{\mathrm{d}}(\theta_{N_{\mathrm{ML}}}) \end{matrix}\right\|^2 \tag{9.18}
$$

式中，共有 $K\cdot N_{\mathrm{ML}}$ 行。

显然优化问题(9.17)亦可转化为二阶锥规划问题求解，具体转化方法不再赘述。

我们将本节中两种准则下的恒定主瓣响应 FIR 波束形成器设计法统称为“最小合成误差全局优化法”，简称“全局优化法”。

例 9.1　恒定主瓣响应 FIR 波束形成器设计

考虑与例 8.7 相同的条件，即一个 12 元均匀线列阵，阵元间隔为 f_0 频率对应的半波长，基阵工作频带为 $[f_{\mathrm{l}},f_{\mathrm{u}}]=[f_0/2,f_0]$。假设采样频率为 $f_{\mathrm{s}}=3.125f_0$，即归一化工作频带为 $[f_{\mathrm{l}}/f_{\mathrm{s}},f_{\mathrm{u}}/f_{\mathrm{s}}]=[0.16,0.32]$。要求分别采用“分步设计法”与“全局优化法”设计恒定主瓣响应 FIR 波束形成器，其中波束指向 10° 方向，各阵元对应的 FIR 滤波器长度为 $L=64$。

将频率与方位离散化，假设频率离散化间隔为 0.01（归一化频率，下同），方位离散化间隔为 2°。各频带集与方位区域取值如下：$F_{\mathrm{PB}}=[0.16:0.01:0.32]$，$F_{\mathrm{SB}}=[0:0.01:0.13]\cup[0.35:0.01:0.50]$，$F_{\mathrm{TB}}=[0.14:0.01:0.15]\cup[0.33:0.01:0.34]$，$\Theta=[-90^\circ:2^\circ:90^\circ]$，$\Theta_{\mathrm{ML}}=[-8^\circ:2^\circ:28^\circ]$，$\Theta_{\mathrm{SL}}=[-90^\circ:2^\circ:-12^\circ]\cup[32^\circ:2^\circ:90^\circ]$。

首先运用“分步设计法”，其中除了频率离散间隔不同外，其他各参数保持与例 8.7 完全相同。设计出各 FIR 滤波器后，运用式(9.9)计算出 FIR 波束形成器在这些离散频率与方位处的波束响应，显示于图 9.4(a)中。由图可见，该宽带波束在通带内最高旁瓣为–24.1dB，稍高于期望值–25dB。过渡带旁瓣级与频域旁瓣级分别为–15.1dB 与–21.9dB，可见过渡带的旁瓣更高些。这些都正好与前面的分析结果相吻合。经计算，“分步设计法”得到的 FIR 波束形成器中滤波器系数范数为 $\|\boldsymbol{h}\|=0.25$。

采用式(9.17)所示最小均方准则全局优化法设计恒定主瓣响应 FIR 波束形成器，其中空、频域旁瓣控制为–25dB，滤波器范数约束值取 $\varDelta_0=0.25$，与分步设计法中滤波器系数范数相等。得到的 FIR 波束形成器在这些离散频率与方位的响应显示于图 9.4(b)中。从图中可以看出，通带和过渡带的波束旁瓣与阻带区域响应幅度全部严格低于−25dB。

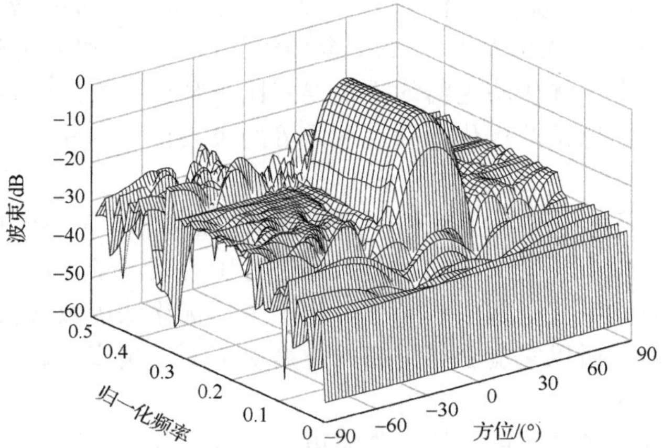

(a) 分步设计法

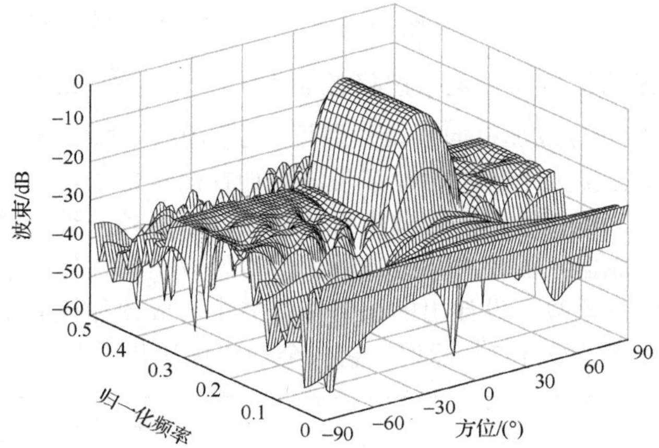

(b) 全局优化法

图 9.4　恒定主瓣响应宽带波束图

考察全局优化法与分步设计法设计出的恒定主瓣响应 FIR 波束形成器的性能差别。表 9.1 比较了这两种方法设计出的波束形成器的主瓣逼近精度、旁瓣级、滤波器系数范数等性能。子带设计波束旁瓣与主瓣均方根误差也显示于表 9.1 中。

表 9.1　最小均方准则分步设计法与全局优化法 FIR 波束形成器性能比较

方法	工作频带旁瓣/dB	过渡带旁瓣/dB	频域旁瓣/dB	滤波器范数 $\|\boldsymbol{h}\|$	主瓣均方根误差
子带设计	−25.0	——	——	——	0.0204
分步设计法	−24.1	−15.1	−21.9	0.25	0.0205
全局优化法	−25.0	−25.0	−25.0	0.25	0.0197

从表 9.1 明显可以看出，全局优化法设计得到的 FIR 波束形成器主瓣响应与期望波束主瓣响应间的均方根误差小于分步设计法所获得的均方根误差。由此可见，相比于分步设计法，全局优化法不仅可以严格控制 FIR 波束形成器的空、频域旁瓣，而且能获得更高的主瓣逼近精度。不过，全局优化法的计算时间远长于分步设计法。

同时注意到，全局优化法主瓣均方根误差比子带设计主瓣峰值误差还小。要知道，子带波束设计问题是凸优化问题，在同等约束条件下，其设计精度应该已经达到最高极限。

究其原因，全局优化法仅仅对 FIR 滤波器系数范数[式(9.16)]进行了约束，而在子带波束设计中，每个子带加权向量范数都进行了约束，子带加权向量范数约束是更“严格”的约束。某些子带中心频率，由于全局优化法等效加权向量范数大于子带设计法的约束值，所以它能获得更高的主瓣响应逼近精度。这从以下分析结果中看得更加清楚。

图 9.5(a)显示了子带波束设计窄带波束形成器、分步设计法 FIR 波束形成器、全局优化法 FIR 波束形成器等几种波束形成器在工作频带内各子带的(等效)加权向量范数 $\left\|\boldsymbol{w}\left(f_k\right)\right\|$，$k=1,2,\cdots,K$。从图中可以看出，在各子带中心频率，子带波束设计窄带波束形成器的加权向量范数严格控制不大于设定值 $\sqrt{\zeta_0}=0.4217$，分步设计法 FIR 波束形成器的等效加权向量范数逼近于子带波束设计。全局优化法在前三个子带等效加权向量范数大于子带设计窄带波束加权向量范数。

为了比较方便，我们运用子带波束设计法设计了另外一组子带波束形成器，其中该组子带波束形成器的加权向量范数约束值恰好取全局优化法 FIR 波束形成器在对应频率的加权向量范数。设计出的该组窄带波束形成器加权向量范数同样显示在图 9.5(a)中，用“子带设计 2”标识，它与全局优化法几乎重合。

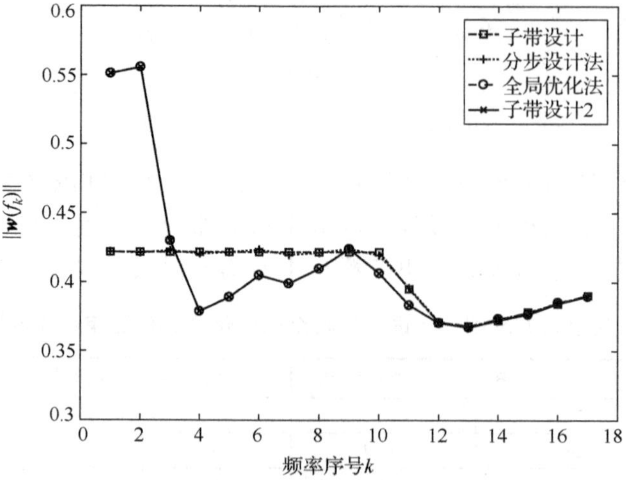

(a) 子带(等效)加权向量范数

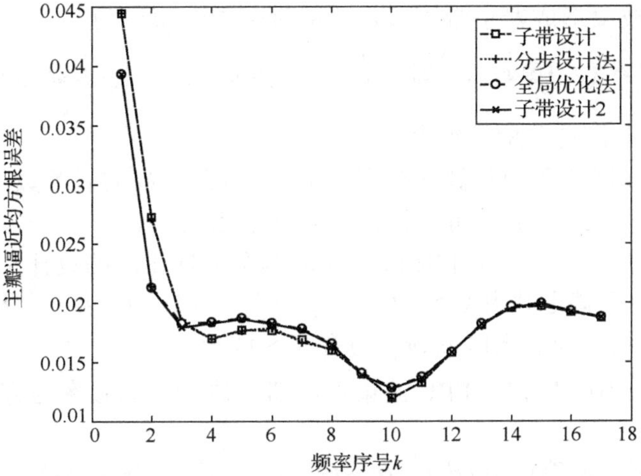

(b) 主瓣均方根误差

图 9.5　子带波束设计窄带波束形成器、分步设计法 FIR 波束形成器、全局优化法 FIR 波束形成器等波束性能比较

图 9.5(b) 显示了这 4 种波束在各子带的主瓣响应与期望响应间的均方根误差。从图中可以看出，分步设计法与子带设计法主瓣均方根误差相当。通过考察具体数据，发现前者略大于后者，这就是 FIR 滤波器设计误差引起的。在部分子带(如第 1、2 个子带)，全局优化法主瓣均方根误差小于子带设计法误差(但这两个子带全局优化法加权向量大于子带设计法)。当让子带设计窄带波束加权向量与全局优化法等效加权向量相等时(即子带设计 2)，前者在所有的子带主瓣均方根误差略小于或等于后者(从图中看两者非常接近)。换言之，在同等约束条件下，全局优化法 FIR 波束设计精度不可能高于子带波束设计结果。

从前面的分析中我们看到，式(9.16)中仅对滤波器系数范数进行了约束，设计出来的 FIR 波束形成器等效加权向量可能在某些子带高于子带波束设计值。根据需要，在 FIR 波束形成器设计问题中，也可以分别对工作频带内的子带的等效加权向量范数进行约束，即让

$$\left\|\hat{\boldsymbol{w}}\left(f_k\right)\right\| \leqslant \sqrt{\zeta_{0k}}\,, \quad f_k \in F_{\mathrm{PB}}\,, \quad k=1,2,\cdots,K \tag{9.19}$$

式中，$\sqrt{\zeta_{0k}}$ 是第 k 个子带的加权向量范数约束值。

由式(9.4)

$$\hat{\boldsymbol{w}}^*(f)=\left[\boldsymbol{He}(f)\right]\circ\boldsymbol{\kappa}(f) \tag{9.20}$$

则

$$\left\|\hat{\boldsymbol{w}}^*\left(f_k\right)\right\|=\left\|\left[\boldsymbol{He}\left(f_k\right)\right]\circ\boldsymbol{\kappa}\left(f_k\right)\right\|=\left\|\boldsymbol{He}\left(f_k\right)\right\|=\left\|\left[\boldsymbol{e}^{\mathrm{T}}\left(f_k\right)\otimes\boldsymbol{I}_{M\times M}\right]\boldsymbol{h}\right\| \tag{9.21}$$

因此，FIR 波束形成器子带等效加权向量范数约束成为

$$\left\|\left[e^{\mathrm{T}}\left(f_k\right)\otimes \boldsymbol{I}_{M\times M}\right]\boldsymbol{h}\right\|\leqslant\sqrt{\zeta_{0k}}\,,\quad f_k\in F_{\mathrm{PB}}\,,\quad k=1,2,\cdots,K \tag{9.22}$$

显然这些约束也是二阶锥约束。

FIR 波束形成器的两种稳健性约束，即子带等效加权向量范数约束(9.22)与 FIR 滤波器系数范数约束(9.16)，可以根据需要来选用其一。

综上所述，恒定主瓣响应 FIR 波束形成器全局优化法的设计步骤如下。

(1)将全频带 F 离散化并划分为工作频带 F_{PB}、阻带 F_{SB} 与过渡带 F_{TB}。将视区方位 Θ 离散化，并划分为主瓣区域 Θ_{ML} 与旁瓣区域 Θ_{SL}。

(2)运用式(9.10)计算出 FIR 波束形成器在这些离散频率与方位的宽带响应向量 $\boldsymbol{u}(f,\theta)$。

(3)构造期望主瓣响应 $B_{\mathrm{d}}(\theta_j)$，$\theta_j\in\Theta_{\mathrm{ML}}$，设定空、频域旁瓣级。选择式(9.16)或者式(9.22)作为 FIR 波束形成器的稳健性约束。

(4)构造优化问题[如 Minimax 准则(9.14)或者最小均方准则(9.17)]，并采用二阶锥规划求解滤波器长向量 $\boldsymbol{h}$。

(5)运用式(9.8)与式(9.5)，由 $\boldsymbol{h}$ 计算出对应于各阵元的 FIR 滤波器 $\boldsymbol{h}_m$，$m=1,2,\cdots,M$。将每个传感器输出先经过整数节拍延迟 T_m，再通过 FIR 滤波器 $\boldsymbol{h}_m$，各滤波器输出相加即得到宽带波束输出时间序列。

(6)运用式(9.9)可计算出 FIR 滤波器在不同频率与方位的波束响应。

9.3 宽带自适应 FIR 波束形成

8.3 节已经介绍了 FIR 波束形成的表达式。式(8.34)给出了 FIR 波束形成器输出与输入间的关系，现重写如下

$$y(i)=\boldsymbol{h}^{\mathrm{T}}\boldsymbol{x}(i) \tag{9.23}$$

9.3.1 数据协方差矩阵

类似于第 2 章中介绍的窄带数据模型，令 $\boldsymbol{R}_{\mathrm{t}}$ 表示对应于堆积向量 $\boldsymbol{x}$ 的 $ML\times ML$ 维理论协方差矩阵，则

$$\boldsymbol{R}_{\mathrm{t}}=E\left[\boldsymbol{x}(i)\boldsymbol{x}^{\mathrm{H}}(i)\right] \tag{9.24}$$

式中，下标 t 表示时域。

值得指出的是，这里的 $ML\times ML$ 维协方差矩阵 $\boldsymbol{R}_{\mathrm{t}}$ 与前面几章中介绍的窄带或频域子带 $M\times M$ 维协方差矩阵 $\boldsymbol{R}$ 是有区别的。后面为了表达方便，在不至于引起混淆的情况下，有时仍将 $\boldsymbol{R}_{\mathrm{t}}$ 简写作 $\boldsymbol{R}$。

下面根据堆积向量 $\boldsymbol{x}$ 是实数或复数，分两种情况来考虑。为便于区分，这里将实数情况下的协方差矩阵用 $\boldsymbol{R}$ 表示，复数情况下用 $\tilde{\boldsymbol{R}}$ 表示。

首先考虑复数情况。假设信号与噪声是统计独立的，各阵元接收噪声互不相关，则理论的协方差矩阵具有如下形式

$$\tilde{\boldsymbol{R}} = \sum_{d=0}^{D} \tilde{\boldsymbol{R}}_d + \tilde{\boldsymbol{R}}_{\mathrm{n}} \tag{9.25}$$

式中，$\tilde{\boldsymbol{R}}_d$ 是对应于第 d 个信号的宽带信号协方差矩阵，$d=0$ 对应于宽带期望信号，$d=1,\cdots,D$ 对应于宽带干扰；$\tilde{\boldsymbol{R}}_{\mathrm{n}}$ 是宽带噪声协方差矩阵。

考虑单个平面波信号的情况，以第 d 个信号源为例，到达角为 θ_d。类似于窄带数据模型，该平面波互谱矩阵为

$$\boldsymbol{S}_d(f) = S_d(f)\boldsymbol{u}(f,\theta_d)\boldsymbol{u}^{\mathrm{H}}(f,\theta_d) \tag{9.26}$$

式中，$S_d(f)$ 是第 d 个信号源功率谱；$\boldsymbol{u}(f,\theta_d)$ 是用 θ_d 代替式(9.10)中 θ 得到的 FIR 波束形成器的响应向量。

假设该宽带信号具有有限频带 $[f_{\mathrm{l}}, f_{\mathrm{u}}]$，其协方差矩阵 $\tilde{\boldsymbol{R}}_d$ 可以表示为

$$\tilde{\boldsymbol{R}}_d = \int_{f_{\mathrm{l}}}^{f_{\mathrm{u}}} \boldsymbol{S}_d(f)\mathrm{d}f = \int_{f_{\mathrm{l}}}^{f_{\mathrm{u}}} S_d(f)\boldsymbol{u}(f,\theta_d)\boldsymbol{u}^{\mathrm{H}}(f,\theta_d)\mathrm{d}f \tag{9.27}$$

假设信号总功率为 σ_{s}^2，若该信号在有限频带内具有均匀频谱，则

$$\tilde{\boldsymbol{R}}_d = \frac{\sigma_{\mathrm{s}}^2}{f_{\mathrm{u}} - f_{\mathrm{l}}} \int_{f_{\mathrm{l}}}^{f_{\mathrm{u}}} \boldsymbol{u}(f,\theta_d)\boldsymbol{u}^{\mathrm{H}}(f,\theta_d)\mathrm{d}f \tag{9.28}$$

由式(9.10)与式(9.11)可得，$\boldsymbol{u}(f,\theta_d)$ 的第 $m+(l-1)M$ 个元素具有如下形式

$$\left[\boldsymbol{u}(f,\theta_d)\right]_{m+(l-1)M} = \exp(-\mathrm{i}2\pi f\tau_{ml}) \tag{9.29}$$

式中，$\tau_{ml} = T_m + \tau_m(\theta_d) + (l-1)T_{\mathrm{s}}$。

因此，$\tilde{\boldsymbol{R}}_d$ 的第 $m+(l-1)M$，$\breve{m}+(\breve{l}-1)M$ 个元素（这里 $\breve{m}=1,2,\cdots,M$，$\breve{l}=1,2,\cdots,L$）为

$$\begin{aligned}\left[\tilde{\boldsymbol{R}}_d\right]_{m+(l-1)M,\breve{m}+(\breve{l}-1)M} &= \frac{\sigma_{\mathrm{s}}^2}{f_{\mathrm{u}} - f_{\mathrm{l}}} \int_{f_{\mathrm{l}}}^{f_{\mathrm{u}}} \exp\left[-\mathrm{i}2\pi f\left(\tau_{ml} - \tau_{\breve{m}\breve{l}}\right)\right]\mathrm{d}f \\ &= \frac{\sigma_{\mathrm{s}}^2}{B_{\mathrm{s}}} \mathrm{sinc}\left[\pi B_{\mathrm{s}}\left(\tau_{ml} - \tau_{\breve{m}\breve{l}}\right)\right]\exp\left[-\mathrm{i}2\pi f_{\mathrm{c}}\left(\tau_{ml} - \tau_{\breve{m}\breve{l}}\right)\right]\end{aligned} \tag{9.30}$$

式中，$B_{\mathrm{s}} = f_{\mathrm{u}} - f_{\mathrm{l}}$ 是信号带宽；$f_{\mathrm{c}} = (f_{\mathrm{u}} + f_{\mathrm{l}})/2$ 是信号中心频率。

假设噪声在同样频带内具有均匀频谱，噪声总功率为 σ_{n}^2，且各阵元接收噪声互不相关。可得噪声协方差矩阵 $\tilde{\boldsymbol{R}}_{\mathrm{n}}$ 的第 $m+(l-1)M$，$\breve{m}+(\breve{l}-1)M$ 个元素为

$$\begin{aligned}\left[\tilde{\boldsymbol{R}}_{\rm n}\right]_{m+(l-1)M,\breve{m}+(\breve{l}-1)M} &= \frac{\sigma_{\rm n}^2}{B_{\rm s}}\delta_{m\breve{m}}\int_{f_{\rm l}}^{f_{\rm u}}\exp\left[-{\rm i}2\pi f(l-\breve{l})T_{\rm s}\right]{\rm d}f \\ &= \frac{\sigma_{\rm n}^2}{B_{\rm s}}\delta_{m\breve{m}}{\rm sinc}\left[\pi B_{\rm s}(l-\breve{l})T_{\rm s}\right]\exp\left[-{\rm i}2\pi f_c(l-\breve{l})T_{\rm s}\right]\end{aligned} \tag{9.31}$$

式中，$\delta_{m\breve{m}}=\begin{cases}0, & m\neq\breve{m}\\ 1, & m=\breve{m}\end{cases}$。

将式(9.30)与式(9.31)代入式(9.25)，即可得到理论的复数数据协方差矩阵 $\tilde{\boldsymbol{R}}$。

考虑实数情况。实数数据具有正频与负频两部分，此时宽带信号频带为 $[-f_{\rm u},-f_{\rm l}]\cup[f_{\rm l},f_{\rm u}]$。同样假设信号总功率为 $\sigma_{\rm s}^2$ 且在有限频带内具有均匀频谱，与式(9.30)相对应的实数协方差矩阵为

$$\begin{aligned}\left[\boldsymbol{R}_d\right]_{m+(l-1)M,\breve{m}+(\breve{l}-1)M} &= \frac{\sigma_{\rm s}^2/2}{f_{\rm u}-f_{\rm l}}\int_{f_{\rm l}}^{f_{\rm u}}\exp\left[-{\rm i}2\pi f\left(\tau_{ml}-\tau_{\breve{m}\breve{l}}\right)\right]{\rm d}f \\ &\quad+\frac{\sigma_{\rm s}^2/2}{f_{\rm u}-f_{\rm l}}\int_{-f_{\rm u}}^{-f_{\rm l}}\exp\left[-{\rm i}2\pi f\left(\tau_{ml}-\tau_{\breve{m}\breve{l}}\right)\right]{\rm d}f \\ &= \frac{\sigma_{\rm s}^2}{B_{\rm s}}{\rm sinc}\left[\pi B_{\rm s}\left(\tau_{ml}-\tau_{\breve{m}\breve{l}}\right)\right]\cos\left[2\pi f_c\left(\tau_{ml}-\tau_{\breve{m}\breve{l}}\right)\right]\end{aligned} \tag{9.32}$$

可见

$$\boldsymbol{R}_d={\rm Re}(\tilde{\boldsymbol{R}}_d) \tag{9.33}$$

式中，${\rm Re}(\cdot)$ 表示取实部。

同样，实数噪声协方差矩阵为

$$\left[\boldsymbol{R}_{\rm n}\right]_{m+(l-1)M,\breve{m}+(\breve{l}-1)M}=\frac{\sigma_{\rm n}^2}{B_{\rm s}}\delta_{m\breve{m}}{\rm sinc}\left[\pi B_{\rm s}(l-\breve{l})T_{\rm s}\right]\cos\left[2\pi f_c(l-\breve{l})T_{\rm s}\right]={\rm Re}(\tilde{\boldsymbol{R}}_{\rm n}) \tag{9.34}$$

分别用 $\boldsymbol{R}_d$ 与 $\boldsymbol{R}_{\rm n}$ 代替 $\tilde{\boldsymbol{R}}_d$ 与 $\tilde{\boldsymbol{R}}_{\rm n}$，类似于式(9.25)，即可得到实数情况下的理论数据协方差矩阵 $\boldsymbol{R}$

$$\boldsymbol{R}=\sum_{d=0}^{D}\boldsymbol{R}_d+\boldsymbol{R}_{\rm n} \tag{9.35}$$

在后面的叙述中，无论是实数数据还是复数数据模型，如无特别需要，式(9.25)中复数协方差矩阵 $\tilde{\boldsymbol{R}}$ 与式(9.35)中的实数数据协方差矩阵 $\boldsymbol{R}$ 都统一用 $\boldsymbol{R}$ 表示。根据上下文可以判别 $\boldsymbol{R}$ 具体表示复数还是实数模型。

在实际应用中，无论是实数数据还是复数数据，我们并不需要信号、干扰和噪声具有均匀频谱。事实上，我们的波束形成器是依赖于数据的自适应波束形成器，不需要任何先验频谱密度信息。实际应用时，理论的数据协方差矩阵 $\boldsymbol{R}$ 是未知的，因此采用样本协方差矩阵 $\hat{\boldsymbol{R}}$ 来代替理想协方差矩阵 $\boldsymbol{R}$。样本协方差矩阵 $\hat{\boldsymbol{R}}$ 可采用一

段数据进行估计

$$\hat{\boldsymbol{R}}=\frac{1}{N}\sum_{i=1}^{N}\boldsymbol{x}(i)\boldsymbol{x}^{\mathrm{H}}(i) \tag{9.36}$$

式中，N 是数据样本长度。

9.3.2　自适应 FIR 波束形成器设计

FIR 宽带波束输出功率为

$$P_{\text{out}}=E\left[y(i)y^{*}(i)\right]=E\left[\boldsymbol{h}^{\mathrm{T}}\boldsymbol{x}(i)\boldsymbol{x}^{\mathrm{H}}(i)\boldsymbol{h}^{*}\right]=\boldsymbol{h}^{\mathrm{T}}\boldsymbol{R}\boldsymbol{h}^{*} \tag{9.37}$$

FIR 宽带波束输出信干噪比可以通过下式计算

$$\mathrm{SINR}_{\text{out}}=\frac{\boldsymbol{h}^{\mathrm{T}}\boldsymbol{R}_0\boldsymbol{h}^{*}}{\boldsymbol{h}^{\mathrm{T}}\left(\sum_{d=1}^{D}\boldsymbol{R}_d+\boldsymbol{R}_{\mathrm{n}}\right)\boldsymbol{h}^{*}} \tag{9.38}$$

类似窄带自适应波束形成器，自适应 FIR 波束形成器设计准则为：在期望信号无失真约束条件下使波束输出功率最小化。

为了提高波束形成器的稳健性，可以采用宽带白噪声增益约束，即对滤波器系数的范数进行约束。

因此，该波束形成器设计问题可以表述成

$$\begin{gathered}\min_{\boldsymbol{h}}\boldsymbol{h}^{\mathrm{T}}\boldsymbol{R}\boldsymbol{h}^{*}\quad \text{subject to}\quad \boldsymbol{u}^{\mathrm{T}}\left(f,\theta_{\mathrm{s}}\right)\boldsymbol{h}=1,\quad \forall f\in\left[f_{\mathrm{l}},f_{\mathrm{u}}\right]\\ \|\boldsymbol{h}\|\leqslant\varDelta_0\end{gathered} \tag{9.39}$$

式中，θ_{s} 是期望信号方向。

该优化问题求解方法可以参考后面将要介绍的旁瓣控制自适应FIR波束设计方法。

该自适应 FIR 波束形成器与常规 Frost 波束形成器最主要的区别是：Frost 波束形成器中预延迟为 $T_m=-\tau_m(\theta_0)$。由于该预延迟通常不是采样周期的整数倍，通常采用代价较高的机械或电子扫描。而本节中的 FIR 波束形成方法中预延迟可以取采样周期的整数倍，采用简单的数字节拍延迟，因此比 Frost 方法实现简便。此外，本节 FIR 波束形成方法能对滤波器范数进行控制，可以提高波束形成器的稳健性。

例 9.2　自适应 FIR 波束形成与 Frost 波束形成比较

在 Frost 波束形成器中，预延迟通常不是整数节拍延迟，如果将该预延迟强制取为与之接近的整数，其性能会有所下降。

考虑与例 9.1 相同的条件，即一个 12 元均匀线列阵，阵元间隔为 f_0 频率对应的半波长，基阵工作频带为 $\left[f_{\mathrm{l}},f_{\mathrm{u}}\right]=\left[f_0/2,f_0\right]$。假设采样频率为 $f_{\mathrm{s}}=3.125f_0$。一个期望信号与一个干噪比为 30dB 的干扰源分别从 $\theta_0=10^{\circ}$ 与 $\theta_1=-40^{\circ}$ 方向入射到基

阵。分别采用 Frost 方法与本节方法设计 FIR 波束形成器，其中 Frost 方法中预延迟强制取为整数节拍，比较两波束形成器的性能。

首先假设数据为复数，对应地，假设 FIR 滤波器系数 $\boldsymbol{h}$ 也为复数。假设各通道 FIR 滤波器的长度为 $L=8$。值得注意的是，当使用复系数滤波器时，其预延迟与实数情况不同，详细参阅 8.6 节。

将工作频带 $[f_{\mathrm{l}}, f_{\mathrm{u}}]$ 分成 $K=33$ 个等带宽子带。假设本节自适应 FIR 波束形成方法中滤波器范数约束值为 $\varDelta_0=1$。采用 2° 间隔离散化视区[−90°, 90°]。方便起见，如无特别说明，仿真中采用理论的协方差矩阵 $\boldsymbol{R}$。

图 9.6 与图 9.7 分别显示了当期望信号信噪比为 0dB 时两种 FIR 波束形成器的宽带波束图。

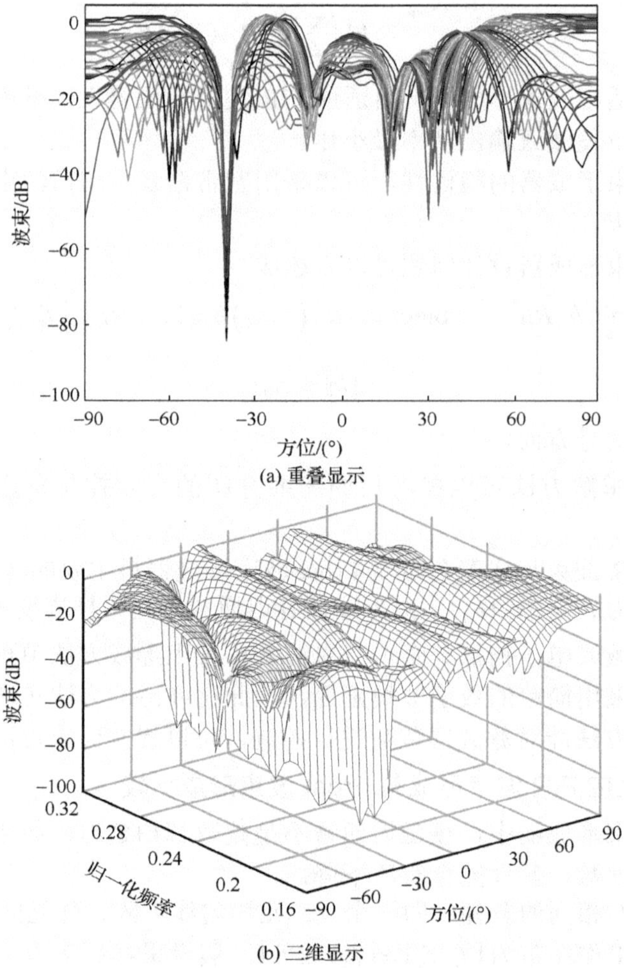

图 9.6　整数节拍预延迟复数 Frost 波束形成器波束图

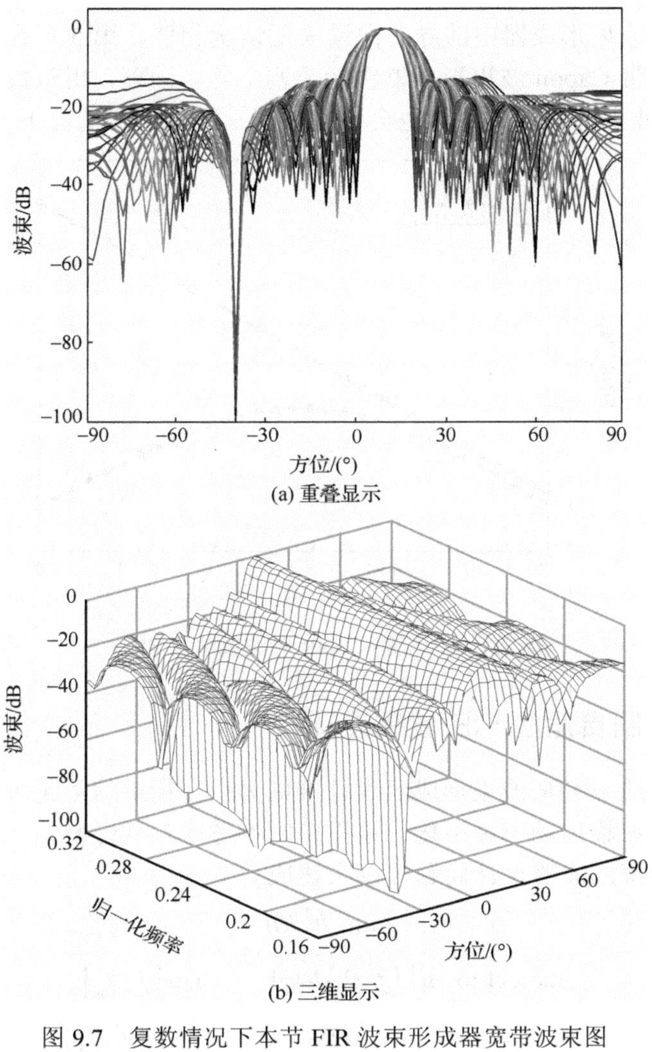

图 9.7　复数情况下本节 FIR 波束形成器宽带波束图

比较图 9.6 与图 9.7 可以看出，两种方法都在干扰方向形成了凹槽。本节方法波束图主瓣对准期望信号方向，但是，Frost 波束形成器主瓣严重扭曲，旁瓣级升高。由式(9.38)可计算出两种波束形成器的输出信干噪比分别为−2.21dB 与 10.75dB。

保持其他条件不变，假设期望信号信噪比在−20～10dB 范围内变化，分别计算出两种波束形成器输出信干噪比，显示于图 9.8 中。从图中可明显看出，本节方法优于 Frost 方法。随着输入信噪比的增加，Frost 方法输出信干噪比与本节方法之间的差距越来越大。这一现象与存在误差情况下的窄带 Capon 波束形成器类似。

事实上，Frost 波束形成方法就是窄带 Capon 波束形成向宽带的扩展，仍存在稳健性较差的特点。本例中强制令预延迟为整数节拍延迟，相当于引入了一定的失配误差，这与窄带波束形成器中的导向向量失配情况相似。第 5 章指出，在导向向量失配情况下，窄带 Capon 波束形成器性能急剧下降。同理，用整数节拍延迟代替小数延迟的 Frost 波束形成器的性能也会急剧下降，高信噪比情况下下降更严重。

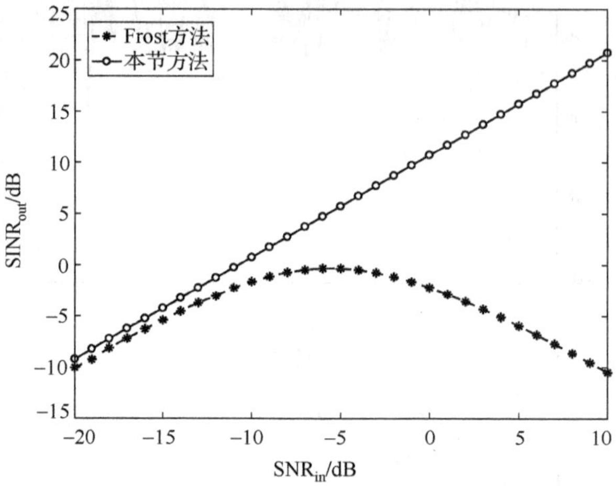

图 9.8　不同输入 SNR 时波束输出 SINR

9.3.3　旁瓣控制自适应 FIR 波束设计

旁瓣控制自适应 FIR 波束形成器设计准则为：在期望信号无失真约束与旁瓣控制的条件下使波束输出功率最小化。这里暂时不考虑频域旁瓣。

因此，该波束形成器设计问题可以表述成

$$\min_{\boldsymbol{h}} \boldsymbol{h}^{\mathrm{T}} \boldsymbol{R} \boldsymbol{h}^{*} \tag{9.40a}$$

$$\text{subject to} \quad \boldsymbol{u}^{\mathrm{T}}\left(f, \theta_{\mathrm{s}}\right) \boldsymbol{h}=1, \quad \forall f \in\left[f_{\mathrm{l}}, f_{\mathrm{u}}\right] \tag{9.40b}$$

$$\left|\boldsymbol{u}^{\mathrm{T}}(f, \theta) \boldsymbol{h}\right| \leqslant \xi_{0}, \quad \forall \theta \in \Theta_{\mathrm{SL}}, \quad \forall f \in\left[f_{\mathrm{l}}, f_{\mathrm{u}}\right] \tag{9.40c}$$

$$\|\boldsymbol{h}\| \leqslant \varDelta_{0} \tag{9.40d}$$

式中，ξ_0 是用户设定的旁瓣控制值；Θ_{SL} 表示旁瓣区域，不同频率的旁瓣区域可以不同。

将工作频带 $[f_{\mathrm{l}}, f_{\mathrm{u}}]$ 离散化为若干窄带，即 $f_k \in [f_{\mathrm{l}}, f_{\mathrm{u}}]$，$k=1,\cdots,K$ 。

对 $\boldsymbol{R}$ 进行 Cholesky 分解，即 $\boldsymbol{R}=\boldsymbol{V}^{\mathrm{H}}\boldsymbol{V}$ ，得到

$$\boldsymbol{h}^{\mathrm{T}} \boldsymbol{R} \boldsymbol{h}^{*}=(\boldsymbol{V}^{*} \boldsymbol{h})^{\mathrm{T}}(\boldsymbol{V}^{*} \boldsymbol{h})^{*}=\left\|\boldsymbol{V}^{*} \boldsymbol{h}\right\|^{2} \tag{9.41}$$

注意到使 $\|\boldsymbol{V}^{*}\boldsymbol{h}\|^{2}$ 最小化等效于使 $\|\boldsymbol{V}^{*}\boldsymbol{h}\|$ 最小化。引入新变量 γ ，式(9.40)可以表示成

$$
\begin{aligned}
&\min_{\boldsymbol{h}} \gamma \quad \text{subject to} \quad \left\|\boldsymbol{V}^{*}\boldsymbol{h}\right\| \leqslant \gamma \\
&\boldsymbol{u}^{\mathrm{T}}\left(f_k, \theta_{\mathrm{s}}\right)\boldsymbol{h} = 1, \quad f_k \in \left[f_1, f_{\mathrm{u}}\right], \quad k = 1, \cdots, K \\
&\left|\boldsymbol{u}^{\mathrm{T}}\left(f_k, \theta_{i,k}\right)\boldsymbol{h}\right| \leqslant \xi_0, \quad \theta_{i,k} \in \Theta_{\mathrm{SL},k}, \quad i = 1, \cdots, N_{\mathrm{SL},k} \\
&f_k \in \left[f_1, f_{\mathrm{u}}\right], \quad k = 1, \cdots, K \\
&\left\|\boldsymbol{h}\right\| \leqslant \Delta_0
\end{aligned} \tag{9.42}
$$

式中，$\Theta_{\mathrm{SL},k}, k = 1, \cdots, K$ 是子带 f_k 对应的旁瓣区域；$\theta_{i,k} \in \Theta_{\mathrm{SL},k}, i = 1, \cdots, N_{\mathrm{SL},k}$ 是对应的角度离散网格，$N_{\mathrm{SL},k}$ 大小的选择由需要的逼近精度确定。

优化问题(9.42)可以转化为凸二阶锥规划问题，然后采用二阶锥规划求解方法来求解。求解过程与前面几节类似，也可以参阅文献[201]，在此不再赘述。

例 9.3　旁瓣控制自适应 FIR 波束形成器设计及其与非旁瓣控制比较

考虑与例 9.1 相同的条件，即一个 12 元均匀线列阵，阵元间隔为 f_0 频率对应的半波长，基阵工作频带为 $\left[f_1, f_{\mathrm{u}}\right] = \left[f_0/2, f_0\right]$。假设采样频率为 $f_{\mathrm{s}} = 3.125 f_0$。一个信噪比为 0dB 的期望信号与一个干噪比为 30dB 的干扰源分别从 $\theta_0 = 10°$ 与 $\theta_1 = -40°$ 方向入射到基阵。要求设计一个自适应 FIR 波束形成器，并将旁瓣控制 FIR 波束形成器(9.40)与非旁瓣控制 FIR 波束形成器(9.39)进行比较。

首先假设 FIR 滤波器系数是复数，如无特别说明，采用与例 9.2 相同的参数。

图 9.7 已经显示了采用未进行旁瓣控制的宽带 FIR 波束形成方法(9.39)得到的宽带波束图。由图可见，波束旁瓣级大约为–12.5dB，显得有点高，输出信干噪比为 10.75dB。

运用旁瓣控制宽带 FIR 波束形成方法(9.40)。假设波束宽度随频率增加而减小。定义与频率 f_1 与 f_{u} 对应的旁瓣区域分别为[–90°，–15°]∪[35°，90°]与[–90°，–5°]∪[25°，90°]。其他频率对应的旁瓣区域由这两端频率处的旁瓣区域线性插值得到。假设 $\xi_0 = 0.001$，即期望旁瓣级为–30dB。通过求解二阶锥规划问题(9.42)得到 FIR 滤波器系数 $\boldsymbol{h}$。不同频率与方位对应的波束响应图显示于图 9.9 中。图中同样可见波束图主瓣对准期望信号方向，且在干扰方向形成了一个较深的凹槽。与图 9.7 不同的是，该旁瓣控制方法严格保证了获得的旁瓣级低于–30dB。同样可以看到，相比于不进行旁瓣控制的情况，旁瓣控制的波束图主瓣稍微展宽了。

图 9.10 显示了两种波束形成器在工作频带内在干扰方向的凹槽深度。由图可见，进行旁瓣控制后，干扰方向凹槽深度有所变浅。波束主瓣展宽与凹槽深度变浅都会从一定程度上降低波束输出信干噪比。根据式(9.38)可计算出旁瓣控制 FIR 波束形成器输出信干噪比为 10.08dB，比未进行旁瓣控制的方法降低了 0.67dB。可见，旁瓣控制波束形成器降低旁瓣是以降低输出信干噪比为代价的，但这些代价在实际应用中一般是可以接受的。

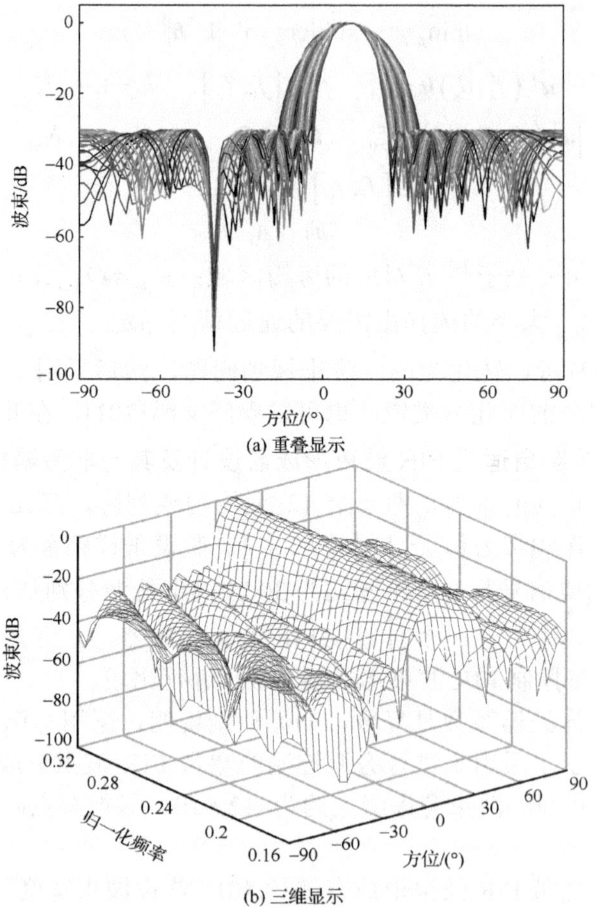

图 9.9　复数情况下旁瓣控制 FIR 波束形成器宽带波束图

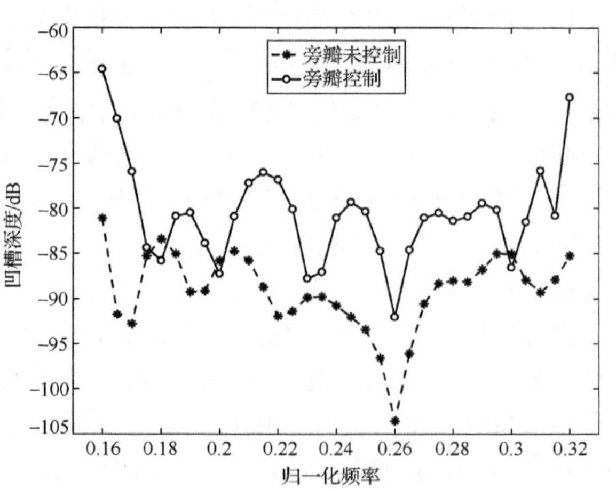

图 9.10　复数情况下两 FIR 波束形成器干扰方向凹槽深度

接下来假设阵列数据为实数，对应地，假设各通道 FIR 滤波器系数 $\boldsymbol{h}$ 也为实数。为了保证 FIR 滤波器具有相同的自由度，需要将滤波器系数增加一倍，这里假设滤波器长度为 $L=16$。其他参数保持不变。

进行与前面复数情况相同的处理步骤，非旁瓣控制 FIR 波束形成器宽带波束图如图 9.11(a)与图 9.11(b)所示，旁瓣控制波束图如图 9.11(c)与图 9.11(d)所示。两种波束图的差异与复数情况下相同。

观察图 9.7、图 9.9 与图 9.11 可见，实数情况与复数情况下的结果比较接近。

图9.12显示了两种波束形成器在工作频带内在干扰方向的凹槽深度。由图可见，总体而言，进行旁瓣控制后，干扰方向凹槽深度有所变浅。计算出两种 FIR 波束形成器输出信干噪比分别为 10.76dB 与 10.10dB。

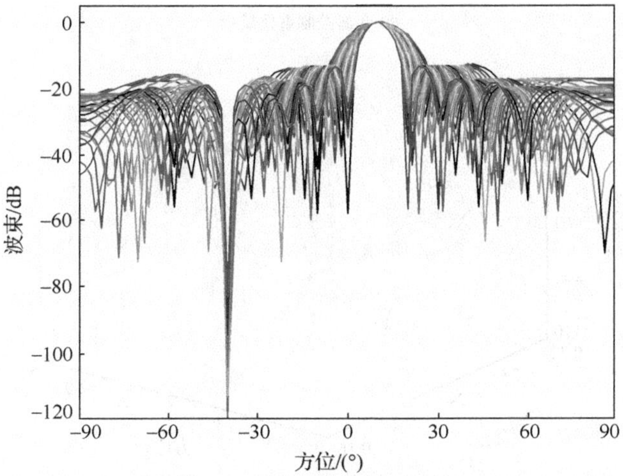

(a) 非旁瓣控制重叠显示

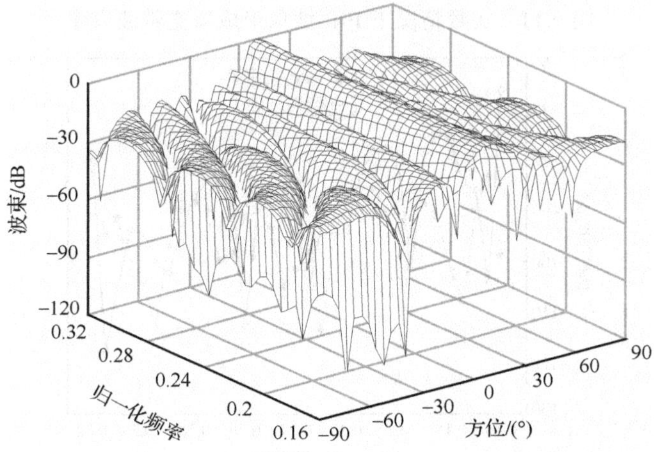

(b) 非旁瓣控制三维显示

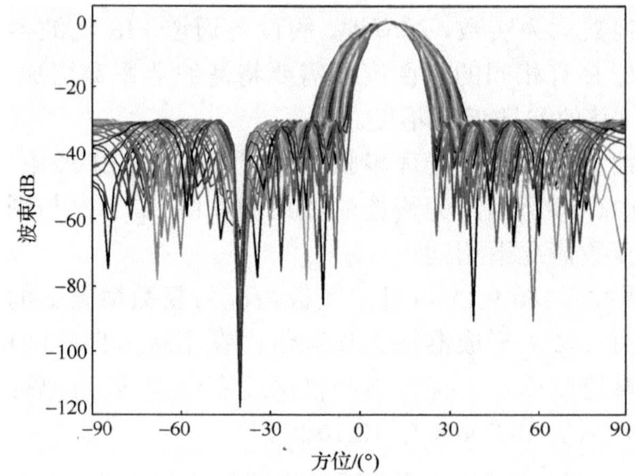

(c) 旁瓣控制重叠显示

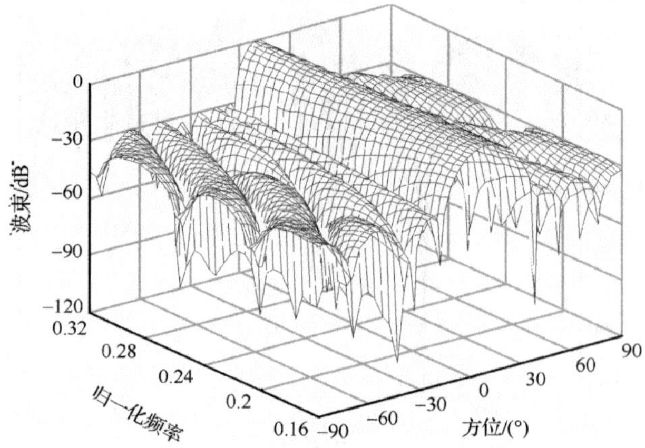

(d) 旁瓣控制三维显示

图 9.11　实数情况下 FIR 波束形成器宽带波束图

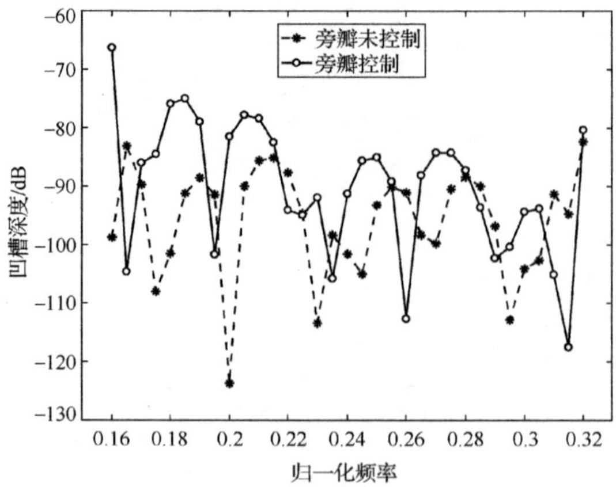

图 9.12　实数情况下两种 FIR 波束形成器干扰方向凹槽深度

例 9.4　干扰与期望信号方位间隔对 FIR 波束形成器性能影响

考虑与例 9.3 相同的阵列条件。假设期望信号入射角保持 $\theta_0 = 10°$ 不变，干扰源入射角 θ_1 在−50°～0°范围内变化。考察两种(非旁瓣控制与旁瓣控制)FIR 波束形成器对干扰的抑制性能。

假设 FIR 滤波器系数为实数，$L = 16$，其他参数与例 9.3 相同。

计算当干扰源从不同方位入射时两种波束形成器的输出信干噪比，显示于图 9.13 中。

从图中可以看出，当干扰源方位与期望信号方位相隔较远时，旁瓣控制波束形成器的输出 SINR 相对于非控制波束略有下降，这与图 9.11 结果吻合。当干扰源方位与期望信号方位间距逐渐减小时，大约从 $\theta_1 = -12°$ 开始，旁瓣控制波束形成器输出 SINR 逐渐下降。非旁瓣控制波束形成器输出 SINR 从 $\theta_1 = 0°$ 才开始下降。可见，旁瓣控制波束形成器的干扰抑制性能相对于旁瓣非控制方法有所下降，这是由于前者波束主瓣宽度展宽引起的。干扰抑制性能降低是旁瓣降低所要承受的代价。

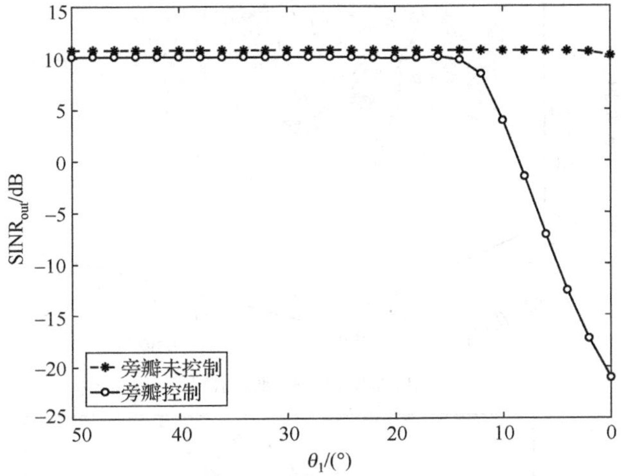

图 9.13　干扰位于不同方位时波束输出 SINR

例 9.5　多干扰情况 FIR 波束形成器性能

考虑与例 9.3 相同的阵列条件。信噪比为 0dB 的期望信号入射角保持 $\theta_0 = 10°$ 不变。假设存在两干扰源，入射角分别为 $\theta_1 = -50°$ 与 $\theta_2 = -30°$，两干扰干噪比都为 30dB。考察非旁瓣控制与旁瓣控制 FIR 波束形成器的波束图与输出 SINR。

保持与图 9.12 仿真中使用的参数相同，分别设计出两种 FIR 波束形成器。两种波束形成器波束图显示于图 9.14 中。由图可见，两方法波束都在两干扰方向形成了较深的凹槽。两种方法对两干扰源的凹槽深度显示于图 9.15 中。经计算，两波束输出 SINR 分别为 10.73dB 与 10.03dB。

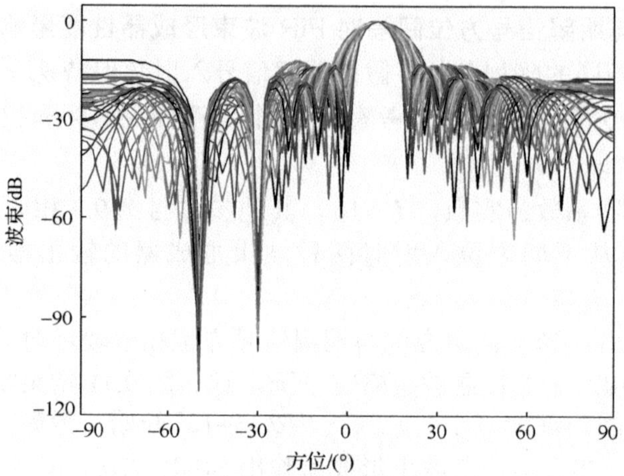

(a) 非旁瓣控制重叠显示

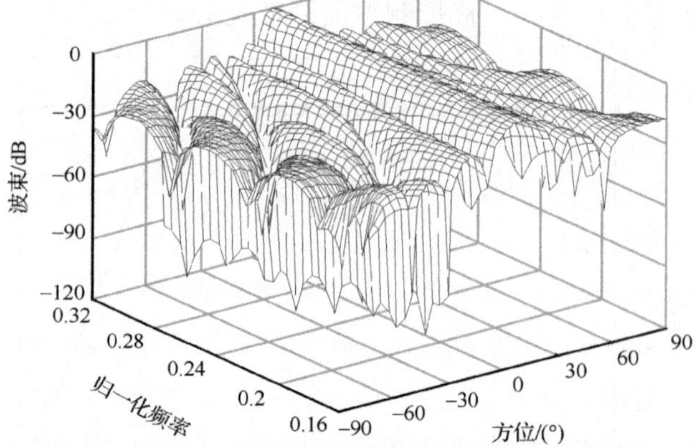

(b) 非旁瓣控制三维显示

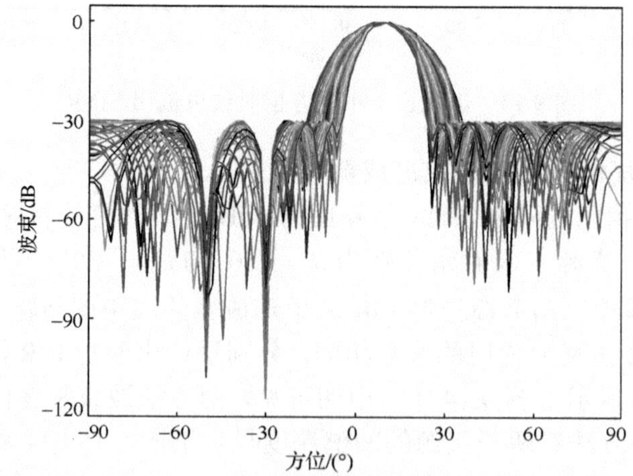

(c) 旁瓣控制重叠显示

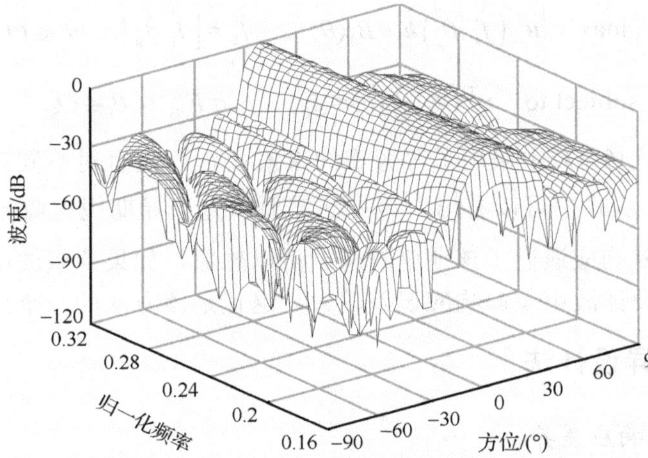

(d) 旁瓣控制三维显示

图 9.14　存在两干扰时的宽带波束图

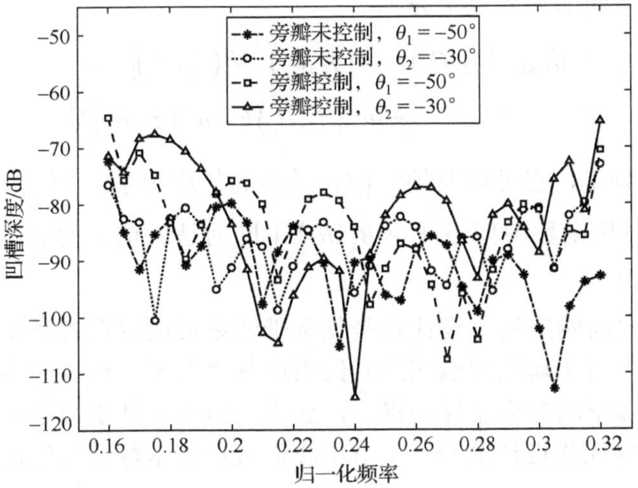

图 9.15　两波束形成器在两干扰方向凹槽深度

9.4　最小差异恒定主瓣响应 FIR 波束形成

9.4.1　最小合成误差全局优化法的局限性

对于式(9.14)所示恒定主瓣响应 FIR 波束设计"全局优化法"，这里我们假设暂时不考虑频域旁瓣约束，重写该优化问题为

$$\min_{\boldsymbol{h}} \max_{k,j} \left|\boldsymbol{u}^{\mathrm{T}}\left(f_k,\theta_j\right)\boldsymbol{h} - B_{\mathrm{d}}(\theta_j)\right|, \quad f_k \in \left[f_1, f_{\mathrm{u}}\right], \quad \theta_j \in \Theta_{\mathrm{ML}}$$

$$\text{subject to} \quad \left|\boldsymbol{u}^{\mathrm{T}}\left(f_k,\theta_i\right)\boldsymbol{h}\right| \leqslant \xi_0, \quad f_k \in F_{\mathrm{PB}}, \quad \theta_i \in \Theta_{\mathrm{SL}} \tag{9.43}$$

简便起见，式(9.43)中采用了等旁瓣约束值ξ_0，而没有对不同频率与方位单独指定约束值ξ_{0ki}。从式中可以看出，该方法需要预先选择期望主瓣响应$B_{\mathrm{d}}\left(\theta_j\right)$，然后使设计波束主瓣响应逼近于该期望响应。可以想象，如果期望波束响应选择不恰当，有可能造成设计波束主瓣响应误差较大，这正是该方法的一个缺点。

9.4.2　最小差异设计法

1. 主瓣空间响应差异

在此，我们用主瓣空间响应差异(mainlobe spatial response variation, MSRV)来度量宽带波束形成器主瓣响应差异。波束形成器在频率f_k方向θ_j的响应与参考频率对应方位波束响应之间的误差定义为

$$\begin{aligned}\delta_{\mathrm{MSRV}}\left(f_k,\theta_j\right) &= \left|B\left(f_k,\theta_j\right) - B\left(f_0,\theta_j\right)\right| \\ &= \left|\boldsymbol{u}^{\mathrm{T}}\left(f_k,\theta_j\right)\boldsymbol{h} - \boldsymbol{u}^{\mathrm{T}}\left(f_0,\theta_j\right)\boldsymbol{h}\right|\end{aligned} \tag{9.44}$$

式中，f_0是参考频率，它可以取频带$\left[f_1, f_{\mathrm{u}}\right]$内的任意频率；$B\left(f_0,\theta_j\right)$是参考波束响应。与式(9.43)目标函数中期望波束$B_{\mathrm{d}}\left(\theta_j\right)$不同的是，这里的参考波束$B\left(f_0,\theta_j\right)$是优化变量$\boldsymbol{h}$的函数。

于是，恒定主瓣响应波束设计就是使宽带波束形成器在各频率的主瓣空间响应差异最小。本书中将主瓣空间响应差异约束简称“主瓣一致性约束”。

通过引入主瓣空间响应差异的概念，这里给出几种基于最小差异的恒定主瓣响应 FIR 波束形成器优化设计准则。本节中我们假设样本数据与滤波器系数都是实数模型。

2. 旁瓣峰值约束 Minimax 主瓣差异波束设计

宽带波束形成器的最大主瓣空间响应差异定义为

$$\begin{aligned}\delta_{\max} &= \max_{k,j}\left|\boldsymbol{u}^{\mathrm{T}}\left(f_k,\theta_j\right)\boldsymbol{h} - \boldsymbol{u}^{\mathrm{T}}\left(f_0,\theta_j\right)\boldsymbol{h}\right| \\ &= \max_{k,j}\left|\left[\boldsymbol{u}\left(f_k,\theta_j\right) - \boldsymbol{u}\left(f_0,\theta_j\right)\right]^{\mathrm{T}}\boldsymbol{h}\right|\end{aligned}$$

$$f_k \in \left[f_1, f_{\mathrm{u}}\right], \quad k=1,2,\ldots,K, \quad \theta_j \in \Theta_{\mathrm{ML}}, \quad j=1,\cdots,N_{\mathrm{ML}} \tag{9.45}$$

用式(9.45)定义的最大主瓣空间响应差异代替式(9.43)目标函数中的最大主瓣

合成误差，并对波束形成器在参考频率 f_0 期望方向 θ_s 施加无失真响应约束，可以构造旁瓣峰值约束 Minimax 主瓣差异波束设计优化问题为

$$\min_{\boldsymbol{h}} \delta_{\max} \quad \text{subject to} \quad \boldsymbol{u}^{\mathrm{T}}\left(f_0,\theta_{\mathrm{s}}\right)\boldsymbol{h}=1$$

$$\left|\boldsymbol{u}^{\mathrm{T}}\left(f_k,\theta_i\right)\boldsymbol{h}\right| \leqslant \xi_0, \quad f_k \in \left[f_1, f_{\mathrm{u}}\right], \quad \theta_i \in \Theta_{\mathrm{SL}} \tag{9.46}$$

比较式(9.43)与式(9.46)所示两种恒定主瓣响应波束设计方法可见，式(9.43)所示方法中期望波束响应 $B_{\mathrm{d}}\left(\theta_j\right)$ 难以选择，而优化问题(9.46)不需要预先选择期望波束，这意味着优化问题(9.46)可以自动选择一个最优的参考波束响应 $B\left(f_0,\theta_j\right)$。因此，一般来说，后者获得的波束主瓣响应差异更小。

引入新的非负变量 δ，式(9.46)可以写成

$$\min_{\boldsymbol{h}} \delta \quad \text{subject to} \quad \boldsymbol{u}^{\mathrm{T}}\left(f_0,\theta_{\mathrm{s}}\right)\boldsymbol{h}=1$$

$$\left|\left[\boldsymbol{u}\left(f_k,\theta_j\right)-\boldsymbol{u}\left(f_0,\theta_j\right)\right]^{\mathrm{T}}\boldsymbol{h}\right| \leqslant \delta, \quad f_k \in \left[f_1, f_{\mathrm{u}}\right], \quad \theta_i \in \Theta_{\mathrm{ML}}$$

$$\left|\boldsymbol{u}^{\mathrm{T}}\left(f_k,\theta_i\right)\boldsymbol{h}\right| \leqslant \xi_0, \quad f_k \in \left[f_1, f_{\mathrm{u}}\right], \quad \theta_i \in \Theta_{\mathrm{SL}} \tag{9.47}$$

得到的 FIR 波束形成器的峰值旁瓣功率定义为

$$\sigma_{\mathrm{maxSL}} = \max_{f_k \in [f_1, f_{\mathrm{u}}], \theta_i \in \Theta_{\mathrm{SL}}} \left|\boldsymbol{u}^{\mathrm{T}}\left(f_k,\theta_i\right)\boldsymbol{h}\right| \tag{9.48}$$

3. *旁瓣峰值约束最小均方主瓣差异波束设计*

定义主瓣空间响应均方差异为

$$\begin{aligned}
\delta_{\mathrm{rms}}^2 &= \frac{1}{N_{\mathrm{ML}}}\sum_{j=1}^{N_{\mathrm{ML}}}\frac{1}{K}\sum_{k=1}^{K}\left[\left|\boldsymbol{u}^{\mathrm{T}}\left(f_k,\theta_j\right)\boldsymbol{h}-\boldsymbol{u}^{\mathrm{T}}\left(f_0,\theta_j\right)\boldsymbol{h}\right|^2\right] \\
&= \frac{1}{N_{\mathrm{ML}}K}\sum_{j=1}^{N_{\mathrm{ML}}}\sum_{k=1}^{K}\left\{\boldsymbol{h}^{\mathrm{T}}\left[\boldsymbol{u}\left(f_k,\theta_j\right)-\boldsymbol{u}\left(f_0,\theta_j\right)\right]\left[\boldsymbol{u}\left(f_k,\theta_j\right)-\boldsymbol{u}\left(f_0,\theta_j\right)\right]^{\mathrm{H}}\boldsymbol{h}\right\}
\end{aligned}$$

$$f_k \in \left[f_1, f_{\mathrm{u}}\right], \quad k=1,2,\cdots,K, \quad \theta_j \in \Theta_{\mathrm{ML}}, \quad j=1,2,\cdots,N_{\mathrm{ML}} \tag{9.49}$$

它可以表示成

$$\delta_{\mathrm{rms}}^2 = \boldsymbol{h}^{\mathrm{T}}\boldsymbol{\Omega}\boldsymbol{h} \tag{9.50}$$

式中，$\boldsymbol{\Omega}$ 是一个 $ML \times ML$ 维矩阵

$$\boldsymbol{\Omega} = \frac{1}{N_{\mathrm{ML}}K}\sum_{j=1}^{N_{\mathrm{ML}}}\sum_{k=1}^{K}\left\{\left[\boldsymbol{u}\left(f_k,\theta_j\right)-\boldsymbol{u}\left(f_0,\theta_j\right)\right]\left[\boldsymbol{u}\left(f_k,\theta_j\right)-\boldsymbol{u}\left(f_0,\theta_j\right)\right]^{\mathrm{H}}\right\} \tag{9.51}$$

注意到 $\boldsymbol{\Omega}$ 是一个 Hermitian 矩阵，而滤波器系数 $\boldsymbol{h}$ 是实数，因此可以将式(9.50)表示成

$$\delta_{\mathrm{rms}}^2 = \boldsymbol{h}^{\mathrm{T}} \boldsymbol{\Omega}_{\mathrm{R}} \boldsymbol{h} \tag{9.52}$$

式中，$\boldsymbol{\Omega}_{\mathrm{R}} = \mathrm{Re}(\boldsymbol{\Omega})$，即 $\boldsymbol{\Omega}$ 的实部。

对主瓣空间响应均方差异进行约束，使之小于某较小的非负值，该约束为

$$\boldsymbol{h}^{\mathrm{T}} \boldsymbol{\Omega}_{\mathrm{R}} \boldsymbol{h} \leqslant \delta^2 \tag{9.53}$$

式中，δ 是一个较小的正值。该约束可以写成

$$\left\| \boldsymbol{\Omega}_{\mathrm{R}}^{1/2} \boldsymbol{h} \right\| \leqslant \delta \tag{9.54}$$

于是，可以构造旁瓣峰值约束最小均方主瓣差异波束设计优化问题为

$$\begin{gathered} \min_{\boldsymbol{h}} \delta \quad \text{subject to} \quad \boldsymbol{u}^{\mathrm{T}}\left(f_0, \theta_{\mathrm{s}}\right) \boldsymbol{h} = 1 \\ \left\| \boldsymbol{\Omega}_{\mathrm{R}}^{1/2} \boldsymbol{h} \right\| \leqslant \delta \\ \left| \boldsymbol{u}^{\mathrm{T}}\left(f_k, \theta_i\right) \boldsymbol{h} \right| \leqslant \xi_0, \quad f_k \in \left[f_{\mathrm{l}}, f_{\mathrm{u}}\right], \quad \theta_i \in \Theta_{\mathrm{SL}} \end{gathered} \tag{9.55}$$

将优化问题(9.55)与式(9.47)相比较可以看出，将主瓣空间响应最大差异用均方差异代替后，式(9.55)中的主瓣一致性约束的数目大大减小，减小了计算量。

4. *均方主瓣差异约束最小均方旁瓣波束设计*

从式(9.55)可以看到，该优化问题的旁瓣约束数量仍旧比较多，在很多应用中显得计算量还是比较大。在此我们提出均方主瓣差异约束最小均方旁瓣波束设计方法，即将式(9.55)中的峰值旁瓣约束改成均方旁瓣约束。由于旁瓣区域的约束数量大大减少，该方法的计算量较式(9.55)大量减少。

FIR 波束形成器的均方旁瓣功率定义为

$$\begin{gathered} \sigma_{\mathrm{rmsSL}}^2 = \frac{1}{N_{\mathrm{SL}}} \sum_{i=1}^{N_{\mathrm{SL}}} \left\{ \frac{1}{K} \sum_{k=1}^{K} \left[\left| \boldsymbol{u}^{\mathrm{T}}\left(f_k, \theta_i\right) \boldsymbol{h} \right|^2 \right] \right\} \\ f_k \in \left[f_{\mathrm{l}}, f_{\mathrm{u}}\right], \quad k = 1, 2, \cdots, K, \quad \theta_i \in \Theta_{\mathrm{SL}}, \quad i = 1, 2, \cdots, N_{\mathrm{SL}} \end{gathered} \tag{9.56}$$

与式(9.50)类似，式(9.56)可以写成

$$\sigma_{\mathrm{rmsSL}}^2 = \boldsymbol{h}^{\mathrm{T}} \boldsymbol{\Psi}_{\mathrm{R}} \boldsymbol{h}, \quad f_k \in \left[f_{\mathrm{l}}, f_{\mathrm{u}}\right], \quad \theta_i \in \Theta_{\mathrm{SL}} \tag{9.57}$$

式中，$\boldsymbol{\Psi}_{\mathrm{R}}$ 是一个 $ML \times ML$ 维矩阵，且

$$\boldsymbol{\Psi}_{\mathrm{R}} = \frac{1}{N_{\mathrm{SL}} K} \sum_{i=1}^{N_{\mathrm{SL}}} \sum_{k=1}^{K} \mathrm{Re}\left[\boldsymbol{u}\left(f_k, \theta_i\right) \boldsymbol{u}^{\mathrm{H}}\left(f_k, \theta_i\right) \right] \tag{9.58}$$

于是，均方旁瓣约束可以写成

$$\left\|\boldsymbol{\Psi}_{\mathrm{R}}^{1/2}\boldsymbol{h}\right\| \leqslant \xi \tag{9.59}$$

式中，ξ 是一个较小的正数。

于是，宽带波束设计问题可以表示成

$$\begin{gathered}\min_{\boldsymbol{h}} \xi \quad \text{subject to} \quad \boldsymbol{u}^{\mathrm{T}}\left(f_0,\theta_{\mathrm{s}}\right)\boldsymbol{h}=1 \\ \left\|\boldsymbol{\Omega}_{\mathrm{R}}^{1/2}\boldsymbol{h}\right\| \leqslant \delta_0, \quad \left\|\boldsymbol{\Psi}_{\mathrm{R}}^{1/2}\boldsymbol{h}\right\| \leqslant \xi\end{gathered} \tag{9.60}$$

式中，δ_0 是一个用户设定值，用于控制主瓣空间响应均方差异。

值得说明的是，由于波束响应在相邻方位具有一定的相关性，在运用式(9.51)与式(9.58)计算 $\boldsymbol{\Omega}_{\mathrm{R}}$ 与 $\boldsymbol{\Psi}_{\mathrm{R}}$ 时，方位离散化间隔没有必要取得特别小。这可以减小在计算 $\boldsymbol{\Omega}_{\mathrm{R}}$ 与 $\boldsymbol{\Psi}_{\mathrm{R}}$ 时的运算量。

5. 具有干扰抑制能力的恒定主瓣响应波束设计

9.3 节提出了旁瓣控制宽带自适应 FIR 波束形成器设计方法。该方法能够抑制宽带强干扰，从而提高输出信干噪比。在此，我们将 9.3 节提出的自适应 FIR 波束设计问题中增加主瓣一致性约束，使得 FIR 波束形成器既具有恒定的主瓣响应，又具有抑制干扰的能力。

这里假设采用均方旁瓣约束，该优化问题可以表示成

$$\begin{gathered}\min_{\boldsymbol{h}} \boldsymbol{h}^{\mathrm{T}}\boldsymbol{R}\boldsymbol{h}, \quad \text{subject to} \quad \boldsymbol{u}^{\mathrm{T}}\left(f_0,\theta_{\mathrm{s}}\right)\boldsymbol{h}=1 \\ \left\|\boldsymbol{\Omega}_{\mathrm{R}}^{1/2}\boldsymbol{h}\right\| \leqslant \delta_0, \quad \left\|\boldsymbol{\Psi}_{R}^{1/2}\boldsymbol{h}\right\| \leqslant \xi_0\end{gathered} \tag{9.61}$$

式中，ξ_0 是用户设定的均方旁瓣约束值。

显然，我们有

$$\boldsymbol{h}^{\mathrm{T}}\boldsymbol{R}\boldsymbol{h}=\left\|\boldsymbol{R}^{1/2}\boldsymbol{h}\right\|^2 \tag{9.62}$$

注意到使 $\left\|\boldsymbol{R}^{1/2}\boldsymbol{h}\right\|^2$ 最小化等效于使 $\left\|\boldsymbol{R}^{1/2}\boldsymbol{h}\right\|$ 最小化。引入新变量 γ，式(9.61)可以转化为

$$\begin{gathered}\min_{\boldsymbol{h}} \gamma, \text{subject to} \quad \boldsymbol{u}^{\mathrm{T}}\left(f_0,\theta_{\mathrm{s}}\right)\boldsymbol{h}=1 \\ \left\|\boldsymbol{R}^{1/2}\boldsymbol{h}\right\| \leqslant \gamma, \quad \left\|\boldsymbol{\Omega}_{\mathrm{R}}^{1/2}\boldsymbol{h}\right\| \leqslant \delta_0, \quad \left\|\boldsymbol{\Psi}_{\mathrm{R}}^{1/2}\boldsymbol{h}\right\| \leqslant \xi_0\end{gathered} \tag{9.63}$$

以上四种基于主瓣空间响应差异最小化的恒定主瓣响应波束设计方法，即式(9.47)、式(9.55)、式(9.60)与式(9.63)，都可以通过对 FIR 滤波器系数范数进行约束来提高稳健性。这些方法都可以转化为二阶锥规划问题求解，求解过程可以参照附录 A，也可参阅文献[202]，在此不再赘述。

6. 计算量分析

附录 A 中介绍了采用内点方法求解二阶锥规划问题的计算量，包括迭代次数与每次迭代运算量。在式(9.43)、式(9.47)、式(9.55)、式(9.60)与式(9.63)所示恒定主瓣响应 FIR 波束形成器设计问题中，主要运算量是求解各种准则下的优化问题。表 9.2 列出了采用二阶锥规划方法求解这几个优化问题时的运算量。

表 9.2　五种恒定主瓣响应 FIR 波束设计方法计算量比较

方法	迭代次数	每次迭代运算量
式(9.43)	$O\left(\sqrt{K(N_{\mathrm{ML}}+N_{\mathrm{SL}})}\right)$	$O\left\{(ML)^2\left[3K(N_{\mathrm{ML}}+N_{\mathrm{SL}})\right]\right\}$
式(9.47)	$O\left(\sqrt{K(N_{\mathrm{ML}}+N_{\mathrm{SL}})+1}\right)$	$O\left\{(ML)^2\left[3K(N_{\mathrm{ML}}+N_{\mathrm{SL}})+2\right]\right\}$
式(9.55)	$O\left(\sqrt{KN_{\mathrm{SL}}+2}\right)$	$O\left\{(ML)^2\left[3KN_{\mathrm{SL}}+ML+3\right]\right\}$
式(9.60)	$O(1)$	$O\left\{(ML)^2[2ML+4]\right\}$
式(9.63)	$O(1)$	$O\left\{(ML)^2[3ML+5]\right\}$

从表 9.2 可以看出，式(9.47)与式(9.43)的计算复杂度相当，但前者不需要预设计期望响应波束。式(9.55)相比于式(9.47)，计算量有所减小，式(9.60)的计算量进一步减小了，这正与我们提到的逐渐减小运算量的设计理念相符。具有干扰抑制能力的式(9.63)相比于式(9.60)，计算量略有增加，但其好处是它能抑制旁瓣干扰，提高输出信干噪比。

下面通过仿真实例验证这几种恒定主瓣响应 FIR 波束形成器设计方法的性能。

例 9.6　最小合成误差全局优化法的局限性

考虑与例 9.1 相同的条件，即一个 12 元均匀线列阵，基阵工作频带$\left[f_{\mathrm{l}},f_{\mathrm{u}}\right]$为一个倍频程，即 $f_{\mathrm{l}}=f_{\mathrm{u}}/2$。阵元间隔为 f_{u} 频率对应的半波长。假设采样频率为 $f_{\mathrm{s}}=3.125f_{\mathrm{u}}$，即归一化工作频带为$\left[f_{\mathrm{l}}/f_{\mathrm{s}},f_{\mathrm{u}}/f_{\mathrm{s}}\right]=[0.16,0.32]$。假设期望信号方向为 $\theta_{\mathrm{s}}=\theta_0=10°$，要求采用式(9.43)所示最小合成误差全局优化法设计恒定主瓣响应 FIR 波束形成器，其中各阵元对应的 FIR 滤波器长度为 $L=15$。考察选择不同期望主瓣响应 $B_{\mathrm{d}}(\theta_j)$ 对 FIR 波束形成器主瓣响应差异程度的影响。

将工作频带离散化为 $K=33$ 个均匀子带，采用 2° 间隔离散化视区[−90°, 90°]，假设期望旁瓣级为−30dB。我们分别以下边界频率与中间频率作为参考频率，即 $f_0=f_{\mathrm{l}}$ 与 $f_0=\left(f_{\mathrm{l}}+f_{\mathrm{u}}\right)/2$。分别选择这两个参考频率的常规波束响应作为期望波束响应，采用式(9.43)方法设计 FIR 波束形成器。

当参考频率取 $f_0=f_{\mathrm{l}}$ 时，假设主瓣区域 $\Theta_{\mathrm{ML}}=[-8°:2°:28°]$，旁瓣区域为 $\Theta_{\mathrm{SL}}=[-90°:2°:-12°]\cup[32°:2°:90°]$。当参考频率取 $f_0=\left(f_{\mathrm{l}}+f_{\mathrm{u}}\right)/2$ 时，考虑到常规波束主瓣宽度随频率升高而变窄，选择一个相对较窄的区域作为主瓣区域，取

$\Theta_{\mathrm{ML}} = [-2^\circ:2^\circ:22^\circ]$。这两个期望主瓣响应与期望旁瓣显示于图 9.16(a)中。

求解优化问题(9.43)，分别得到两种期望响应对应的 FIR 波束形成器。运用式(9.9)计算出 FIR 波束形成器在这些离散频率与方位处的波束响应，两种情况下的波束图分别重叠显示于图 9.16(b)与图 9.16(d)中。图 9.16(c)是图 9.16(b)所示波束图的三维显示图。

从图 9.16 中可以明显看出，当取参考频率 $f_0 = f_1$ 的常规波束主瓣响应作为期望波束时，得到的 FIR 波束形成器主瓣响应一致性程度较高，旁瓣严格控制在−30dB。而当取 $f_0 = \left(f_1 + f_{\mathrm{u}}\right)/2$ 的常规波束主瓣响应作为期望波束时，得到的 FIR 波束图主瓣逼近误差较大。

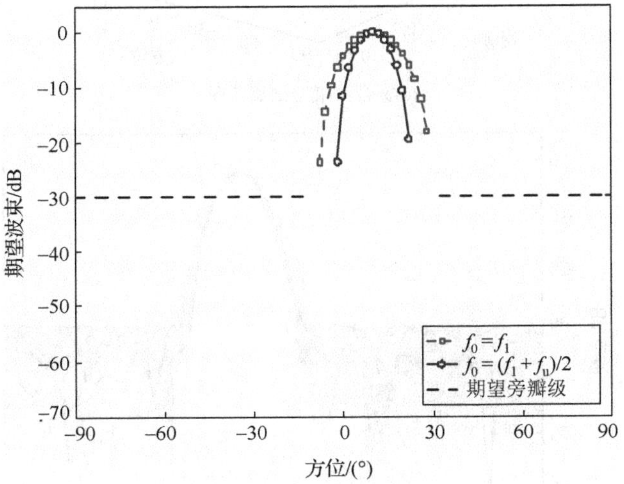

(a)期望主瓣响应与期望旁瓣

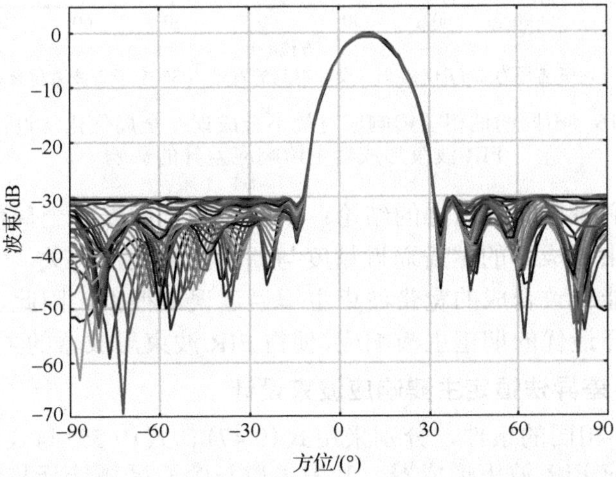

(b)参考频率为 $f_0=f_1$ 时，设计得到的宽带内 33 个子带波束重叠显示图

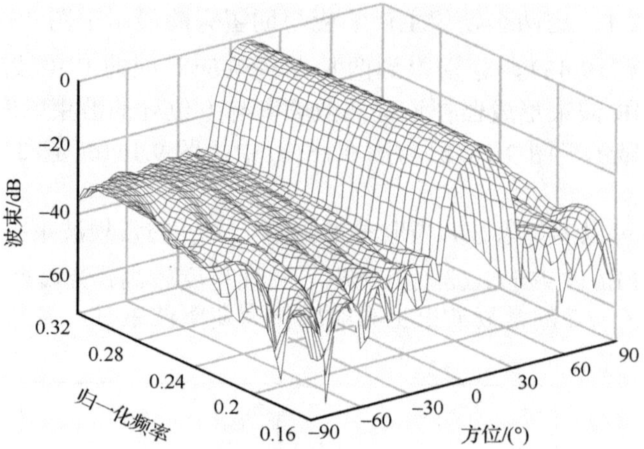

(c)宽带波束三维显示图

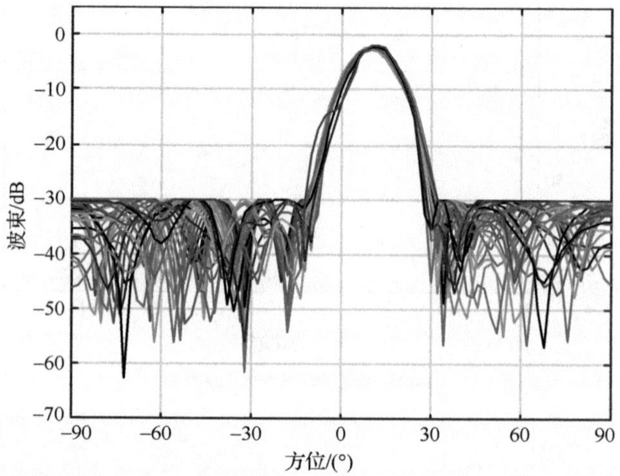

(d)参考频率选择为 $f_0=(f_1+f_u)/2$ 时，设计得到的宽带内 33 个子带波束重叠显示图

图 9.16　不同的期望主瓣响应对最小合成误差全局优化法设计出的 FIR 波束形成器主瓣响应差异的影响

从例 9.6 我们可以得出这样的结论：采用最小合成误差全局优化法设计的恒定主瓣响应 FIR 波束形成器的主瓣逼近精度与期望主瓣响应有关，一个随意选择的期望主瓣响应有可能导致合成的宽带波束主瓣逼近误差很大。因此，该方法的一个主要缺点是难以选择最优的期望主瓣响应，使得 FIR 波束形成器的主瓣逼近误差最小。

例 9.7　最小差异法恒定主瓣响应波束设计

考虑与例 9.6 相同的条件，分别采用式(9.47)、式(9.55)与式(9.60)等三种方法设计恒定主瓣响应 FIR 波束形成器。其中主瓣与旁瓣区域选择与例 9.6 中 $f_0=f_1$ 时的情况相同，即 $\Theta_{\mathrm{ML}}=[-8°:2°:28°]$，$\Theta_{\mathrm{SL}}=[-90°:2°:-12°]\cup[32°:2°:90°]$。

首先采用式(9.47)所示旁瓣峰值约束 Minimax 主瓣差异波束设计方法，假设该方法中参考频率取 $f_0=\left(f_1+f_u\right)/2$，其他参数与例 9.6 中相同。得到的 33 个频率的子带波束重叠显示于图 9.17 中，从图中可见宽带波束主瓣响应一致性程度很高，旁瓣严格控制在−30dB。

采用式(9.45)分别计算图 9.16(b)与图 9.17 所示波束响应最大主瓣空间响应差异，并用 dB 表示(取 $20\lg\delta_{\max}$)可得：前者为−21.4dB，后者为−42.6dB。可见由方法(9.47)得到的图9.17所示波束主瓣响应差异远小于由方法(9.43)得到的图9.16(b)所示波束主瓣差异。因此，最小差异法优于最小合成误差全局优化法。

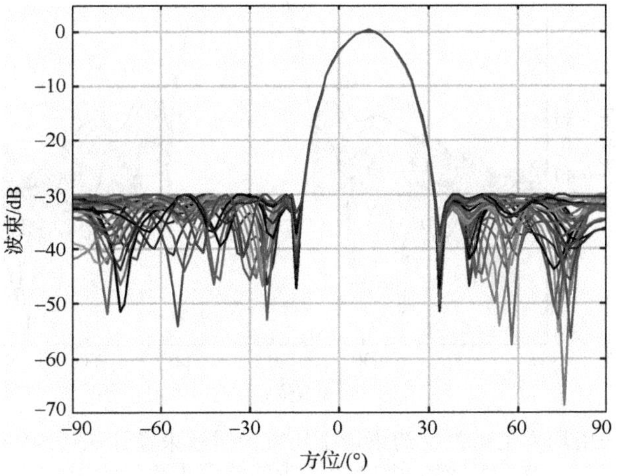

图 9.17　采用旁瓣峰值约束 Minimax 主瓣差异波束设计法(9.47)得到的 FIR 波束形成器在 33 个子带的波束重叠显示图

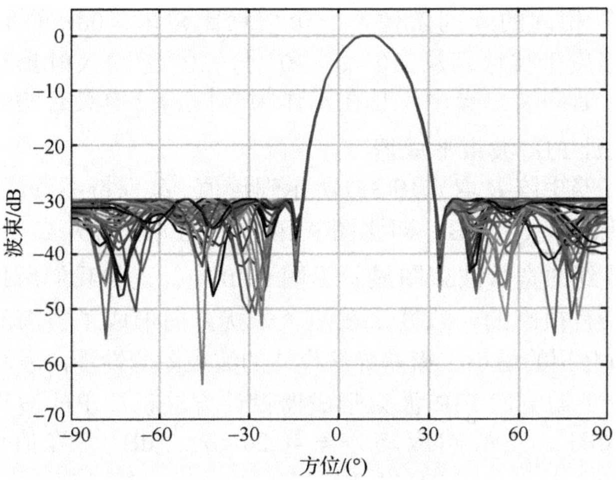

图 9.18　采用旁瓣峰值约束最小均方主瓣差异波束设计法(9.55)得到的 FIR 波束形成器在 33 个子带的波束重叠显示图

采用式(9.55)所示旁瓣峰值约束最小均方主瓣差异波束设计方法，其他参数保持不变，设计得到的 FIR 波束形成器在 33 个频率的宽带波束重叠显示于图 9.18 中。采用式(9.49)计算出主瓣响应均方差异($10\lg\delta_{\mathrm{rms}}^2$)为−51.2dB。

采用式(9.60)所示均方主瓣差异约束最小均方旁瓣波束设计方法。其中 δ_0 选择与图 9.18 所示波束图具有相同的主瓣响应均方差异，即取 $20\lg\delta_0=-51.2\mathrm{dB}$。设计出的波束图显示于图 9.19。根据式(9.57)计算出均方旁瓣级为 $10\lg\sigma_{\mathrm{rmsSL}}^2=-36.2\mathrm{dB}$。

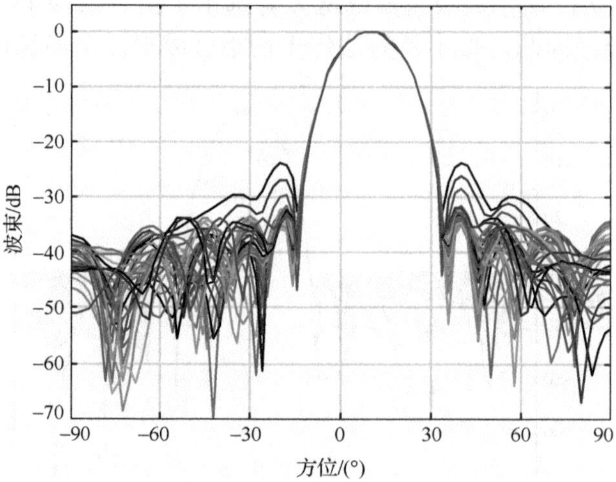

图 9.19　采用均方主瓣差异约束最小均方旁瓣波束设计法(9.60)得到的 FIR 波束形成器在 33 个子带的波束重叠显示图

例 9.8　具有干扰抑制能力的恒定主瓣响应波束设计

考虑与例 9.7 相同的阵列条件，一个信噪比 SNR = 0dB 的信号与两个干噪比 INR = 30dB 的等强度干扰分别从 10°、−30°与−50°方向入射到基阵。假设信号、干扰与噪声都是带通高斯白噪声，且在工作频带 $[f_1, f_u]$ 内具有均匀的频谱。要求根据式(9.63)方法设计 FIR 波束形成器。

假设数据协方差矩阵 $\boldsymbol{R}$ 取式(9.35)所示理论值。δ_0 保持不变，$20\lg\delta_0=-51.2\,\mathrm{dB}$。均方旁瓣级取 $20\lg\xi_0=-33.2\mathrm{dB}$，即比图 9.19 中的均方旁瓣升高 3dB。求解式(9.63)所示优化问题，得到的宽带波束图显示于图 9.20 中。正如我们所期望的，得到的宽带波束主瓣响应具有很高的一致性，在两个干扰方向形成了较深的凹槽。

为了比较本节介绍的最小主瓣差异法设计的波束图的性能，表 9.3 列出了例 9.6～例 9.8 中五种恒定主瓣响应 FIR 波束形成器设计方法设计出的波束图的最大主瓣响应差异 $20\lg\delta_{\max}$ (dB)、主瓣响应均方差异 $20\lg\delta_{\mathrm{rms}}$ (dB)、峰值旁瓣级 $20\lg\sigma_{\mathrm{maxSL}}$ (dB)、均方旁瓣级 $20\lg\sigma_{\mathrm{rmsSL}}$ (dB)以及运用 SeDuMi 求解各例中优化问题时的 CPU 运算时间。

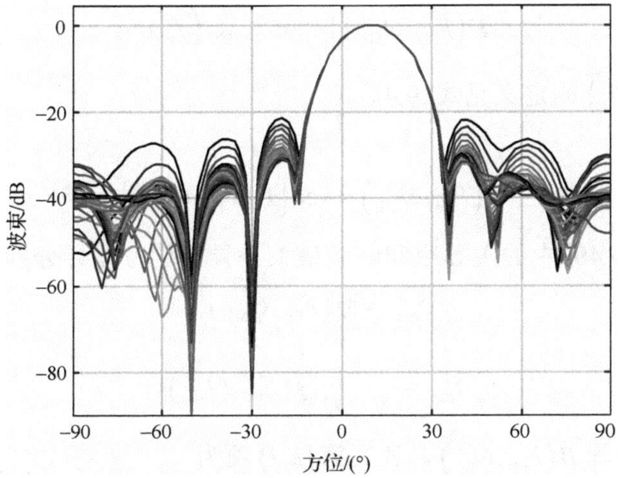

图 9.20　采用具有干扰抑制能力的恒定主瓣响应波束设计法(9.63)
得到的 FIR 波束形成器在 33 个子带的波束重叠显示图

表 9.3　五种恒定主瓣响应 FIR 波束设计方法性能比较

方法	波束图	$20\lg\delta_{max}$ /dB	$20\lg\delta_{rms}$ /dB	$20\lg\sigma_{maxSL}$ /dB	$20\lg\sigma_{rmsSL}$ /dB	CPU 时间/s
式(9.43)	图 9.16(b)	−21.4	−23.9	−30.0	−33.1	19.5
式(9.47)	图 9.17	**−42.6**	−45.5	−30.0	−32.3	10.1
式(9.55)	图 9.18	−35.7	**−51.2**	−30.0	−32.1	7.8
式(9.60)	图 9.19	−35.8	−51.2	−23.9	**−36.2**	0.22
式(9.63)	图 9.20	−37.0	−51.2	−21.5	−33.2	0.28

从表 9.3 可以看出，在同等峰值旁瓣级约束条件下，Minimax 主瓣差异法(9.47)得到的 δ_{max} 与 δ_{rms} 都比最小合成误差全局优化法(9.43)小，显然最小差异法得到的 FIR 波束形成器主瓣响应一致性精度更高。正如前面的理论分析一样，在同等峰值旁瓣级约束条件下，最小均方主瓣差异法(9.55)比 Minimax 主瓣差异法(9.47)获得了更小的 δ_{rms}，且计算速度更快，但是得到的 δ_{max} 稍大。在同等主瓣均方差异 δ_{rms} 约束条件下，最小均方旁瓣波束设计法(9.60)比方法(9.55)获得了更小的均方旁瓣 σ_{rmsSL}，且计算时间更短，只用了最小合成误差全局优化法(9.43)计算时间的 1/90。不过，其峰值旁瓣 σ_{maxSL} 稍高。具有干扰抑制能力的恒定主瓣响应波束设计法(9.63)能够提供较好的干扰抑制能力，其代价是其旁瓣比方法(9.60)得到的旁瓣稍高，计算量稍大。

9.4.3　宽带 FIR 波束优化统一形式

构造一个 $K\times N_{ML}$ 维矩阵 $\boldsymbol{\Gamma}\left(F_{PB},\Theta_{ML}\right)$，让其第 (k,j) 项为

$$\left[\boldsymbol{\Gamma}\left(F_{\mathrm{PB}},\Theta_{\mathrm{ML}}\right)\right]_{k,j}=\delta_{\mathrm{MSRV}}\left(f_k,\theta_j\right) \tag{9.64}$$

式中，$\delta_{\mathrm{MSRV}}\left(f_k,\theta_j\right)$的定义见式(9.44)。

令

$$\boldsymbol{\gamma}\left(F_{\mathrm{PB}},\Theta_{\mathrm{ML}}\right)=\mathrm{vec}\left\{\boldsymbol{\Gamma}\left(F_{\mathrm{PB}},\Theta_{\mathrm{ML}}\right)\right\} \tag{9.65}$$

则式(9.45)与式(9.49)中的主瓣空间响应最大差异与均方差异分别为

$$\delta_{\max}=\left\|\boldsymbol{\gamma}\left(F_{\mathrm{PB}},\Theta_{\mathrm{ML}}\right)\right\|_{\infty} \tag{9.66}$$

$$\delta_{\mathrm{rms}}^2=\frac{1}{N_{\mathrm{ML}}K}\left\|\boldsymbol{\gamma}\left(F_{\mathrm{PB}},\Theta_{\mathrm{ML}}\right)\right\|_2^2 \tag{9.67}$$

构造$K\times N_{\mathrm{ML}}$维矩阵$\boldsymbol{B}\left(F_{\mathrm{PB}},\Theta_{\mathrm{SL}}\right)$，让其第$(k,i)$项为

$$\left[\boldsymbol{B}\left(F_{\mathrm{PB}},\Theta_{\mathrm{SL}}\right)\right]_{k,i}=B\left(f_k,\theta_i\right),\ f_k\in F_{\mathrm{PB}},\ \theta_i\in\Theta_{\mathrm{SL}} \tag{9.68}$$

并令

$$\boldsymbol{b}\left(F_{\mathrm{PB}},\Theta_{\mathrm{SL}}\right)=\mathrm{vec}\left\{\boldsymbol{B}\left(F_{\mathrm{PB}},\Theta_{\mathrm{SL}}\right)\right\} \tag{9.69}$$

于是，综合本章的推导，可以构造如下多约束宽带 FIR 波束优化问题

$$\begin{aligned}\min_{\boldsymbol{h}}\mu_p,\ p\in\{1,2,3,4\}\quad \text{subject to}\ &\left\|\boldsymbol{\gamma}\left(F_{\mathrm{PB}},\Theta_{\mathrm{ML}}\right)\right\|_{q_1}\leqslant\mu_1\\&\left\|\boldsymbol{b}\left(F_{\mathrm{PB}},\Theta_{\mathrm{ML}}\right)\right\|_{q_2}\leqslant\mu_2\\&\boldsymbol{h}^{\mathrm{T}}\boldsymbol{R}_{\mathrm{t}}\boldsymbol{h}\leqslant\mu_3\\&\|\boldsymbol{h}\|\leqslant\mu_4\\&\boldsymbol{u}^{\mathrm{T}}\left(f_0,\theta_{\mathrm{s}}\right)\boldsymbol{h}=1\end{aligned} \tag{9.70}$$

式中，μ_p，$p=1,2,3,4$中任意三个是用户设定约束值，另外一个是优化目标；$q_1,q_2=1,2$或∞；$\boldsymbol{R}_{\mathrm{t}}$是式(9.24)中定义的$ML\times ML$维时域宽带数据协方差矩阵或其估计值，此处没有简写为$\boldsymbol{R}$，是为了与式(7.35)等表达式中的频域窄带数据协方差矩阵$\boldsymbol{R}$相区分。

显然优化问题式(9.39)、式(9.40)、式(9.46)、式(9.55)、式(9.60)、式(9.61)等都是优化问题式(9.70)的特例。优化问题式(9.70)构造了宽带 FIR 波束优化设计问题的统一方法，它可以很方便地转化为二阶锥规划求解。时域宽带 FIR 波束优化统一表达式(9.70)可以理解为式(7.35)所示窄带波束优化问题向宽带的扩展。

例 9.9　多约束恒定主瓣响应波束设计

考虑与例 7.7 相同的仿真条件。要求采用式(9.70)所示方法设计一种多约束波束形成器——稳健旁瓣控制恒定主瓣响应自适应 FIR 波束形成器。

方便起见，运用式(9.35)所示理论协方差矩阵 $\boldsymbol{R}$。$\theta_s=10°$，按 2° 间隔离散化全方位 [−90°,90°]，主瓣与旁瓣区域分别取 $\Theta_{ML}=[-12°:2°:32°]$ 与 $\Theta_{SL}=[-90°:2°:-16°]\cup[36°:2°:90°]$。FIR 波束形成器中滤波器长度为 $L=32$。将工作频带 $[f_l,f_u]$ 均匀分成 $K=33$ 个子带。其他参数设置如下：$p=3$，$q_1=2$，$\mu_1=10^{-15/20}$，$q_2=\infty$，$\mu_2=10^{-25/20}$，$\mu_4=10^{-10/20}$，$f_0=(f_l+f_u)/2$。

求解优化问题(9.70)，设计出的 FIR 波束形成器在 33 个频率的波束重叠显示于图 9.21 中。经检验，设计结果都满足约束要求，在干扰方向形成了较深的凹槽。经计算，波束输出信干噪比为 9.02dB。通过设计该波束形成器，多约束设计法的设计能力得到了充分的展现。

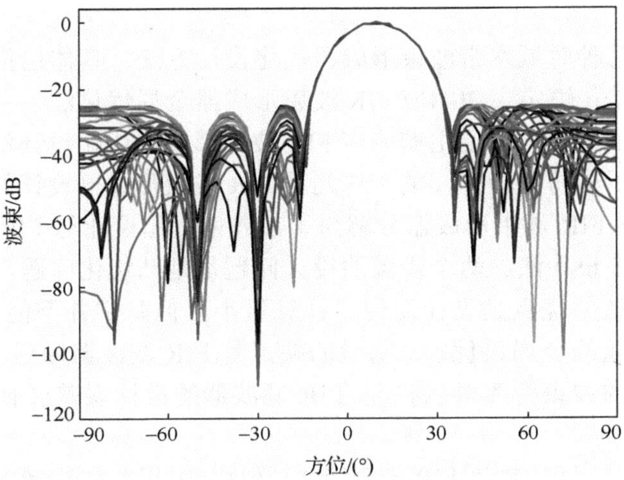

图 9.21　多约束波束形成器波束图重叠显示

9.5　几种宽带 FIR 波束设计方法比较

下面对本章及第 8 章中介绍的几种典型 FIR 波束形成器设计方法的性能与实施难易程度进行比较。几种 FIR 波束设计方法包括：①Frost 波束设计法(8.3 节)；②Godara 提出的基于 FFT 的 FIR 波束设计法(8.4 节)；③FIR 波束形成器分步设计法(8.6 节)；④最小合成误差全局优化法(9.2 节)；⑤自适应 FIR 波束设计法(9.3 节)；⑥最小差异恒定主瓣响应波束设计法(9.4 节)。

比较结果显示于表 9.4 中。从表中可以看出，第 3 种与第 6 种方法值得推荐使用，前者花费一般的计算时间能获得较好的设计效果，后者以花费较长计算时间为代价，能获得最好的设计效果。

表 9.4　几种 FIR 波束形成器设计方法比较

序号	方法	类别	设计效果	计算时间(量级)
1	Frost 方法	全局设计	较差	一般
2	基于 FFT	分步设计	较差	较短
3	分步设计法	分步设计	较好	一般
4	最小合成误差	全局设计	更好	较长
5	自适应 FIR	全局设计	更好	较长
6	最小主瓣差异	全局设计	最好	较长

9.6　本 章 小 结

本章介绍了几种时域宽带波束形成器优化设计方法。具体包括三种 FIR 波束形成器优化设计方法：恒定主瓣响应 FIR 波束形成器全局优化法、旁瓣控制 FIR 自适应波束形成法及最小差异恒定主瓣响应 FIR 波束形成器优化设计法等。通过本章的阐述、推导、分析与仿真验证，关于这几种 FIR 波束形成器设计的部分结论如下。

(1)第 8 章将 FIR 波束形成器分解为子带波束优化设计与 FIR 滤波器优化设计两部分，称为分步设计法。两个步骤的设计问题都是凸优化问题，都能保证获得最优解。分步设计法的优点是设计简便，计算量小，但是它并不能保证获得 FIR 波束形成器设计问题的全局最优解。明显的缺点是 FIR 滤波器阻带衰减量难以确定，在阻带与过渡带的波束旁瓣难以控制，FIR 滤波器的设计误差会使波束凹槽深度变浅等。

(2)在设计恒定主瓣响应 FIR 波束形成器时，采用空、频域响应联合优化的全局优化设计法可以克服分步设计法难以严格控制空、频域旁瓣的缺点。首先推导了宽带波束响应与滤波器系数间的线性关系，然后将 FIR 波束形成器设计问题表述成直接求解 FIR 滤波器系数的凸优化问题，再转化为二阶锥规划问题求解。该方法在波束空、频域旁瓣约束与稳健性约束的条件下使工作频带内波束主瓣响应与参考波束间的逼近误差最小。由于该方法直接针对优化问题求解滤波器系数，可以获得满足约束条件下的全局最优解。该方法得到的 FIR 波束形成器主瓣响应逼近精度更高，且能保证严格控制宽带波束的空、频域旁瓣。

(3)采用旁瓣控制宽带 FIR 自适应波束形成方法，可以克服分步设计法中由于 FIR 滤波器设计误差使波束对干扰的凹槽深度变浅的缺点。同样将基阵波束响应表达成一组 FIR 滤波器系数的线性函数，然后采用如下优化准则来设计 FIR 滤波器组：在保证波束形成器对期望方向信号无失真输出且波束旁瓣低于设定值的条件下，使波束输出功率最小化。同时通过对滤波器系数的范数进行约束来保证波束形成器的稳健性。该方法能够保证波束旁瓣严格低于设定门限，在干扰方向形成足够深的凹槽。

(4) 在 (1) 与 (2) 所述恒定主瓣响应波束设计方法中，必须预先指定参考波束。不同的参考波束得到的各频率波束主瓣一致性程度不同，而这两种方法难以选择最优的参考波束。可见，这些方法的主瓣响应一致性逼近精度还有提高的空间。采用最小差异恒定主瓣响应 FIR 波束形成器优化设计法，避开了参考波束的选择环节，直接使 FIR 波束形成器在各频率的主瓣响应间的误差最小化，设计准则更合理，主瓣逼近精度也更高。通过适当调节旁瓣约束，可以从一定程度上降低计算量。将最小差异恒定主瓣响应 FIR 波束形成器优化设计法与 (3) 中的 FIR 自适应波束形成方法相结合，可以获得具有干扰抑制能力的恒定主瓣响应 FIR 波束形成器。

(5) 归纳出一种 FIR 宽带波束形成器统一优化设计法——多约束优化设计法，该方法将本章中其他几种 FIR 波束优化设计法纳入统一框架，使它们成为它的一个特例。该统一设计法可以满足多样化的时域 FIR 宽带波束形成器设计需求，提供灵活的设计准则。它是 7.3.4 节中提出的窄带波束统一优化设计法向宽带的推广。该宽带多约束统一设计法的优越性能在稳健旁瓣控制恒定主瓣响应自适应 FIR 波束形成器设计问题中得到了充分的体现。

参考文献

[1] Southworth G C. Forty Years of Radio Research. New York: Gordon and Breach, 1962.

[2] Oliner A A, Knittel G H. Phased Array Antennas. Boston: Artech House, 1972.

[3] Ridenour L N. Radar System Engineering. New York: McGraw-Hill, 1947.

[4] Skolnik M I. Introduction to Radar Systems. New York: McGraw-Hill, 1980.

[5] Reed J E. The AN/FPS-85 radar system. Proc IEEE, 1969, 57(3): 324-335.

[6] Shepherd T J, Haykin S, Litva J. Radar Array Processing. NewYork: Springer-Verlag, 1992.

[7] Gini F, Farina A, Greco M. Selected list of references on radar signal processing. IEEE Trans Aerosp Electron Syst, 2001, 37(1): 329-359.

[8] Baggeroer A B, Oppenheim A V. Applications of Digital Signal Processing. Englewood Cliffs: Prentice-Hall, 1978.

[9] Knight W C, Pridham R G, Kay S M. Digital signal processing for sonar. Proc IEEE, 1981, 69(11): 1451-1506.

[10] Owsley N. Sonar array processing // Haykin S. Array Signal Processing. Englewood Cliffs: Prentice-Hall, 1985.

[11] Urick R J. Principles of Underwater Sound for Engineers. New York: McGraw-Hill, 1967.

[12] Bartram J F, Ramseyer R R, Heines J M. Fifth generation digital sonar signal-processing. IEEE J Ocean Eng, 1977, 2(4): 337-343.

[13] Nielsen R O. Sonar Signal Processing. California: Interstate Electronics Corporation Anaheim, Artech House, 1991.

[14] Waite A D. Sonar for Practising Engineers. New York: John Wiley & Sons, Inc., 2002.

[15] Giannakis G B. Highlights of signal processing for communications. IEEE Signal Process Mag, 1999, 16(2): 14-50.

[16] Friis H T, Feldman C B. A multiple unit steerable antenna for shortwave reception. Bell Syst Tech J, 1937, 16: 337-419.

[17] Godara L C. Applications of antenna arrays to mobile communications Ⅰ: Performance improvement, feasibility, and system considerations. Proc IEEE, 1997, 85(7): 1031-1060.

[18] Godara L C. Application of antenna arrays to mobile communications Ⅱ: Beamforming and direction-of-arrival considerations. Proc IEEE, 1997, 85(8): 1195-1245.

[19] Paulraj A J, Papadias C B. Space-time processing for wireless communications: Improving capacity, coverage, and quality in wireless networks by exploiting the spatial dimension. IEEE

Signal Process Mag, 1997, 14(6): 49-83.

[20] Winters J H. Smart antennas for wireless systems. IEEE Personal Communications, 1998, 5(1): 23-27.

[21] Rappaport T S. Smart Antennas: Adaptive Arrays, Algorithms, and Wireless Position Location. New York: IEEE Press, 1998.

[22] Macovski A. Medical Imaging. Englewood Cliffs: Prentice-Hall, 1983.

[23] Kak A C, Haykin S. Array Signal Processing. Englewood Cliffs: Prentice-Hall, 1985.

[24] Karaman M, Atalar A, Koymen H. VLSI circuits for adaptive digital beamforming in ultrasound imaging. IEEE Transactions on Medical Imaging, 1993, 12(4): 711-720.

[25] Capon J, Greenfield R J, Kolker R J. Multidimensional maximum-likelihood processing of a large aperture seismic array. Proc IEEE, 1967, 55(2): 192-211.

[26] Treitel R, Oppenheim A V. Applications of Digital Signal Processing. Englewood Cliffs: Prentice-Hall, 1978.

[27] Justice J H, Haykin S. Array Signal Processing. Englewood Cliffs: Prentice-Hall, 1985.

[28] Ryle M. The 5-km radio telescope at Cambridge. Nature, 1973, 239: 435-438.

[29] Thompson A R, Clark R G, Wade C M, et al. The very large array. Astrophys J Suppl, 1980, 44: 151-167.

[30] Readhead A. Radio astronomy by very-long-baseline interferometry. Scientific American, 1982, 246: 52-61.

[31] Yen J L, Haykin S. Array Signal Processing. Englewood Cliffs: Prentice-Hall, 1985.

[32] Mousavi P, Shafai L, Veidt B, et al. Feed-reflector design for large adaptive reflector antenna (LAR). IEEE Trans Antennas Propagat, 2001, 49(8): 1142-1154.

[33] Ellingson S W, Hampson G A. A subspace-tracking approach to interference nulling for phased array-based radio telescopes. IEEE Trans Antennas Propagat, 2002, 50(1): 25-30.

[34] Kaneda Y, Ohga J. Adaptive microphone-array system for noise-reduction. IEEE Trans Audio Speech Signal Process, 1986, 34(6): 1391-1400.

[35] Welker D P, Greenberg J E, Desloge J G, et al. Microphone-array hearing aids with binaural output, Part Ⅱ: A two-microphone adaptive system. IEEE Trans Speech Audio Process, 1997, 5(6): 543-551.

[36] Zheng Y H R, Goubran R A, El-Tanany M. Experimental evaluation of a nested microphone array with adaptive noise cancellers. IEEE Trans Instrum Meas, 2004, 53(3): 777-786.

[37] Matsumoto M, Hashimoto S. A miniaturized adaptive microphone array under directional constraint utilizing aggregated microphones. J Acoust Soc Amer, 2006, 119(1): 352-359.

[38] Hansen R C. Special issue on active and adaptive antennas. IEEE Trans Antennas Propagat, 1964, 12(2): 140-242.

[39] Gabriel W F. Special issue on adaptive antennas. IEEE Trans Antennas Propagat, 1976, 24(5): 573-764.

[40] Gabriel W F. Special issue on adaptive processing antenna systems. IEEE Trans Antennas Propagat, 1986, 34(3): 273-463.

[41] Grossi M D, Tacconi G. Special issue on beam forming. IEEE J Ocean Eng, 1985, 10(3): 197-332.

[42] Medgyesi-Mitschang L N. Special issue on antennas. Proc IEEE, 1992, 80(1): 7-215.

[43] Gabriel W F. Adaptive arrays:An introduction. Proc IEEE, 1976, 64(2): 239-272.

[44] Marr J D. A selected bibliography on adaptive antenna-arrays. IEEE Trans Aerosp Electron Syst, 1986, 22(6): 781-798.

[45] van Veen B D, Buckley K M. Beamforming: A versatile approach to spatial filtering. IEEE ASSP Mag, 1988, 5(2): 4-24.

[46] Krim H, Viberg M. Two decades of array signal processing research: The parametric approach. IEEE Signal Process Mag, 1996, 13(4): 67-94.

[47] Vaccaro R J. The past, present and future of underwater acoustic signal processing. IEEE Signal Process Mag, 1998, 15(4): 21-51.

[48] Hero A. Highlights of statistical signal and array processing. IEEE Signal Process Mag, 1998, 15(5): 21-64.

[49] Chen J C, Yao K, Hudson R E. Source localization and beamforming. IEEE Signal Process Mag, 2002, 19(2): 30-39.

[50] Hudson J E. Adaptive Array Principles. London: Peter Peregrinus, 1981.

[51] Haykin S. Array Signal Processing. Englewood Cliffs: Prentice-Hall, 1985.

[52] Widrow B, Stearns S D. Adaptive Signal Processing. Englewood Cliffs: Prentice-Hall, 1985.

[53] Pillai S U. Array Signal Processing. New York: Springer-Verlag, 1989.

[54] Haykin S. Advances in Spectrum Analysis and Array Processing. Englewood Cliffs: Prentice-Hall, 1991.

[55] Haykin S, Litva J, Shepherd T J. Radar Array Processing. Berlin: Springer-Verlag, 1993.

[56] Johnson D H, Dudgeon D E. Array Signal Processing: Concepts and Techniques. Englewood Cliffs: Printice-Hall, 1993.

[57] van Trees H L. Detection, Estimation, and Linear Modulation Theory: Part Ⅰ of Detection, Estimation, and Modulation Theory. New York: John Wiley & Sons, Inc., 2001.

[58] van Trees H L. Radar-Sonar Signal Processing and Gaussian Signals in Noise: Part Ⅲ of Detection, Estimation, and Modulation Theory. New York: John Wiley & Sons, Inc., 2001.

[59] van Trees H L. Optimum Array Processing: Part Ⅳ of Detection, Estimation, and Modulation Theory. New York: John Wiley & Sons, Inc., 2002.

[60] Li J, Stoica P. Robust Adaptive Beamforming. New York: John Wiley & Sons, Inc., 2006.

[61] Rafaely B. Fundamentals of Spherical Array Processing. Berlin: Springer-Verlag, 2015.

[62] Benesty J, Chen J, Cohen I. Design of Circular Differential Microphone Arrays. Berlin: Springer-Verlag, 2015.

[63] Bai M R, Ih J-G, Benesty J. Acoustic Array Systems: Theory, Implementation, and Application. Singapore: Wiley-IEEE Press, 2013: 536

[64] 侯自强, 李贵斌. 声呐信号处理——原理与设备. 北京: 海洋出版社, 1985.

[65] 李启虎. 声呐信号处理引论. 北京: 海洋出版社, 1985.

[66] 朱埜. 主动声呐检测信息原理. 北京: 海洋出版社, 1990.

[67] 李贵斌. 声呐基阵设计原理. 北京: 海洋出版社, 1993.

[68] 鄢社锋, 马远良. 传感器阵列波束优化设计及应用. 北京: 科学出版社, 2009.

[69] Cron B F, Sherman C H. Spatial-correlation functions for various noise models. J Acoust Soc Amer, 1962, 34(11): 1732-1736.

[70] Kuperman W A, Ingenito F. Spatial correlation of surface generated noise in a stratified ocean. J Acoust Soc Amer, 1980, 67(6): 1988-1996.

[71] 鄢社锋, 马晓川. 宽带波束形成器的设计与实现. 声学学报, 2008, 33(4): 316-326.

[72] Dolph C L. A current distribution for broadside arrays which optimizes the relationship between beam width and side-lobe level. Proc IRE, 1946, 34(6): 335-348.

[73] Applebaum S P. Adaptive arrays. IEEE Trans Antennas Propagat, 1976, 24(5): 585-598.

[74] Monzingo R, Miller T. Introduction to Adaptive Arrays. New York: Wiley and Sons, Inc., 1980.

[75] Frost O L. An algorithm for linearly constrained adaptive array processing. Proc IEEE, 1972, 60(8): 926-935.

[76] Gilbert E N, Morgan S P. Optimum design of directive antenna arrays subject to random variations. Bell Syst Tech J, 1955, 34(3): 637-663.

[77] 鄢社锋. 水听器阵列波束优化与广义空域滤波研究. 西安：西北工业大学, 2005.

[78] Capon J. High-resolution frequency-wavenumber spectrum analysis. Proc IEEE, 1969, 57(8): 1408-1418.

[79] Cox H, Zeskind R M, Owen M M. Robust adaptive beamforming. IEEE Trans Audio Speech Signal Process, 1987, 35(10): 1365-1376.

[80] Marzetta T L. A new interpretation for Capon maximum-likelihood method of frequency-wavenumber spectral estimation. IEEE Trans Audio Speech Signal Process, 1983, 31(2): 445-449.

[81] Parsons A T. Maximum directivity proof for 3-dimensional arrays. J Acoust Soc Amer, 1987, 82(1): 179-182.

[82] Mutapcic A, Kim S J, Boyd S. Beamforming with uncertain weights. IEEE Signal Process Lett,

2007, 14(5): 348-351.

[83] Godara L C. The effect of phase-shifter errors on the performance of an antenna-array beamformer. IEEE J Ocean Eng, 1985, 10(3): 278-284.

[84] Godara L C. Error analysis of the optimal antenna-array processors. IEEE Trans Aerosp Electron Syst, 1986, 22(4): 395-409.

[85] Kim J W, Un C K. An adaptive array robust to beam pointing error. IEEE Trans Signal Process, 1992, 40(6): 1582-1584.

[86] Bell K L, Ephraim Y, van Trees H L. A Bayesian approach to robust adaptive beamforming. IEEE Trans Signal Process, 2000, 48(2): 386-398.

[87] Jablon N K. Adaptive beamforming with the generalized sidelobe canceler in the presence of array imperfections. IEEE Trans Antennas Propagat, 1986, 34(8): 996-1012.

[88] Wang M, Ma X, Yan S F, et al. Autocalibration algorithm for uniform circular array with unknown mutual coupling. IEEE Antennas Wirel Propag Lett, 2016, 15: 12-15.

[89] Gershman A B, Mecklenbrauker C F, Bohme J F. Matrix fitting approach to direction of arrival estimation with imperfect spatial coherence of wavefronts. IEEE Trans Signal Process, 1997, 45(7): 1894-1899.

[90] Ringelstein J, Gershman A B, Bohme J F. Direction finding in random inhomogeneous media in the presence of multiplicative noise. IEEE Signal Process Lett, 2000, 7(10): 269-272.

[91] Gershman A B, Turchin V I, Zverev V A. Experimental results of localization of moving underwater signal by adaptive beamforming. IEEE Trans Signal Process, 1995, 43(10): 2249-2257.

[92] Weiss A J, Friedlander B. Fading effects on antenna arrays in cellular communications. IEEE Trans Signal Process, 1997, 45(5): 1109-1117.

[93] Hong Y J, Yeh C C, Ucci D R. The effect of a finite-distance signal source on a far-field steering applebaum array-two-dimensional array case. IEEE Trans Antennas Propagat, 1988, 36(4): 468-475.

[94] Goldberg J, Messer H. Inherent limitations in the localization of a coherently scattered source. IEEE Trans Signal Process, 1998, 46(12): 3441-3444.

[95] Astely D, Ottersten B. The effects of local scattering on direction of arrival estimation with MUSIC. IEEE Trans Signal Process, 1999, 47(12): 3220-3234.

[96] Pedersen K I, Mogensen P E, Fleury B H. A stochastic model of the temporal and azimuthal dispersion seen at the base station in outdoor propagation environments. IEEE Transactions on Vehicular Technology, 2000, 49(2): 437-447.

[97] Besson O, Stoica P. Decoupled estimation of DOA and angular spread for a spatially distributed source. IEEE Trans Signal Process, 2000, 48(7): 1872-1882.

[98] Kleinberg L I. Array gain for signals and noise having amplitude and phase fluctuations. J Acoust Soc Amer, 1980, 67(2): 572-577.

[99] Feldman D D, Griffiths L J. A projection approach for robust adaptive beamforming. IEEE Trans Signal Process, 1994, 42(4): 867-876.

[100] Seligson C D. Comments on "High-resolution frequency-wavenumber spectrum analysis". Proc IEEE, 1970, 58(6): 947-949.

[101] Cox H. Resolving power and sensitivity to mismatch of optimum array processors. J Acoust Soc Amer, 1973, 54(3): 771-785.

[102] Hodgkiss W S, Nolte L W. Covariance between Fourier coefficients representing time waveforms observed from an array of sensors. J Acoust Soc Amer, 1976, 59(3): 582-590.

[103] Reed I S, Mallett J D, Brennan L E. Rapid convergence rate in adaptive arrays. IEEE Trans Aerosp Electron Syst, 1974, AE10(6): 853-863.

[104] Kelly E J. Performance of an adaptive detection algorithm, rejection of unwanted signals. IEEE Trans Aerosp Electron Syst, 1989, 25(2): 122-133.

[105] Griffiths L J, Jim C W. An alternative approach to linearly constrained adaptive beamforming. IEEE Trans Antennas Propagat, 1982, 30(1): 27-34.

[106] Hung E K L, Turner R M. A fast beamforming algorithm for large arrays. IEEE Trans Aerosp Electron Syst, 1983, 19(4): 598-607.

[107] Widrow B, Duvall K M, Gooch R P, et al. Signal cancellation phenomena in adaptive antennas: Causes and cures. IEEE Trans Antennas Propagat, 1982, 30(3): 469-478.

[108] Boroson D M. Sample-size considerations for adaptive arrays. IEEE Trans Aerosp Electron Syst, 1980, 16(4): 446-451.

[109] Er M H, Cantoni A. Derivative constraints for broad-band element space antenna-array processors. IEEE Trans Audio Speech Signal Process, 1983, 31(6): 1378-1393.

[110] Buckley K M, Griffiths L J. An adaptive generalized sidelobe canceler with derivative constraints. IEEE Trans Antennas Propagat, 1986, 34(3): 311-319.

[111] Zhang S T, Thng I L J. Robust presteering derivative constraints for broadband antenna arrays. IEEE Trans Signal Process, 2002, 50(1): 1-10.

[112] Cox H, Zeskind R M, Kooij T. Practical supergain. IEEE Trans Audio Speech Signal Process, 1986, 34(3): 393-398.

[113] Yan S F, Ma Y. Robust supergain beamforming for circular array via second-order cone programming. Applied Acoustics, 2005, 66(9): 1018-1032.

[114] Chang L, Yeh C C. Performance of DMI and eigenspace-based beamformers. IEEE Trans Antennas Propagat, 1992, 40(11): 1336-1347.

[115] Youn W S, Un C K. Robust adaptive beamforming based on the eigenstructure method. IEEE

Trans Signal Process, 1994, 42(6): 1543-1547.

[116] Yu J L, Yeh C C. Generalized eigenspace-based beamformers. IEEE Trans Signal Process, 1995, 43(11): 2453-2461.

[117] Lee C C, Lee J H. Robust adaptive array beamforming under steering vector errors. IEEE Trans Antennas Propagat, 1997, 45(1): 168-175.

[118] Er M H, Cantoni A. An alternative formulation for an optimum beamformer with robustness capability. IEEE Proceedings-F Radar and Signal Processing, 1985, 132(6): 447-460.

[119] Carlson B D. Covariance-matrix estimation errors and diagonal loading in adaptive arrays. IEEE Trans Aerosp Electron Syst, 1988, 24(4): 397-401.

[120] Vanveen B D. Minimum variance beamforming with soft response constraints. IEEE Trans Signal Process, 1991, 39(9): 1964-1972.

[121] Tian Z, Bell K L, van Trees H L. A recursive least squares implementation for LCMP beamforming under quadratic constraint. IEEE Trans Signal Process, 2001, 49(6): 1138-1145.

[122] Vorobyov S A, Gershman A B, Luo Z Q. Robust adaptive beamforming using worst-case performance optimization: A solution to the signal mismatch problem. IEEE Trans Signal Process, 2003, 51(2): 313-324.

[123] Gershman A B, Luo Z Q, Shahbazpanahi S. Robust adaptive beamforming based on worst-case performance optimization// Li J, Stoica P. Robust Adaptive Beamforming. New York: John Wiley & Sons, Inc., 2006: 49-89.

[124] Stoica P, Wang Z S, Li J. Robust Capon beamforming. IEEE Signal Process Lett, 2003, 10(6): 172-175.

[125] Li J, Stoica P, Wang Z S. On robust Capon beamforming and diagonal loading. IEEE Trans Signal Process, 2003, 51(7): 1702-1715.

[126] Li J, Stoica P, Wang Z S. Doubly constrained robust Capon beamformer. IEEE Trans Signal Process, 2004, 52(9): 2407-2423.

[127] Lorenz R G, Boyd S R. Robust minimum variance beamforming. IEEE Trans Signal Process, 2005, 53(5): 1684-1696.

[128] Kim S J, Magnani A, Mutapcic A, et al. Robust beamforming via worst-case SINR maximization. IEEE Trans Signal Process, 2008, 56(4): 1539-1547.

[129] Dolph C L, Riblet H J. Discussion on "A current distribution for broadside arrays which optimizes the relationship between beam width and side-lobe level". Proc IRE, 1947, 35(5): 489-492.

[130] Taylor T T. Design of line-source antennas for narrow beamwidth and low side lobes. IRE Trans Antennas Propagat, 1955, 3(1): 16-28.

[131] Taylor T T. Design of circular apertures for narrow beamwidth and low sidelobes. IRE Trans

Antennas Propagat, 1960, 8(1): 17-22.

[132] Elliott R S. Design of line-source antennas for sum patterns with sidelobes of individually arbitrary heights. IEEE Trans Antennas Propagat, 1976, 24(1): 76-83.

[133] Villeneuve A T. Taylor patterns for discrete arrays. IEEE Trans Antennas Propagat, 1984, 32(10): 1089-1093.

[134] Hansen R C. Array pattern control and synthesis. Proc IEEE, 1992, 80(1): 141-151.

[135] 马远良. 任意结构形状传感器阵方向图的最佳化. 中国造船, 1984, 87(4): 78-85.

[136] Olen C A, Compton R T. A numerical pattern synthesis algorithm for arrays. IEEE Trans Antennas Propagat, 1990, 38(10): 1666-1676.

[137] Zhou P Y, Ingram M A, Anderson P D. Synthesis of minimax sidelobes for arbitrary arrays. IEEE Trans Antennas Propagat, 1998, 46(11): 1759-1760.

[138] Wu R B, Bao Z, Ma Y L. Control of peak sidelobe level in adaptive arrays. IEEE Trans Antennas Propagat, 1996, 44(10): 1341-1347.

[139] Wu R B, Ma Y, James R D. Array pattern synthesis and robust beamforming for a complex sonar system. IEEE Proceedings-Radar Sonar & Navigation, 1997, 144(6): 370-376.

[140] Song H, Kuperman W A, Hodgkiss W S, et al. Null broadening with snapshot-deficient covariance matrices in passive sonar. IEEE J Ocean Eng, 2003, 28(2): 250-261.

[141] Takao K, Komiyama K. An adaptive antenna for rejection of wideband interference. IEEE Trans Aerosp Electron Syst, 1980, 16(4): 452-459.

[142] Gershman A B, Ermolaev V T. Synthesis of the weight distribution of an adaptive array with wide dips in the directional pattern. Radiophys Quantum Electron, 1991, 34: 720-724.

[143] Mailloux R J. Covariance-matrix augmentation to produce adaptive array pattern troughs. Electronics Letters, 1995, 31(10): 771-772.

[144] Zatman M. Production of adaptive array troughs by dispersion synthesis. Electronics Letters, 1995, 31(25): 2141-2142.

[145] Gershman A B, Serebryakov G V, Bohme J F. Constrained Hung-Turner adaptive beam-forming algorithm with additional robustness to wideband and moving jammers. IEEE Trans Antennas Propagat, 1996, 44(3): 361-367.

[146] Gershman A B, Nickel U, Bohme J F. Adaptive beamforming algorithms with robustness against jammer motion. IEEE Trans Signal Process, 1997, 45(7): 1878-1885.

[147] Guerci J R. Theory and application of covariance matrix tapers for robust adaptive beamforming. IEEE Trans Signal Process, 1999, 47(4): 977-985.

[148] Zatman M. Comments on "Theory and application of covariance matrix tapers for robust adaptive beamforming". IEEE Trans Signal Process, 2000, 48(6): 1796-1800.

[149] Guerci J R. Reply to "Comments on 'Theory and application of covariance matrix tapers for

robust adaptive beamforming'". IEEE Trans Signal Process, 2000, 48(6): 1800.
[150] Cheng D K. Optimization techniques for antenna arrays. Proc IEEE, 1971, 59(12): 1664-1674.
[151] Tseng C Y, Griffiths L J. A simple algorithm to achieve desired patterns for arbitrary arrays. IEEE Trans Signal Process, 1992, 40(11): 2737-2746.
[152] Ng B P, Er M H, Kot C. A flexible array synthesis method using quadratic-programming. IEEE Trans Antennas Propagat, 1993, 41(11): 1541-1550.
[153] Wu L X, Zielinski A. Equivalent linear-array approach to array pattern synthesis. IEEE J Ocean Eng, 1993, 18(1): 6-14.
[154] Wu L X, Zielinski A. An iterative method for array pattern synthesis. IEEE J Ocean Eng, 1993, 18(3): 280-286.
[155] Zhou P Y P, Ingram M A. Pattern synthesis for arbitrary arrays using an adaptive array method. IEEE Trans Antennas Propagat, 1999, 47(5): 862-869.
[156] Nordebo S, Zang Z Q, Claesson I. A semi-infinite quadratic programming algorithm with applications to array pattern synthesis. IEEE Trans Circuits Syst II, Analog Digit Signal Process, 2001, 48(3): 225-232.
[157] 朱维杰, 孙进才, 曾向阳. 宽带波束形成器的自适应综合. 声学学报, 2003, 28(3): 283-287.
[158] Er M H. Array pattern synthesis with a controlled mean-square sidelobe level. IEEE Trans Signal Process, 1992, 40(4): 977-981.
[159] Er M H. Alternative approach to designing array pattern with controlled mean-square sidelobe level. Electronics Letters, 1991, 27(5): 435-437.
[160] Lebret H, Boyd S. Antenna array pattern synthesis via convex optimization. IEEE Trans Signal Process, 1997, 45(3): 526-532.
[161] Boyd S, Vandenberghe L. Convex Optimization. Cambridge: Cambridge University Press, 2004.
[162] Lobo M S, Vandenberghe L, Boyd S, et al. Applications of second-order cone programming. Linear Algebra and its Applications, 1998, 284(1-3): 193-228.
[163] Yan S F, Ma Y L, Sun C. Optimal beamforming for arbitrary arrays using second-order cone programming. Chinese Journal of Acoustics, 2005, 24(1): 1-9.
[164] 鄢社锋, 马远良, 孙超. 任意几何形状和阵元指向性的传感器阵列优化波束形成方法. 声学学报, 2005, 30(3): 264-270.
[165] Yan S F, Ma Y L. Frequency invariant beamforming via optimal array pattern synthesis and FIR filters design. Chinese Journal of Acoustics, 2005, 24(3): 202-211.
[166] 鄢社锋, 马远良. 基于二阶锥规划的任意传感器阵列时域恒定束宽波束形成. 声学学报, 2005, 30(4): 309-316.
[167] Wang F, Balakrishnan V, Zhou P Y, et al. Optimal array pattern synthesis using semidefinite programming. IEEE Trans Signal Process, 2003, 51(5): 1172-1183.

[168] Shi Z, Feng Z H. A new array pattern synthesis algorithm using the two-step least-squares method. IEEE Signal Process Lett, 2005, 12(3): 250-253.

[169] Vandenberghe L, Boyd S. Semidefinite programming. SIAM Review, 1996, 38(1): 49-95.

[170] Yan S F, Ma Y, Yang K. Optimal array pattern synthesis with desired magnitude response // Proceedings of IEEE OCEANS, 2005, 3: 2208-2211.

[171] Yan S F, Hovem J M. Array pattern synthesis with robustness against manifold vectors uncertainty. IEEE J Ocean Eng, 2008, 33(4): 405-413.

[172] Smith R P. Constant beamwidth receiving arrays for broad band sonar systems. Acustica, 1970, 23(1): 21-26.

[173] Wang Z S, Li J, Stoica P, et al. Constant-beamwidth and constant-powerwidth wideband robust Capon beamformers for acoustic imaging. J Acoust Soc Amer, 2004, 116(3): 1621-1631.

[174] Ward D B, Kennedy R A, Williamson R C. Theory and design of broad-band sensor arrays with frequency invariant far-field beam patterns. J Acoust Soc Amer, 1995, 97(2): 1023-1034.

[175] 智婉君, 李志舜. 空间重采样法恒定束宽波束形成器设计. 信号处理, 1998, 14(增): 1-5.

[176] 朱维杰, 孙进才. 基于阵列接收数据重采样的频率不变波束形成器. 自然科学进展, 2002, 12(6): 669-672.

[177] 杨益新, 孙超. 任意结构阵列宽带恒定束宽波束形成新方法. 声学学报, 2001, 26(1): 55-58.

[178] 杨益新, 孙超, 鄢社锋, 等. 圆阵宽带恒定束宽波束形成的实验研究. 声学学报, 2003, 28(6): 504-508.

[179] Parra L C. Steerable frequency-invariant beamforming for arbitrary arrays. J Acoust Soc Amer, 2006, 119(6): 3839-3847.

[180] Zhang Y W, Ma Y L. An efficient architecture for real-time narrow-band beamforming. IEEE J Ocean Eng, 1994, 19(4): 635-638.

[181] Ma Y L, Zhao J W, Zhang Y W. An approach for generating high precision digital time-delay with low computational load. Chinese Journal of Acoustics, 1995, 14(1): 27-33.

[182] Tuan D H, Russer P. Signal processing for wideband smart antenna array applications. IEEE Microw Mag, 2004, 5(1): 57-67.

[183] Widrow B, Glover J R, McCool J M, et al. Adaptive noise cancelling: Principles and applications. Proc IEEE, 1975, 63(12): 1692-1716.

[184] Compton R T. The relationship between tapped delay-line and FFT processing in adaptive arrays. IEEE Trans Antennas Propagat, 1988, 36(1): 15-26.

[185] Godara L C. Application of the fast Fourier-transform to broad-band beamforming. J Acoust Soc Amer, 1995, 98(1): 230-240.

[186] Godara L C, Jahromi M R S. Limitations and capabilities of frequency domain broadband constrained beamforming schemes. IEEE Trans Signal Process, 1999, 47(9): 2386-2395.

[187] Zhang B S, Ma Y L. Beamforming for broadband constant beamwidth based on FIR and DSP. Chinese Journal of Acoustics, 2000, 19(3): 207-214.

[188] 杨益新，孙超. 一种改进的 FIR 数字滤波器自适应设计方法. 西北工业大学学报，2002, 20(4): 554-558.

[189] 杨益新，孙超，马远良. 宽带低旁瓣时域波束形成. 声学学报, 2003, 28(4): 331-338.

[190] Yang Y X, Sun C, Ma Y L. Implementation of broadband low-sidelobe beamforming in time domain. Technical Acoustics, 2003, 22: 19-23.

[191] 郭祺丽，孙超，杨益新. 基于期望响应内插技术的宽带波束优化设计. 声学学报，2006, 31(4): 328-333.

[192] Burrus C S, Barreto J A, Selesnick I W. Iterative reweighted least-squares design of FIR filters. IEEE Trans Signal Process, 1994, 42(11): 2926-2936.

[193] Chen X K, Parks T W. Design of FIR filters in the complex-domain. IEEE Trans Audio Speech Signal Process, 1987, 35(2): 144-153.

[194] Zhang X, Dai S. Designs of Chebyshev-type complex FIR filters and digital beamformers with linear-phase characteristics. IEEE Proceedings-Vision Image and Signal Processing, 1994, 141(1): 2-8.

[195] Dam H H, Teo K L, Nordebo S, et al. The dual parameterization approach to optimal least square FIR filter design subject to maximum error constraints. IEEE Trans Signal Process, 2000, 48(8): 2314-2320.

[196] Adams J W. FIR digital-filters with least-squares stopbands subject to peak-gain constraints. IEEE Trans Circuits Syst, 1991, 38(4): 376-388.

[197] Lu W S. Design of nonlinear-phase FIR digital filters: A semidefinite programming approach// Proceedings of ISCAS, 1999: 263-266.

[198] Er M H, Siew C K. Design of FIR filters using quadratic-programming approach. IEEE Trans Circuits Syst II, Analog Digit Signal Process, 1995, 42(3): 217-220.

[199] Yan S F, Ma Y L. A unified framework for designing FIR filters with arbitrary magnitude and phase response. Digital Signal Processing, 2004, 14(6): 510-522.

[200] Yan S F. Optimal design of FIR beamformer with frequency invariant patterns. Applied Acoustics, 2006, 67(6): 511-528.

[201] Yan S F, Hou C, Ma X, et al. Convex optimization based time-domain broadband beamforming with sidelobe control. J Acoust Soc Amer, 2007, 121(1): 46-49.

[202] Yan S F, Ma Y L, Hou C. Optimal array pattern synthesis for broadband arrays. J Acoust Soc Amer, 2007, 122(5): 2686-2696.

[203] Teutsch H. Modal Array Signal Processing: Principles and Applications of Acoustic Wavefield Decomposition. Berlin: Springer-Verlag, 2007.

[204] 鄢社锋，侯朝焕，马晓川. 从阵元域到模态域阵列信号处理. 声学学报，2011，36(5)：461-468.

[205] Williams E G. Fourier Acoustics: Sound Radiation and Nearfield Acoustical Holography. New York: Academic Press, 1999.

[206] Elko G W, Meyer J. Electroacoustic systems for 3-D audio:A report from the Pittsburgh meeting. Echoes, 2002, 12(3): 1-3.

[207] Meyer J, Elko G. A highly scalable spherical microphone array based on an orthonormal decomposition of the soundfield// Proceedings of ICASSP, 2002: 1781-1784.

[208] Abhayapala T D, Ward D B. Theory and design of high order sound field microphones using spherical microphone array// Proceedings of ICASSP, 2002: 1949-1952.

[209] de Witte E, Griffiths H D, Brennan P V. Phase mode processing for spherical antenna arrays. Electronics Letters, 2003, 39(20): 1430-1431.

[210] Rafaely B. Plane-wave decomposition of the sound field on a sphere by spherical convolution. J Acoust Soc Amer, 2004, 116(4): 2149-2157.

[211] Park M, Rafaely B. Sound-field analysis by plane-wave decomposition using spherical microphone array. J Acoust Soc Amer, 2005, 118(5): 3094-3103.

[212] Rafaely B. Analysis and design of spherical microphone arrays. IEEE Trans Speech Audio Process, 2005, 13(1): 135-143.

[213] Rafaely B. Phase-mode versus delay-and-sum spherical microphone array processing. IEEE Signal Process Lett, 2005, 12(10): 713-716.

[214] Rafaely B, Weiss B, Bachmat E. Spatial aliasing in spherical microphone arrays. IEEE Trans Signal Process, 2007, 55(3): 1003-1010.

[215] Koretz A, Rafaely B. Dolph-Chebyshev beampattern design for spherical arrays. IEEE Trans Signal Process, 2009, 57(6): 2417-2420.

[216] Li Z Y, Duraiswami R. Flexible and optimal design of spherical microphone arrays for beamforming. IEEE Trans Audio Speech Lang Process, 2007, 15(2): 702-714.

[217] Yan S F, Sun H, Svensson U P, et al. Optimal modal beamforming for spherical microphone arrays. IEEE Trans Audio Speech Lang Process, 2011, 19(2): 361-371.

[218] Sun H, Yan S F, Svensson U P. Robust minimum sidelobe beamforming for spherical microphone arrays. IEEE Trans Audio Speech Lang Process, 2011, 19(4): 1045-1051.

[219] Sun H, Yan S F, Svensson U P. Optimal higher order ambisonics encoding with predefined constraints. IEEE Trans Audio Speech Lang Process, 2012, 20(3): 742-754.

[220] Yan S F, Sun H, Ma X, et al. Time-domain implementation of broadband beamformer in spherical harmonics domain. IEEE Trans Audio Speech Lang Process, 2011, 19(5): 1221-1230.

[221] Mathews C P, Zoltowski M D. Eigenstructure techniques for 2-D angle estimation with uniform

circular arrays. IEEE Trans Signal Process, 1994, 42(9): 2395-2407.

[222] Teutsch H, Kellermann W. Acoustic source detection and localization based on wavefield decomposition using circular microphone arrays. J Acoust Soc Amer, 2006, 120(5): 2724-2736.

[223] Chan S C, Chen H H. Uniform concentric circular arrays with frequency-invariant characteristics: Theory, design, adaptive beamforming and DOA estimation. IEEE Trans Signal Process, 2007, 55(1): 165-177.

[224] Tiana-Roig E, Jacobsen F, Fernandez-Grande E. Beamforming with a circular microphone array for localization of environmental noise sources. J Acoust Soc Amer, 2010, 128(6): 3535-3542.

[225] Parthy A, Epain N, van Schaik A, et al. Comparison of the measured and theoretical performance of a broadband circular microphone array. J Acoust Soc Amer, 2011, 130(6): 3827-3837.

[226] Torres A M, Cobos M, Pueo B, et al. Robust acoustic source localization based on modal beamforming and time-frequency processing using circular microphone arrays. J Acoust Soc Amer, 2012, 132(3): 1511-1520.

[227] Yan S F. Optimal design of modal beamformers for circular arrays. J Acoust Soc Amer, 2015, 138(4): 2140-2151.

[228] Ma Y L, Yang Y, He Z, et al. Theoretical and practical solutions for high-order superdirectivity of circular sensor arrays. IEEE Trans Ind Electron, 2013, 60(1): 203-209.

[229] Schmidt R O. Multiple emitter location and signal parameter-estimation. IEEE Trans Antennas Propagat, 1986, 34(3): 276-280.

[230] Roy R, Paulraj A, Kailath T. ESPRIT: A subspace rotation approach to estimation of parameters of cisoids in noise. IEEE Trans Audio Speech Signal Process, 1986, 34(5): 1340-1342.

[231] Roy R, Kailath T. ESPRIT: Estimation of signal parameters via rotational invariance techniques. IEEE Trans Audio Speech Signal Process, 1989, 37(7): 984-995.

[232] Viberg M, Ottersten B. Sensor array-processing based on subspace fitting. IEEE Trans Signal Process, 1991, 39(5): 1110-1121.

[233] Viberg M, Ottersten B, Kailath T. Detection and estimation in sensor arrays using weighted subspace fitting. IEEE Trans Signal Process, 1991, 39(11): 2436-2449.

[234] Swindlehurst A L, Kailath T. A performance analysis of subspace-based methods in the presence of model errors, Part Ⅰ: The MUSIC algorithm. IEEE Trans Signal Process, 1992, 40(7): 1758-1774.

[235] Swindlehurst A L, Kailath T. A performance analysis of subspace-based methods in the presence of model errors, Part Ⅱ: Multidimensional algorithms. IEEE Trans Signal Process, 1993, 41(9): 2882-2890.

[236] Jansson M, Swindlehurst A L, Ottersten B. Weighted subspace fitting for general array error models. IEEE Trans Signal Process, 1998, 46(9): 2484-2498.

[237] Bienvenu G, Kopp L. Decreasing high resolution method sensitivity by conventional beamformer preprocessing// Proceedings of ICASSP, 1984: 714-717.

[238] Zoltowski M D, Kautz G M, Silverstein S D. Beamspace root-MUSIC. IEEE Trans Signal Process, 1993, 41(1): 344-364.

[239] Xu X L, Buckley K. An analysis of beam-space source localization. IEEE Trans Signal Process, 1993, 41(1): 501-504.

[240] Xu G H, Silverstein S D, Roy R H, et al. Beamspace ESPRIT. IEEE Trans Signal Process, 1994, 42(2): 349-356.

[241] Li F, Liu H. Statistical-analysis of beam-space estimation for direction-of-arrivals. IEEE Trans Signal Process, 1994, 42(3): 604-610.

[242] Gershman A B. Direction finding using beamspace root estimator banks. IEEE Trans Signal Process, 1998, 46(11): 3131-3135.

[243] Vaccaro R J, Harrison B F. Optimal matrix-filter design. IEEE Trans Signal Process, 1996, 44(3): 705-709.

[244] Zhu Z W, Wang S, Leung H, et al. Matrix filter design using semi-infinite programming with application to DOA estimation. IEEE Trans Signal Process, 2000, 48(1): 267-271.

[245] Polak E. Optimization: Algorithms and Consistent Approximations. New York: Springer-Verlag, 1997.

[246] MacInnes C S. Source localization using subspace estimation and spatial filtering. IEEE J Ocean Eng, 2004, 29(2): 488-497.

[247] Pesavento M, Gershman A B, Luo Z Q. Robust array interpolation using second-order cone programming. IEEE Signal Process Lett, 2002, 9(1): 8-11.

[248] Yan S F, Ma Y L. Optimal design and verification of temporal and spatial filters using second-order cone programming approach. Science in China Series F: Information Sciences, 2006, 49(2): 235-253.

[249] 鄢社锋, 马远良. 二阶锥规划方法对于时空域滤波器的优化设计与验证. 中国科学 E 辑: 信息科学, 2006, 36(2): 153-171.

[250] Yan S F, Ma Y L. Matched field noise suppression: A generalized spatial filtering approach. Chinese Science Bulletin, 2004, 49(20): 2220-2223.

[251] 鄢社锋, 马远良. 匹配场噪声抑制: 广义空域滤波方法. 科学通报, 2004, 49(18): 1909-1912.

[252] 鄢社锋, 侯朝焕, 马晓川. 矩阵空域预滤波目标方位估计. 声学学报, 2007, 32(2): 151-157.

[253] Yan S F, Hou C, Ma X. Direction-of-arrival estimation using matrix spatial prefiltering approach. Chinese Journal of Acoustics, 2008, 27(1): 34-44.

[254] Su G N, Morf M. The signal subspace approach for multiple wideband emitter location. IEEE Trans Audio Speech Signal Process, 1983, 31(6): 1502-1522.

[255] Wax M, Shan T J, Kailath T. Spatio-temporal spectral-analysis by eigenstructure methods. IEEE Trans Audio Speech Signal Process, 1984, 32(4): 817-827.

[256] Wang H, Kaveh M. Coherent signal-subspace processing for the detection and estimation of angles of arrival of multiple wideband sources. IEEE Trans Audio Speech Signal Process, 1985, 33(4): 823-831.

[257] Lee T S. Efficient wide-band source localization using beamforming invariance technique. IEEE Trans Signal Process, 1994, 42(6): 1376-1387.

[258] Ward D B, Ding Z, Kennedy R A. Broadband DOA estimation using frequency invariant beamforming. IEEE Trans Signal Process, 1998, 46(5): 1463-1469.

[259] Ward D B, Kennedy R A, Williamson R C. FIR filter design for frequency invariant beamformers. IEEE Signal Process Lett, 1996, 3(3): 69-71.

[260] 杨益新, 孙超. 波束域加权子空间拟合算法. 声学学报, 2000, 25(2): 142-145.

[261] 杨益新. 声呐波束形成与波束域高分辨方位估计技术研究. 西安：西北工业大学, 2002.

[262] Yan S F, Hou C. Broadband DOA estimation using optimal array pattern synthesis technique. IEEE Antennas Wirel Propag Lett, 2006, 5(1): 88-90.

[263] 鄢社锋, 马远良, 侯朝焕. 宽带波束域相干信号子空间高分辨方位估计. 声学学报, 2006, 31(5): 418-424.

[264] Li X, Yan S F, Ma X, et al. Spherical harmonics MUSIC versus conventional MUSIC. Applied Acoustics, 2011, 72(9): 646-652.

[265] Nesterov Y, Nemirovsky A. Interior-Point Polynomial Methods in Convex Programming Studies in Applied Mathematics. Philadelphia: SIAM, 1994.

[266] Sturm J F. Using SeDuMi 1.02, a MATLAB toolbox for optimization over symmetric cones. Optimization Meth Soft, 1999, 11-12(1-4): 625-653.

[267] Toh K C, Todd M J, Tutuncu R H. SDPT3: A MATLAB software package for semidefinite programming. Optimization Meth Soft, 1999, 11-12(1-4): 545-581.

附录 A　二阶锥规划方法

A.1　二阶锥规划简介

二阶锥规划(second-order cone programming, SOCP)是一类特殊的优化问题，它是凸规划问题的一个子集。二阶锥规划问题就是在满足一组二阶锥约束及线性等式与不等式约束条件下使某线性函数最小化，它表述为

$$\min_{y} \boldsymbol{b}^{\mathrm{T}} \boldsymbol{y} \tag{A.1a}$$

$$\text{subject to } \left\|\boldsymbol{A}_i \boldsymbol{y}+\boldsymbol{b}_i\right\| \leqslant \boldsymbol{c}_i^{\mathrm{T}} \boldsymbol{y}+d_i, \quad i=1,2,\cdots,N \tag{A.1b}$$

$$\boldsymbol{F} \boldsymbol{y}=\boldsymbol{g} \tag{A.1c}$$

$$\boldsymbol{P} \boldsymbol{y} \leqslant \boldsymbol{q} \tag{A.1d}$$

式中，$\boldsymbol{y} \in \mathbb{C}^{\alpha \times 1}$是优化变量；$\boldsymbol{b} \in \mathbb{C}^{\alpha \times 1}$，$\boldsymbol{A}_i \in \mathbb{C}^{(q_i-1) \times \alpha}$，$\boldsymbol{b}_i \in \mathbb{C}^{(q_i-1) \times 1}$，$\boldsymbol{c}_i \in \mathbb{C}^{\alpha \times 1}$，$\boldsymbol{c}_i^{\mathrm{T}} \boldsymbol{y} \in \mathbb{R}$，$d_i \in \mathbb{R}$，$\boldsymbol{F} \in \mathbb{C}^{f \times \alpha}$，$\boldsymbol{g} \in \mathbb{C}^{f \times 1}$，$\boldsymbol{P} \in \mathbb{C}^{l \times \alpha}$，$\boldsymbol{q} \in \mathbb{C}^{l \times 1}$；$\mathbb{C}$表示复数集，$\mathbb{C}^{\alpha \times 1}$表示$\alpha \times 1$维复数矩阵(向量)集，$\mathbb{R}$表示实数集；$N$是二阶锥约束的个数，$\alpha$、$q_i$、$f$、$l$是正整数，用于表示各矩阵(向量)的长度；$\|\cdot\|$表示 Euclidean 范数。

式(A.1b)中的每个约束可以表示为

$$\begin{bmatrix} \boldsymbol{c}_i^{\mathrm{T}} \\ \boldsymbol{A}_i \end{bmatrix} \boldsymbol{y}+\begin{bmatrix} d_i \\ \boldsymbol{b}_i \end{bmatrix} \in \mathrm{Qcone}_i^{q_i}, \quad i=1,2,\cdots,N \tag{A.2}$$

式中，$\mathrm{Qcone}_i^{q_i}$是$\mathbb{C}^{q_i}$空间的二阶锥，定义为

$$\mathrm{Qcone}_i^{q_i} \triangleq\left\{\left.\begin{bmatrix} t \\ \boldsymbol{x} \end{bmatrix}\right| t \in \mathbb{R},\ \boldsymbol{x} \in \mathbb{C}^{(q_i-1) \times 1},\ \|\boldsymbol{x}\| \leqslant t\right\} \tag{A.3}$$

图 A.1 显示了实数域三维(q_i=3)二阶锥，从图中可以看出二阶锥的几何意义。二阶锥规划就是在该锥内寻找某最优点(x_1, x_2)，使得目标函数最小化。

式(A.1c)所示等式约束可以表示为零锥

$$\boldsymbol{g}-\boldsymbol{F} \boldsymbol{y} \in\{\mathbf{0}\}^f \tag{A.4}$$

式中，零锥$\{\mathbf{0}\}^f$定义为

$$\{\mathbf{0}\}^f \triangleq\left\{\boldsymbol{x} \mid \boldsymbol{x} \in \mathbb{C}^{f \times 1}, \boldsymbol{x}=\mathbf{0}\right\} \tag{A.5}$$

式(A.1d)所示不等式约束可以表示为非负实数集$\mathbb{R}_+^l$

$$\boldsymbol{q}-\boldsymbol{P}\boldsymbol{y}\in\mathbb{R}_+^l \tag{A.6}$$

这里非负实数集$\mathbb{R}_+^l$定义为

$$\mathbb{R}_+^l \triangleq \left\{\boldsymbol{x}\,\middle|\,\boldsymbol{x}\in\mathbb{R}^{l\times 1},\boldsymbol{x}\geqslant\boldsymbol{0}\right\} \tag{A.7}$$

式中，$\boldsymbol{x}\geqslant\boldsymbol{0}$表示向量$\boldsymbol{x}$的每个元素都大于或等于0。

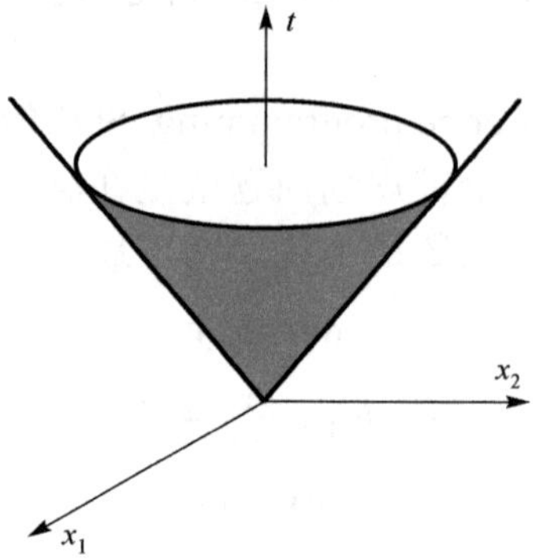

图 A.1　实数域三维二阶锥

从式(A.1)可以看出，线性规划(线性不等式约束)与凸二次规划(凸二次多项式不等式约束)都是二阶锥规划的特例。另外，二阶锥规划自身也是半定规划的子集。因为式(A.1b)中的二阶锥约束都可以表示成线性矩阵不等式

$$\begin{bmatrix}\left(\boldsymbol{c}_i^{\mathrm{T}}\boldsymbol{y}+d_i\right)\boldsymbol{I} & \boldsymbol{A}_i\boldsymbol{y}+\boldsymbol{b}_i\\ \left(\boldsymbol{A}_i\boldsymbol{y}+\boldsymbol{b}_i\right)^{\mathrm{T}} & \boldsymbol{c}_i^{\mathrm{T}}\boldsymbol{y}+d_i\end{bmatrix}\succcurlyeq 0 \tag{A.8}$$

式中，$\boldsymbol{I}$为适当维数的单位矩阵；“$\succcurlyeq$”表示矩阵半正定。

值得强调的是，式(A.1)所示的优化问题直接采用二阶锥规划求解比转化为半定规划求解更有效，速度更快。半定规划问题与二阶锥规划问题都可以运用已有的内点方法(interior point method)求解，求解式(A.1)所示二阶锥规划问题的内点方法的最大迭代次数为$O(\sqrt{N})$[265]，每次迭代运算量为$O\left(\alpha^2\sum_i q_i\right)$。而求解与式(A.1)等效的式(A.8)所示半定规划问题的最大迭代次数为$O\left(\sqrt{\sum_i q_i}\right)$，每次迭代运算量为$O\left(\alpha^2\sum_i q_i^2\right)$，其计算量远高于二阶锥规划方法。

A.2　二阶锥规划求解软件 SeDuMi

SeDuMi 是 Sturm 开发的用于处理对称锥优化问题的 MATLAB 工具箱，能求解线性规划、二阶锥规划与半定规划问题，使用十分方便。

SeDuMi 求解二阶锥规划问题的迭代次数理论上界为 $O(\sqrt{N}\log(1/\varepsilon))$ [266]，这里 ε 是优化问题的求解误差。要求的求解精度越高，迭代次数越大。下面以 SeDuMi 为例分析其求解二阶锥规划问题的过程，介绍如何将式(A.1)所示标准二阶锥规划问题转化为 SeDuMi 求解所要求的形式。

在 SeDuMi 中，标准的对称锥优化问题形式定义为

$$\max_y \tilde{\boldsymbol{b}}^{\mathrm{T}}\boldsymbol{y}, \quad \text{subject to} \quad \tilde{\boldsymbol{c}} - \tilde{\boldsymbol{A}}^{\mathrm{T}}\boldsymbol{y} \in K \tag{A.9}$$

式中，$\boldsymbol{y}$ 中包含优化变量；$\tilde{\boldsymbol{A}}$ 是任意矩阵，$\tilde{\boldsymbol{b}}$ 与 $\tilde{\boldsymbol{c}}$ 是任意向量，其中 $\tilde{\boldsymbol{A}}$ 、$\tilde{\boldsymbol{b}}$ 与 $\tilde{\boldsymbol{c}}$ 的维数必须匹配，且都可以为复数；K 是一个对称锥集合，正实数集、零锥与二阶锥都是对称锥的子集。

在 SeDuMi 中，对称锥集合 K 定义为一个结构，它包括 $K.l$ 、 $K.f$ 、 $K.q$ 、 K.ycomplex 等元素。

在 SeDuMi 中，可以指定优化变量 $\boldsymbol{y}$ 中的部分元素为复数。例如，假设复数的元素的序号为 $\alpha_1,\cdots,\alpha_M$ ，则取

$$K.\text{ycomplex} = [\alpha_1,\cdots,\alpha_M] \tag{A.10}$$

如果某约束问题可以写成

$$\max_y \tilde{\boldsymbol{b}}^{\mathrm{T}}\boldsymbol{y} \tag{A.11a}$$

$$\text{subject to} \quad \tilde{\boldsymbol{c}} - \tilde{\boldsymbol{A}}^{\mathrm{T}}\boldsymbol{y} \in \mathbb{R}_+^{K.l} \times \{\boldsymbol{0}\}^{K.f} \times \text{Qcone}_1^{q_1} \times \cdots \times \text{Qcone}_N^{q_N} \tag{A.11b}$$

的形式，则可以很容易通过 SeDuMi 求出其数字解。式(A.11b)中的约束表示有 $K.l$ 个等式约束、 $K.f$ 个等式约束与 N 个分别为 $q_1,\cdots,q_N$ 维的二阶锥约束。

下面将(A.1)所示优化问题转化为式(A.11)的形式。

对照式(A.1a)与式(A.11a)可知

$$\tilde{\boldsymbol{b}} = -\boldsymbol{b} \tag{A.12}$$

约束(A.1d)可以写成

$$\boldsymbol{q} - \boldsymbol{P}\boldsymbol{y} \triangleq \tilde{c}_1 - \tilde{\boldsymbol{A}}_1^{\mathrm{T}}\boldsymbol{y} \in \mathbb{R}_+^l \tag{A.13}$$

即

$$\tilde{c}_1 = \boldsymbol{q} \tag{A.14}$$

$$\tilde{\boldsymbol{A}}_1^{\mathrm{T}} = \boldsymbol{P} \tag{A.15}$$

约束（A.1c）可以写成

$$\boldsymbol{g} - \boldsymbol{F}\boldsymbol{y} \triangleq \tilde{\boldsymbol{c}}_2 - \tilde{\boldsymbol{A}}_2^{\mathrm{T}}\boldsymbol{y} \in \{\boldsymbol{0}\}^f \tag{A.16}$$

即

$$\tilde{\boldsymbol{c}}_2 = \boldsymbol{g} \tag{A.17}$$

$$\tilde{\boldsymbol{A}}_2^{\mathrm{T}} = \boldsymbol{F} \tag{A.18}$$

约束（A.1b）可以写成

$$\begin{bmatrix} d_i \\ \boldsymbol{b}_i \end{bmatrix} - \begin{bmatrix} -\boldsymbol{c}_i^{\mathrm{T}} \\ -\boldsymbol{A}_i \end{bmatrix} \boldsymbol{y} \triangleq \tilde{\boldsymbol{c}}_{2+i} - \tilde{\boldsymbol{A}}_{2+i}^{\mathrm{T}}\boldsymbol{y} \in \mathrm{Qcone}_i^{q_i}, \quad i = 1,2,\cdots,N \tag{A.19}$$

即

$$\tilde{\boldsymbol{c}}_{2+i} = \begin{bmatrix} d_i \\ \boldsymbol{b}_i \end{bmatrix}, \quad i = 1,2,\cdots,N \tag{A.20}$$

$$\tilde{\boldsymbol{A}}_{2+i}^{\mathrm{T}} = \begin{bmatrix} -\boldsymbol{c}_i^{\mathrm{T}} \\ -\boldsymbol{A}_i \end{bmatrix}, \quad i = 1,2,\ldots,N \tag{A.21}$$

构造向量与矩阵

$$\tilde{\boldsymbol{c}} = \left[\tilde{\boldsymbol{c}}_1^{\mathrm{T}}, \tilde{\boldsymbol{c}}_2^{\mathrm{T}}, \tilde{\boldsymbol{c}}_{2+1}^{\mathrm{T}}, \cdots, \tilde{\boldsymbol{c}}_{2+i}^{\mathrm{T}}, \cdots, \tilde{\boldsymbol{c}}_{2+N}^{\mathrm{T}} \right]^{\mathrm{T}} \tag{A.22}$$

$$\tilde{\boldsymbol{A}}^{\mathrm{T}} = \left[\tilde{\boldsymbol{A}}_1, \tilde{\boldsymbol{A}}_2, \tilde{\boldsymbol{A}}_{2+1}, \cdots, \tilde{\boldsymbol{A}}_{2+i}, \cdots, \tilde{\boldsymbol{A}}_{2+N} \right]^{\mathrm{T}} \tag{A.23}$$

将式（A.13）、式（A.16）、式（A.19）与式（A.11）相比较可得

$$K.l = l, \quad K.f = f, \quad K.q = [q_1, \cdots, q_N] \tag{A.24}$$

于是，当矩阵 $\tilde{\boldsymbol{A}}^{\mathrm{T}}$、$\tilde{\boldsymbol{b}}$、$\tilde{\boldsymbol{c}}$ 与结构 K 分别取式（A.23）、式（A.12）、式（A.22）与式（A.24）时，约束优化问题（A.1）可以转化为式（A.9）所示的标准形式。将 $\tilde{\boldsymbol{A}}^{\mathrm{T}}$、$\tilde{\boldsymbol{b}}$、$\tilde{\boldsymbol{c}}$ 与 K 代入 SeDuMi 即可求解出优化变量 $\boldsymbol{y}$。

综上所述，采用 SeDuMi 求解二阶锥规划问题的步骤如下。

（1）将优化问题写成式（A.1）的形式。

（2）分别求出 $\tilde{\boldsymbol{A}}_i^{\mathrm{T}}$［式（A.23）］、$\tilde{\boldsymbol{b}}$［式（A.12）］、$\tilde{\boldsymbol{c}}_i$［式（A.22）］与 K［式（A.24）］。如果优化变量 $\boldsymbol{y}$ 中包含复数元素，则将式（A.10）增加到式（A.24）中。

（3）将 $\tilde{\boldsymbol{A}}_i^{\mathrm{T}}$、$\tilde{\boldsymbol{b}}$、$\tilde{\boldsymbol{c}}_i$ 与 K 代入 SeDuMi 函数，即可求出优化变量 $\boldsymbol{y}$。

其他更详细的 SeDuMi 使用方法参见文献[266]。

附录 B　部分主要的符号说明

B.1　缩　写　词

CMT　covariance matrix tapers，协方差矩阵锥化
DAS　delay-and-sum，时延求和
DCRCB　doubly constrained robust Capon beamformer，双约束稳健 Capon 波束形成器
DFT　discrete Fourier transform，离散傅里叶变换
DI　directivity index，指向性指数
FFT　fast Fourier transform，快速傅里叶变换
FIR　finite impulse response，有限冲激响应
FOV　field of view，观察视区
IDFT　inverse discrete Fourier transform，离散傅里叶逆变换
INR　interference-to-noise ratio，干噪比
LCMV　linearly constrained minimum variance，线性约束最小方差
LNR　load-to-white-noise ratio，加载噪声级
LSMI　loading sample matrix inversion，对角加载 SMI
MMSE　minimum mean-square error，最小均方误差
MPDR　minimum power distortionless response，最小功率无失真响应
MRA　main response axis，波束主轴方向
MSC　multiple sidelobe canceller，多旁瓣抵消器
MSL　minimum sidelobe，最低旁瓣
MSNR　maximum signal-to-noise ratio，最大输出信噪比
MSRV　mainlobe spatial response variation，主瓣空间响应差异
MUSIC　multiple signal classification，多信号分类
MVDR　minimum variance distortionless response，最小方差无失真响应
NCCB　norm constrained Capon beamformer，范数约束 Capon 波束形成器
PCWLSE　peak constrained weighted least square error，峰值约束加权最小均方
RCB　robust Capon beamformer，稳健 Capon 波束形成器
RMSL　robust minimum sidelobe，稳健最低旁瓣
SINR　signal-to-interference-plus- noise ratio，信干噪比

SLC　sidelobe constraint，旁瓣约束
SMI　sample matrix inversion，样本协方差矩阵求逆
SNR　signal-to-noise ratio，信噪比
SOCP　second-order cone programming，二阶锥规划
WCPO　worst-case performance optimization，最差性能最佳化
WNG　white noise array gain，白噪声阵增益

B.2 变量符号

B_s	信号带宽，(2.44)
$B(\cdot)$	波束响应，(2.77)
$B_c(\cdot)$	常规波束响应，(2.155)
$B_d(\cdot)$	期望波束响应，(7.3)
$B_{dB}(\cdot)$	分贝表示的波束响应，(2.88)
$B_{LSMI}(\cdot)$	对角加载波束响应，(5.14)
$B_{MVDR}(\cdot)$	MVDR 波束响应，(2.167)
$B_{SMI}(\cdot)$	SMI 波束响应，(5.9)
$B_u(\cdot)$	以 u 为宗量的波束响应，(3.45)
$\tilde{B}(\cdot)$	波束响应真实值，(2.86)
$\bar{B}(\cdot)$	波束响应假想值，(2.84)
$\boldsymbol{B}(\Theta)$	波束响应向量，(7.6)
$\boldsymbol{B}_d(\Theta)$	期望波束响应向量，(7.7)
BW_{-3dB}	波束半功率束宽，(2.91)
BW_{NN}	波束两零点间束宽，(2.90)
BW_{SL}	波束旁瓣级束宽，(2.92)
c	声波/电磁波传播速度，(2.4)
d	(i) 阵元间距，(2.4)
	(ii) 信号/干扰源编号，(2.37)
D	信号/干扰源数目，(2.37)
$\boldsymbol{e}(f)$	滤波器频率响应向量，(8.44)
f	频率，(2.8)
f_c	带通信号中心频率/角频率，(2.44)
f_d	数字频率，(8.50)
f_k，　$k=1,\cdots,K$	通带内各子带频率，(8.6)

f_{l}	宽带信号下边界频率，(8.23)
f_p，　$p=1,\cdots,P$	阻带离散频率，(8.53)
f_{s}	采样频率，(8.1)
f_t，　$t=1,\cdots,T$	过渡频带离散频率，(9.12)
f_{u}	宽带信号上边界频率，(8.23)
F	频域全频带，(8.45)
F_{PB}	通带频率集，(8.50)
F_{SB}	阻带频率集，(8.53)
F_{TB}	过渡频带集，(9.12)
G	阵增益，(2.109)
G_{c}	常规波束阵增益，(2.157)
G_{cw}	常规波束白噪声增益，(2.160)
G_{dB}	分贝表示的阵增益，(2.110)
G_{D}	各向同性噪声场阵增益（指向性指数），(2.119)
$G_{\mathrm{D,c}}$	常规波束形成指向性，(3.54)
$G_{\mathrm{D,opt}}$	最佳波束形成指向性，(3.56)
G_{MVDR}	MVDR 波束阵增益，(2.169)
G_{opt}	最佳阵增益，(2.170)
G_{w}	白噪声增益，(2.117)
G_{wd}	白噪声增益损失，(5.20)
G_{wd0}	设定的白噪声增益损失，(5.21)
h_{ml}	FIR 波束形成器系数，(8.31)
$\boldsymbol{h}$	(i) FIR 波束滤波器系数长向量，(8.33) (ii) 滤波器系数向量，(8.43)
$\boldsymbol{h}_m$	FIR 波束第 m 号阵元对应滤波器系数，(8.62)
$H(f)$	滤波器频率响应，(8.44)
$H_{\mathrm{d}}(f)$	滤波器期望频率响应，(8.45)
$H_{\mathrm{d},m}(f)$	第 m 通道期望滤波器响应，(8.56)
$H_m(\omega)$	第 m 通道的传输函数，(2.72)
$\boldsymbol{H}$	(i) FIR 波束形成器 $M\times L$ 系数矩阵，(8.31) (ii) FIR 滤波器频率响应向量，(8.46)
$\boldsymbol{H}(\omega)$	系统传输函数向量，(2.72)
$\boldsymbol{H}_{\mathrm{d}}$	FIR 滤波器期望频率响应向量，(8.46)
INR	干噪比，(2.103)

$\boldsymbol{I}$	单位矩阵，(2.24)
k	波数值，(2.10)
k，K	频域子带编号，子带数目，(2.48)
$\boldsymbol{k}$	波数向量，(2.9)
l，L	滤波器系数序号，滤波器系数长度，(8.28)
L	线阵长度，(3.4)
LNR	加载噪声级，(5.4)
m，M	阵元编号/阵元个数，(2.1)
n，N	快拍编号，快拍数，(2.64)
$n_m(t)$	第 m 号阵元接收噪声，(2.21)
$\boldsymbol{n}(n)$	窄带噪声向量快拍，(2.68)
$\boldsymbol{n}(t)$	噪声向量，(2.21)
$\tilde{\boldsymbol{n}}(t)$	窄带噪声复包络，(2.61)
$N_m(\omega)$	第 m 号阵元接收噪声频谱，(2.39)
$\boldsymbol{N}(\omega)$	噪声频谱向量，(2.22)
$p_{\mathrm{a}}(\cdot)$	连续线阵阵列流形函数，(3.3)
$p_m(\cdot)$	$\boldsymbol{p}(\cdot)$ 的第 m 个分量，(2.15)
$\breve{p}_m(\cdot)$	第 m 号阵元方向响应，(2.79)
$\boldsymbol{p}(\cdot)$	基阵响应向量、阵列流形向量，(2.15)
$\boldsymbol{p}_d$	第 d 个信号(干扰)响应向量，(2.98)
$\boldsymbol{p}_{\mathrm{s}}$	期望信号响应向量，导向向量，(2.97)
$\boldsymbol{p}_{\Delta}$	阵列流形向量误差，(2.85)
$\tilde{\boldsymbol{p}}(\cdot)$	阵列流形向量真实值，(2.85)
$\tilde{\boldsymbol{p}}_{\mathrm{s}}$	$\boldsymbol{p}_{\mathrm{s}}$ 的真实值，(2.120)
$\bar{\boldsymbol{p}}(\cdot)$	阵列流形向量假想值，(2.85)
$\bar{\boldsymbol{p}}_{\mathrm{s}}$	$\boldsymbol{p}_{\mathrm{s}}$ 的假想值，(2.121)
$\breve{\boldsymbol{p}}(\cdot)$	阵元方向响应向量，(3.73)
$\mathscr{p}_m$	第 m 号阵元三维位置坐标，(2.1)
$\mathscr{p}_m^{\mathrm{n}}$	第 m 号阵元位置坐标标定值，(2.136)
$\mathscr{p}_z$	连续线阵三维位置坐标，(3.2)
$P(\Omega)$ / $P(\theta)$	方位谱，(2.150)
$P_{\mathrm{dB}}(\cdot)$	对数表示的方位谱，(2.151)
P_{out}	宽带波束输出功率，(9.37)
$\boldsymbol{P}(\cdot)$	阵列流形矩阵，(2.71)

$\mathcal{P}$ 基阵全部阵元位置矩阵，(2.2)
$\boldsymbol{R}$ 协方差矩阵，(4.22)
$\boldsymbol{R}_{\mathrm{c}}$ 非白噪声协方差矩阵，(2.176)
$\boldsymbol{R}_{\mathrm{i}}$ 窄带快拍干扰协方差矩阵，(2.69)
$\boldsymbol{R}_{\mathrm{n}}$ 窄带快拍噪声协方差矩阵，(2.69)
$\boldsymbol{R}_{\mathrm{s}}$ 窄带快拍信号协方差矩阵，(2.69)
$\boldsymbol{R}_{\mathrm{t}}$ $ML \times ML$ 堆积向量协方差矩阵，(9.24)
$\boldsymbol{R}_{\mathrm{x}}$ 窄带快拍数据协方差矩阵，(2.69)
$\boldsymbol{R}_{\tilde{\mathrm{x}}}$ 阵列接收窄带数据复包络协方差矩阵，(2.62)
$\boldsymbol{R}_{\tilde{\mathrm{x}}\mathrm{s}}$ 窄带信号 $\tilde{\boldsymbol{x}}_{\mathrm{s}}(t)$ 的协方差矩阵，(2.60)
$\hat{\boldsymbol{R}}$ 协方差矩阵估计值，(4.23)
$\hat{\boldsymbol{R}}_{\mathrm{x}}$ 窄带样本协方差矩阵，(2.70)
$s(t)$ 信号波形，(2.7)
$s_d(n)$ 第 d 个窄带信号快拍，(2.68)
$s_d(t)$ 第 d 个信号波形，(2.38)
$s_m(t)$ 第 m 号阵元接收信号波形，(2.7)
$\tilde{s}(t)$ 窄带信号复包络，(2.53)
$\tilde{s}_d(t)$ 第 d 个窄带信号复包络，(2.61)
$\tilde{s}_m(t)$ 第 m 号阵元接收窄带信号复包络，(2.54)
$\boldsymbol{s}(n)$ 信号源快拍向量，(2.71)
$S(\omega)$ 信号频谱，(2.8)
$S_d(\omega)$ 第 d 个信号频谱，(2.39)
$S_m(\omega)$ 第 m 号阵元接收信号频谱，(2.8)
$S_{\mathrm{n}}(\omega)$ 噪声功率谱，(2.23)
$S_{\mathrm{s}}(\omega)$ 信号功率谱，(2.19)
$S_{\mathrm{s}d}(\omega)$ 第 d 个信号功率谱，(2.43)
$S_{\mathrm{w}}(\omega)$ 白噪声功率谱，(2.36)
$\boldsymbol{S}_{\mathrm{c}}(\omega)$ 非白噪声互谱矩阵，(2.35)
$\boldsymbol{S}_{\mathrm{n}}(\omega)$ 噪声互谱矩阵，(2.22)
$\boldsymbol{S}_{\mathrm{w}}(\omega)$ 白噪声互谱矩阵，(2.35)
$\boldsymbol{S}_{\mathrm{x}}(\omega)$ 基阵接收数据互谱矩阵，(2.42)
$\boldsymbol{S}_{\mathrm{xi}}(\omega)$ 基阵干扰互谱矩阵，(2.43)
$\boldsymbol{S}_{\mathrm{xs}}(\omega)$ 基阵信号互谱矩阵，(2.18)
$\boldsymbol{S}_{\mathrm{x}\Delta T}(\omega_k)$ 数据段协方差矩阵，(2.50)

$\mathrm{SINR}_{\mathrm{in}}$	信干噪比，(2.104)
$\mathrm{SINR}_{\mathrm{opt}}$	最佳阵输出信干噪比，(2.171)
$\mathrm{SINR}_{\mathrm{out}}$	输出信干噪比，(2.107)
SLL	旁瓣级，(2.95)
SNR	信噪比，(2.101)
$\mathrm{SNR}_{\mathrm{in}}$	输入信噪比，(2.102)
$\mathrm{SNR}_{\max}$	最大输出信噪比，(2.199)
$\mathrm{SNR}_{\mathrm{opt}}$	最佳阵输出信噪比，(2.171)
$\mathrm{SNR}_{\mathrm{out}}$	波束输出信噪比，(2.108)
t	时间，(2.7)
T_m	FIR 波束第 m 号阵元数据预延迟，(8.26)
T_{s}	采样周期，(8.1)
T_{se}	灵敏度函数，(2.145)
ΔT	数据段时间长度，(2.47)
$\Delta T_{\max}$	基阵阵元间最大传播时延，(2.45)
$\Delta T_{m\breve{m}}$	m 与第 $\breve{m}$ 号阵元间传播时延，(2.45)
$\boldsymbol{u}(f,\theta)$	FIR 波束宽带阵列流形向量，(9.10)
$\boldsymbol{u}_m$	特征向量，(5.5)
$\boldsymbol{U}$	特征向量矩阵，(5.5)
$\boldsymbol{v}(\Omega)$	方向单位向量，(2.5)
$\boldsymbol{V}$	Cholesky 分解矩阵，(5.30)
w_{a}	连续阵加权函数，(3.4)
w_m	$\boldsymbol{w}$ 的第 m 个分量，(2.80)
$\boldsymbol{w}$	波束形成加权向量，(2.80)
$\boldsymbol{w}(f)$	频率 f 加权向量，(8.8)
$\boldsymbol{w}_{\mathrm{c}}$	常规波束加权向量，(2.82)
$\boldsymbol{w}_{\mathrm{d}}$	窗函数向量，(3.69)
$\boldsymbol{w}_{\mathrm{MMSE}}$	MMSE 波束加权向量，(2.191)
$\boldsymbol{w}_{\mathrm{MSL}}$	MSL 波束加权向量，(6.31)
$\boldsymbol{w}_{\mathrm{MSNR}}$	MSNR 波束加权向量，(2.198)
$\boldsymbol{w}_{\mathrm{MVDR}}$	MVDR 波束加权向量，(2.166)
$\boldsymbol{w}_{\mathrm{opt}}$	最佳波束加权向量，(4.5)
$\boldsymbol{w}_{\mathrm{Olen}}$	Olen 波束加权向量，(6.5)
$\boldsymbol{w}_{\mathrm{q}}$	静态波束加权向量，(5.8)

$\hat{\boldsymbol{w}}_{\mathrm{DCRCB}}$	DCRCB 波束加权向量，(5.118)
$\hat{\boldsymbol{w}}_{\mathrm{LSMI}}$	对角加载波束加权向量，(5.3)
$\hat{\boldsymbol{w}}_{\mathrm{NCCB}}$	NCCB 波束加权向量，(5.55)
$\hat{\boldsymbol{w}}_{\mathrm{RCB}}$	稳健 Capon 波束加权向量，(5.89)
$\hat{\boldsymbol{w}}_{\mathrm{SMI}}$	SMI 波束加权向量，(4.24)
$\hat{\boldsymbol{w}}_{\mathrm{WCPO}}$	WCPO 波束加权向量，(5.66)
$x_m(i)$	第 m 号阵元接收数据采样序列，(8.27)
$x_m(t)$	第 m 号阵元接收数据，(2.38)
$x_m^{(n)}(l)$	第 m 号阵元第 n 段数据第 l 点，(8.2)
$x_{ml}(i)$	FIR 波束节拍输入数据，(8.28)
$\boldsymbol{x}(i)$	(i) 阵列采样数据，(8.1) (ii) $ML\times 1$ 堆积数据向量，(8.32)
$\boldsymbol{x}(n)$	窄带数据快拍，(2.68)
$\boldsymbol{x}(t)$	基阵接收数据向量，(2.40)
$\boldsymbol{x}^{(n)}$	第 n 段 $M\times L$ 阵列数据，(8.2)
$\boldsymbol{x}^{(n)}(l)$	第 n 段第 l 点 $M\times 1$ 阵列数据，(8.2)
$\boldsymbol{x}_m^{(n)}$	第 m 号阵元第 n 段数据，(8.3)
$\boldsymbol{x}_{\mathrm{i}}(t)$	基阵接收干扰向量，(2.40)
$\boldsymbol{x}_{\mathrm{s}}(t)$	基阵接收信号向量，(2.13)
$\tilde{\boldsymbol{x}}(n)$	基阵接收窄带数据快拍复包络，(2.64)
$\tilde{\boldsymbol{x}}(t)$	基阵接收窄带数据复包络，(2.61)
$\tilde{\boldsymbol{x}}_{\mathrm{s}}(t)$	基阵接收窄带信号复包络，(2.59)
$X_m(\omega)$	第 m 号阵元接收数据频谱，(2.39)
$X_m^{(n)}(k)$	第 m 号阵元第 n 段数据 DFT 谱，(8.4)
$\boldsymbol{X}(i)$	FIR 波束形成器 $M\times L$ 数据矩阵，(8.30)
$\boldsymbol{X}(\omega)$	基阵接收数据向量频谱，(2.41)
$\boldsymbol{X}(\omega_k,n)$	第 n 段数据离散傅里叶变换，(2.49)
$\boldsymbol{X}^{(n)}(k)$	第 n 段 $M\times 1$ 阵列数据 DFT 谱，(8.7)
$\boldsymbol{X}_{\mathrm{s}}(\omega)$	基阵接收信号频谱向量，(2.14)
$\boldsymbol{X}_{\Delta T}(\omega_k)$	数据段频谱，(2.48)
$y(i)$	FIR 波束输出序列，(8.29)
$y(n)$	波束输出快拍，(2.81)
$y^{(n)}(l)$	第 n 段 DFT 波束输出序列第 l 点，(8.10)
$Y(\omega,\boldsymbol{k})$	频率-波数响应函数，(2.76)

$Y^{(n)}(k)$	第 n 段第 k 子带 DFT 波束输出，(8.9)
β	0 或 1，(2.38)
γ_m	特征值，(5.48)
$\hat{\gamma}_m$	特征值估计值，(5.5)
δ_0	FIR 滤波器通带均方根误差约束值，(8.54)
$\delta_{m\bar{m}}$	Kronecker 函数，(6.8)
$\delta_{\max}$	最大主瓣响应差异，(9.45)
$\delta_{\mathrm{MSRV}}\left(f_k,\theta_j\right)$	主瓣空间响应差异，(9.44)
δ_{rms}^2	主瓣响应均方差异，(9.49)
δ_q， $q=1,2,\infty$	(i) 波束响应误差 ℓ_q 范数，(7.5)
	(ii) 滤波器响应误差 ℓ_q 范数，(8.46)
ε	导向向量误差范数上界，(5.56)
ε_0	ε 的假想值，(5.61)
ζ_0	加权向量范数约束值，(2.147)
θ	信号水平方位角，(2.5)
θ_i, $i=1,\cdots,N_{\mathrm{SL}}$	旁瓣区域 Θ_{SL} 离散化方位，(6.30)
θ_j, $j=1,\cdots,J$	观察视区 Θ 离散化方位，(6.1)
θ_j, $j=1,\cdots,N_{\mathrm{ML}}$	主瓣区域 Θ_{ML} 离散化方位，(7.30)
θ_{o}	波束观察水平方向，(2.89)
θ_q, $q=1,\cdots,N_{\mathrm{FOV}}$	观察区域 Θ 离散化方位，(9.13)
θ_{s}	期望信号水平方向，(2.96)
Θ	所有可能的信号到达方位集合，观察视区，(2.78)
Θ_{D}	多平面波入射到达方位集，(2.37)
Θ_{ML}	主瓣区域，(2.93)
Θ_{SL}	旁瓣区域，(2.94)
κ	自适应迭代增益，(6.4)
$\kappa_m(f)$	$\exp\left[-\mathrm{i}2\pi f T_m\right]$，(9.4)
$\boldsymbol{\kappa}(f)$	$\left[\kappa_1(f),\cdots,\kappa_m(f),\cdots,\kappa_M(f)\right]^{\mathrm{T}}$，(9.6)
λ	(i) 信号波长，(2.10)
	(ii) Lagrange 算子变量，(2.163)
	(iii) 对角加载量，(5.3)
	(iv) 误差加权系数，(7.4)

μ	Lagrange 算子变量，(5.24)
ξ_0	(i) 旁瓣约束值，(6.4)
	(ii) 滤波器阻带约束值，(8.53)
ρ	噪声相关系数，(2.33)
$\boldsymbol{\rho}_{\mathrm{i+n}}$	干扰加噪声功率，(2.107)
$\boldsymbol{\rho}_{\mathrm{n}}(\omega)$	噪声归一化互谱矩阵，(2.23)
$\boldsymbol{\rho}_{\tilde{\mathrm{n}}}$	归一化噪声复包络协方差矩阵，(2.62)
$\boldsymbol{\rho}_{\mathrm{niso}}(\omega)$	空间均匀各向同性噪声归一化互谱矩阵，(2.34)
$\boldsymbol{\rho}_{\mathrm{nw}}(\omega)$	白噪声归一化互谱矩阵，(2.24)
σ_d^2	第 d 个信号(干扰)功率，(2.62)
σ_{i}^2	干扰功率，(2.100)
$\sigma_{\mathrm{i+n}}^2$	干扰加噪声功率，(2.104)
σ_{maxSL}	FIR 波束峰值旁瓣，(9.48)
σ_{n}^2	窄带噪声功率，(2.62)
$\sigma_{\mathrm{rmsSL}}^2$	FIR 波束均方旁瓣，(9.56)
σ_{s}^2	信号功率，(2.60)
σ_{w}^2	白噪声功率，(2.176)
σ_{y}^2	波束输出功率，(2.106)
σ_{yi}^2	波束输出干扰功率，(2.106)
σ_{yn}^2	波束输出噪声功率，(2.106)
σ_{ys}^2	波束输出信号功率，(2.106)
τ	时间延迟，(2.4)
$\tau_m(\Omega)$	第 m 号阵元接收信号时延，(2.6)
ϕ	信号俯仰角，(2.5)
ϕ_{o}	波束观察方向俯仰角，(2.89)
ϕ_{s}	期望信号方向俯仰角，(2.96)
ω	角频率，(2.8)
ω_{c}	带通信号中心角频率，(2.44)
ω_k	第 k 个子带角频率，(2.48)
$\boldsymbol{\Gamma}$	特征矩阵，(5.48)
$\hat{\boldsymbol{\Gamma}}$	特征矩阵估计值，(5.5)
Δ_0	(i) FIR 波束滤波器范数约束值，(9.15)

$\Omega/(\theta,\phi)$	信号空间方位角/(水平方位角，垂直俯仰角)，(2.5)
Ω_0/Ω_d	期望信号/第 d 个信号(或干扰)到达方位，(2.37)
$\Omega_{\rm o}/(\theta_{\rm o},\phi_{\rm o})$	波束观察方向，(2.89)
$\Omega_{\rm s}/(\theta_{\rm s},\phi_{\rm s})$	期望信号方向，(2.96)

注：本附录中未作说明的其他符号，其具体含义在书中该符号首次出现的地方进行了说明。

B.3　部分算术符号

i	虚数单位
$(\cdot)^{\rm T}$	转置
$(\cdot)^*,{\rm conj}(\cdot)$	复共轭
$(\cdot)^{\rm H}$	复共轭转置
$\\|\cdot\\|,\\|\cdot\\|_2$	Euclidean 范数，ℓ_2 范数
$\\|\cdot\\|_\infty$	Chebyshev 范数，ℓ_∞ 范数
$\\|\cdot\\|_1$	ℓ_1 范数
$\\|\cdot\\|_{\rm F}$	Frobenius 范数
$E(\cdot)$	期望
$\arg(\cdot)$	相位角
${\rm cov}[\cdot]$	协方差矩阵
$\det(\cdot)$	行列式
${\rm diag}(\cdot)$	向量或多个元素转化为对角矩阵
$\exp(\cdot)$，$e^{(\cdot)}$	指数函数
${\rm int}(\cdot)$	四舍五入取整
${\rm Im}(\cdot)$	虚部
${\rm lg}(\cdot)$，$\log_{10}(\cdot)$	以 10 为底的对数
$\max(\cdot)$	取最大值
${\rm Re}(\cdot)$	实部
${\rm sinc}(\cdot)$	$\sin(\cdot)/(\cdot)$
${\rm tr}(\cdot)$	矩阵求迹
${\rm vec}(\cdot)$	矩阵向量化

$\delta(\cdot)$	Kronecker 函数
$\mathcal{L}_q\{\cdot\}$	向量的 ℓ_q 范数，$q=1,2,\infty$
$\circ$	Hadamard 积，点乘，对应元素相乘
$\otimes$	Kronecker 积
$(\cdot)^+$	伪逆
$(\cdot)!$	阶乘

附录C 设计实例目录